塔里木盆地寒武系—奥陶系深层储集体地质特征

云　露　曹自成　汪　洋　李海英　著

科　学　出　版　社

北　京

内 容 简 介

  陆上深层碳酸盐岩层系是当前重要的油气勘探领域之一,不同地区地质背景的特殊性决定了深层碳酸盐岩储层的复杂性。随着塔里木盆地近年来油气勘探逐渐走向立体勘探、整体评价、多层次多领域获得油气突破的战略布局,在新层位和新领域的超前地质研究准备也就显得十分必要。塔里木盆地寒武—奥陶系碳酸盐岩的平均埋深超过 6000m,是未来深部油气勘探的目标之一,因此,对其进行前瞻性研究极具意义。本书以塔里木盆地寒武系—奥陶系碳酸盐岩为研究对象,采用地质、地球化学以及物探技术相结合的方法,深入探讨了不同地区寒武—奥陶系储集体地质特征,进而分析各地区各层位储层的形成、演化机制,并对区块内主要储层的分布规律进行综合总结。

  本书适合广大基础地质工作者、油气地质工作者、矿产地质工作者及相关人员阅读。

图书在版编目(CIP)数据

塔里木盆地寒武系—奥陶系深层储集体地质特征/云露等著.—北京:科学出版社,2023.2

 ISBN 978-7-03-074763-1

 Ⅰ.①塔… Ⅱ.①云… Ⅲ.①塔里木盆地－碳酸盐岩油气藏－储集层特征 Ⅳ.①P618.130.2

 中国国家版本馆 CIP 数据核字(2023)第 018275 号

责任编辑:刘 琳 / 责任校对:彭 映
责任印制:罗 科 / 封面设计:墨创文化

科 学 出 版 社 出版
北京东黄城根北街 16 号
邮政编码:100717
http://www.sciencep.com

成都锦瑞印刷有限责任公司 印刷
科学出版社发行 各地新华书店经销

*

2023 年 2 月第 一 版 开本:889×1194 1/16
2023 年 2 月第一次印刷 印张:17 1/2
字数:600 000

定价:398.00 元
(如有印装质量问题,我社负责调换)

前　言

国内外勘探实践表明，全球超深层盆地中发现的近 200 个油气藏中埋深大于 6500m 的超过 50 个，说明深层、超深层领域具有丰富的油气资源。随着中国油气勘探开发水平、开发程度的不断进步和提高，寻找地质条件更复杂的深层甚至超深层油气资源成为必然，这对筑牢我国能源安全的资源基础具有重要的现实与战略意义。

塔里木盆地油气资源丰富，勘探领域众多。盆地的油气勘探自 1952 年中苏石油公司开始至今经历了突破山前，初闯地台（1952～1963）、回师塔西南，发现柯克亚油气田（1964～1982）、着眼全盆地，突破塔北（1983～1988）、全盆地展开（1989 至今）四个阶段、六十多年的历史，在这个过程中伴随着油气勘探理论的不断完善、勘探技术的不断提高，油气勘探领域不断扩大，从戈壁进入沙漠，从盆地腹部到山前，从陆相中新生界到海相古生界，从前陆盆地到克拉通，遍及整个盆地。目前，塔里木盆地是我国进入大规模勘探的沉积盆地，勘探的热点之一就是聚焦于深层海相碳酸盐岩领域。近年来，塔里木盆地深层-超深层领域开展了大量的研究工作，先后针对一间房组、鹰山组及寒武系等不同层系部署了多口钻井。其中，部署的顺北 1-3 井，顺北 53x 井及塔深 3 井等多口评价井获得工业油气流，展示了深-超深层仍具备油气成藏条件，是勘探拓展的重要领域。

由于深层油气藏具有埋藏深度大、地质条件复杂、勘探风险较大等特点，因此，针对深层油气藏的储集体特征研究对未来深层油气藏的勘探至关重要。所以，随着碳酸盐岩储层地质认识的深化和基础资料的进一步丰富，很有必要编撰一部能够反映近年来寒武系-奥陶系碳酸盐岩储集体研究成果的专著，以便更好地指导塔里木盆地深层海相碳酸盐岩的油气勘探。

本专著以塔里木盆地寒武系-奥陶系海相碳酸盐岩为研究重点，在前人众多研究成果的基础上，紧密结合中石化西北油田分公司近年来海相碳酸盐岩油气勘探突破实际，系统总结了寒武系-奥陶系碳酸盐岩储集体研究的最新成果。本专著包括八章内容。第一章介绍了碳酸盐岩储集体的研究现状及趋势，由云露撰写。第二章详细阐述了塔里木盆地寒武系-奥陶系的地质背景，包括盆地内部经历的主要构造运动及演化、寒武系-奥陶系地层系统、古地理特征及断裂特征，由云露、曹自成撰写。第三章介绍了碳酸盐岩储集体的共性特征，包括储集体岩石类型、成岩作用类型、地球化学特征和储集空间类型，由曹自成、汪洋撰写。第四章至第七章通过实例的解剖分别论述了塔里木盆地不同区块不同类型储集体的特征、成因和发育规律。其中，第四章由汪洋、李海英撰写、第五章由李海英、汪洋撰写；第六章云露、李海英撰写；第七章由曹自成、汪洋撰写；第八章系统归纳了寒武系-奥陶系储集体主要的发育模式，预测和评价了规模储集体的分布，由云露、曹自成撰写。最后由云露统稿完成。

在专著的编写过程中，得到了中国石油化工集团公司领导的指导和支持，还得到了西北油田分公司有关专家的帮助，在此深表感谢；同时，也得到了多年来奋战在塔里木盆地的科研院校，兄弟单位的专家和同事的帮助和支持，在此致以真挚的感谢。

同时，在专著完成过程中，参考和引用了大量相关学者、专家的研究成果，对所引用参考文献的作者表示诚挚的感谢。文中参考文献可能挂一漏万，敬请谅解。由于编写组水平有限，错误和不当之处在所难免，恳请广大读者批评指正。

作　者

2020 年 8 月于乌鲁木齐

目　　录

第一章　绪　　论

大型油气田是指最终可采储量合计达到 5×10^8 bbl（1bbl=0.159m³）的油气田（李春荣等，2007），据白国平（2006）的统计，在全世界已勘探发现的 877 个大型油气田中，以碳酸盐岩作为储集体的油气田有 283 个，尽管碳酸盐岩大型油气田的数量相对碎屑岩较少，但石油和天然气的可采储量分别占总可采储量的 48.66%和 45.26%。据 IHS 公司统计，碳酸盐岩油气资源量约占全球油气资源量的 70%，探明可采储量约占 50%，产量约占 60%（李阳等，2018；宋芊和金之钧，2000）。中国碳酸盐岩油气资源也十分丰富，塔里木盆地、四川盆地、鄂尔多斯盆地、柴达木盆地、渤海湾盆地等都在碳酸盐岩层系中获得突破，探明的石油和天然气可采储量分别占全国的 5.5%和 33%（李阳等，2018；谢锦龙等，2009）。与北美、中东等地区的碳酸盐岩储层相比，中国的油气藏表现出地质时代老、埋藏深等特点，因此勘探和开发的难度更大（李阳等，2018）。国内大部分碳酸盐岩油气藏都是以裂缝-溶洞-溶孔型为主，在纵向上和横向上非均质性非常强，基本上没有统一的油水界面及压力系统，因此已不能沿用储层的概念来描述这些油气藏，它们在空间上的叠置关系呈现出独立的储集空间集合体特征。碳酸盐岩储集体的分类方案较多，如罗平等（2008）将碳酸盐岩储集体分为礁滩、台内滩、岩溶和白云岩四大类；赵宗举等（2008，2007）则根据储层成岩类型将碳酸盐岩储集体分为古风化壳岩溶、礁滩和白云岩三大类；赵文智等（2012）则按照石油工业的预测评价将碳酸盐岩储集体分为沉积型、成岩型和改造型三大类。本书综合上述分类，将碳酸盐岩油气藏的储集体类型按沉积和成因类型分为生物礁、颗粒滩、白云岩、岩溶及断控-热液改造 5 种。

第一节　碳酸盐岩储集体研究现状

一、石灰岩储集体

（一）生物礁储集体

对生物礁进行系统、科学的地质学、生物学研究可以追溯到 18 世纪末和 19 世纪初（赵邦六等，2009；钟建华等，2005；Lyell，1841），之后，学者从生物堆积、生长特征、抗风浪性、生长位置、生物礁分类、生物礁成岩过程等方面对生物礁进行了系统的研究（范嘉松，1996；Dunham，1970）。

生物礁是油气资源的有利富集场所，因其格架孔、裂缝和溶洞发育，而利于形成良好的生物礁储集体。此外，据吕俏凤（2012）的统计，世界上绝大多数生物礁储集体距烃源岩位置近，生储盖条件匹配良好，因此，生物礁油气藏的勘探与开发引起了石油地质学家的巨大兴趣。生物礁油气藏的勘探开发始于 20 世纪初的北美地区（王才良，2000），20 世纪七八十年代是生物礁油气藏勘探开发的高峰期，在北美、中东等地区发现和识别出多个生物礁油气藏，据董治斌（2015）统计，全世界 173 个沉积盆地中，探明了约 1000 个生物礁油田；生物礁油气田的储量占世界油气田储量的 10%（张兵，2010）。生物礁油气田往往体量巨大，如 20 世纪初在墨西哥发现的阿尔苏 4 号井日产原油可达 3300t，20 世纪 90 年代在里海北部发现的卡萨冈生物礁油田储量达到 70×10^8 t（李梅，2012）。部分生物礁储层的孔隙在早成岩阶段损失非常严重，Prezbindowski（1985）估计美国墨西哥湾生物礁储层的原生孔隙在埋藏达到 100m 之前就因为海相胶结作用损失了 21%，而其后的成岩作用仅损失了 9%；Walls 和 Burrowes（1985）也发现放射状方解石（往往是海相成因）是影响西加盆地中-上志留统生物礁储层物性的最重要因素。

近 20 年国外学者对生物礁的研究已取得了较大的突破，国内学者也做了大量的研究工作，对于研究区礁滩相储集体，主要研究了如图 1-1 所示的几个方面。

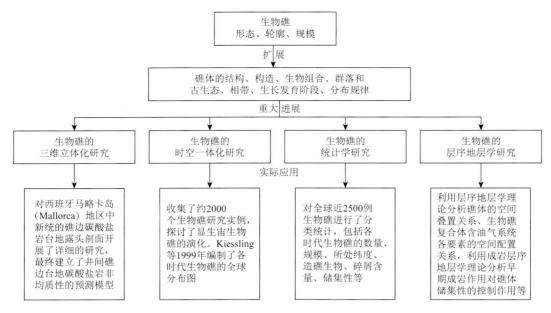

图 1-1　生物礁研究现状发展图

对于塔里木盆地的生物礁，经过多年的研究，取得了很大的进展，归纳起来有以下几点。

（1）明确了塔中地区生物礁演化的定位，确定了造礁生物的组成，并以各门类生物的生态学特征对其进行了分类和总结。

（2）通过钻井岩性特征、测井响应、古生物和地震资料等对礁滩型储集体进行识别，并系统地归纳了其在各项资料上的反映特征。

（3）对比了礁滩型储集体中不同亚相储集体物性的差别。

（4）建立浅水高能滩亚相储集体和礁亚相储集体的成岩-孔隙演化模式。

（5）总结了多种因素共同控制礁滩型储集体的发育，包括有利的岩石组合、沉积作用、溶蚀作用（大气淡水溶蚀作用、表生期不整合岩溶、埋藏溶蚀）、多期的油气运移、构造作用等。

（6）建立礁滩型储集体地质-地球物理的识别模型，并投入实际勘探中应用，用以预测有利储集体的分布。

（二）颗粒滩储集体

颗粒滩储集体在碳酸盐岩油气藏中占非常重要的地位，全世界范围的油气勘探工作揭示，有相当规模和数量的油气藏以滩相碳酸盐岩作为主要的储层，如沙特阿拉伯的加瓦尔油田、阿联酋和卡塔尔的上侏罗统阿拉伯组油气田、美国海湾地区的侏罗系碳酸盐岩油气田、四川盆地的普光气田等（聂杞连，2016）。

国内外学者对颗粒滩的形成环境、岩相古地理及颗粒滩的成岩演化控制因素进行了大量的研究，认为颗粒滩可以形成于台缘斜坡、台地内部、缓坡（内缓坡和中缓坡）等水动力条件较高的环境下（文晓涛，2014；刘宝和，2008），颗粒滩的形成和演化受到古地貌、古气候、海平面变化等因素的影响（谭秀成等，2011；王兴志，2002）。古地貌决定了不同构造位置的水动力条件，从而控制了发育于高能碳酸盐岩颗粒滩储层的形成位置，经过强水动力条件的冲刷，颗粒滩相灰泥含量极少，容易形成良好的原生粒间孔。干旱或潮湿的气候下碳酸盐岩台地中大气淡水的注入有显著的差别，潮湿环境中，大量的大气淡水注入有利于准同生溶蚀作用的发生，在滩相沉积物中形成大量的铸模孔（Ehrenberg et al.，2008）。

（三）岩溶储集体

岩溶储集体在全球的油气勘探中有重要的地位，有相当数量的油气田以岩溶储层为主（张春林，2013），如美国阿纳达科油田、阿联酋布哈萨油田、我国的塔河油田等（刘存革等，2008）。岩溶储集体的储集空间一般为超出岩心和薄片大小的孔洞缝体系，具有非常强烈的非均质性（沈安江等，2016a）。国内外学者在碳酸盐岩沉积学和成岩作用的基础上，对古岩溶的识别标志及其发育规律进行了研究，并将现代岩溶的岩石学特征、地球化学特征引入古岩溶储层的研究中，对古岩溶作用的形成机理和大气水的成岩作用等方面进行了探讨（傅恒等，2017；钱一雄等，2007；Loucks，1999；Longman，1980）。此外，地震技术被用于岩溶储层的识别和预测，碳氧锶同位素、微量元素、流体包裹体等地球化学手段也被用于研究古老大气淡水的流体性质（白晓亮，2012；吴茂炳等，2007；刘存革等，2007）。

　　岩溶是指碳酸盐岩岩体暴露于大气淡水成岩环境中，由对碳酸盐岩不饱和的地表水和地下水对可溶性岩石的溶解、淋滤、侵蚀、搬运和沉积等一系列地质作用的综合（白晓亮，2012）。大气淡水活动相关的岩溶作用按照活动的成岩阶段主要为（准）同生岩溶和表生岩溶。准同生岩溶发生于准同生成岩环境中，受沉积旋回和海平面升降变化的控制，潮坪、颗粒滩等浅水沉积物在海退沉积序列中，露出海面或处于大气淡水透镜体内，受到大气淡水的淋滤和溶蚀，形成各类孔隙，常见铸模孔等组构选择性孔隙。表生岩溶发生于表生成岩环境中，主要是指受海平面升降和构造运动的抬升影响，已经固结成岩的碳酸盐岩抬升至地表，接受大气淡水的淋滤和溶蚀，常形成大规模的溶洞。Loucks（1999）建立了相应的岩溶模式（图 1-2），并根据洞穴深度，纵向上较老的地层发育最新的洞穴，较新的地层发育最老的洞穴，由下至上地对洞穴的充填物及潜流带-被动潜水面-渗流带的特征进行了详尽的描述与讨论。

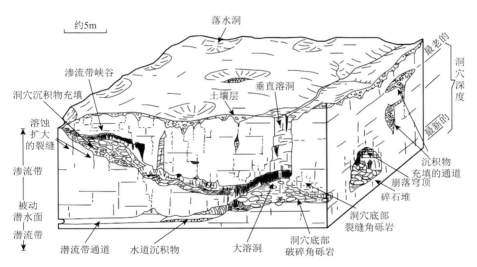

图 1-2　近地表渗流带及潜流带喀斯特地形及岩溶模式（据 Loucks，1999）

（四）断裂-热液储集体

　　与构造运动、断裂活动相关的热液进入碳酸盐岩储层后，可能发生的改造包括白云石化、萤石化、硅化及热液淋滤（Ramaker et al.，2014；Cai et al.，2008；Jin et al.，2006；Packard et al.，2001；Rogers and Longman，2001；Qing and Mountjoy，1992，1994），沉积盆地中，Machel 和 Lonnee（2002）沿用了 White（1957）的定义，将热液定义为温度高于环境温度的流体，因此，热液仅仅是一个描述流体温度状态的名词，热液进入储层与碳酸盐岩发生的水岩反应取决于流体性质，可能提高也可能降低储层的孔隙度和渗透率。自 20 世纪以来，全世界范围内在碳酸盐岩储层内识别出了大量与断裂-热液活动有关的储集体，Lu X 等（2017）也提出了断溶体的概念用以描述这类储集体。

　　关于断裂-热液储层的研究主要集中在断裂-流体活动发生的时间、流体来源、流体规模等问题上，然而，受限于沉积盆地定年难度较大、示踪手段有限及沉积成岩因素的多期叠加改造，这些问题仍存在较大争议。例如：①伴随着断裂活动，热液的来源可能有很多种，如深循环的大气淡水（Qing and Mountjoy，1992）、下伏碎屑岩中的孔隙水（Davies and Smith，2006）、与岩浆活动相关的流体（Jiang et al.，2015；Zhu et al.，2015）等，这些流体对原碳酸盐岩的饱和度并不明确，能否形成新的次生孔隙在各个地区有显著的不同；②部分学者则认为地下流体对碳酸盐岩的不饱和度非常低（约 1000ppm），因此溶解碳酸盐矿物并形成新的次生孔隙需要非常大的流体通量，如不饱和度以 100ppm 计算的话，在单位体积灰岩中溶蚀形成 1%的孔隙度需要 270 倍的流体与灰岩充分发生反应（Ehrenberg et al.，2012），而埋藏环境中往往难以解释相应的水动力学机制，因此，这些学者认为断裂-热液活动相关的储层中断裂的增容作用是形成储层的主要机制（Ehrenberg et al.，2016，2012，2009；Bjørlykke and Jahren，2012）。

二、白云岩储集体

灰岩的白云石化是碳酸钙被碳酸镁钙交代的过程，实质上是文石/方解石的溶蚀和白云石的沉淀过程（Putnis，2015）。一方面，白云石化的碳酸盐岩储集体会很大程度上继承原始灰岩储集体（颗粒滩、生物礁、岩溶、断控储集体）的特征；另一方面，大规模的白云石化（交代作用）需要大量的流体对镁离子和钙离子进行搬运，与大气淡水的活动相似，这类长期的、大规模的流体活动可能改变储层的储集空间。在很长一段时间内，白云岩被认为具有比灰岩更高的孔隙度和渗透率（Blatt et al.，1972），因此白云岩在油气勘探中的重要性不言而喻。然而，此后的研究发现，并不是所有的白云岩都具有良好的储集性能。例如，Schmoker 和 Halley（1982）通过对南佛罗里达的新生代白云岩（埋藏深度小于 1km）的研究发现，白云岩的孔隙度与临近的灰岩的孔隙度相近，甚至更低；同时，也有一些未经历显著埋藏的、年轻的白云岩非常致密（Lucia and Major，1994）。这些例子说明，白云岩并不天然具有比灰岩更好的储集性能，因此，在石油勘探过程中，地质学家需要预测的不是白云岩发育在哪些（构造、层序）位置，而是要预测优质白云岩储层发育在哪些位置（Sun，1995）。

白云岩油气藏实际上在很大程度上继承了上文所述的生物礁、颗粒滩和岩溶油气藏的特点。除此之外，灰岩的白云石化过程会对储集体有以下几点重要的改造。

（1）等摩尔交代。1mol 的白云石交代 1mol 的方解石时，原始灰岩的体积会减小大约 13%（Van Tuyl，1914），即灰岩被白云岩等摩尔交代时，孔隙度能够增加约 13%（如原岩的孔隙度可以从 40%增加到 45%）。尽管这种模式过于理想化，并且很难证明在实际情况下白云石化是等摩尔交代形成的（Machel，2004），一些未经历显著埋藏却非常致密的白云岩也证实并非所有的白云石化过程都是等摩尔交代，但是它至少告诉我们白云岩形成过程中的确存在孔隙度系统性增加的可能。

（2）残余方解石溶蚀。残余方解石溶蚀形成优质白云岩储层的潜力比等摩尔交代大得多。如上文所述，白云石化流体对碳酸镁钙饱和而对碳酸钙不饱和（文石/方解石溶蚀、白云石沉淀），当流体中的碳酸镁钙消耗殆尽时，白云石的沉淀终止，这时如果流体对碳酸钙仍然处于不饱和状态，就会继续溶蚀尚未云化的方解石（Machel，2004；Sun，1995）。例如，Lazer 等（1983）和 Oswald 等（1991）均发现蒸发浓缩的海水对白云石饱和而对文石和方解石不饱和，因此，一些位于碳酸盐岩台地下倾方向的泥粒云岩/粒泥云岩中颗粒的溶蚀被解释为白云石化流体的作用而不是大气淡水活动的产物（Sun，1992）。Saller 和 Henderson（1998）通过对美国得克萨斯州二叠系白云岩储层的研究发现，高孔隙段（孔隙度大于 15%）的分布不受岩性控制，高孔隙度段除在颗粒云岩中分布外，在球粒和生物碎屑泥粒云岩/粒泥云岩、泥粉晶白云岩等相对低能的相带中同样广泛分布，这些高孔隙度段被解释为白云石化流体溶蚀残余方解石的产物。此后，Morrow（2011）及 Saller 和 Henderson（2001）的讨论建立了蒸发回流白云岩的储层分布模式（图 1-3），紧邻蒸发潮坪和潟湖之下的白云岩往往由于过白云石化而非常致密，发育在台地向海侧（白云石化流体活动的远端）的白云岩则具有相对较好的孔渗条件。

（3）白云岩相对灰岩具有更强的抗压实能力。例如，Amthor 等（1994）对加拿大阿尔伯塔省泥盆系碳酸盐岩储层 31 口井的研究发现，埋藏深度在 2km 以内的灰岩孔渗条件比白云岩好，而埋藏深度在 2km 以上时，白云岩孔渗条件普遍好于灰岩。白云岩更强的抗压实能力有利于储集层在埋藏过程中的保存，尤其是在深部油气勘探过程中，白云岩储集体的这种特征显得尤为重要。

（4）白云岩的结构特征对孔隙发育的影响。有研究人员通过压汞实验中退汞/压汞值的变化，认为许多白云岩中的渗透率与总孔隙度或晶体大小没有直接关系，而是取决于孔喉的孔隙连通性。随后的一些研究则表明，尽管白云岩渗透率与晶体大小没有直接关系，但是平直面结构白云岩的孔渗关系比非平直面的孔渗关系明显，并且当白云岩储层的孔隙度增加时，平直晶面自形白云石的渗透率比平直晶面半自形白云石的渗透率增加更多。

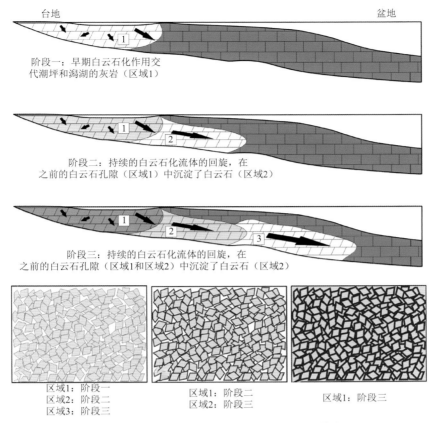

图 1-3 台地相渗透回流白云岩孔隙型储层模式

值得一提的是，在目前的油气勘探中，与热液有关的白云岩储层已成为一种重要的碳酸盐岩储层类型，如美国东北部和加拿大东部的密歇根盆地和阿帕拉契亚盆地奥陶系、加拿大西部沉积盆地（Western Canaolian sedimentan basin，WCSB）泥盆系和密西西比亚系的碳酸盐岩储层中有相当一部分为热液白云岩储层（图 1-4）。

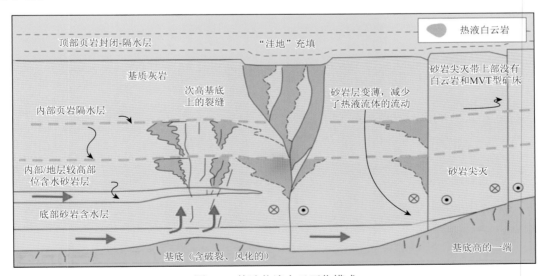

图 1-4 构造热液白云石化模式

第二节 储集体的地球物理响应、处理及预测

一、储集体的地球物理响应特征

碳酸盐岩储集体由于在沉积之后受到各种地质作用的改造，尤其是受到早期的大气淡水淋滤作用、深

部热液的溶蚀作用、构造的破裂作用等，使储集空间类型多样，多种储集空间的组合在平面上和纵向上都具有明显的非均质性，已经不是一个简单的储层概念，而是在空间上形成了一个不规则的储集体，不受沉积层的控制，因此在地球物理的响应上具有独特的特征。塔里木盆地经过多年的勘探表明，储集体埋藏深度大，成岩历史久，受多期构造影响，孔隙、溶洞和裂缝多重组合，储集特征非常复杂，利用常规的地球物理手段远远不能满足勘探的需要。因此，对于这种复杂的碳酸盐岩储集体在地震响应上也具有非常复杂的特征，同时给地震的施工、处理解释和预测都带来了极大的困难，概括起来就是地震采集的困难、资料处理的困难、储集体成像的困难、地震解释的困难和地震目标预测的困难。

储集体的地球物理响应一定是地下深处地质体的总体响应，为了能够准确获得储集体的地球物理响应特征，必须了解这些储集体的形成过程和主要的控制因素。经过多年的勘探和综合研究，对盆地内寒武系—奥陶系储集体的形成过程和控制因素已经有了明显的成果和认识。对不同储集体的基本特征、影响因素、演化过程及控制因素都进行了总结。研究最为深入的是岩溶型储集体和受断裂控制的裂缝-洞穴型储集体。对于岩溶型储集体的地质特征和地震响应特征，焦方正和窦之林（2008）做了深入的总结，认为碳酸盐岩岩性致密，刚性强，因此，地震波的传播速度比较高，碳酸盐岩一般分布都比较广，沉积稳定，岩性也比较均一，因此在地震剖面上纵横向的分辨率一般较碎屑岩的低；当碳酸盐岩上覆有碎屑岩时，两种不同地震传播速度的介质会因为波阻抗差异大，造成反射与折射强烈，影响地震波能量的向下传播，使得深层岩石获得的地震波能量减弱，加之碳酸盐岩内部的均质性，波阻抗差异小，即使在层间的反射也相对较弱，在常规技术条件下，很难揭示碳酸盐岩内部的特征；对于碳酸盐岩中发育的裂缝和溶蚀孔洞，地震波会产生散射现象，即散射波比较发育，因此地震资料的信噪比降低，成像精度不高，难以刻画；在碳酸盐岩中常见的颗粒滩、生物礁及生物丘等沉积体，经过淡水的淋滤或者岩溶作用的改造，可以造成在横向上和纵向上的强烈非均质性，形成各向异性，从而引起地震波的动力学特征和运动学特征发生改变，其变化的规律性难以总结。对于这些现象，首先要找到造成溶蚀孔洞发育的地质界面，也就是区域上发育的不整合面，在地震剖面上寻找风化界面的地震响应特征。在塔里木盆地奥陶系的风化面最为发育，如中上奥陶统分界面（地震界面代号为 T_7^4）。在地震剖面上，该界面易对比追踪，但在不同地区这种地震波起伏特征具有明显差异，如在上奥陶统缺失的塔河地区，这种起伏特征表现为反射波同相轴呈现出波状起伏的特征，反映了中下奥陶统顶部的剧烈变化，当时的风化表面起伏不平及溶蚀沟壑和残丘发育；另外一种起伏特征是发育在上奥陶统剥蚀线附近的区域（被 T_6^0 削蚀尖灭，图 1-5A），表现为反射波同相轴为较为宽缓的起伏，

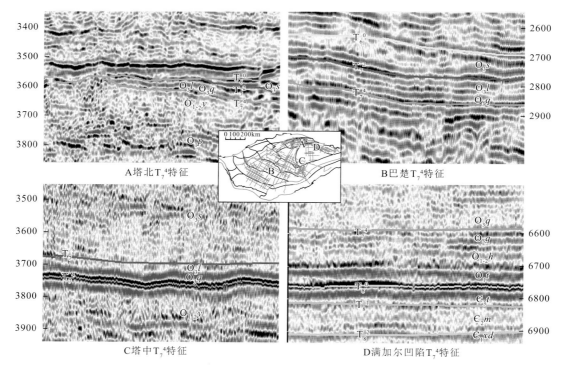

图 1-5 中上奥陶统分界面 T_7^4 地震响应特征

较前者明显平缓了很多，反映了风化面的地形较为平坦，溶蚀沟壑和残丘等微地貌不发育，说明风化作用差异不是很大，可能发育大量的小型溶蚀孔洞；在巴楚地区仍为强波组，但不似其他地区明显（图1-5B）。

在塔中大部分地区表现为强波组，高连续（图1-5C）。最后一种是反射波同相轴较为平坦，起伏幅度非常小的特征。这种特征常发育在上奥陶统的覆盖区，反映了区域上地层分布稳定，风化作用和风化剥蚀量近于一致，也说明了抬升的构造幅度不大或者较为均一，断裂和裂缝不是特别发育，如在满加尔为与上下整合接触的连续性好的中-强反射（图1-5D）。

局部地区（如在塔中地区）可以明显地看到该界面削截下伏一间房组地层（图1-6），局部地区T_7^4界面削蚀鹰山组地层，明显呈角度不整合接触关系。

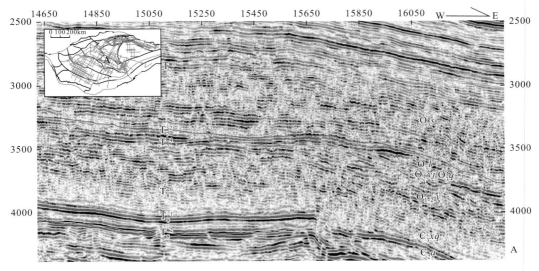

图1-6 T_7^4界面削截下伏一间房组地层

在塔北地区，由于风化作用形成了大量的地下溶洞和暗河，以及构造抬升和断层发育形成了裂缝，这些储集空间的组合形成了两大储集体类型：一类是以溶洞为主的溶洞型储集体；另一类是裂缝和溶洞相互叠加的缝洞型储集体。这两类储集体在地震响应上具有不同的特征，焦方正和窦之林（2008）将其地震反射响应总结为4个大类和14个小类，4个大类是串珠状反射、表层弱反射、表层强反射和不规则反射。对于大型溶洞型储集体有3种反射特征：一是在地震响应特征上主要表现为地震同相轴局部连续强反射，其下部有一平的或者略有下凹的局部较强的连续反射，或者下部有一短、平的弱反射同相轴；二是反射弱而且连续性较差，下部可见下凹不连续的强反射同相轴；三是弱反射和不连续同相轴，其下为串珠状强反射同相轴（图1-7）。这种大型溶洞型储集体最为常见的是串珠状地震响应特征，对于地下暗河而言，这种串珠状反射特征可以追踪，而溶洞型储集体在横向上常呈现独立的反射响应特征，不同的地质特征可以见到不同地震反射响应的组合。

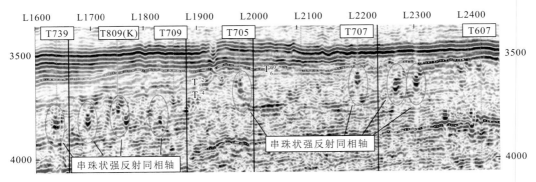

图1-7 弱地震反射同相轴之下的串珠状地震响应特征

对于缝洞型储集体，由于洞穴不发育，而是发育小型溶蚀孔洞，加上裂缝的改造，在地震剖面上，串珠状地震反射响应不明显，主要表现为局部强振幅连续反射、杂乱反射及弱或者无反射等结构响应，同相轴走向不协调，绕射较为发育，以及能量散射的特征，这一类反射响应主要见于风化面起伏比较剧烈的地区，而且相应的断裂和裂缝也比较发育，溶蚀孔洞也较为发育，是比较好的缝洞型储集体。在上奥陶统剥蚀线附近则表现为弱反射和杂乱反射两种主要响应，横向变化相对稳定，但可见杂乱反射向层状反射过渡的现象。

对于塔里木盆地碳酸盐岩缝洞型储集体，在地震参数上也有着明显不同于层状碳酸盐岩储层的特征，表现在振幅特征、频率特征、能量变化、速度变化及连续性变化等方面。

振幅特征：振幅特征主要取决于相邻岩层的岩石物理性质，当上覆岩层为低速介质时，两岩层的波阻抗差异相对较大，会形成强的地震反射，这也是不整合面发育时的振幅特征。在碳酸盐岩中发育有溶蚀孔洞及裂缝时，由于缝洞内充填的介质，如油、气或者水，其地震传播速度也比较低，存在较大的波阻抗差异，同样会形成较强的反射特征。在碳酸盐岩顶部发育有裂缝、落水洞或者溶蚀孔洞，而上覆岩石同样为低速介质时，由于波阻抗的纵横向差异，会形成强反射背景下的相对较弱的反射特征。

频率特征：由于碳酸盐岩比较致密，刚性强，地震波的传播速度高，但是在有缝洞存在的条件下，对地震波的高频部分具有比较强的吸收作用，导致地震波反射波的频率下降，因此，在碳酸盐岩地层，地震波频率的下降预示着可能存在缝洞。

能量的变化：一般来讲，对于碳酸盐岩台地沉积的岩石，均质性比较强，地震波在传播过程中，能量的变化不明显，一旦有溶蚀孔洞发育，或者地下暗河及其他溶蚀作用发育，这些空间可能会被其他物质所充填，会造成能量的快速衰减，高频部分的能量衰减更快更明显，有时甚至消失，这就是常说的高频吸收现象。

地震波速度变化：地震波在碳酸盐岩中的传播是比较快的，速度很高，而且变化幅度也不大，一旦遇到缝洞系统，尤其是在缝洞中充填了油气时，地震波的速度会发生明显的降低，因为油气是一种低速异常体，地震波在通过时，速度会发生变化，降低约 20%。

贺振华等（2007）在室内通过缝洞系统的模拟试验，观察孔洞系统的地震响应，发现当孔洞密度大于 0.06 时，纵、横波由于衰减作用，接收到的有效波形比较差，而且背景噪声大，很难获取有效波的特征属性和相关参数，当孔洞密度小于 0.06（试验用的孔洞密度是 0.011）时，测试所接收到的纵、横波波形特征明显，有效波的初值清晰，振幅强；纵、横波速度随着孔洞密度的增大，具有减小的趋势，然而，对于纵、横波速度的变化率来讲，变化不明显；纵横波的振幅变化对孔洞密度的变化非常敏感，振幅随着孔洞密度的增大而衰减得更快，当孔洞密度增大到 0.04 时，振幅已经衰减得相当微弱。因此，纵、横波的振幅特征与孔洞密度之间具有良好的幂指数关系，纵、横波振幅的变化幅度相当大；纵波的主频与孔洞密度呈一种线性关系，随着孔洞密度的增大，纵波的主频逐渐向低频方向移动。当在实验中施加温度和压力时，也就是随着温度、压力及孔洞密度的增加，纵波速度、振幅、主频和主振幅都减小，在这些参数中，纵波振幅的变化幅度更为明显，其次为主振幅的变化幅度，表明纵波振幅对孔洞密度的变化最为敏感。对于温度和压力而言，温度对于孔洞模型地震波的各项参数都有一定的影响，但影响程度不大，随着温度的不断增加，孔洞模型的地震波速度、振幅、主频等参数都略有下降，但是下降幅度不明显。而压力对孔洞模型地震波的各项属性参数有着明显的影响，随着压力的不断增加，地震波的响应明显增强，地震波的速度、振幅和主频等参数也逐渐升高，因此，压力对孔洞系统的地震响应影响较大。

二、储集体地震资料的处理

针对塔里木盆地寒武系—奥陶系碳酸盐岩储集体埋藏比较深、温度比较高、压力比较大的特征，地震资料的解释和处理都遇到极大的挑战，由于目的层埋深都在 5000m 以下，多数为 6000～7000m，井底温度比较高，取心难度大，取心比较少，测井资料的获取不全面，给测井施工带来极大的困难，因此，地震资料的信息获取就显得更为重要。经过多年的探索研究，对于深层碳酸盐岩地震资料的获取、处理和解释都有了很大的进步，也获得了良好的效果。高精度三维地震处理的主要难点在于地震资料中具有多种干扰因素的存在，如线性干扰，面波、折射波的干扰等，还有深部地层内部的信噪比低、频率低，受缝洞系统的影响，地震波速度变化大，层速度差异明显，受地表条件的影响，地震资料在能量、频率、相位等方面存在差异，表层为盐碱、沙土地貌，松散的表层与潜水面是较强的波阻抗界面，地震波高频成分被吸收，衰减严重。为了突破这些难点，寻找有效的处理技术就成为资料处理的关键。漆立新和李宗杰（2018）总结了目前主要的针对性技术，主要包括提高信噪比、能量恢复及振幅一致性处理、高分辨率处理。提高信噪比是在层析静校正、剩余静校正的基础上开展多域去噪处理，保护利用好低频信息，保护好波场的完整性，主要方法有坏道自动识别、噪声自动识别与衰减技术、频率-空间域相干噪声压制技术、多域复合去噪及强噪声衰减技术、十字交叉排列面波压制技术、分频异常振幅衰减、高精度拉东变换压制多次波。能量恢复及振幅一致性处理就是在处理中遵循先去噪、后补偿的原则，用真振幅恢复，在反褶积前后各进行一次地表一致性振幅补偿。高分辨率处理就是在地表一致性反褶积的基础上，再串联一个反褶积，一般采用协调反褶积、反 Q 滤波等技术，目的是消除风化剥蚀面之下的低频波谷，从而提高断裂及串珠的成像清晰度。采用这些处理技术，可以提高串珠和小断裂的精细成像。对于碳酸盐岩缝洞系统和储集体还要通过对预处理数据进行优化处理，从而消除异常振幅，对边界能量衰减进行处理消除边界效应的影响，建立初始速度模型，选择光滑地表进行克希霍夫叠前时间偏移，减少叠前偏移浅层波场的畸变，采用处理解释一体化的速度建模思路和层控建模，以及地质导向的网络层析建模技术，提高速度建模的精度，对缝洞系统的储集体进行建模。

三、缝洞型储集体的建模及预测

塔里木盆地寒武系—奥陶系碳酸盐岩储集体经历了长期的成岩作用及构造作用，岩石的物理性质（如速度、密度、孔隙度等）在纵、横向上的变化不再是一个均质体，而且变化非常大，储集体的形态特征也不是常见的受沉积层的控制或者沉积相的控制，空间变化非常快，也非常大，常见的相控建模及随机建模对缝洞型储集体已经不适合，误差比较大。漆立新和李宗杰（2018）通过引入方向因子 θ，给出了一种新的矢量自相关函数表达式，使产生的随机介质具有一定的方向优势，通过引入孔洞分布的长半轴 l、短半轴 s 及局部发育密度 P，采用阈值截取法来构造不同形式的缝洞随机介质模型，从而实现了对地下复杂碳酸盐岩不同尺度、不同角度缝洞体的精确刻画和描述，形成了一种新的多尺度随机介质建模理论，该理论的关键在于建立一种自相关函数。图 1-8 就是通过这一理论生成的随机介质模型，这一模型在自相关长度上描述了随机介质在水平方向和深度方向的非均质异常的平均尺度，所计算出的粗糙度因子描述了随机介质在微观尺度上的粗糙程度，角度因子描述了自相关方向在平面上的变化，这样利用矢量自相关函数，通过选择不同的自相关长度、粗糙度因子和角度因子能够方便灵活地模拟复杂非均质地层。在这一理论的指导下，对孔洞型储集体、裂缝型储集体和缝洞型储集体可以分别进行建模。

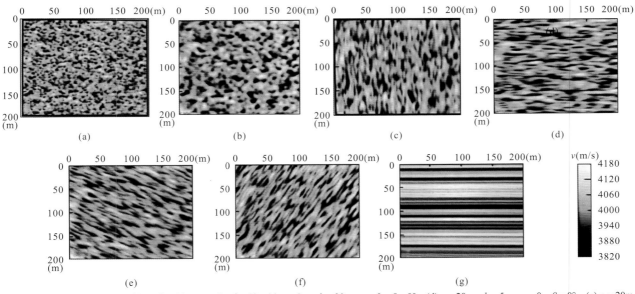

(a) $a=b=5\text{m}$, $r=0$, $\theta=0°$; (b) $a=b=10\text{m}$, $r=0$, $\theta=0°$; (c) $a=5\text{m}$, $b=20\text{m}$, $r=0$, $\theta=0°$; (d) $a=20\text{m}$, $b=5\text{m}$, $r=0$, $\theta=0°$; (e) $a=20\text{m}$, $b=5\text{m}$, $r=0$, $\theta=30°$; (f) $a=20\text{m}$, $b=5\text{m}$, $r=0$, $\theta=120°$; (g) $a=10000\text{m}$, $b=5\text{m}$, $r=0$, $\theta=0°$

图 1-8 不同参数下的高斯型随机介质模型

（一）孔洞型储层的建模方法

孔洞型储层的建模通过以下步骤实现。

（1）给定模型参数。包括孔洞在 x、z 平面内分布的长半轴 l、短半轴 s 及局部发育密度 P，当 $l = s$ 时，孔洞分布形状为圆形；当 $l \neq s$ 时，孔洞分布形状为椭圆形。

（2）在连续型随机介质模型 $\sigma = \sigma(x, z)$ 中，确定局部最大值 $M_i(X_i, Z_i)$（M_i 是在以 M_i 为中心、以长短半轴为椭圆的局部区域中的最大值点），则有

$$\sigma(M_i) = \sigma(X_i, Z_i) = \max_{\|M - M_i\|} \{\sigma(M) = \sigma(x, z)\} \tag{1-1}$$

按照如下步骤确定阈值截取缝洞发育区，直到在该缝洞分布区域中的缝洞发育密度达到 P。

（1）给定初始值 $V_{\max} = \max\limits_{\|M - M_i\|} \{\sigma(M) = \sigma(x, z)\}$，$V_{\min} = \min\limits_{\|M - M_i\|} \{\sigma(M) = \sigma(x, z)\}$。

（2）根据阈值 $\overline{v} = (v_{\max} + v_{\min}) / 2$ 截取溶洞区域。

$$S_0 = \{M = M(x, z) \mid \sigma(M) \geqslant \overline{v}, \|M - M_i\| \subseteq \pi l s\} \tag{1-2}$$

（3）若溶洞 S_0 的面积 $\{S_0\}$ 在该溶洞分布区中的发育密度达到 P，即 $|S_0| / (\pi l s) = P$，则停止；否则转下一步。

（4）若 $|S_0| > P$，则令 $v_{\min} = \overline{v}$；若 $|S_0| < P$，则令 $v_{\max} = \overline{v}$，然后转入第（2）步。

按照上述步骤，可以由一个连续型随机介质模型通过给定储集体的统计特征，如孔洞半径 R、孔洞率或发育密度 P（单位体积储集体内所含的溶洞体积百分比，也定义为广义孔隙度）等参数，得到随机孔洞介质模型。

（二）裂缝型储层的建模方法

裂缝型储层的建模是把它作为一种等效的管网模型，用高斯模拟的方法建立起一个概率模型，并用阈值截取法找出裂缝分布的中心点，在此基础上，确定裂缝，而且裂缝的发育数量应与中心点的数量相同，最后用高斯模型建立裂缝的长度、宽度、倾角和充填程度等参数。

具体的建模方法如下。

（1）通过高斯模拟建立初始概率模型 $P(x, z)$。

（2）通过阈值截取法确定裂缝分布的中心位置 (x_0, z_0)：

$$M_0(x_0, z_0) = \begin{cases} 1, & P(x, z) \leqslant n \\ 0, & \text{其他} \end{cases}$$

式中，n 是裂缝条数（比例数）。

（3）在中心点位置 (x_0, z_0)，选择高斯模拟法，根据裂缝的倾角、长度和宽度模拟裂缝。

裂缝的参数是根据岩心资料进行统计的结果，也可以用类比的方法确定裂缝的参数，从而采用不同的裂缝分布模型，逐步逼近真实的裂缝分布及其参数特征。由于裂缝成因的不同，其分布特征具有随机性，确定裂缝的成因是选择裂缝分布模型的关键环节，必须要数学和地质学相结合才能够更为真实地再现裂缝的分布特征。

（三）缝洞型储层的建模方法

缝洞型储层的建模就是将孔洞型储层模型和裂缝型储层模型相结合建立组合模型，然而简单地将两种模型组合在一起并不能真实地再现缝洞型储层的分布特征，需要用叠加的多尺度随机介质模型来模拟这种储层类型。由于碳酸盐岩储集体的成因比较复杂，空间展布形态和单一的储层类型具有很大的差别，简单地应用上述方法可能得不到想要的结果，必须用新的手段和方法来描述或者建模，才能够得到真实的储集体展布特征。

第二章　地　质　背　景

在全球大地构造格局中，塔里木板块北靠中亚构造域，南邻特提斯构造域，东接华北板块，西隔帕米尔突刺与卡拉库姆板块相望。华北、塔里木和卡拉库姆板块相连，呈条带状东西向展布，构成了分隔南、北两大巨型构造域的过渡、中间构造单元。塔里木板块与华南板块、华北板块并称为中国的三大板块，又称为中国的三大克拉通。虽然它们都具有古老结晶基底，但是，从全球大地构造尺度上看，它们都是很小的陆块，在小比例尺的全球古大陆恢复时往往被忽略。现今的塔里木板块被南天山、昆仑山和阿尔金山三大造山带所包围（图 2-1），在地貌上显示出一个大型山间盆地的特点。

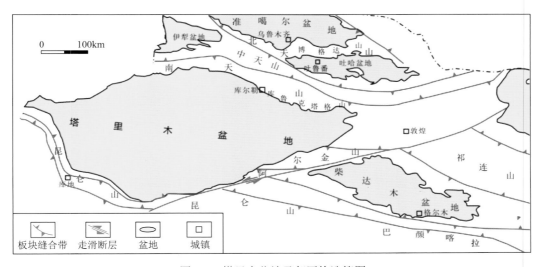

图 2-1　塔里木盆地及邻区构造简图

南天山造山带位于塔里木板块北侧，是中亚构造域的南缘，限定了塔里木盆地的北界。它是一条古生代增生-碰撞造山带，并在新生代复活，发生陆内造山。昆仑造山带属于青藏高原的北部边缘，位于塔里木板块的西南侧，限定了塔里木盆地的西南边界。它是一条早古生代增生-碰撞造山带，是古特提斯造山带的组成部分；新生代与青藏高原一起大规模隆升，陆内造山。阿尔金造山带位于塔里木板块的东南缘，限定了塔里木盆地的东南边界，是在早古生代增生-碰撞造山带的基础上发育起来的一条新生代巨型走滑断裂带。

第一节　塔里木盆地的构造运动及演化

塔里木盆地的构造演化史由多个构造旋回及旋回所属的构造演化阶段叠合而成。不同的旋回，演化阶段各自具有其独特的地质构造特色。在同一构造阶段下，不同构造区域、部位也具有各自的差异特征。这些不同旋回的差异及同一阶段的差异特征共同构成了塔里木盆地构造演化的特征。

根据长期的塔里木勘探研究实践，中石化西北油田的地质研究工作者将塔里木盆地显生宙构造演化历史划分为 5 个构造旋回：加里东旋回、海西旋回、印支旋回、燕山旋回、喜马拉雅旋回，7 个构造演化阶段：寒武纪—中奥陶世克拉通盆地演化阶段、晚奥陶世—中泥盆世周缘前陆盆地-陆内拗陷盆地阶段、晚泥盆世—早二叠世克拉通内拗陷盆地阶段、中-晚二叠世大陆裂谷盆地阶段、三叠纪周缘前陆盆地-陆内拗陷盆地阶段、侏罗纪—白垩纪陆内断陷-拗陷盆地阶段、新生代陆内前陆盆地阶段（表 2-1）。构造运动是一个改变岩石组构的幕式过程，最明显的证据就是不整合（何治亮等，2001），传统上，每一个构造运动都是由一个具体的不整合来命名的。塔里木盆地的各个构造运动也都是用不整合来命名的。西北油田常用的构造运动名称有加里东中期Ⅰ幕运动、加里东中期Ⅲ幕运动、海西早期运动、海西晚期运动、印支运动、燕山早期运动、燕山晚期运动、喜山（早期）运动等。

　　这一系列构造运动主要涉及显生宙构造演化特征，前寒武纪晚期的构造运动主要为塔里木运动和库鲁克塔格运动。本章在这里针对这几期运动做简要介绍。

表 2-1　塔里木盆地构造演化阶段及特征简表

旋回	阶段	年代	地区	盆地构造类型	不整合特征	沉降特征	综述
喜马拉雅旋回	7	Q—E	库车	陆内前陆盆地	底部为一级不整合面（T_3^0地震反射波）	快速挠曲沉降	受喜马拉雅造山作用远程效应影响，昆仑山、南天山陆内造山，山前形成陆内前陆盆地
			阿瓦提—满加尔			均匀沉降	
			巴楚—塔中			巴楚快速隆升塔中均匀沉降	
			塔西南			快速挠曲沉降	
燕山旋回	6	K—J	库车	陆内断陷-拗陷盆地	底部为一级不整合面（T_4^6地震反射波）	均匀拗陷沉降	造山后应力松弛阶段，构造稳定，有来自西南部的海侵
			阿瓦提—满加尔			隆起剥蚀	
			巴楚—塔中				
			塔西南			均匀拗陷沉降	
印支旋回	5	T	库车	周缘前陆盆地-陆内拗陷盆地	底部为一级不整合面（T_5^0地震反射波）	快速挠曲沉降	南天山碰撞造山作用，形成库车周缘前陆盆地
			阿瓦提—满加尔			均匀拗陷沉降	
			巴楚—塔中			剥蚀-均匀沉降	
			塔西南			快速挠曲沉降	
海西旋回	4	P$_{2-3}$	库车	大陆裂谷盆地	底部为二级不整合面（T_5^3地震反射波）	快速裂陷沉降	大陆裂谷作用及其相关的岩浆活动，火山岩和火山碎屑岩沉积
			阿瓦提—满加尔				
			巴楚—塔中				
			塔西南				
	3	P$_1$—D$_3$	库车	克拉通内拗陷盆地	底部为一级不整合面（T_6^0地震反射波）	均匀拗陷沉降	造山后应力松弛，主体为稳定克拉通内拗陷盆地，北缘为被动大陆边缘拗陷盆地
			阿瓦提—满加尔				
			巴楚—塔中				
			塔西南				
加里东旋回	2	D$_2$—O$_3$	库车	周缘前陆盆地-陆内拗陷盆地	底部为一级不整合面（T_7^4地震反射波）	剥蚀-均匀沉降	昆仑碰撞造山，以前陆盆地系统为特色，盆地主体为隆后拗陷带
			阿瓦提—满加尔			均匀拗陷沉降	
			巴楚—塔中				
			塔西南			隆升剥蚀-挠曲沉降	
	1	O$_2$—Є	库车	克拉通盆地	底部为一级不整合面（T_9^0地震反射波）	均匀拗陷沉降	塔里木陆块主体为稳定克拉通盆地，周缘为被动大陆边缘盆地
			阿瓦提—满加尔				
			巴楚—塔中				
			塔西南				

一、塔里木运动

　　塔里木运动时间上相当于华南的晋宁运动，是元古宙晚期的一次重要构造运动，以震旦系与前震旦系之间的不整合为代表。塔里木运动标志着盆地前震旦系基底构造演化结束和盆地基底最终形成并进入盆地发展演化阶段，是盆地形成演化过程中发生的最重要的构造事件之一，这次运动之后塔里木盆地接受了真正的未变质的盖层沉积。塔里木板块的基底为古老陆壳，形成于前南华纪。经过以南华系/前南华系不整合为标志的塔里木运动，塔里木板块的基底固结定型，形成统一的结晶基底，开始相对稳定的塔里木克拉通演化历史（何治亮，2001）。塔里木运动所形成的不整合在地震波组上对应 T100 反射面，又称 Td 反射面。南华纪—震旦纪沉积是塔里木板块最早的稳定盖层沉积。这一阶段在全球大地构造中对应的是罗迪尼亚超大陆的裂解（Li et al.，2008，1996）。其间，在南华纪末—震旦纪初发生过一次升降构造运动——库鲁克塔格运动，造成震旦系/南华系之间的平行不整合（贾承造，1997）。库鲁克塔格运动之后的塔里木地块，构造属性渐趋稳定，稳定克拉通的特征更加明显。塔里木运动发生于震旦纪之前的元古宙晚期（华南的晋宁运动），代表了地槽发展的终结，对塔里木地台的生成起到了至关重要的作用，在它的作用下形成了震旦系与前震旦系之间的大范围角度不整合，并导致前震旦系广泛发育了程度各异的区域性褶皱变质。

二、加里东运动

加里东一词来自欧洲的加里东造山带（Caledonian orogen）。该造山带位于不列颠群岛、斯堪的纳维亚、斯瓦尔巴、东格陵兰的北部及欧洲的中北部。加里东旋回在地质年代上大致相当于早古生代。有人认为晚前寒武纪的南华纪—震旦纪也属于加里东旋回，并将加里东旋回的上限置于中-晚泥盆世的分界，即东河砂岩沉积前（李丕龙，2010；何治亮等，2001）。因为西北油田称东河砂岩/前东河砂岩不整合所代表的构造运动为海西早期运动，所以本书将泥盆纪归属海西旋回。

加里东期运动可划分为加里东早期、中期、晚期3个阶段。加里东早期运动普遍发生于晚震旦世—早奥陶世（漆立新，2016；汤良杰等，2012）。该时期塔里木盆地受周缘南天山洋与北昆仑洋和阿尔金洋的拉张裂解运动，整体处于伸展阶段，并在周缘形成被动大陆边缘（图2-1）。该时期主要在基底薄弱带上发育小型的拉张正断层并广泛分布于塔北隆起、塔中隆起、满加尔边缘、塔东隆起、塘古巴斯、巴麦地区。同时期塔里木盆地塔西台地地区广泛发育稳定的海相碳酸盐岩台地沉积（冯增昭等，2007；汤良杰等，2012）。

加里东中期，受南缘北昆仑洋和阿尔金洋的俯冲削减。盆地由广泛的拉张应力环境转变为挤压应力环境，该时期构造运动主要划分为3幕。

加里东中期I幕运动是中奥陶世末发生的一次构造运动，形成中/上奥陶统之间的不整合，地震反射波组上对应的是T_7^4反射层。主要发育于昆仑板块与塔里木南部大规模的碰撞挤压作用时期（漆立新，2016），主要表现为中奥陶统一间房组与土木休克组，或者鹰山组与良里塔格组存在不整合面，在塔中地区表现相对强烈，可导致一间房组完全剥蚀，甚至鹰山组上段也可发生剥蚀，导致鹰山组下部与良里塔格组产生不整合接触。樊太亮等（2007）将该不整合面划分为I级不整合面，在塔西南—塔中区域及塔北区域表现为角度不整合。

加里东中期II幕运动发生于上奥陶统良里塔格组沉积末期，主要表现为对加里东中期I幕的进一步延伸构造运动，在塔东地区表现为阿尔金隆起的进一步扩大。

加里东中期III幕运动发生于奥陶纪末的桑塔木组沉积末期。该时期为昆仑洋与塔里木板块碰撞运动的末期，主要形成志留系/奥陶系之间的不整合。塔中、塔东南地区的奥陶系与上覆地层之间不整合面大量发育。在塔东地区主要转变为隆起物源区，并缺失志留系沉积。在地震反射波组上对应的是T_7^0反射层。该构造运动代表的是昆仑加里东碰撞造山作用的一个阶段。

加里东晚期表现为志留纪之后南天山洋壳向中天山隆起的俯冲。持续的碰撞导致塔里木盆地整体处于挤压应力环境之下（漆立新，2016）。塔里木盆地南缘古城墟隆起上奥陶统—泥盆系普遍遭受大规模暴露剥蚀。塔中地区总体构造形态呈北西倾向并尖灭的大型鼻隆，构造格局以东高西低为特征。志留纪晚期中昆仑早古生代岛弧与中昆仑地体的碰撞持续发生，前陆褶皱冲断带不断向克拉通盆地方向扩展，直到将先前发育的前陆盆地改造成大型冲断带，类似中生代早期的库车前陆盆地在新近纪被改造成前陆冲断带（李曰俊等，2001），志留纪—泥盆纪冲断构造进一步加强，地层抬升或倾斜，古城墟隆起形成。

三、海西运动

海西的命名取自欧洲的海西造山带（Hercynian orogen）。海西造山运动在全球大地构造中的意义是，使劳亚古陆和冈瓦纳大陆碰撞形成了潘基亚泛大陆。

海西旋回在地质年代上大致相当于晚古生代。塔里木盆地在海西旋回整体处于伸展构造背景，这是该旋回塔里木盆地的一大构造特征，包括两个大的伸展构造演化阶段，分别是晚泥盆世—早二叠世昆仑造山后应力松弛阶段和中-晚二叠世大陆裂谷演化阶段。另外，海西旋回初期（早-中泥盆世）属于昆仑碰撞造山作用末期，为一挤压构造演化阶段（表 2-1）。海西旋回中，海西早期运动和海西晚期运动为主要的两期构造运动。

海西早期运动是以东河砂岩/前东河砂岩之间的不整合命名的一个构造运动。该不整合在地震反射波组上对应的是 T_6^0 反射层。这是塔里木盆地最著名的不整合之一，在盆地内及周边都广泛发育。该不整合在地质构造上的意义是昆仑碰撞造山作用的结束和造山后应力松弛阶段的开始。这是塔里木盆地古应力场转换的一个重要的时间节点。

海西晚期运动指的是三叠系/二叠系不整合所代表的构造运动，在地震反射波组上对应的是 T_5^0 反射层，也是塔里木盆地广泛发育的一个不整合，特别是在盆地北部发育良好。这一不整合的形成主要受控于两个大的地质构造事件：一个是二叠纪的大陆裂谷作用；另一个是南天山的碰撞造山作用。该期运动在塔里木陆块构造演化史上意义重大，二叠纪时期的大陆裂谷作用不仅是形成不整合的主要地质构造事件之一，其伴随的大陆裂谷型岩浆作用同样引人注目。该时期的大陆裂谷型岩浆岩以基性火山岩（以玄武岩为主）最为发育，主要分布在塔里木盆地的西部和中部（闫磊等，2014；潘赟等，2013；杨树锋等，2005），玄武岩年龄受 K-Ar、U-Pb 锆石定年及 ^{40}Ar-^{39}Ar 同位素测年约束（Yu et al.，2011；Zhang et al.，2010；陈汉林等，1997；余星等，2009；厉子龙等，2008）。简而言之，海西晚期运动代表的是二叠纪大陆裂谷作用的结束，同时标志着南天山碰撞造山作用的开始（李曰俊等，2010，2009；孙龙德等，2002；贾承造，1999）。

四、印支运动

印支旋回的时代大致相当于三叠纪，燕山旋回包括侏罗纪和白垩纪。在塔里木盆地，这两个旋回密切相关，经常合称为印支-燕山构造旋回（李曰龙等，2010）或印支-燕山运动（何治亮等，2001）。

印支运动发生于三叠纪末，形成侏罗系/三叠系之间的不整合。该不整合在地震反射波组上对应的是 T_4^6 反射界面。以侏罗系/三叠系不整合为标志，塔里木盆地的区域构造应力场由三叠纪的区域性挤压转变为侏罗纪—白垩纪的区域性伸展；代表的构造事件是南天山碰撞造山阶段向造山后应力松弛阶段的转变（赵岩等，2012）。

五、燕山运动

燕山早期运动发生于侏罗纪末，形成白垩系/侏罗系之间的不整合，在地震反射波组上对应的是 T_4^0 反射层。白垩系底部广泛发育的底砾岩（城墙砾岩）表明燕山早期运动的广泛存在。

燕山晚期运动发生于白垩纪末，形成古近系/白垩系之间的不整合，在地震反射波组上对应的是 T_3^0 反射层。这一不整合在塔里木盆地及周边露头区都广泛分布，代表着燕山旋回的结束和喜马拉雅旋回的开始。

六、喜山运动

喜马拉雅旋回在地质时代上相当于新生代，包括古近纪、新近纪和第四纪。其中，新近系/古近系之间的不整合所代表的构造运动称为喜山早期运动；第四系/新近系之间的不整合所代表的构造运动称为喜山晚期运动（李丕龙，2010）。喜马拉雅旋回受控于印度-亚洲碰撞造山的远程效应。这一构造旋回中，塔里木盆地周边山系快速隆升，陆内造山；山前形成陆内前陆盆地，主要表现为天山、昆仑山强烈陆内造山，形成了库车、塔西南两个陆内前陆盆地，山前均接受了巨厚（超过 10000m）的陆相碎屑沉积。巴楚隆起全面褶皱断裂、抬升剥蚀，是巴楚隆起上升幅度最大的时期，缺失古近系和新近系地层。塔中地区古近系、新近系发育陆相碎屑沉积。塔里木盆地在喜马拉雅旋回以陆内前陆盆地为特色。

第二节 地 层 系 统

塔里木盆地震旦系、寒武系、奥陶系发育齐全，但西部台地相区与东部盆地相区岩石地层存在较大差异（表 2-2、图 2-2、图 2-3）。

表 2-2　塔里木盆地下古生界地层划分

系	统	阶 国际阶	阶 国内阶	年龄（Ma）	塔北—塔中	塔东北	地震界面	构造运动
志留系	下统	鲁丹阶	鲁丹阶	443.7	柯坪塔格组 O_3-S_1k	图什布拉克组 O_3-S_1t	T_6^5（Tg5）	
							T_7^0（Tg5-0）	加里东中期Ⅱ幕
奥陶系	上统	赫南特阶	钱塘江阶	445.6	桑塔木组 O_3s	却尔却克群（组） $O_{2-3}qe$	T_7^2（Tg5'）	加里东中期Ⅰ幕
		凯迪阶	艾家山阶	455.8	良里塔格组 O_3l		T_7^4（Tg5"）	
		桑比阶		460.9	恰尔巴克组 O_3q			
	中统	达瑞威尔阶	达瑞威尔阶	468.1	上丘里塔格群 $O_{1-2}sg$ / 一间房组 O_2yj	黑土凹组 $O_{1-2}h$	T_8^0（Tg6）	加里东早期Ⅱ幕
		大坪阶	大湾阶	471.8	鹰山组 $O_{1-2}y$			
	下统	弗洛阶	道保湾阶	478.6				
		特马豆克阶	新厂阶	488.3	蓬莱坝组 O_1p	突尔沙克塔格组 ϵ_3-O_1t		
寒武系	上统	第十阶	凤山阶	～492	下丘里塔格群（组） ϵ_3xq		T_8^1（Tg6'）	?
		第九阶	长山阶	～496				
		排碧阶	崮山阶	499.0				
	中统	古丈阶	张夏阶	～503	阿瓦塔格组 ϵ_2a	莫合尔山组 ϵ_2m	T_8^2	?
		鼓山阶	徐庄阶	～506.5	沙依里克组 ϵ_2s			
		第五阶	毛庄阶	510.0				
	下统	第四阶	龙王庙阶	～515	吾松格尔组 ϵ_1w	西大山组 ϵ_1xd	T_9^0（Tg8）	加里东早期Ⅰ幕 柯坪运动
		第三阶	沧浪铺阶	～521	肖尔布拉克组 ϵ_1x			
		第二阶	筇竹寺阶	～528		西山布拉克组 ϵ_1x		
		幸运阶	梅树村阶	542.0	玉尔吐斯组 ϵ_1y			
震旦系	上统		灯影阶	635.0	奇格布拉克组 Z_2q	汉格尔乔克组 $Z_2h△?$ / 水泉组 Z_2s	Td（Tg9）	塔里木运动
	下统		陡山沱阶	680.0	苏盖特布拉克组 Z_1s	育肯沟组 Z_1y / 扎摩克提组 Z_1z		
南华系	上统				尤尔美那克组 $Nh_2y△$	特瑞艾肯组 $Nh_2t△$		说明：△冰碛

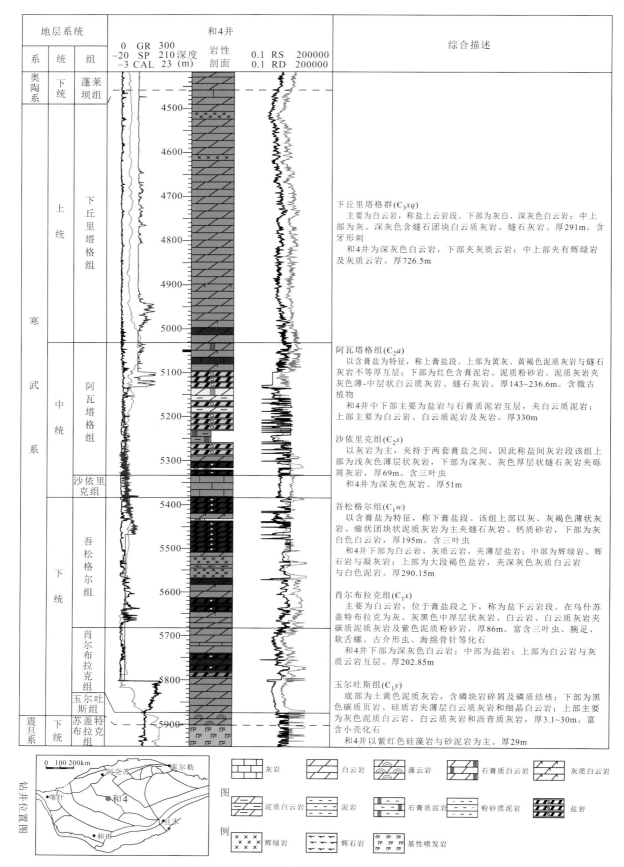

图 2-2　塔里木盆地寒武系综合柱状图

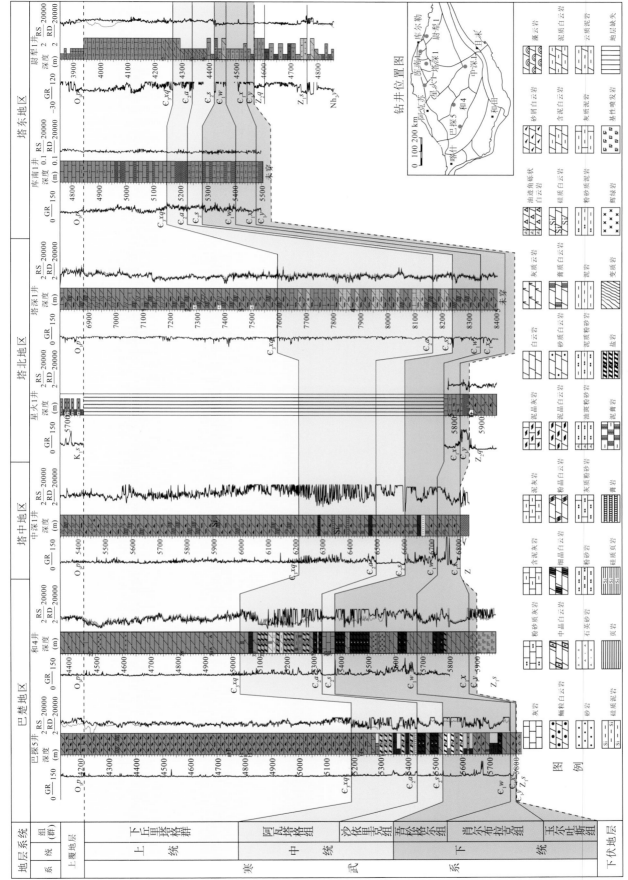

图 2-3 塔里木盆地寒武系地层系对比图

一、寒武系

（一）西部地层分区台地相区寒武系地层

西部地层分区台地相区寒武系发育下统玉尔吐斯组（$\mathcal{C}_1y$）、肖尔布拉克组（$\mathcal{C}_1x$）、吾松格尔组（$\mathcal{C}_1w$），中统沙依里克组（$\mathcal{C}_2s$）、阿瓦塔格组（$\mathcal{C}_2a$），上统下丘里塔格组（$\mathcal{C}_3xq$）。

玉尔吐斯组（$\mathcal{C}_1y$）底部为土黄色泥质灰岩，含磷块岩碎屑及磷质结核，下部为黑色碳质页岩、硅质岩夹薄层白云质灰岩和细晶白云岩，上部主要为灰色泥质白云岩、白云质灰岩和沥青质灰岩，厚 13.1～30.0m。富含小壳化石，下部含软舌螺 *Anabarites trisulcatus*、*Paragloborilus* sp.、*Sulcagloborilus gracilis*，分类未定化石 *Cambroclavus soleiformis*、*Deserties cavus*、*Aurisella tarimensis* 等；上部含软舌螺 *Persicitheca* sp.、*Adyshevitheca sinica*、*Cupitheca breuituva*、*Suleaglaborilus gracilis* 等，高肌虫 *Wushiella lyuntropu*、*Xinjiangellavenustais*、*X.renifouris*，单板类 *Protastenotheca xinjiangensis*，分类未定化石 *Archiasteralla pentactian*、*Actinostesuniversalis*、*Allonnia tripodophora*、*Hertzina aff.elogata* 等。该组在柯坪肖尔布拉克、塔北星火 1 井、塔东北库南 1 井主要为灰黑色硅质页岩及泥岩，厚 14～34m。在巴楚同 1 井、方 1 井为紫、褐红色泥岩和砂岩，和 4 井为泥晶云岩及硅藻岩，厚 3～34m；在巴楚巴探 5 井、玛北 1 井、卡塔克隆起塔参 1 井、中深 1 井及古城墟隆起塔东 2 井等缺失玉尔吐斯组。在塔东尉犁 1 井及库鲁克塔格乌里格孜塔格剖面，主要为灰色泥岩、硅质页岩，厚 26～32m（图 2-4）。

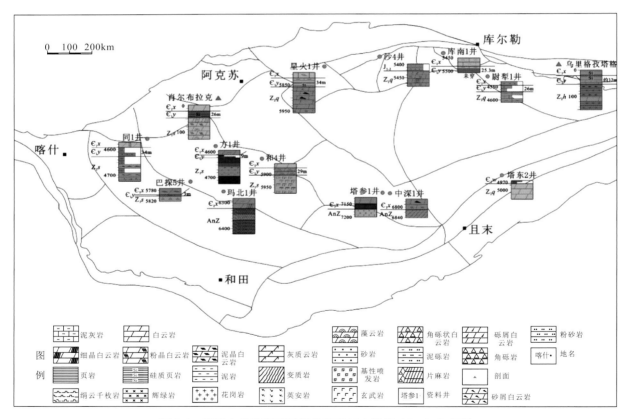

图 2-4　塔里木盆地寒武系底界及玉尔吐斯组（$\mathcal{C}_1y$）分布图

肖尔布拉克组（$\mathcal{C}_1x$）主要为白云岩，位于膏盐段之下，因此称其为盐下云岩段。在乌什苏盖特布拉克为灰、灰黑色中厚层状灰岩、白云岩、白云质灰岩夹碳质泥质灰岩及紫色泥质粉砂岩，厚 86m。富含三叶虫 *Kepingas tarimensis*、*K.kepingensis*、*Tianshanocephlus tianshanensis*、*Sinopalaeofossus xinjiangensis*、*Metaedlichiodes kalpingensis*、*Shizhdiscus sugaitensis* 及腕足、软舌螺、古介形虫、海绵骨针等化石。该组在方 1 井、同 1 井、巴探 5 井均钻穿，厚 5（同 1 井断层缺失）～250m。同 1 井底部为灰色泥质灰岩与浅灰色泥质白云岩互层夹浅灰色细砂岩及深灰色泥岩、硅质岩，白云岩含磷；中-上部主要为灰、灰褐色泥-

粉晶白云岩。塔参 1 井为深灰色白云岩夹有薄层状针孔状白云岩，厚 50～85m。塔深 1 井未钻穿，为浅灰色泥-粉晶白云岩夹含泥灰岩薄层。星火 1 井为灰色泥质灰岩和泥晶灰岩，厚 60m。

吾松格尔组（$\mathrm{C_1}w$）以含膏盐为特征，称为下膏盐段。乌什苏盖特布拉克剖面该组上部以灰、灰褐色薄状灰岩、瘤状团块状泥质灰岩为主夹燧石灰岩、钙质砂岩，下部为灰白色白云岩，厚 195m。含三叶虫 *Paokannia* sp.、*Redlichia* sp.、*Drepanopyge*? *dsitincta*。该组在同 1 井、方 1 井、康 2 井、巴探 5 井、玛北 1 井、和 4 井灰、灰白、褐色盐岩、石膏岩、膏质云岩、白云岩、泥质膏盐、泥质云岩、云质泥岩等略呈不等厚互层，局部见深灰色辉绿岩和辉石岩侵入，厚 199～302m。塔参 1 井主要为深灰、灰色石膏层、白云岩夹黑色页岩，中深 1 井为灰色膏质，含泥、砾屑白云岩及藻云岩，厚 68～120m。中 4 井未穿，为灰色白云质石膏岩、膏质白云岩与褐色石膏岩。塔北地区不发育膏盐岩，塔深 1 井岩性为灰色细晶白云岩、泥晶与粉晶白云岩呈不等厚互层，厚 103m。

沙依里克组（$\mathrm{C_2}s$）以灰岩为主，夹持于两套膏盐之间，因此称其为盐间灰岩段。在乌什苏盖特布拉克该组上部为浅灰色薄层状灰岩，下部为深灰、灰色厚层状燧石灰岩夹砾屑灰岩，厚 69m。含三叶虫 *Kunmingaspisdivergens*、*Chittidilla nanjingensis*、*Paragraulos yunshancumensis*、*Bathynotus nanjiangensis* 等。该组在盆地内白云岩含量有变化，厚度不大（40～107m）。巴楚主要为灰色灰岩、云质灰岩、泥灰岩夹粉晶白云岩，仅巴探 5 井云质含量明显大于灰质含量，以灰色泥晶白云岩、灰质白云岩与褐色盐岩为主。塔中地区白云岩含量增加，塔参 1 井、中 4 井以灰、深灰色白云岩为主夹石膏，中深 1 井主要是砂屑白云岩。塔深 1 井主要为浅灰、灰白色粉晶白云岩、细晶白云岩与泥晶白云岩不等厚互层夹砂屑白云岩薄层。

阿瓦塔格组（$\mathrm{C_2}a$）以含膏盐为特征，称上膏盐段。上部为黄灰、黄褐色泥质灰岩与燧石灰岩不等厚互层，下部为红色含膏泥岩、泥质粉砂岩、泥质灰岩夹灰色薄-中层状白云质灰岩、燧石灰岩，厚 143.0～236.6m。含微古植物 *Trachysphaeridium simplex*、*T.* sp.、*Lophosphaeridium* sp.、*Lophominuscula* sp.、*Margominuscula* sp.、*Leiosphaeridia* sp.、*Nucellosphaeridium* sp.、*Quadratimorpha* sp.、*Polyedryxium* sp.、*Veryhachium trispinosum*、*Micrihystridium* sp.、*Baltisphaeridium* sp.、*Taeniatun punctatosum*。该组在巴楚发育膏岩、盐岩、膏质云岩、云质膏岩、泥质云岩，夹紫红色含膏云岩、云质泥岩等，厚 242～382m。塔中塔参 1 井主要为深灰、褐色白云岩、膏质白云岩夹石膏层及黑色页岩，见燧石结核白云岩；中深 1 井发育灰色膏质白云岩、膏岩、藻云岩、砂屑白云岩夹鲕粒白云岩；中 4 井主要为灰白色膏岩、深灰色及褐色膏质云岩，厚 155～300m。塔北地区不发育蒸发岩，塔深 1 井主要为浅灰、灰白色细晶白云岩、粉晶白云岩与泥晶白云岩不等厚互层夹鲕粒云岩及含泥灰岩，厚 571m。

下丘里塔格群（$\mathrm{C_3}xq$）主要为白云岩，称盐上云岩段。下部为灰白、深灰色白云岩，中-上部为灰、深灰色含燧石团块白云质灰岩、燧石灰岩，厚 291m。含牙形刺 *Teridontus nakamurai*、*T.reclinatus*、*T.erectus*。塔深 1 井含牙形刺 *Semiacontiodus nogamii*、*Teridontus gracilis*、*T.huanghuachangensis*、*T.nakamurai*。该组在巴楚主要为灰、深灰色（砂屑）白云岩、细晶白云岩及燧石结核白云岩，厚 433～983m。塔中主要为灰色细晶-粗晶白云岩、泥晶云岩及砂屑白云岩，厚 791～1514m。塔北塔深 1 井主要为灰、浅灰、灰白色泥晶白云岩、粉晶白云岩、细晶白云岩与中晶白云岩不等厚互层夹砂屑云岩及含泥灰岩，厚 714m；于奇 6 井未钻穿，主要是灰色细晶-粉晶白云岩，中部夹有浅黄灰色含泥灰岩，上部为浅灰色中晶白云岩。

（二）东部地层分区盆地相区寒武系地层

东部地层分区盆地相区寒武系发育下统西山布拉克组（$\mathrm{C_1}xs$）、西大山组（$\mathrm{C_1}xd$），中统莫合尔山组（$\mathrm{C_2}m$），上统突尔沙克群（$\mathrm{C_3}te$）（表 2-2）。

西山布拉克组（$\mathrm{C_1}xs$）对应台地相区玉尔吐斯组和肖尔布拉克组下部。该组在辛格尔地区下部为黑色薄-厚层状硅质岩、云岩，中部为灰绿色玄武岩，上部为黑色薄-中层状硅质岩、硅质泥岩夹含磷层，厚 94.0～652.4m；含少量腕足 *Lingulella* sp.、海绵骨针 *Protospongia* sp.。在雅尔当山下部为黄灰色厚层状含砾不等粒云质岩屑砂岩，中部为灰、深灰色厚层状粉-泥晶白云岩夹硅质砾岩，上部为黑色硅质岩、含磷硅质岩，厚 18～140m。含少量海绵骨针 *Protospongia* sp.、藻类 *Eomycatopsis* sp. 及三叶虫碎片。在塔东库南 1 井钻遇该组（未穿），下部（玉尔吐斯组）为黑色页岩与灰色泥灰岩互层，厚 25.3m（未穿），上部（肖尔布拉克组下部）为深灰色泥灰岩，厚约10m。尉犁1井钻穿该组，下部（玉尔吐斯组）为灰色泥岩、粉砂质泥岩、泥质粉砂岩，厚26m；上部（肖尔布拉克组下部）为深灰色硅质泥岩、灰绿色粉砂岩、灰色泥质粉砂岩，厚约30m。塔东1井未钻遇该组。塔东2井缺失该组。

西大山组（$\mathrm{C_1}xd$）对应台地相区肖尔布拉克组上部和吾松格尔组。该组在辛格尔地区为灰、灰黑色薄层灰岩夹页岩、云岩，厚 50～80m，含三叶虫 *Metaredlichioides-Chengkouia* 带、*Tianshanocephalus* 带和 *Arthricocephalus-Chngaspis* 带。在雅尔当山下部为黑色中层状泥岩夹灰黑色中层状灰质云岩及粉晶灰岩；上部为黑色中层状泥、粉晶灰质云岩夹泥岩及硅质岩，含小壳化石 *Allonnia erromenosa*、*Kuruktagetubelis* sp.、*Archiasterella pentactina*、*Onychia* sp.，腕足 *Latouchella* sp.，海绵骨针 *Protospongia* sp.、*Kiwetinokia* sp.。在塔东库南1井该组下部（肖尔布拉克组上部）为深灰色泥灰岩夹少量灰岩条带，厚约65m，上部（吾松格尔组）为黑色页岩与深灰色泥灰岩互层，厚 123m；尉犁 1 井该组下部（肖尔布拉克组上部）为深灰色硅质泥岩、灰绿色粉砂岩、灰色泥质粉砂岩，厚约48m，上部（吾松格尔组）为黄灰色泥质白云岩与浅灰色硅质泥岩不等厚互层，顶为薄层灰色硅质岩，厚43m。塔东1井未钻穿该组，钻遇上部（吾松格尔组）灰质泥岩、泥灰岩，钻厚91.3m（未穿）。塔东2井该组不全，上部（吾松格尔组）为含泥灰岩，残厚24m；该组上部（吾松格尔组）直接覆盖于震旦系上统奇格布拉克组之上，缺失西大山组下部和西山布拉克组，相当于缺失肖尔布拉克组和玉尔吐斯组。

莫合尔山组（$\mathrm{C_2}m$）对应台地相区沙依里克组和阿瓦塔格组。该组在辛格尔地区为灰黑、灰紫色薄层状灰岩夹少量棕褐色钙质页岩及中厚层灰岩，下部砂、泥质灰岩增多，厚80～300m；含三叶虫 *Ptychagnostusatavus* 带、*Ptychagnostus punctuosus* 带、*Pseudophalacroma triangularis* 带、*Lejopyge armata* 带、*Lejopyge sinensis* 带等及腕足、海绵骨针、牙形类。在雅尔当山下部为浅灰色厚层状灰岩夹紫红色薄层状灰岩，上部为灰色薄-中厚层状灰岩、泥质灰岩与泥岩韵律式互层，厚 126～191m；含三叶虫 *Ptychagnostus atavus*、*Lejopygearmata*、*L.laevigata*、*Ptychagnostus dubium* 及海绵骨针、小壳、牙形类。在塔东库南1井该组下部（沙依里克组）为灰、黑色泥灰岩夹黑色页岩条带，厚55m，上部（阿瓦塔格组）为黑色页岩夹黑色泥灰岩条带，厚76m；尉犁1井该组下部（沙依里克组）为黑色泥岩与灰色泥灰岩不等厚互层夹黑色白云质泥岩，厚81m，上部（阿瓦塔格组）为黑灰色白云质灰岩、白云质泥岩、泥质白云岩，深灰色泥质白云岩与灰色灰质泥岩互层，厚72m；塔东1井该组下部（沙依里克组）为黑色硅质泥岩、黑色灰质泥岩，厚60m，上部（阿瓦塔格组）为黑色灰质泥岩夹黑色泥灰岩，厚90m；塔东2井该组为一套含泥灰岩，下部（沙依里克组）厚16m，上部（阿瓦塔格组）厚62m。

突尔沙克塔格群（$\mathrm{C_3}$-$\mathrm{O_1}te$）年代地层归属寒武系上统—奥陶系下统，该群下部对应台地相区寒武系上统下丘里塔格群。该群在辛格尔地区上部为浅灰、深灰色厚层块状夹薄层状灰岩，下部为深灰色薄层状灰岩夹钙质页岩，厚232.6～660.0m。在雅尔当山为灰黑色薄层状灰岩、瘤状灰岩与钙质页岩互层，厚98.8～114.6m，含笔石 *Dictyonema* sp.及几丁石化石。在塔东库南1井该群（下丘里塔格群）下部为灰黑色碳质泥岩、钙质泥岩夹灰色泥晶灰岩，中部为灰黑色碳质泥岩与泥质灰岩互层，上部为灰色灰岩、深灰色泥质灰岩与灰黑色含碳质泥岩、灰质泥岩互层，厚306m；尉犁1井该群（下丘里塔格群）下部为深灰色泥质白云岩与深灰色泥灰岩不等厚互层，中-上部为深灰色、灰色泥质灰岩、泥灰岩，厚328m；塔东1井该群（下丘里塔格群）为黑色粉晶灰岩，上部夹灰色泥岩，厚90m；塔东2井该群（下丘里塔格群）底部为泥质灰岩和灰岩互层，中部为含泥灰岩，上部为泥质灰岩，厚305m。

二、奥陶系

塔里木奥陶系延续了寒武系西台东盆的沉积格局，西部地层分区台地相区与东部地层分区盆地相区地层系统也存在极大差异（表2-2、图2-5、图2-6）。

（一）西部地层分区台地相区奥陶系地层

西部地层分区台地相区奥陶系发育蓬莱坝组（$\mathrm{O_1}p$）、鹰山组（$\mathrm{O_{1-2}}y$）、一间房组（$\mathrm{O_2}yj$）、恰尔巴克组（$\mathrm{O_3}q$）、良里塔格组（$\mathrm{O_3}l$）、桑塔木组（$\mathrm{O_3}s$）及柯坪塔格组下段（$\mathrm{O_3}kl$）。

蓬莱坝组（O_1p）以黄灰、灰色结晶云岩为主，夹薄层灰质云岩、云质灰岩，厚 211～599m。麦盖提斜坡仅玉北 5 井、玉北 7 井和玉北 1-2x 井钻遇蓬莱坝组，岩性以灰、浅灰、黄灰色灰质白云岩、白云质泥晶灰岩、细晶及中-粗晶白云岩为主，夹灰色硅质白云岩、砂屑白云岩，生物较少，偶见三叶虫，溶蚀孔洞较发育，钻厚 211～387m，均未钻穿。巴楚隆起有多口井钻穿蓬莱坝组，岩性为灰、浅灰、深灰色结晶云岩、含灰云岩、云质灰岩，局部夹薄层含泥灰岩、含泥云岩，见少量灰色硅质白云岩，厚 405～556m；含

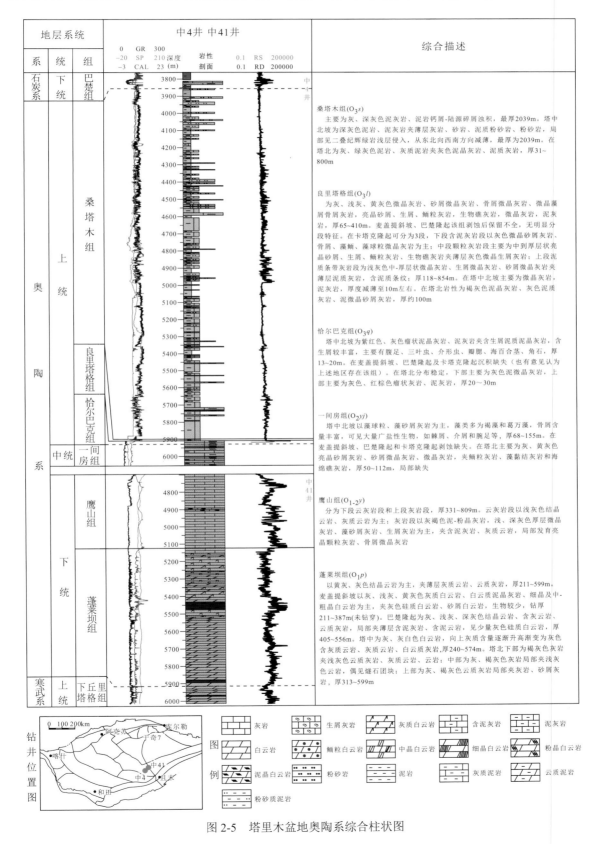

图 2-5　塔里木盆地奥陶系综合柱状图

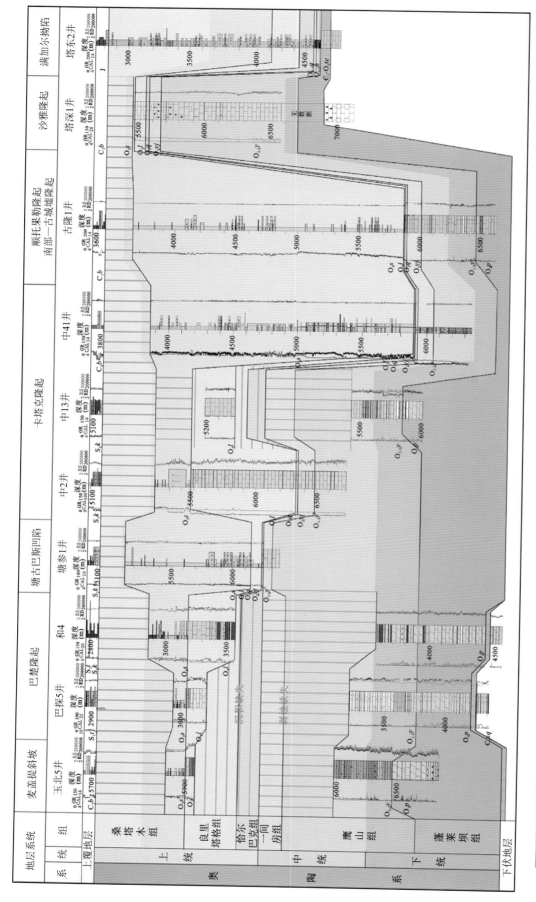

图 2-6 塔里木盆地奥陶系地层对比图

牙形刺 *Monocostodus sevierensis* 带、*Chosonodina herfurthi-Rossondus manitouensis* 带。塔中仅中 13 井、中 4 井、古隆 1 井钻遇蓬莱坝组，岩性为灰、灰白色白云岩，向上灰质含量逐渐升高渐变为灰色含灰质云岩、灰质云岩、白云质灰岩，厚 240~574m；含牙形刺 *Glyptoconus unicostatus* 带、*Tripodus proteus/Paltodus deltifer* 带、*GLyptoconus floweri* 带、*Scolopodus quadraplicatus* 带、*Rossodus manitouensis-cordylodus rotundatus-Chosonodina herfurhi* 带、*Variabiloconus aff.Bassleri* 带。沙雅隆起该组下部为褐灰色灰岩夹浅灰色云质灰岩、灰质云岩、云岩，中部为灰、褐灰色灰岩局部夹浅灰色云岩，偶见燧石团块，上部为灰、褐灰色云质灰岩局部夹灰岩、砂屑灰岩。在塔深 1 井厚 313m，于奇 6 井厚 599m。

鹰山组（O$_{1-2}y$）分为下段云灰岩段和上段灰岩段，厚 331~809m。云灰岩段以浅灰色结晶云岩、灰质云岩为主；灰岩段以灰褐色泥-粉晶灰岩及浅、深灰色厚层微晶灰岩、藻砂屑灰岩、生屑灰岩为主夹含泥岩、灰质云岩，局部发育亮晶颗粒灰岩、骨屑微晶灰岩。在麦盖提斜坡云灰岩段中-下部为灰色中-粗晶灰质白云岩、细-中-粗晶白云岩为主，上部见薄层白云质灰岩；灰岩段由下至上岩性为灰、浅灰、黄灰色灰质云岩渐变为生屑微晶灰岩、微晶灰岩、亮晶藻砾砂屑灰岩，厚 383~478m。皮山北 2 井、玉北 1 和玉北 1-1x 井仅钻遇灰岩段，胜和 2 井缺失鹰山组灰岩段，含牙形刺 *Paroistodus proteus*、*Scolopodus bicostatus*、*Drepanodus arcuatus*、*Scolopodus cf.filosus*、? *Acontiodus* sp.、*S.tarimensis*、*Scolopodus rex oistodiform*、*Acontiodus aff.latus Pander*、*Ptracontiodus exilis Harris et Harris*、*Scolopodus*? *nogamii Lee* 和 *S.tarimensis Gao*、*Tripodus* sp.、*Drepanoistodus cf.nowlani Ji et Barnes*。

该组在巴楚隆起云灰岩段以浅灰色中-粗晶灰质白云岩、粉-细晶白云岩为主，上部见薄层白云质灰岩，灰岩段主要为灰、浅灰、黄灰色微晶灰岩、亮晶藻砾砂屑灰岩、云质藻砂屑、生屑灰岩，厚 331~809m，构造高点灰岩段遭受剥蚀（和 4 井）。见牙形刺 *Paroistodus proteus* 带。该组在塔中云灰岩段为灰色结晶云岩、灰质白云岩、泥微晶灰岩、颗粒灰岩不等厚互层。灰岩段以灰褐色厚层泥-粉晶灰岩、浅-深灰色厚层微晶灰岩为主，夹含泥灰岩、灰质云岩、砂屑灰岩，局部发育颗粒灰岩、骨屑微晶灰岩，厚 418~453m；牙形刺带自下而上分为 *Serratognathus diversus/paroistodus proteus* 带、*Serratognathoides-Chuxianensis-scolopodus-Espinus-Erraticodon tarimensis* 带。该组在沙雅隆起云灰岩段岩石较强烈白云石化，以细晶为主，少量粉-中晶，灰岩段发育亮晶或微晶砂屑灰岩，顶部局部见亮晶砾屑灰岩，厚 600~800m。

一间房组（O$_2yj$）以藻球粒、藻砂屑灰岩为主，藻类多为褐藻和葛万藻，骨屑含量丰富，可见大量广盐性生物，如棘屑、介屑和腕足等。在麦盖提斜坡、巴楚隆起和卡塔克隆起剥蚀缺失，发育在塔中Ⅰ号坡折带以下的顺南—古城地区及塘古孜巴斯拗陷，如塔中 88 井、中 41 井、古隆 1、2、3 井、顺南 1 井、中 2 井、塘参 1 井，厚 68~155m；含牙形刺 *Pygodus serra* 带，主要分子有 *Pygodus serrus*、*Eoplacognathus suecicus* 等。该组在沙雅隆起主要为灰、黄灰色亮晶砂屑灰岩、砂屑微晶灰岩、微晶灰岩，夹鲕粒灰岩、藻黏结灰岩和海绵礁灰岩，厚 50~112m，局部缺失。

恰尔巴克组（O$_3q$）为紫红色、灰色瘤状泥晶灰岩、泥灰岩夹含生屑泥质泥晶灰岩，含生屑较丰富，主要有腹足、三叶虫、介形虫、瓣腮、海百合茎、角石，厚 13~20m。在麦盖提斜坡、巴楚隆起及卡塔克隆起沉积缺失（也有意见认为上述地区存在该组），主要分布在塔中Ⅰ号坡折带以下的斜坡及盆地区，如塔中 88 井、顺南—古城地区，古隆 1 井含牙形刺 *Pygodus anserinus*；塔中 88 井 7205~7235m（岩屑）见牙形刺 *Dapsilodus mutatus*、*Pygodus anserinus* 等。该组在沙雅隆起分布稳定，下部主要为灰色泥微晶灰岩，上部主要为灰色、红棕色瘤状灰岩、泥灰岩，厚 20~30m，是奥陶系上统底部的标志层。

良里塔格组（O$_3l$）岩性为灰、浅灰、黄灰色微晶灰岩、砂屑微晶灰岩、骨屑微晶灰岩、微晶藻屑骨屑灰岩、亮晶砂屑、生屑、鲕粒灰岩，生物礁灰岩，微晶灰岩，泥灰岩，厚 65~410m。麦盖提斜坡、巴楚隆起该组剥蚀后保留不全，无明显分段特征。麦盖提斜坡仅在皮山北 2 井、玉北 5 井和玉北 9 井等构造低部位发育该组，岩性以灰、浅灰、黄灰色微晶灰岩、砂屑微晶灰岩、骨屑微晶灰岩、微晶藻屑骨屑灰岩为主，偶见微亮晶藻砂屑灰岩，厚 65m 左右；生物（屑）较丰富，主要有介形虫、有孔虫、三叶虫、棘屑、介屑、葛万藻屑，玉北 5 井见牙形刺 *Panderodus gracilis* 和 *Oenonites* sp.Indet，玉北 9 井见牙形刺 *Belodellafenxiangensis*、*Drepanoistodus venustus*、*Oistodus* sp.indet、*Panderodus gracilis*、*Protopanderodus*? *cooperi*、*Protopanderodus liripipus Kennedy*、*Protopanderodus* sp.indet 和 *Scabbardella simalaris*。巴楚隆起该组以灰、浅灰、黄灰色微晶灰岩、砂屑微晶灰岩、生屑微晶灰岩、含泥灰岩为主，夹少量灰色、深灰色白云质灰岩。巴探 5 井见白云质玄武质沉凝灰岩，厚 158~410m，见头足类 *Sinoceras cf.chinensis*、

Mysteroceras.、*Dideroceras tibetanum* 及牙形刺 *Pygodus anserinus*。卡塔克隆起该组由下而上可分为 3 段，下段含泥灰岩段（O_3l^1）以灰色微晶砂屑灰岩、骨屑、藻鲕、藻球粒微晶灰岩为主，夹中-薄层亮晶砂屑灰岩，底部见中-薄层深灰色、褐色灰岩夹黑色泥质条带，泥质含量较颗粒灰岩段高；颗粒灰岩段（O_3l^2）隆起边缘区与隆起区岩性差别较大，隆起边缘区（如顺 2 井、顺 7 井）岩性主要为中到厚层状亮晶砂屑、生屑、鲕粒灰岩、生物礁灰岩夹薄层灰色微晶生屑灰岩，隆起区颗粒含量并不高，卡 1 区多为灰色中厚层微晶灰岩夹薄层灰色生屑、砂屑微晶灰岩；泥质条带灰岩段（O_3l^3）岩性为浅灰色中-厚层状微晶灰岩、生屑微晶灰岩、砂屑微晶灰岩夹薄层泥质灰岩，含泥质条纹，局部见藻黏结结构、发育核形石灰岩，以泥质条带发育为特征，厚 118～854m；含牙形刺 *Belodina confluens* 带、*Phragmodus undatus* 带，三叶虫 *calymenesun yinganensis* 带，珊瑚 *Eofletcheriella*、*Amsassia*，几丁石 *Belonechitina senta* 带、*Conochitina* sp.2 带。该组在顺南—古城地区沉积水体较深，岩性主要为微晶灰岩，泥灰岩，厚度减薄至 10m 左右。该组在沙雅隆起岩性为褐灰色泥晶灰岩、灰色泥质灰岩、泥微晶砂屑灰岩，厚约 100m。

桑塔木组（O_3s）主要为灰、深灰色泥灰岩、泥岩钙屑-陆源碎屑沉积，最厚为 2039m。该组在麦盖提斜坡下部为红棕色泥岩、灰质泥岩夹粉砂质泥岩，玉北 9 井钻厚 200m，见介壳、海百合等生物碎屑；上部为灰、绿灰色泥岩、含灰/灰质泥岩和粉砂质泥岩。该组在巴楚隆起为红褐、灰褐色泥岩与灰色粉砂质泥岩、灰质泥岩、粉砂质泥岩互层，厚 108～399m；和 4 井见 *Yaoxiangnathus lijiapoensis*。塔中—顺南—古城地区为深灰色泥岩、泥灰岩夹薄层泥岩、砂岩、泥质粉砂岩、粉砂岩，局部见二叠纪辉绿岩浅层侵入，从东北向西南方向减薄，最厚为 2039m；见牙形刺 *Aphelognathus pyramidalis* 带、*Yaoxianognathus yaoxianensis* 带、*Yaoxianognathus neimengguensis* 带，几丁石 *Plectochitina* sp.带、*Tanuchitina* sp.A 带、*Tanuchitina anticostiensis* 带、*Cyathochitina vaurealensis* 带。该组在沙雅隆起岩性为灰、绿灰色泥岩、灰质泥岩夹灰色泥晶灰岩、泥质灰岩，厚 31～800m。

（二）东部地层分区盆地相区奥陶系地层

东部地层分区盆地相区奥陶系主要发育在满加尔拗陷—孔雀河斜坡，自下而上分为突尔沙克塔格群上部（O_1t）、黑土凹组（$O_{1-2}h$）和却尔却克群（$O_{2-3}qe$）。

突尔沙克塔格群上部（O_1t）在库鲁克塔格孔雀河小区下部为灰色泥质灰岩；上部为灰色灰质泥岩夹薄层灰色泥质粉砂岩、灰色泥灰岩，厚 64m。在塔东地区只有塔东 1 井钻遇，下部为深灰、灰黑色结晶灰岩，含少量白云质，上部为灰色泥晶-粉晶灰岩，灰、灰黑色瘤状泥晶-粉晶灰岩夹灰黑色钙质泥岩，钻厚 147m。含牙形类 *Drepanodus arcuatus*、*D.cf.forceps*、*Scolopodus apterus*、*S.barbatus*、*S.*sp.、*Paroistodus proteus*、*Paracordylodus gracilis*、*Drepanoistodus suberectus*？、*Acontiodus staufferi*、*Oneotodus variabilis*、*Eoncoprioniopus brevibasis*、*Tripodus proteus*、*Acodus deltatus*、*Pollonodus* sp.、*Cordylodus angulatus*、*C.rotundotus*、*C. lindstromi*？、*C.proavus*、*Albiconus posteostatus*、*Proconodontus* sp.、*Cordylodus proavus*、*C.lindstromi*、*C.intermedius*、*C.*sp.、*Proconodontus tricarintus*、*P.rodundatus*、*P.*sp.、*Furnishina funishi*、*Sagittodontus dehlmani*、*Teridonntus nakamurai*、*Semiacontiodus nogamii*、*Hirsutodontus*？ sp.、*Nogamiconus*？ sp.、*Proconodotus notchpeakensi*。

黑土凹组（$O_{1-2}h$）在库鲁克塔格下部以黑色页岩和凝灰质页岩为主，夹硅质条带及团块，上部为黑色硅质岩和硅质泥岩，厚 27m。塔东地区为黑灰、深灰、灰色粉、细砂岩、泥质细砂岩、不等粒粉砂岩与粉砂质泥岩、泥岩呈正韵律层，塔东 1 井钻厚 48m。含牙形类 *Paltodus deltifer*、*Panderodus gracilis*、*Belodella* sp.、*Protopanderodus varicostatus*、*Scabbardella altipes*、*Periodon aculeatus*、*P.cooperi*、*Scolopodus euspinus*。

却尔却克群（$O_{2-3}qe$）在库鲁克塔格为一套巨厚的陆源碎屑浊积岩组成，岩性主要为深灰色薄-中厚层状泥岩、粉砂质泥岩、泥质粉砂岩频繁互层，厚 2000～3000m。该组在塔东主要由灰绿、黄绿、紫红、黑或灰色砂岩、粉砂岩、页岩及砂屑灰岩形成韵律层，塔东 1 井钻厚 1377m，含牙形类 *Ozarkodina* sp.。

第三节　塔里木盆地寒武纪—奥陶纪古地理特征

塔里木盆地寒武纪—奥陶纪中世克拉通阶段岩相古地理有 3 个显著特征。其一，塔里木盆地内部继承发育了西台东盆的沉积格局，寒武纪—奥陶纪中世碳酸盐台地厚 2600m 以上（如中深 1 井寒武系—奥陶系中统碳酸盐岩共厚 2826m，其中寒武系厚 1386m，奥陶系厚 1440m），东部台缘发育陡坡镶边陆棚，西南缘发育缓坡；其二，塔里木盆地寒武系—奥陶系中统碳酸盐台地被南北大洋环绕，南部为北昆仑洋和阿尔金洋，北部为南天山洋；其三，塔里木盆地寒武系—奥陶系中统碳酸盐台地性质多变，蒸发台地（碳酸盐＋硫酸盐＋氯化物）、局限台地和开阔台地均不同程度发育，反映浅水碳酸盐岩台地受海平面变化和古气候变化的深刻影响。

一、寒武纪岩相古地理特征

（一）早寒武世玉尔吐斯组（$\mathcal{C}_1y$）沉积期岩相古地理特征

早寒武世玉尔吐斯组沉积期，塔里木板块北侧为南天山洋，南侧为北昆仑洋-阿尔金洋。塔里木板块内部西高东低，西部存在东西向分布的古陆。受古地貌及同期大规模海侵影响，古陆向南发育滨岸-浅水陆棚-深水陆棚沉积体系，并向北昆仑洋、阿尔金洋过渡；古陆向北东发育滨岸-浅水陆棚-深水陆棚-欠补偿盆地沉积体系，并向南天山洋过渡。玉尔吐斯组沉积期是塔里木盆地烃源岩最重要的沉积时期（图 2-7）。

关于玉尔吐斯组的沉积相展布，前人做过较多研究。赵明（2009）认为巴楚—塔中及其以南缺失玉尔吐斯组，向塔东北依次发育台缘斜坡-盆地边缘-广海陆棚-盆地。赵宗举等（2011）基于层序地层学方面的研究认为，在玉尔吐斯组沉积期，塔里木板块形成了塔西、罗西及库鲁克塔格 3 个孤立碳酸盐台地，其间被盆地相及外缓坡相所隔离。熊冉等（2015）认为玉尔吐斯组主要为缓坡-盆地的沉积模式，盆地西部—巴楚—塔中一带为古陆，往北东方向逐渐过渡到中缓坡、外缓坡、盆地相。陈强路等（2015）认为巴探 5 井—玛北 1 井和塔参 1 井区为古凸起，因而缺失玉尔吐斯组，巴楚—塔中为内缓坡，向东满加尔地区依次发育外缓坡和盆地。漆立新（2014）认为，巴麦—塔中在玉尔吐斯组沉积时期为古隆起，沉积缺失玉尔吐斯组，古隆起周围环带状分布的碎屑岩潮坪，和田一线及阿克苏—顺托果勒—古城墟西部为斜坡-陆棚，塔东为盆地。

巴楚隆起（巴探 5 井、玛北 1 井、和田 1 井、和 2 井）及卡塔克隆起（塔参 1 井、中深 1 井、中 4 井）存在近东西向的古陆（古地貌高地），为沉积缺失区。从古陆向南向北东水体逐渐加深，围绕古陆主要在巴楚隆起、麦盖提斜坡和卡塔克隆起发育环带状分布的潮坪，厚 9～34m。同 1 井为深灰、灰色泥质白云岩夹灰色白云质泥岩、棕色泥岩，厚 34m；方 1 井为紫、褐红色泥岩、砂岩，厚 9m；和 4 井为泥晶云岩及硅质藻云岩，厚 29m。

潮坪向南向北之外发育陆棚，包括浅水陆棚和深水陆棚。其中，南部深水陆棚推测在麦盖提斜坡南部—塔西南拗陷，北部深水陆棚区从玉尔吐斯—星火 1 井—库南 1 井，岩性为灰黑色硅质页岩及泥岩，厚 14～34m，是烃源岩发育区。库南 1 井玉尔吐斯组为黑色页岩与灰色泥灰岩互层，厚 25.3m（未穿）。

满加尔拗陷东部—孔雀河斜坡—库鲁克塔格为欠补偿盆地，岩性为灰色泥岩、硅质页岩，厚 26（尉犁 1 井）～32m（乌里格孜塔格），是烃源岩发育区。

（二）早寒武世肖尔布拉克组（$\mathcal{C}_1x$）沉积期岩相古地理特征

早寒武世肖尔布拉克组沉积期，塔里木板块内部形成了西台东盆的沉积格局，台地性质为局限台地-开阔台地。台地向南发育局限台地-浅水缓坡-深水缓坡-陆棚沉积体系，并向北昆仑洋和阿尔金洋过渡；台地向北东发育局限台地-开阔台地-台缘-台缘斜坡-陆棚-欠补偿盆地沉积体系，并向南天山洋过渡。南天山洋东南部存在面积不大的阔克苏隆起，隆起外围为滨海-浅海陆棚过渡为深海（图 2-8）。

肖尔布拉克组在全盆地均有分布，仅在沙雅隆起北部和塔东 2 井因后期构造剥蚀缺失。

肖尔布拉克组沉积期，巴楚隆起—卡塔克隆起发育大面积的局限台地，为云坪-灰坪沉积的灰色白云岩及白云岩与灰岩互层，在方 1 井、同 1 井、巴探 5 井厚 5～250m。在塔参 1 井为深灰色白云岩夹薄层状针孔状白云岩，厚 50～85m。

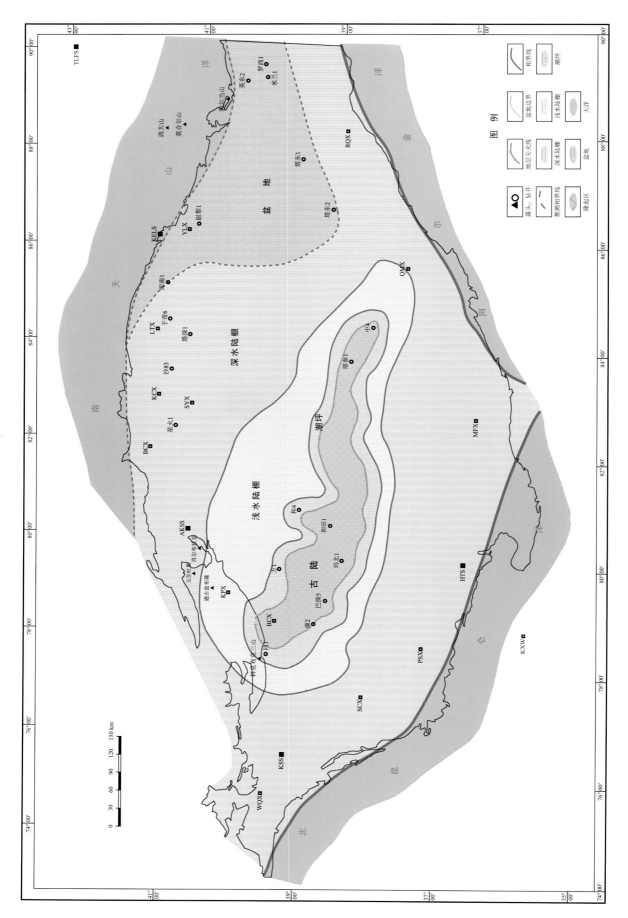

图 2-7　塔里木盆地下寒武统玉尔吐斯组沉积期岩相古地理图

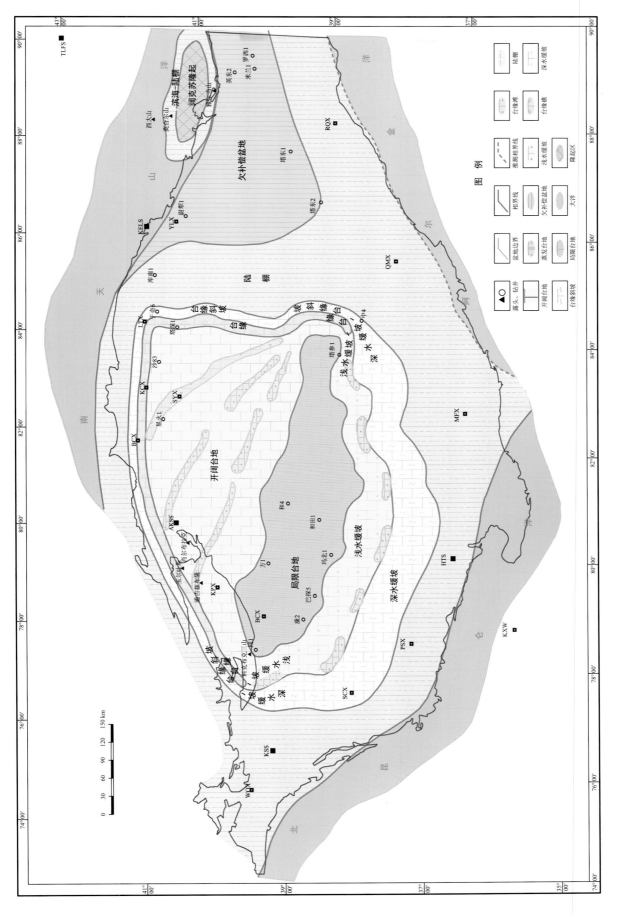

图 2-8 塔里木盆地下寒武统肖尔布拉克组沉积期岩相古地理图

局限台地向南至麦盖提斜坡北部发育浅水缓坡（性质同开阔台地），推测发育浅滩（类似台缘滩）。局限台地向北东至阿瓦提—顺托果勒—沙雅隆起发育大面积的开阔台地，反映巴楚—卡塔克局限台地向南、向北水体变深，水循环变好。在塔深 1 井未钻穿，为浅灰色泥-粉晶白云岩夹含泥灰岩薄层，钻厚大于 65m。星火 1 井为灰色泥质灰岩和泥晶灰岩，厚 60m。

麦盖提斜坡南部发育深水缓坡，向南西过渡为陆棚。东部台缘为镶边陆棚台缘（陡坡、窄相带、高能带）-台缘斜坡，位于塔深 1 井—顺南 2 井—中 4 井一线，向东至满加尔拗陷过渡为陆棚-欠补偿盆地。库南 1 井肖尔布拉克组为深灰色泥灰岩，厚 75m。尉犁 1 井肖尔布拉克组为深灰色硅质泥岩、灰绿色粉砂岩、灰色泥质粉砂岩，厚 78m。

肖尔布拉克组碳酸盐台地的生长是渐进的，与玉尔吐斯组陆棚沉积呈彼此消长的关系。从巴楚隆起向北肖尔布拉克组碳酸盐台地逐渐向北东推进形成 3 期缓坡，直至形成最终的镶边陆棚陡坡台缘。

（三）早寒武世吾松格尔组（$\mathcal{E}_1 w$）沉积期岩相古地理特征

早寒武世吾松格尔组沉积期，受同期全球海平面下降及干旱古气候条件影响，塔里木板块内部台地性质为蒸发台地-局限台地-开阔台地。台地向南发育蒸发台地-局限台地-浅水缓坡-深水缓坡-陆棚沉积体系，并向北昆仑洋和阿尔金洋过渡；台地向北东发育蒸发台地-局限台地-开阔台地-台缘-台缘斜坡-陆棚-欠补偿盆地沉积体系，并向南天山洋过渡。阔克苏隆起外围由滨海-浅海陆棚过渡为深海（图 2-9）。

巴楚隆起西部发育蒸发台地，主要分布在同 1 井—康 2 井—方 1 井—巴探 5 井—玛北 1 井—和 4 井—方 1 井围限的范围内，岩性为灰、灰白、褐色盐岩、石膏岩、膏质云岩、白云岩、泥质膏盐、泥质云岩、云质泥岩等，略呈不等厚互层，厚 199～302m。其次分布在塔参 1 井—中 4 井，岩性为深灰、灰色膏岩、白云质膏岩、膏质白云岩夹黑色页岩，塔参 1 井厚 68m，中 4 井未穿。

蒸发台地外围，麦盖提斜坡北部、巴楚隆起北部（舒探 1 井）—巴楚隆起东部（巴东 4 井）—卡塔克隆起（中 4 井）发育局限台地。中深 1 井为灰色膏质，含泥、砾屑白云岩及藻云岩，厚 120m。

局限台地外围，麦盖提斜坡中部及阿瓦提断陷北部—沙雅隆起发育开阔台地。塔深 1 井岩性为灰色细晶白云岩、泥晶白云岩与粉晶白云岩呈不等厚互层（细-粉晶白云岩为后期白云石化形成），厚 103m。

麦盖提斜坡南部巴开 2 井—玉北 9 井一线由浅水缓坡-深水缓坡过渡到陆棚。东部镶边陆棚台缘-台缘斜坡大致在塔深 1 井—顺南 2 井—古隆 2 井—中 4 井东一线，向东到满加尔拗陷为陆棚-欠补偿盆地。库南 1 井吾松格尔组为黑色页岩与深灰色泥灰岩互层，厚 123m。尉犁 1 井吾松格尔组为黄灰色泥质白云岩与浅灰色硅质泥岩不等厚互层，厚 43m。塔东 1 井吾松格尔组未钻穿，为灰质泥岩、泥灰岩，钻厚 91.3m。

（四）中寒武世沙依里克组（$\mathcal{E}_2 s$）沉积期岩相古地理特征

中寒武世沙依里克组沉积期，受同期全球海平面上升影响，塔里木板块内部台地性质主要为开阔台地。台地向南发育开阔（或局限）台地-浅水缓坡-深水缓坡-陆棚沉积体系，并向北昆仑洋和阿尔金洋过渡；台地向北东发育开阔台地-台缘-台缘斜坡-陆棚-欠补偿盆地沉积体系，并向南天山洋过渡。阔克苏隆起外围由滨海-浅海陆棚过渡为深海（图 2-10）。

局限台地小面积分布于康 2 井—巴探 5 井—玛北 1 井区和塔参 1 井—中 4 井区。巴探 5 井为灰色泥晶白云岩、灰质白云岩夹褐色盐岩，塔参 1 井、中 4 井以灰、深灰色白云岩为主夹石膏，中深 1 井主要是砂屑白云岩，厚 40～107m。塔中巴楚隆起—卡塔克隆起，塔北阿瓦提拗陷—顺托果勒隆起—沙雅隆起发育大范围的开阔台地。和 4 井为浅灰色灰岩，厚 69m。塔深 1 井为浅灰色粉晶白云岩、细晶白云岩与泥晶白云岩不等厚互层夹砂屑白云岩（细-粉晶白云岩为后期白云石化形成），厚度大于 70m。

开阔台地南部向西南为浅水缓坡-深水缓坡-陆棚，并向北昆仑洋过渡。开阔台地西、北、东部边缘为镶边陆硼台缘-台缘斜坡，东部台缘斜坡以东到满加尔拗陷为陆棚-欠补偿盆地。库南 1 井沙依里克组为灰、黑色泥灰岩夹黑色页岩条带，厚 55m。尉犁 1 井沙依里克组为黑色泥岩与灰色泥灰岩不等厚互层夹黑色白云质泥岩，厚 81m。塔东 1 井、塔东 2 井沙依里克组为黑色硅质泥岩、黑色灰质泥岩，厚 60～62m。

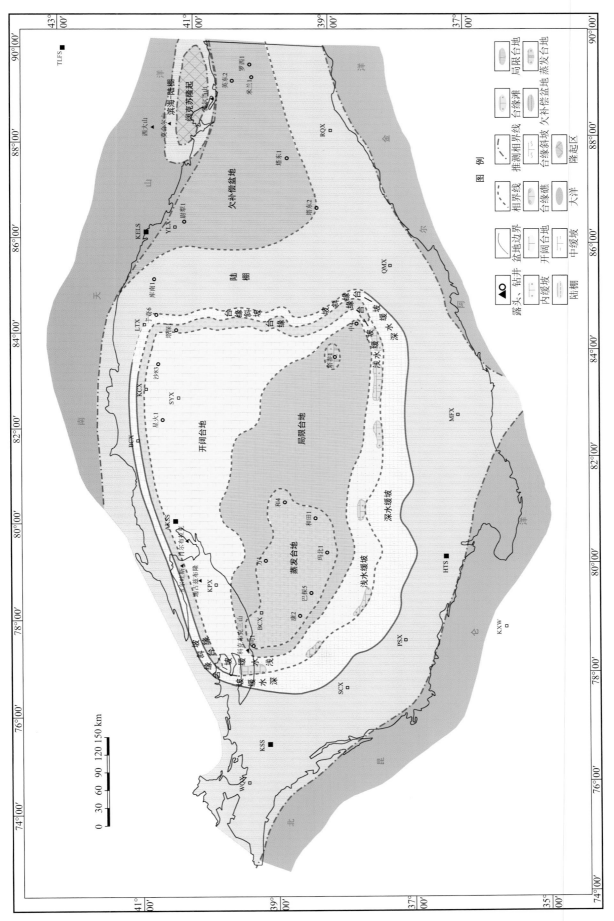

图 2-9　塔里木盆地下寒武统吾松格尔组沉积期岩相古地理图

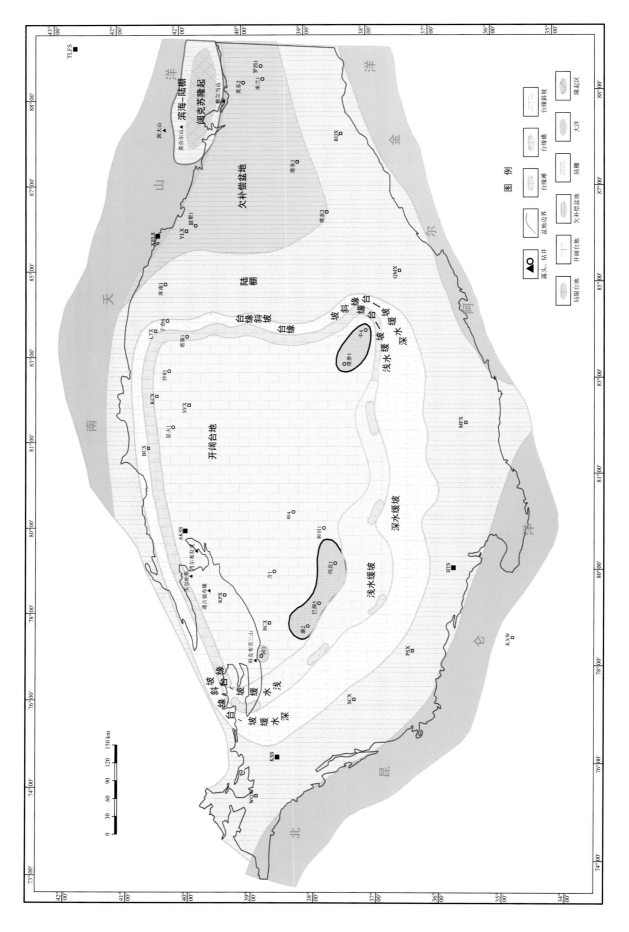

图 2-10　塔里木盆地中寒武统沙依里克组沉积期岩相古地理图

（五）中寒武世阿瓦塔格组（ϵ_2a）沉积期岩相古地理特征

中寒武世阿瓦塔格组沉积期，受同期全球海平面下降及干旱古气候条件影响，塔里木板块内部台地性质主要为蒸发台地-局限台地。台地向南发育蒸发台地-局限台地-浅水缓坡-深水缓坡-陆棚沉积体系，并向北昆仑洋和阿尔金洋过渡。台地向北东发育蒸发台地-局限台地-开阔台地-台缘-台缘斜坡-陆棚-欠补偿盆地沉积体系，并向南天山洋过渡。阔克苏隆起外围由滨海-浅海陆棚过渡为深海（图2-11）。

巴楚隆起—卡塔克隆起—阿瓦提拗陷—顺托果勒隆起西部发育大面积的蒸发台地，沙雅隆起发育小面积的蒸发台地。巴楚隆起阿瓦塔格组为膏岩、盐岩、膏质云岩、云质膏岩、泥质云岩夹紫红色含膏云岩、云质泥岩等，厚242~382m。塔中阿瓦塔格组在塔参1井主要为深灰、褐色白云岩、膏质白云岩夹石膏层及黑色页岩，在中深1井为灰色膏质白云岩、膏岩、藻云岩、砂屑白云岩夹鲕粒白云岩，在中4井主要为灰白色膏岩、膏质云岩，厚155~300m。

蒸发台地外围，向南到麦盖提斜坡—塔西南拗陷为带状分布的浅水缓坡-深水缓坡-陆棚。向北到阿瓦提拗陷北部—顺托果勒隆起东部—沙雅隆起西部为面积不大的局限台地。该局限台地东部外围发育开阔台地-镶边陆棚台缘-台缘斜坡，塔深1井阿瓦塔格组为浅灰、灰白色细晶白云岩、粉晶白云岩与泥晶白云岩不等厚互层夹鲕粒云岩及含泥灰岩，厚571m。

台缘斜坡向东到满加尔拗陷过渡为陆棚-欠补偿盆地。库南1井阿瓦塔格组为黑色页岩夹黑色泥灰岩条带，厚76m。尉犁1井阿瓦塔格组为灰、黑灰色白云质灰岩、白云质泥岩、泥质白云岩与灰质泥岩互层，厚72m。塔东1井、塔东2井阿瓦塔格组为黑色灰质泥岩夹黑色泥灰岩，厚62~90m。

（六）晚寒武世下丘里塔格组（群）（ϵ_3xq）沉积期岩相古地理特征

晚寒武世下丘里塔格组沉积期，受同期全球海平面上升影响，塔里木板块内部台地性质相变为局限台地-开阔台地。台地面积明显扩大，台地范围向南扩展到麦盖提斜坡—古城墟隆起。台地向南发育局限台地-浅水缓坡-深水缓坡-陆棚沉积体系，并向北昆仑洋和阿尔金洋过渡；台地向北东发育局限台地-开阔台地-台缘-台缘斜坡-混积陆棚沉积体系，并向南天山洋过渡。阔克苏隆起外围由滨海-浅海陆棚过渡为深海（图2-12）。

局限台地分布于巴楚隆起—卡塔克隆起。巴楚隆起下丘里塔格组为灰、深灰色（砂屑）白云岩、细晶白云岩及燧石结核白云岩，厚433~983m。卡塔克隆起下丘里塔格组为灰色细晶-粗晶白云岩、泥晶云岩及砂屑白云岩，厚791~1514m。

局限台地外围发育大面积的开阔台地。向南到麦盖提斜坡—古城墟隆起为开阔台地，到塔西南拗陷北部为浅水缓坡，到塔西南拗陷南部为深水缓坡。

局限台地外围向北到柯坪隆起—阿瓦提拗陷—顺托果勒隆起—沙雅隆起为开阔台地-镶边陆棚台缘-台缘斜坡。塔深1井下丘里塔格组为灰、浅灰、灰白色泥晶白云岩、粉晶白云岩、细晶白云岩与中晶白云岩不等厚互层夹砂屑云岩及含泥灰岩，厚714m。于奇6井下丘里塔格组未钻穿，为灰色细晶-粉晶白云岩，中部夹浅黄灰色含泥灰岩，上部为浅灰色中晶白云岩。

由于同期碳酸钙补偿深度下降，满加尔拗陷由之前的欠补偿盆地相变为混积陆棚，尉犁1井下丘里塔格组主要为泥灰岩，厚328m。

二、奥陶纪岩相古地理特征

（一）早奥陶世蓬莱坝组（O_1p）沉积期岩相古地理特征

早奥陶世蓬莱坝组沉积期，塔里木板块内部台地性质继承了下丘里塔格组沉积期的局限台地-开阔台地。台地向南发育局限台地-开阔台地-浅水缓坡-深水缓坡体系，并向北昆仑洋和阿尔金洋过渡。台地向北东发育蒸发台地-局限台地-开阔台地-台缘-台缘斜坡-混积陆棚沉积体系，并向南天山洋过渡。阔克苏隆起发育开阔台地（图2-13）。

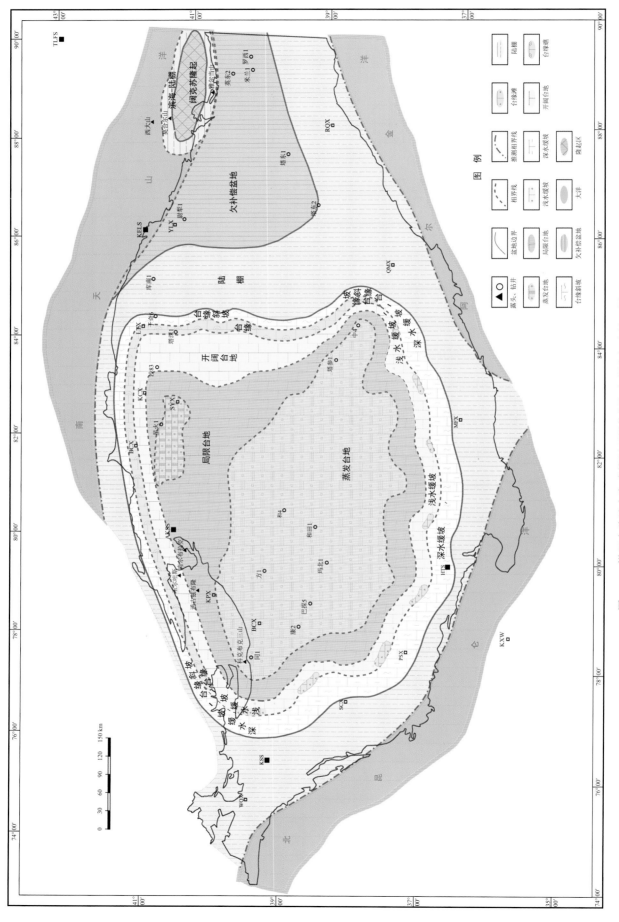

图 2-11　塔里木盆地中寒武统阿瓦塔格组沉积期岩相古地理图

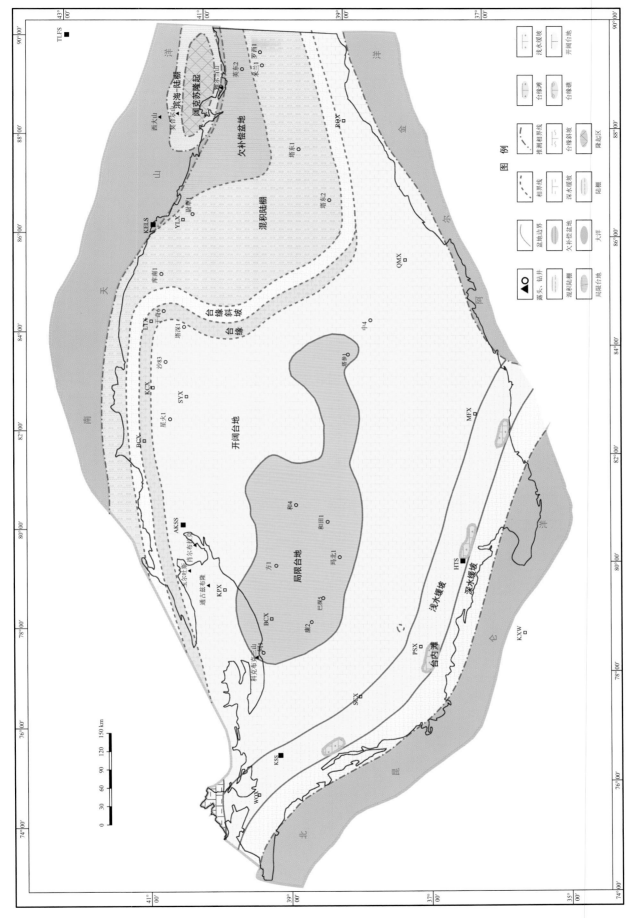

图 2-12　塔里木盆地上寒武统下丘里塔格组沉积期岩相古地理图

局限台地分布在巴楚隆起东部和麦盖提斜坡东部。巴楚隆起蓬莱坝组为灰、浅灰、深灰色结晶云岩、含灰云岩、云质灰岩，局部夹薄层含泥灰岩、含泥云岩，见少量灰色硅质白云岩，厚 405～556m。玉北 5 井区蓬莱坝组以灰、浅灰、黄灰色灰质白云岩、白云质泥晶灰岩、细晶及中-粗晶白云岩为主夹灰色硅质白云岩、砂屑白云岩，钻厚 211～387m（均未钻穿）。

局限台地外围发育大面积开阔台地，在皮山北新 1 井区、塔参 1 井区、顺西、哈 6 井—沙 82 井区发育台内滩。沙雅隆起蓬莱坝组下部为褐灰色灰岩夹浅灰色云质灰岩、灰质云岩、云岩，中部为灰、褐灰色灰岩局部夹浅灰色云岩，上部为灰、褐灰色云质灰岩局部夹灰岩、砂屑灰岩，塔深 1 井厚 313m，于奇 6 井厚 599m。

塔西南浅水缓坡-深水缓坡-陆棚发育在昆仑山山前一线。北部、东部开阔台地边缘为镶边陆棚台缘，东部台缘-台缘斜坡发育在库南 1 井—古城 4 井一线，台缘及斜坡呈窄条带状分布。向东到满加尔拗陷为混积陆棚，尉犁 1 井蓬莱坝组泥灰岩厚约 100m。

（二）早-中奥陶世鹰山组（$O_{1-2}y$）沉积期岩相古地理特征

早-中奥陶世鹰山组沉积期，塔里木板块内部沉积格局、台地性质甚至相带分布都与蓬莱坝组沉积期相似，继承性明显。台地性质仍为局限台地-开阔台地。台地向南发育局限台地-开阔台地-浅水缓坡-深水缓坡沉积体系，并向北昆仑洋和阿尔金洋过渡；台地向北东发育蒸发台地-局限台地-开阔台地-台缘-台缘斜坡-陆棚-欠补偿盆地沉积体系，并向南天山洋过渡。阔克苏隆起发育开阔台地（图 2-14）。

局限台地分布在巴楚隆起东部和麦盖提斜坡东部。巴楚隆起鹰山组云灰岩段（下段）以浅灰色中-粗晶灰质白云岩、粉-细晶白云岩为主，上部见薄层白云质灰岩；灰岩段（上段）主要为灰、浅灰、黄灰色微晶灰岩、亮晶藻砾砂屑灰岩、云质藻砂屑及生屑灰岩，厚 331～809m。麦盖提斜坡鹰山组云灰岩段中-下部为灰色中-粗晶灰质白云岩、细-中-粗晶白云岩，上部见薄层白云质灰岩；灰岩段由灰、浅灰、黄灰色灰质云岩渐变为生屑微晶灰岩、微晶灰岩、亮晶藻砾砂屑灰岩，厚 383～478m。

局限台地外围发育大面积开阔台地，在皮山北新 1 井区、古隆 1 井区东、顺西—顺南、哈 6 井区等发育台内滩。卡塔克隆起—塘古巴斯拗陷—顺托果勒隆起南部—古城墟隆起鹰山组云灰岩段为灰色结晶云岩、灰质白云岩、泥微晶灰岩、颗粒灰岩不等厚互层；灰岩段为灰褐色厚层泥-粉晶灰岩、浅-深灰色厚层微晶灰岩夹含泥灰岩、灰质云岩、砂屑灰岩，厚 418～453m。沙雅隆起鹰山组云灰岩段为灰色灰质云岩、云质灰岩、微晶灰岩、含砂屑微晶灰岩夹微晶砂屑灰岩。灰岩段为亮晶或微晶砂屑灰岩，厚 600～800m。

塔西南浅水缓坡-深水缓坡发育在昆仑山山前一线。北部、东部开阔台地边缘为镶边陆棚台缘，东部台缘-台缘斜坡发育在库南 1 井—古城 4 井一线。受同期碳酸钙补偿深度上升影响，向东到满加尔拗陷相变为欠补偿盆地，深水面积向南扩大。库鲁克塔格鹰山组下部以黑色页岩和凝灰质页岩为主，上部为黑色硅质岩和硅质泥岩，厚 270m。

（三）中奥陶世一间房组（O_2yj）沉积期岩相古地理特征

中奥陶世一间房组沉积期，塔里木板块内部台地性质相变为开阔台地。台地向南发育开阔台地-浅水缓坡-深水缓坡陆棚沉积体系，并向北昆仑洋和阿尔金洋过渡。台地向北东发育开阔台地-台缘-台缘斜坡-陆棚-欠补偿盆地沉积体系，并向南天山洋过渡。阔克苏隆起发育开阔台地（图 2-15）。

塔西南拗陷—麦盖提斜坡、塔中巴楚隆起—卡塔克隆起—塘古巴斯拗陷、塔北阿瓦提拗陷—顺托果勒隆起—沙雅隆起发育大面积的开阔台地，顺南 1 井—塔中 43 井区、顺北井区、哈 6 井—沙 88 井区发育台内滩，塔北沙 109 井、沙 102 井—沙 91 井、沙 87 井及塔深 1 井区见台内礁（海绵礁）。顺南—古隆及塘古巴斯拗陷岩性以藻球粒、藻砂屑灰岩为主，厚 68～155m；沙雅隆起主要为灰、黄灰色亮晶砂屑灰岩、砂屑微晶灰岩、微晶灰岩，夹鲕粒灰岩、藻黏结灰岩和海绵礁灰岩，厚 50～112m。

塔西南浅水缓坡-深水缓坡-陆棚发育在昆仑山山前一线。北部、东部开阔台地边缘为镶边陆棚台缘，东部台缘-台缘斜坡与鹰山组相比在塔中、塔北之间向台内收缩明显，发育在沙 32 井—托甫 2 井—哈得 5 井—古城 4 井一线。向东到满加尔拗陷为陆棚-欠补偿盆地。

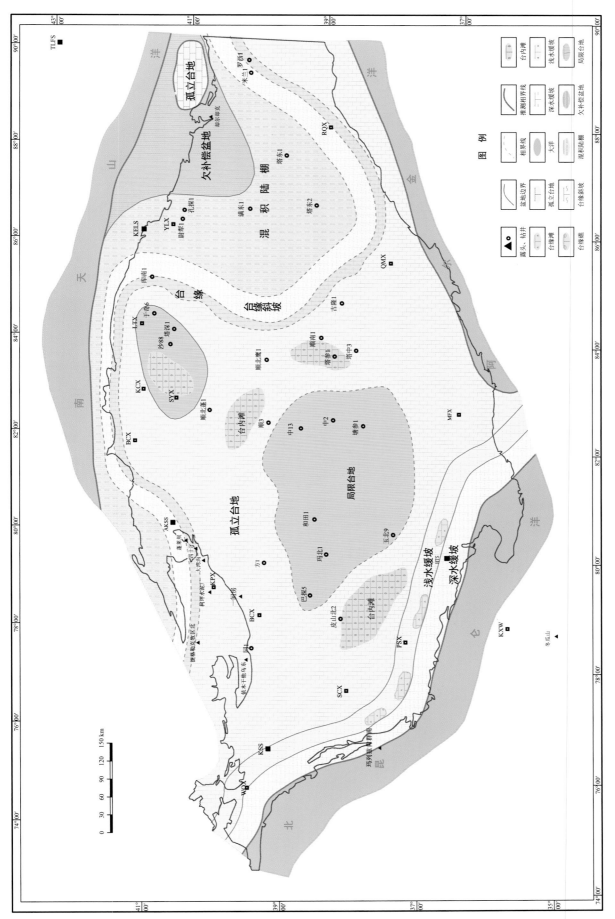

图 2-13 塔里木盆地下奥陶统蓬莱坝组沉积期岩相古地理图

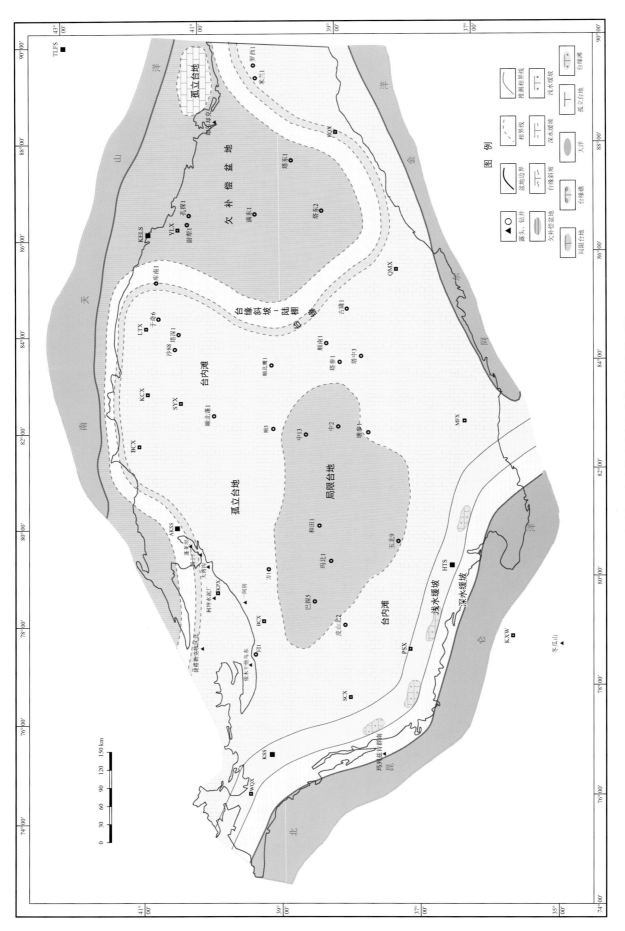

图 2-14　塔里木盆地中下奥陶统鹰山组沉积期岩相古地理图

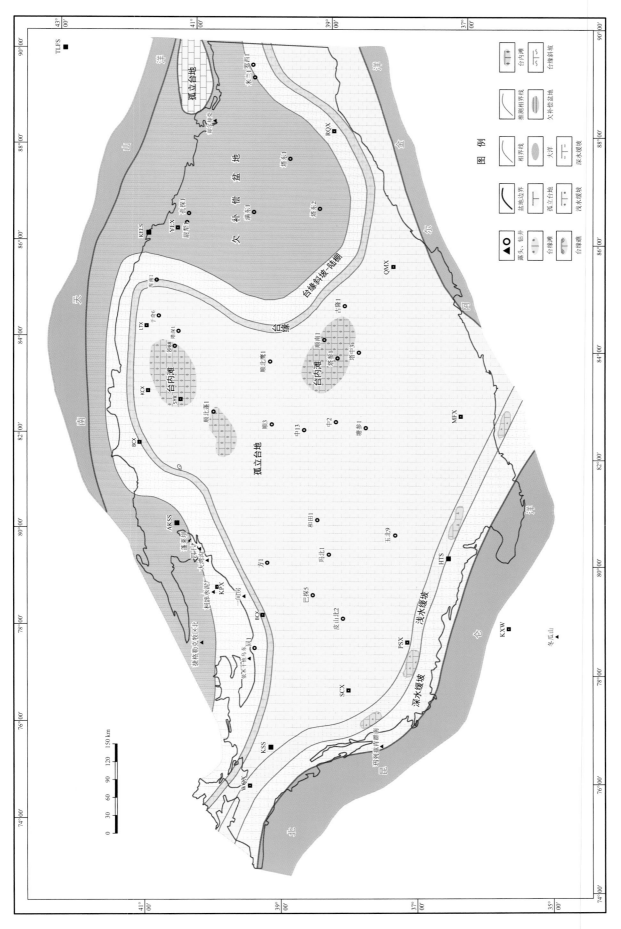

图 2-15 塔里木盆地中奥陶统一间房组沉积期岩相古地理图

受后期加里东运动中期 I 幕构造抬升剥蚀影响，巴楚隆起—麦盖提斜坡—塔西南拗陷及卡塔克隆起一间房组被剥蚀。后期受加里东运动中期和海西早期构造抬升剥蚀影响，沙雅隆起北部一间房组被剥蚀。

晚奥陶世开始，塔里木板块南缘北昆仑洋和阿尔金洋俯冲-消减-关闭，相应形成中昆仑隆起和阿尔金隆起的雏形，为加里东中期 I 幕构造运动。受此影响，塔里木板块内部出现了南北向分异、东西向延伸的隆坳格局。

（四）晚奥陶世恰尔巴克组（O₃q）沉积期岩相古地理特征

晚奥陶世恰尔巴克组沉积期，塔里木板块内部出现了南北向分异、东西向延伸的隆坳格局，其中塔南、塔中低隆起缺失恰尔巴克组沉积。此外，受同期全球海平面大规模上升影响，塔里木板块内部台地被淹没。从巴楚低隆起向南发育淹没台地-混积陆棚沉积体系，隔中昆仑隆起和阿尔金隆起与南昆仑洋相连；从巴楚低隆起向北东发育淹没台地-混积陆棚-欠补偿盆地沉积体系，并向南天山洋过渡。阔克苏隆起仍发育开阔台地（图 2-16）。

塔中、塔北发育两个东西向延伸的浅水台地。塔中恰尔巴克组为紫红色、灰色瘤状泥晶灰岩、泥灰岩夹含生屑泥质泥晶灰岩，厚 13～20m。沙雅隆起恰尔巴克组下段为灰色泥微晶灰岩，上段为灰色、红棕色瘤状灰岩、泥灰岩，厚 20～30m。恰尔巴克组为全盆奥陶系对比重要标志层。

淹没台地之间，即塘古巴斯拗陷和顺托果勒低隆为混积陆棚。

阿瓦提断陷和满加尔拗陷为欠补偿盆地。

（五）晚奥陶世良里塔格组（O₃l）沉积期岩相古地理特征

良里塔格组沉积期，海平面进一步上升，淹没了巴麦地区，但受加里东中期 II 幕构造运动影响，巴楚隆起西北部及麦盖提斜坡西北部良里塔格组被剥蚀殆尽。塔北草 7 井西北部、中 20 井—塔中 19 井之间的部分位置，受岩浆岩侵位影响，地层缺失。同时，奥陶系下统发育的东北部台缘分离成为塔北和塔中两个台缘（图 2-17）。

良里塔格组在麦盖提斜坡—卡塔克隆起主要为开阔台地相，按单井优势相的划分，可在中 16 井、中 1 井—中 17 井周围识别出台内礁，为逆断层上盘发育的台内点礁，在中 2 井周围可识别出台内滩沉积，塔中台缘分布在乔 1 井—顺 3 井—塔中 12 井—塔中 18 井—中 2 井—玛东 1 井一线，在顺 3 井—顺 2 井可识别出台缘礁，台缘向外依次发育了斜坡-陆棚-盆地相。塔北台地发育在剥蚀区边界到托甫 18 井—沙 98 井—塔河 1 井—沙 32 井一线，受到了强烈剥蚀，残余厚度多在 100m 以内，其台缘相发育不十分明显，但可见相对宽缓的斜坡，其向南逐渐过渡为台间陆棚，向东经狭窄陆棚过渡到满加尔盆地相沉积。

（六）晚奥陶世桑塔木组（O₃s）沉积期岩相古地理特征

晚奥陶世桑塔木组沉积期，受同期全球海平面再次大规模上升影响，塔里木板块内部碳酸盐岩台地淹没消亡。此外，由于阿尔金隆起提供了充足的物源，塘古巴斯拗陷、古城墟隆起及满加尔拗陷发育沉积巨厚的浊积盆地，只在阔克苏隆起发育开阔台地（图 2-18）。塔中、塔北开阔台地被淹没相变为混积陆棚。麦盖提斜坡桑塔木组岩性下部为红棕、灰、绿灰色泥岩、灰质泥岩夹粉砂质泥岩，厚约 200m。巴楚隆起桑塔木组为红褐、灰褐色泥岩与灰色粉砂质泥岩、灰质泥岩、粉砂质泥岩互层，厚 108～399m。沙雅隆起桑塔木组为灰、绿灰色泥岩、灰质泥岩夹灰色泥晶灰岩、泥质灰岩，厚 31～189m。

塘古巴斯拗陷、古城墟隆起及满加尔拗陷发育浊积盆地，为一套巨厚的陆源碎屑浊积岩。尉犁 1 井为深灰色薄-中厚层状泥岩、粉砂质泥岩、泥质粉砂岩频繁互层，厚 2000～3000m。塔东 1 井主要由灰绿、黄绿、紫红、黑或灰色砂岩、粉砂岩、页岩及砂屑灰岩形成韵律层，钻厚 1377m。

塔西南拗陷、顺托果勒隆起为盆地，岩性为深灰色泥岩、泥灰岩夹泥质粉砂岩，残厚 300～800m。

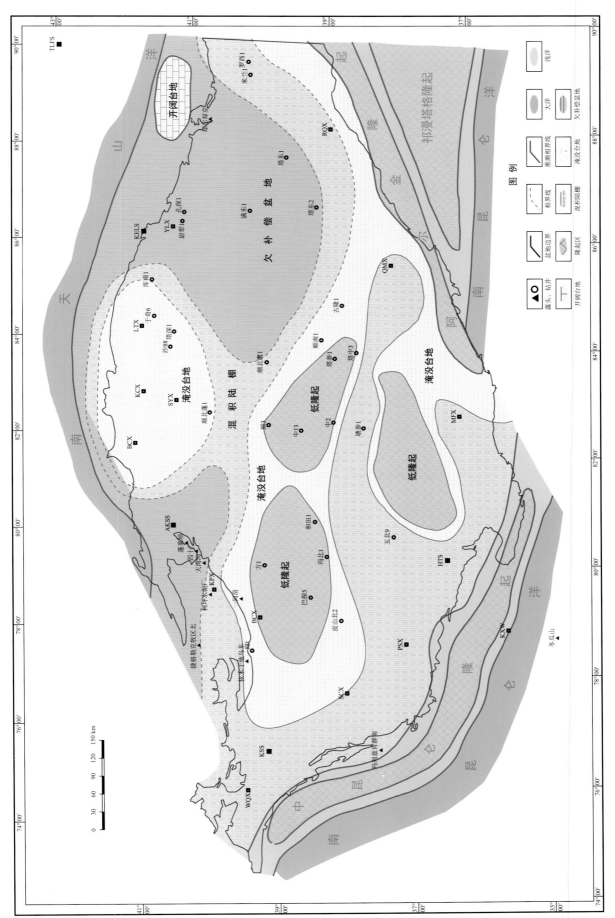

图 2-16 塔里木盆地地下奥陶统恰尔巴克组沉积期岩相古地理图

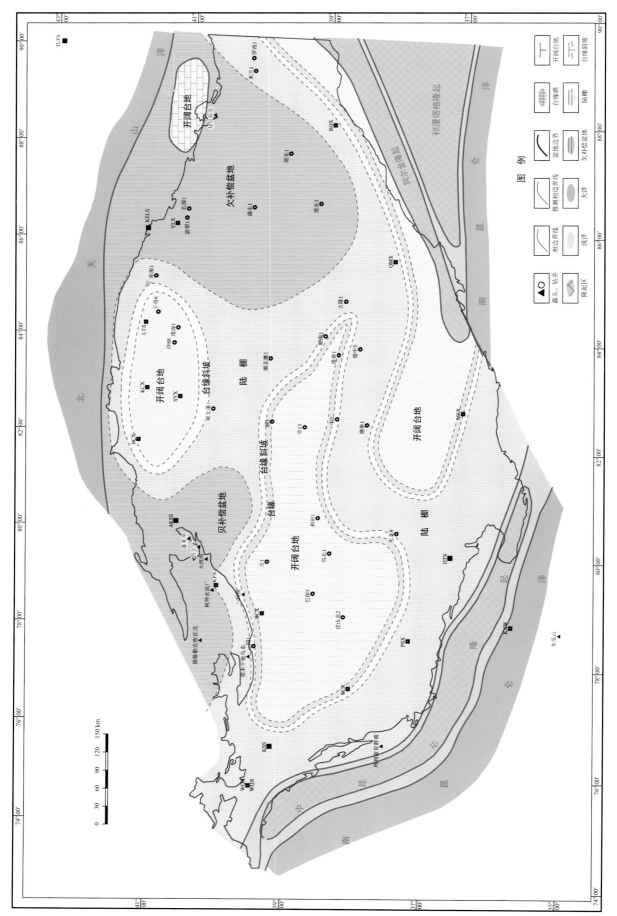

图 2-17　塔里木盆地上奥陶统良里塔格组沉积期岩相古地理图

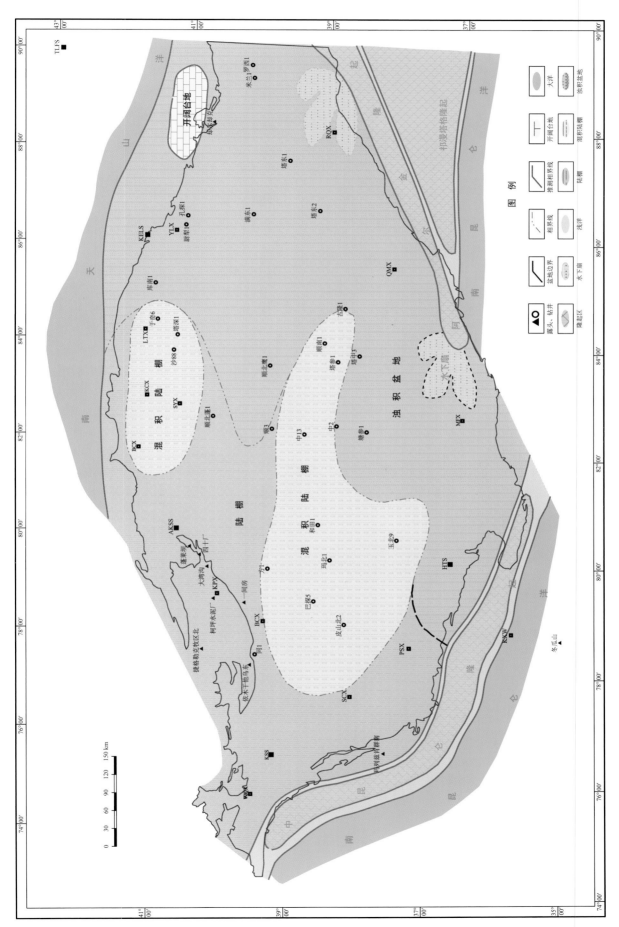

图 2-18 塔里木盆地上奥陶统桑塔木组沉积期岩相古地理图

第四节 断裂特征及构造样式

塔里木盆地在形成演化过程中经历了多期次复杂构造运动的改造，造就了盆地内部复杂的断裂构造。现今塔里木盆地主要发育走向为北西西（NWW）、北东东（NEE）及北北东（NNE）的3组断裂，这些断裂具有不同期次、不同性质、不同规模和不同级别。它们既分布在盆地周缘，又分布在盆地内部，既有基底卷入型断裂，又有盖层滑脱型冲断构造。它们的形成演化、发育分布不仅控制着盆地的沉积沉降、隆坳格局、区带和局部构造的形成，而且控制着储层发育、油气运移聚集、油气成藏等。前人对这些断裂的规模、分布、组合样式都进行过系统研究，并深入阐述了断裂发育、演化与油气成藏的关系。研究结果表明，断裂系统与碳酸盐岩油气藏的形成与保存有着密切的联系。断裂的通道作用是烃源岩与油气聚集区形成有效空间配置关系的重要原因；断裂的封闭作用对于断层相关圈闭的有效形成和油气的聚集成藏起着至关重要的作用；断层带的应力释放所造成的岩层破裂和裂缝系统是油气富集高产的关键要素。

一、盆地的主要断裂特征

断裂级别的划分有助于了解断裂对盆地的形成演化所起的控制作用，对于寻找与断裂相关的油气富集带有着十分重要的作用。依据野外地质调查、地震资料解释和非地震物探资料分析成果，根据多年油气勘探研究实践，确定了如下断裂级别划分的主要依据：①断裂规模（包括断裂长度、断距、断开地层层系）；②对盆地隆坳格局的控制作用；③断裂是否断达基底（基底卷入型还是盖层滑脱型）；④断层活动时间和期次；⑤对岩浆活动的控制作用；⑥是否控制沉积。同时，兼顾以下两个方面的因素：①断裂派生的次级断裂是否发育；②断裂带破碎的宽度。

根据上述断裂级别划分依据，将塔里木盆地断裂级别划分为3级，厘定出一级断裂19条，二级断裂21条（图2-19），并对它们进行了系统命名和断裂要素统计。把一、二级断裂外的已知断裂均归为三级断裂。

（1）一级断裂。一般表现为区域大断裂，延伸数百甚至上千千米，断裂带宽度可达数千米，断距为数百至上千米，并控制两侧地层厚度、沉积岩相与构造格局的差异；长期发育，可贯穿数个构造旋回（穿层多）；沿断裂带常见岩浆活动，两侧构造线方向及变形样式具有明显差异，断裂上升盘的地层发育不完整，有较大的间断。此类断裂主要发育于盆地边缘及盆内古隆起边缘，常控制着盆地内一级隆坳构造单元的边界，如控制柯坪断隆的柯坪塔格断裂、控制一级构造单元巴楚隆起的色力布亚断裂、吐木休克断裂等共19条。塔河—顺托地区发育的一级断裂主要为控制卡塔克隆起的塔中Ⅰ号断裂、控制沙雅隆起的轮台断裂和亚南断裂。

（2）二级断裂。控制着二级构造单元内部大中型构造带的形成和分布，一般表现为中型断裂，延伸数十至上百千米，断裂带宽数百米，断距为数十至上百米，常位于一级断裂的两侧并与之平行展布；多期活动，贯穿数个构造旋回或占一个旋回的很大部分，切穿较多层系；断裂两侧地层厚度、沉积相及构造格局差异不大，断点较清晰、可靠。此类断裂主要发育于山前冲断带、盆地内大中型构造带的边界，如控制秋里塔格构造带的丘里塔格断裂、巴楚隆起内部的古董山断裂等共21条。塔河—顺托地区发育的代表性二级断裂为控制卡塔克中央主垒带的塔中Ⅱ号断裂和控制阿克库勒凸起内盐边界的近EW向断裂。

（3）三级断裂。控制区带或单个较大型局部构造的形成和展布的断裂，多表现为较一、二级断裂规模相对较小的中、小型断裂，延伸数十千米，断裂带宽数十米，断距为数米至数十米；活动期主要在一个构造旋回内，切穿层系较少；断裂两侧地层厚度、沉积相及构造格局无明显变化，经常调节不同区段的构造变形。

塔河—顺托地区，三级断裂在数量上明显比一、二级断裂发育，如塔河地区控制盐边界的近EW向断裂、托甫39井区NE向与NW向共轭走滑断裂、顺北1号断裂带、顺托1号断裂带等，共有30余条。从断裂规模、活动期次、破碎程度及次级断裂发育数量等依据，厘定其为三级断裂。三级断裂夹持、派生的次级断裂为四级或五级断裂。下面以轮台断裂和巴楚—古董山断裂为例，简单介绍断裂级别划分的分析过程。

轮台断裂虽然位于塔里木盆地一级构造单元沙雅隆起的内部，构成二级构造单元雅克拉凸起的南界，但是，该断裂构造带对于沙雅隆起的形成演化具有重要的控制作用，且延伸长、断距大、长期活动、切割地层层系多。它是一条基底卷入型断裂，断层向上断至新生界，向下断达前南华系结晶基底。轮台断裂符合一级断裂的划分标准，所以，将其归属塔里木盆地的一级断裂。

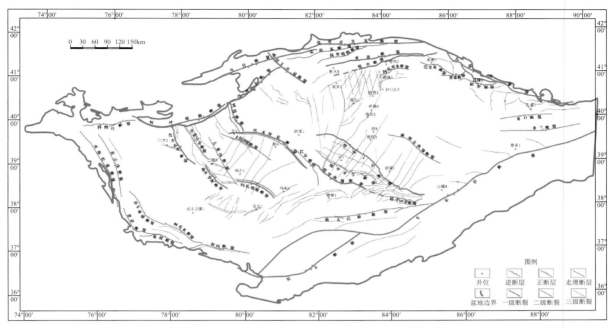

图 2-19 塔里木盆地中下奥陶统顶面断裂级别划分图

巴楚—古董山断裂位于巴楚隆起/断隆的内部，对于巴楚隆起的形成和演化具有一定的贡献，但是作用不大，够不上一级断裂构造的标准。不过，该断裂构造带具有相当的规模，多期活动，多种构造样式叠加，断裂构造带自前南华系结晶基底一直断至地表或近地表，直接控制着小海子—瓦基里塔格岩浆活动带的形成演化和空间展布，其后期构造演化对该岩浆岩带有明显的改造作用。由于巴楚隆起尚未划分次级构造单元，所以无法讨论其对盆地二级构造单元的控制作用。鉴于以上分析，将巴楚—古董山断裂带归属塔里木盆地的二级断裂构造。

（一）色力布亚断裂和同岗断裂

色力布亚断裂是巴楚隆起西南缘的一条边界断裂，分隔麦盖提斜坡和巴楚隆起，是塔里木盆地的一条著名的一级断裂。同岗断裂是其派生断裂（图 2-20）。

图 2-20 过色力布亚断裂和同岗断裂的代表性地震剖面

色力布亚断裂主断层面倾向北东（倾向巴楚隆起），向下断达基底，向上断至上新统底面。上新统由麦盖提斜坡向巴楚隆起超覆减薄，甚至尖灭。在巴楚隆起上，往往第四系直接不整合于古生界之上。

色力布亚断裂主断层上盘派生有一次级的冲断层——同岗断裂，是沿中寒武统膏盐层滑脱-冲断的断层。该派生断层的根部，断层面平行于地层，沿中寒武统膏盐层由西向东滑脱 4～5km 后，开始向上冲断，切穿中-上寒武统及其以上的古生代地层，向上一直断至第四系底界；向下止于色力布亚断裂主断裂。同岗断裂的主干断裂倾向南西，上陡下缓。其还派生一规模更小的逆冲断层，与之构成 y 形剖面组合，形成同岗构造带。

（二）轮台断裂和亚南断裂

轮台断裂与亚南断裂是塔里木盆地北部沙雅隆起上的两条著名的断裂。它们构成一大型断裂构造带，由北向南冲断的轮台断裂是主控断裂，亚南断裂是其派生的背冲断裂，两者在剖面上构成 y 形组合关系（图 2-21）。整个断裂构造带以由北向南的冲断作用为主，平面上，向东收敛，向西撒开，呈喇叭状。两条断裂剖面上都有"上正下逆"的特点，显示出负反转构造的特点。冲断作用发生在古生代，新生代发生构造负反转，形成正断层。

轮台断裂东起提尔根（甚至还可能向东延伸），经轮台、东河塘油田，向南西延伸至沙雅西。断裂构造带走向为 NEE～NE，总体呈向北凸出的宽缓弧形展布，延伸长度约为 150km，主断层面北倾。沿断裂构造带的走向，轮台断裂早期的冲断作用和后期的伸展作用都是由东向西渐弱。亚南断裂则相反，早期的冲断作用和晚期的构造（负）反转都是由东向西加强。轮台断裂沿走向的另一个明显的变化是，冲断作用由东边的显露式冲断，向西逐渐转化为楔状盲冲。轮台断裂西南段的楔状冲断构造，主冲断层断层面北倾，由北向南冲断至中寒武统；反冲断层沿着中寒武统膏岩层向北滑脱冲断到三叠系的底面。在冲断前锋的后面，还有自前南华系变质岩中开始的反冲断层。反冲断层与主冲断层共同构成了一个复杂的构造楔。构造楔的楔入，造成轮台断裂北侧的地层向雅克拉凸起方向急剧抬升。

亚南断裂走向近东西，断面南倾，向下断达前南华系变质基底，向上断至库车组，延伸长达 100km 左右，断距在东西两端较小，中间大。断裂带上，寒武系—南华系不整合于前南华系变质岩之上；白垩系不整合于寒武系和前寒武系之上。不整合造成了大量地层的缺失，前南华系变质岩之上仅保留了厚度不大的寒武系—南华系，许多地方中-新生界甚至直接不整合于变质岩之上。前中生界冲断的断距很大，最大可达 2000m 以上，但是因为前南华纪变质岩缺乏明确的标志层而难以准确确定。亚南断裂的形成演化，使其上升盘的构造得到发育，并沿断裂延伸方向呈串珠状排列。

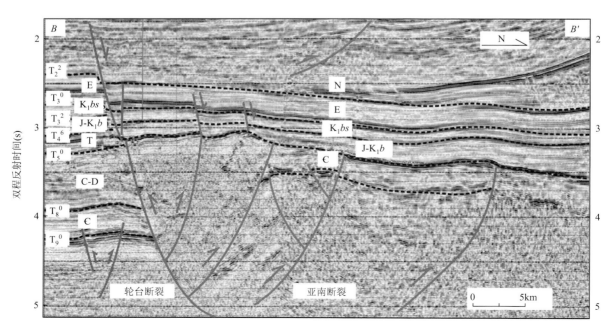

图 2-21　沙雅隆起过轮台断裂和亚南断裂中段的地震剖面

亚南断裂在中-新生界是一条确凿无疑的正断层，正断距以白垩系底面最大，向上逐渐减小，最终消失于库车组当中。显然，亚南断裂构造带为一典型的负反转构造。

总之，轮台断裂和亚南断裂是一个统一的断裂体系，轮台断裂是主断层，亚南断裂是派生断层。基底卷入型冲断作用发生于古生代—中生代，晚新生代构造反转。轮台断裂是塔里木盆地的一条一级断裂。

（三）阿克库木断裂和阿克库勒断裂

阿克库木断裂和阿克库勒断裂是阿克库勒凸起上的两条断裂带（图 2-22）。中石油塔里木油田分别称为轮南断裂和桑塔木断裂。

阿克库木断裂走向为近东西至北东东，由南、北两条断裂组合而成。南、北断裂之间的垒带上，三叠系直接不整合覆盖于奥陶系之上，志留系—二叠系被剥蚀殆尽。北断裂是阿克库木断裂带的主干断裂，断层面南倾，倾角约为 $60°$，为基底卷入型逆断裂，向下断入基底，向上断至中生界底界，断距在 400m 以上。轮南断裂是北断裂派生的分支断裂，断层面北倾，断距约为 120m。两条断裂组合成 Y 字形组合样式。在北断裂的下盘，还有一条较小规模的正断裂，断层面北倾，仅仅断开中-下寒武统，断距约为 300m，可能是早期（寒武纪—中奥陶世）构造伸展阶段的产物。三叠系与下伏地层呈角度不整合关系，垒带上部三叠系—侏罗系地层形成披覆背斜，具有生长地层的性质。到白垩系，地层平整，不受阿克库木断裂带影响。说明阿克库木断裂带主活动期为二叠纪末—三叠纪初，定型于侏罗纪末—白垩纪初。

阿克库勒断裂位于阿克库勒凸起的中部，近东西向展布，延伸 25km 左右。断裂带上，石炭系—二叠系不整合于奥陶系之上，又被三叠系削蚀不整合。阿克库勒断裂也由南、北两条断裂组成。北断裂为主断裂，断层面南倾，向上断至三叠系底界，向下断入基底；南断裂作为派生的分支断裂，断层面北倾，向上断开层位与北断裂一致，向下断入基底。两者具有背冲断裂的性质。两条断层在剖面上组合而形成 Y 字形构造，其间夹持的断块为一斜歪褶皱，褶皱轴面南倾，断块受挤压，向上方运动，断块两侧地层作为下盘，相对运动方向向下。三叠系地层不整合覆盖于此背斜断块之上，指示断裂的主活动期为二叠纪末—三叠纪初。

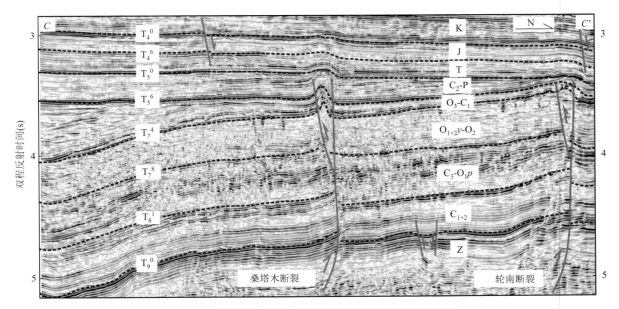

图 2-22 塔北隆起过轮南断裂及桑塔木断裂的地震剖面

（四）塔中Ⅰ号断裂

塔中Ⅰ号断裂是卡塔克隆起与古城墟隆起—顺托果勒低隆起之间的分界断裂（图 2-23），长约 260km，平面上呈北西向的反 S 形展布，走向为 NW～SE、倾向为 SW。它是卡塔克隆起发育的主要控边断裂，也是塔里木盆地的一条著名的一级断裂。断裂主活动时期为加里东期，海西期的断裂活动对其有一定的改造作用，明显控制了下降盘的沉积厚度，对卡塔克隆起的形成与发展起了重要的控制作用。断距大小不等，最大落差可达 1980m。塔中 I 号断裂带沿走向上的构造样式、演化模式与成因机制不尽相同，可以划分为明显不同的 4 段。

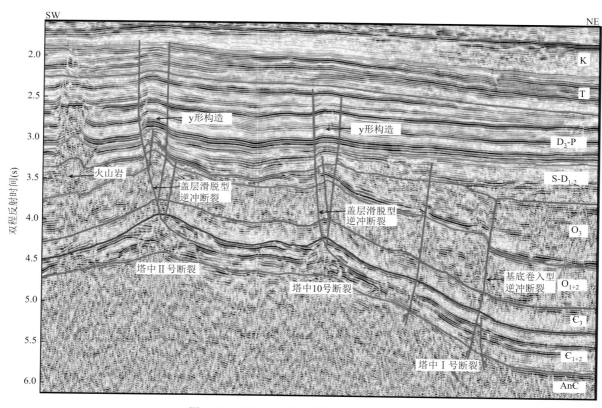

图 2-23　过塔中 I 号断裂的代表性地震剖面

（五）沙井子断裂和沙南断裂

沙井子断裂和沙南断裂位于塔里木盆地西北缘，是阿瓦提拗陷与柯坪断隆之间的边界断裂，也是塔里木盆地的一条一级断裂。它是一条基底卷入型断裂，NE～SW 向延伸，长约 160km。断裂雏形形成于晚加里东期，经历了海西末期、燕山期和喜山期等，多期活动，最后定型。浅层晚新生代正断层是近年来地震解释的新发现，显示沙井子断裂具有负反转构造的性质。沙南断裂是沙井子断裂的一条派生断裂，属于三级断裂的范畴。

（六）孔雀河断裂

孔雀河断裂是塔里木盆地东北缘的一条一级断裂，构成孔雀河斜坡与库鲁克塔格断隆的分界，是塔里木盆地规模最大、最引人注目的断裂构造带之一。它是一条大型高角度基底卷入型断裂，断面北倾。孔雀河断裂的雏形形成于加里东晚期—海西早期，后经海西末期—印支期、燕山期和喜山期多期活动，最终定型。断裂下盘前南华系基底中可能存在一个由北向南冲断的构造楔，是孔雀河斜坡地层向北抬升的重要原因。构造楔形成于孔雀河断裂之前，为孔雀河断裂所切断和破坏。这与沙井子断裂带深部的构造楔很相似，形成时间也基本一致。

（七）车尔臣断裂

车尔臣断裂位于塔里木盆地东南边缘，是塔里木盆地覆盖区规模最大的断裂构造带。因与阿尔金走滑断裂走向一致，往往被归入阿尔金走滑断裂系。车尔臣断裂自塔南隆起的西南端，经古城、罗布庄至罗布泊，全长超过 1000km。仅塔中 I 号断裂构造带以东部分就达约 640km。断裂走向为 NEE，倾向为 SE，沿走向具有明显的分段性。车尔臣断裂上盘缺失几乎全部古生界和中生界中-下部的沉积地层；侏罗系—白垩系与下伏前震旦系变质基底为角度不整合接触。其形成演化过程可以分为 3 个大的阶段：晚加里东期，车尔臣断裂构造带形成期；海西期末—印支期，车尔臣断裂构造带复活，强烈的压扭性构造应力产生大规模走滑和冲断作用；喜马拉雅期，陆内造山作用过程中，发生一定规模的冲断，并可能伴随一定程度的剪切作用。

二、断裂构造变形样式及活动期次

（一）断裂构造变形样式

构造变形样式是具有成生关系的一组同生构造变形的组合。塔里木盆地漫长的构造演化过程中，每一个构造演化阶段都形成复杂多样的构造变形，也就组合成了不同的构造变形样式。中石化西北油田在多年地震解释的基础上，经过系统研究、综合分析，对塔里木盆地的构造变形样式进行了认真的总结，形成图 2-24 所示的塔里木盆地构造变形样式分类及分布图。根据构造变形层次划分出基底卷入型和盖层滑脱型两大类；根据构造变形样式形成的应力机制，划分为挤压作用、走滑作用和拉伸-反转三大类。

1. 挤压作用形成的构造变形样式

挤压作用形成的构造变形样式包括基底卷入型和盖层滑脱型两类。另外，还有基底卷入+盖层滑脱的混合型（图 2-24）。这类构造变形样式在我国西部挤压型含油气盆地中广泛发育。塔里木盆地作为一个大型中-新生代挤压型含油气盆地，这类构造变形样式也随处可见。

基底卷入型构造变形样式分为简单型和复杂型。简单型基底卷入型构造变形样式有铲式逆断层和高角度逆断层两种构造变形样式，常见于沙雅隆起、卡塔克隆起、巴楚隆起和塔东南地区。其中，塔东南的车尔臣断裂和巴楚地区的康塔库木断裂是两条典型的高角度基底卷入型逆断层；巴楚地区的色力布亚断裂、吐木休克断裂及塔中地区的塔中Ⅰ号断裂都具有铲式逆断层的特征。复杂基底卷入型挤压构造变形样式包括平行逆冲断层系和背冲-对冲构造。前者又称基底卷入型叠瓦状冲断构造，常见于盆地周缘新生代褶皱冲断带的根带；盆地内部见于塔中、巴楚地区，偶见于塔北地区。背冲-对冲构造变形样式中，以背冲构造最发育，对冲构造仅见于多排基底卷入型冲断构造发育区，而且要求冲断方向交替变化。巴楚、塔北、塔中等地区都可以见到基底卷入型背冲构造和基底卷入型对冲构造，塘古巴斯拗陷亦见此类构造变形样式。

挤压作用形成的盖层滑脱型构造变形样式中，简单型由盖层滑脱断展褶皱和盖层滑脱断穿褶皱组成；复杂型包括盖层滑脱型叠瓦状构造、盖层滑脱双重构造和盖层滑脱对冲断展褶皱。盖层滑脱断展褶皱在南天山山前的柯坪褶皱冲断带最发育，但是保存不好。这种构造变形样式在库车褶皱冲断带、喀什北褶皱冲断带、昆仑山前褶皱冲断带都有发育，也见于塔中、巴楚南缘及塘古巴斯地区。盖层滑脱断穿褶皱发育于库车褶皱冲断带，以迪那 2 构造最为典型。褶皱构造变形样式亦见于塔中和巴楚地区。盖层滑脱型叠瓦状构造发育最好的地区是柯坪褶皱冲断带，山前其他地区也有发育。盆地内见于玛东褶皱冲断带。盖层滑脱双重构造在库车褶皱冲断带发育最好，昆仑山前亦可见，盆地内部少见。盖层滑脱对冲断展褶皱需要有多排冲断构造，并出现反冲作用，发育于山前褶皱冲断带，特别是褶皱冲断带的前部。盆地内仅塘古巴斯地区和巴楚地区可以见到。

挤压作用形成的混合型构造变形样式有基底卷入-盖层滑脱对冲构造、断展褶皱+断穿褶皱、基底卷入+盖层滑脱背冲构造和双层滑脱挤出褶皱。基底卷入-盖层滑脱对冲构造见于塘南褶皱冲断带，理论上可以发育于山前褶皱冲断带的基底卷入型向盖层滑脱型构造变形过渡的部位。断展褶皱+断穿褶皱见于巴楚南缘、塔中地区，也发育于山前褶皱冲断带的前锋部位。基底卷入+盖层滑脱背冲构造往往是两次挤压构造变形的叠加，见于色力布亚构造带的西北段（同岗段）和中段（亚松迪段）。双层滑脱挤出褶皱形成的必要条件是有两个主滑脱层，见于巴楚南缘的色力布亚构造带和玛扎塔格构造带。理论上分析，这类构造变形组合可以见于库车褶皱冲断带的中段，喀什北褶皱冲断带也有发育的可能。塔里木盆地其他地区基本上不太可能出现此类构造组合。

2. 走滑作用形成的构造变形样式

走滑作用形成的构造，以往多关注盆地周缘的大型断裂及盆地周缘褶皱冲断带的调节构造。其中，阿尔金晚新生代走滑断裂最为引人注目。喀拉吐尔滚断裂和皮羌断裂是塔里木盆地周缘褶皱冲断带中发育的两条规模较大而且比较知名的调节断层。近年来，西北油田的油气勘探实践证明，塔里木盆地台盆区也发育走滑作用；其形成的构造变形——走滑断裂具有重要的油气勘探价值。

塔里木盆地走滑作用形成的构造变形样式（图2-24）是中石化西北油田在塔河—顺托地区的油气勘探实践过程中研究总结出来的，包括发散正花状构造、紧闭正花状构造、半正花状构造、简单正花状构造、负花状构造、简单负花状构造、高陡密集破碎带、平行高陡断层带和单一高陡断层。发散正花状构造的形成往往伴随有滑脱构造的存在，这类构造变形样式目前见于塔中地区。紧闭正花状构造是挤压走滑构造变形形成的典型的构造变形样式，见于塔河、顺托和塔中地区；山前褶皱冲断带的调节带也可以形成这类构造变形样式。半正花状构造实际上是正花状构造样式的一种表现形式，见于塔河、顺托和塔中地区，亦可以见于山前的调节带。简单正花状构造是断层较少的正花状构造，剖面上往往只有两条呈背冲状态的断层。这类构造见于巴楚西部和山前地区，塔中地区也有发育。负花状构造是张扭性构造在应力场下形成的构造变形样式，目前主要见于塔河—顺托—塔中地区。简单负花状构造是断层较少的负花状构造，与负花状构造在成因上并没有区别，见于塔河—顺托—塔中地区，在巴麦地区也有发育。高陡密集破碎带往往是多期断裂活动或多种构造作用的叠加，见于巴楚西部和塔中—顺托地区。平行高陡断层带和单一高陡断层本质上属于同一类型，区别在于断层的多少。这类构造见于塔河—顺托—塔中地区，在巴楚和阿瓦提地区也有发育。

3. 拉伸-反转作用形成的构造变形样式

拉伸-反转作用形成的构造变形样式包括地垒、地堑、半地堑、正反转断层和负反转构造（图2-24）。它们的共同点是都经历了拉张构造变形。地垒和地堑统称堑垒构造，是典型的伸展构造变形，见于塔河—顺托—塔中地区，在麦盖提和阿瓦提地区也有发育。半地堑是地堑的一种变异，见于塔东和巴楚地区，塔中偶见。正反转断层和负反转构造都是经历了拉张和挤压构造变形后形成的叠合构造变形样式，前者见于

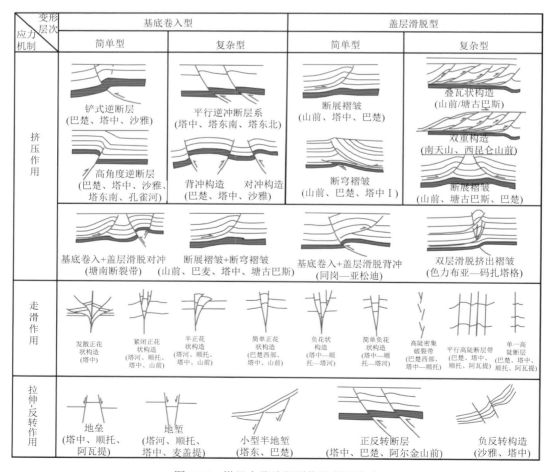

图2-24 塔里木盆地断裂构造变形样式

塔中、巴楚和阿尔金山前地区，后者见于塔北和塔中地区，尤其以塔北地区的轮台断裂和亚南断裂最为典型，研究最早，研究者和研究成果也最多（赵岩等，2012；魏国齐等，2001；汤良杰等，1999；汤良杰和金之钧，1999；张鹏德等，1999）。

（二）断裂活动期次

断层/裂活动时间的判断主要根据断层/裂断开的地层系统，断层/裂断距的变化，与断层/裂密切相关的不整合，断层/裂上、下盘的地层厚度差异，与断层/裂活动具有成生关系的生长地层。另外，还可以借助同位素年代学的方法，如断层泥自旋电子共振定年等方法，判定断层活动时间；根据不同方向断裂之间的相互切割关系，可以判定它们形成的先后次序，在区域构造背景制约下划分断裂期次。根据西北油田多年地震断裂解释的经验，断裂期次的划分依据有以下4点：①断层断穿的层位，其与不整合面相关；②上、下构造样式变化，即构造变形差异；③断裂活动的强度，即断裂在不同层位断距的变化和变形程度的差异等；④断层两侧的沉积特征，即断层活动对沉积的控制作用。

在二维和三维地震资料的综合解释的基础上，依据上述断裂活动期次划分依据，结合该区的应力场背景，将阿满地区的断裂活动期次进行了划分，包括加里东中期Ⅰ幕、加里东中期Ⅲ幕、加里东晚期—海西早期、海西晚期—印支期、燕山期—喜山期（图2-25）。

1. 加里东中期Ⅰ幕

塔里木盆地加里东中期Ⅰ幕断裂主要集中于盆地内部（图2-25）。车尔臣断裂可能形成于加里东中期Ⅰ幕，但是由于大量地层的缺失及后期构造的叠加改造，难以令人信服地确定其确切的形成时间。孔雀河斜坡的断裂也存在同样的情况，其加里东中期Ⅰ幕的断裂活动也有一定的推测性。

塔里木盆地的加里东中期Ⅰ幕断裂以基底卷入型冲断构造为特色。盖层滑脱型构造主要见于塘古巴斯拗陷，以玛东褶皱冲断带为代表。顺托地区的加里东中期Ⅰ幕断裂多为基底卷入型走滑断裂，剖面上主要表现为直立断层和正花状构造。断裂向下断入前南华系基底，向上断穿中奥陶统顶面，消失在上奥陶统厚层泥岩中。断层走向主要有NE～SW和NW～SE两个方向。这两个方向的断裂在顺托地区都有发育，以NE～SW走向的走滑断裂为主。

卡塔克隆起上加里东中期Ⅰ幕断裂，平面上表现为以塔中Ⅰ号、塔中南缘、塔中10号、塔中Ⅱ号等NWW向断裂和塔中60井断裂带等近EW向断裂组成的向西撒开、向东收敛的扫帚状构造。剖面上表现为以塔中Ⅰ号断裂带和塔中南缘断裂带为界的大型冲起构造。塔中NWW向断裂带活动强度自东向西减弱，并由不同的断裂组合样式而显示出区段性活动特点。隆起东段高陡、西段变低变宽缓，并逐渐向NWW向倾没过渡为阿瓦提拗陷。根据断裂断穿层位、断裂与不整合面的关系和地层的上超结构等标志判断，这套NWW～近EW向延伸、控制卡塔克隆起复式背斜的断裂带主要形成于中奥陶世末（加里东中期Ⅰ幕运动）的逆冲活动。同时卡塔克隆起还发育NE向展布的多排走滑断裂，切割NWW向逆冲断裂，根据走滑断裂控制的地层及平面切割关系判断，这套NE向走滑断裂受控于先存基底薄弱带与构造应力的不均衡作用，属于典型的被动型走滑断裂，与NWW向逆冲断裂形成期基本一致，但后期有继承性活动。

沙雅隆起发育轮台断裂和亚南断裂，以及哈拉哈塘凹陷、阿克库勒凸起之上密集发育的中小型逆断裂。亚南断裂走向近EW，断面倾向南，呈三段式分布。沙雅—轮台断裂呈两段式分布，西段沙雅断裂长86km，东段轮台断裂长172km，断面倾向北。哈拉哈塘凹陷、阿克库勒凸起发育NNW走向的断裂，断裂最长为37km，最短为4km。此外，库尔勒鼻凸之上的巴里英断裂发生逆冲反转，顺北地区发育的多条NWW向逆冲断裂、满加尔拗陷西缘的满参1井断裂等均可能是在加里东中期Ⅰ幕运动时形成的。

巴楚隆起仅发育了吐木休克断裂、巴东断裂和色力布亚断裂西段。吐木休克断裂和巴东断裂均为NWW走向，呈向北凸出的弧形。前者倾向NE，长约205km；后者倾向SW，长约115km。色力布亚断裂西段长约27km，倾向NE。

2. 加里东中期Ⅲ幕

加里东中期Ⅲ幕断裂多是加里东中期Ⅰ幕断裂的继承性活动（图2-25），所以它们的分布范围基本一致，区别在于沙雅地区该期断裂异常发育，而塘古巴斯拗陷的该期断裂活动明显减弱。车尔臣断裂东北段停止活动，西南段继承性活动，但是车尔臣断裂和孔雀河地区的断裂由于不整合造成巨大的地层缺失，所以加里东中期III幕的断裂活动有一定的推测性。由于塘古巴斯拗陷的盖层滑脱冲断构造活动减弱，加里东中期III幕的断裂基本上都是基底卷入型的，盖层滑脱型断裂非常少见。断裂走向仍然以 NE～SW 和 NW～SE 两个方向为主，近 E～W 向的断裂见于沙雅隆起北部、麦盖提斜坡及车尔臣断裂西南段。沙雅隆起南部（塔河—哈拉哈塘地区）的加里东中期III幕断裂以直立走滑断层为主，向下断达基底，具有压扭性力学性质；NNE～SSW 和 NNW～SSE 走向的两组走滑断裂呈共轭组合关系，指示当时的古应力场的平面主压应力方向近 N～S。

塔中地区在晚奥陶世末期，塔中 I 号断裂、10 号断裂、南缘断裂进入定型期，大部分主干断裂上盘发育反冲次级断裂，造成地层抬升并遭受剥蚀，形成 T_7^0 不整合面。桑塔木组沉积期伴随大陆远源碎屑沉积充填，反映周边造山作用。推测东南部阿尔金山系活动造成塔东南地区强烈隆升，塘北断裂、东南部潜山断裂形成。此时整个卡塔克隆起冲断构造逐步加强，特别是东南部地区发生多期冲断作用而整体翘倾抬升。

晚奥陶世末，受东南方向阿尔金碰撞造山挤压应力的叠加，中央隆起带南部产生 NW 向挤压构造应力场，在塘古巴斯拗陷发育 NEE 走向的玛东冲断带。断裂持续活动导致该构造带奥陶系地层剥蚀严重。

3. 加里东晚期—海西早期

加里东晚期—海西早期的断裂是加里东中期断裂的继承性活动（图 2-25）。这期断裂是昆仑—阿尔金碰撞造山作用最后一幕形成的，与之伴生的是前东河砂岩顶面的不整合。该期断裂在塔河—顺托地区较发育。整体表现出向下断入前南华系基底，向上断至泥盆系。该期断裂与加里东中期断裂的最大区别是反映伸展构造背景的正断层。加里东晚期—海西早期的断裂平面以 NE～SW 走向雁列状正断层带为特色；剖面上以负花状构造和堑垒构造为特征。平面和剖面上都显示出张扭性断裂带的特征。

沙雅隆起该期断裂活动较强烈，除轮台断裂、亚南断裂继续活动外，隆起西部和阿克库勒凸起上发育了大量的逆断层。持续的昆仑—阿尔金造山作用也使隆起带内压扭性构造进一步加强，共轭走滑断裂系统在隆起带普遍发育。阿克库勒凸起与哈拉哈塘凹陷新发育了 NNE 向的断裂，与 NNW 向断裂交叉分布。

顺托果勒低隆发育多条由 NWW 向小断层组合成的 NE 向雁列式走滑断裂带，是深部 NE 向走滑断裂向上发散而成的，如顺 9 井区的走滑断裂带等。顺西 2 井区还发育多条逆冲兼走滑性质的 NNE 向断裂，向南北可能延伸到卡塔克隆起与沙雅隆起区。它们可能是同一区域构造背景下的产物。

卡塔克隆起 NWW 向的塔中 II 号断裂带持续活动，东南部断裂带强烈活动形成东南潜山带，同时新生了一系列 NE 向的走滑断裂，主要为左行走滑断裂，局部有右行走滑，切割先存的 NWW 向大断裂，使卡塔克隆起断裂系统更加复杂。塔中地区 NE 向走滑断裂由于块体旋转，压扭应力转向张扭，在加里东中期发育的 NE 向压扭性走滑断裂的基础上，继承性发育一系列张扭性走滑断裂，同时伴生了一系列 NW 向雁列式正断层，表现为负花状构造，分布于卡塔克隆起和塔中北坡，伴生断裂与主走滑断裂的锐夹角指示断裂具有左行右阶的特征。

早-中泥盆世末，受东南方向阿尔金碰撞造山的持续挤压应力，塘古巴斯拗陷早先发育的 NEE 向的玛东冲断带持续活动，导致该构造带志留系—奥陶系地层剥蚀严重。

孔雀河地区发育以孔雀河断裂为代表的一系列 NW 向的逆冲断裂，包括孔雀河断裂、龙口断裂、群克断裂、尉犁断裂，多倾向 NE。此外，还有 NE 向的普惠断裂。孔雀河断裂规模最大，长达 480km 左右。

巴楚隆起可能主要发育海米罗斯断裂和玛扎塔格断裂，控制着巴楚隆起东南部地层抬升剥蚀。古城墟隆起断裂继承加里东中期构造格局继续活动，并在西侧新生了几条平行排列的逆断层，走向 NE，倾向 SE，长 17～30km。

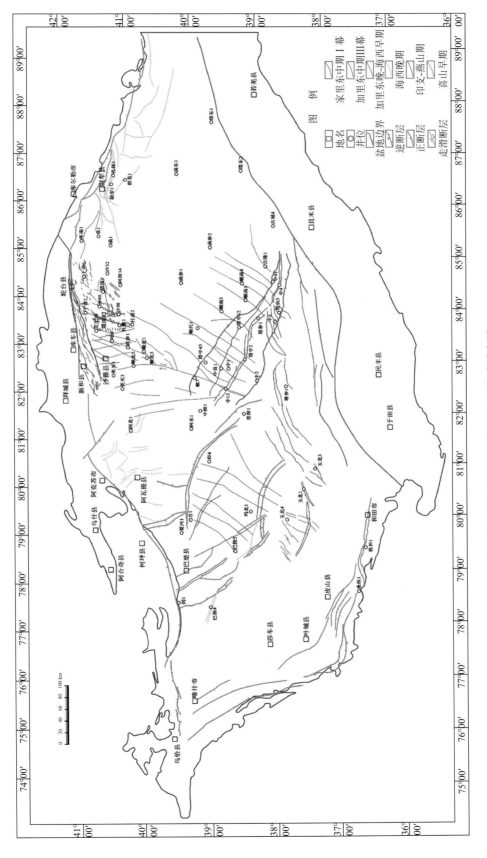

图 2-25 塔里木盆地断裂主要活动期次叠合图

4. 海西晚期

海西晚期的断裂活动主要与二叠纪大陆裂谷作用和二叠纪末期南天山碰撞造山作用有关，形成前三叠系顶面不整合。海西晚期，顺托—顺南地区的部分断裂在加里东中期和海西早期的基础上继续活动。平面分布上，巴楚隆起—阿瓦提拗陷—沙西凸起比较发育（图 2-25）。剖面上，向下断达基底，向上断入石炭系—二叠系，以堑垒构造为特征。海西晚期的断裂是塔里木盆地二叠纪大陆裂谷作用的产物，往往伴随强烈的大陆裂谷型岩浆活动，特别是火山作用。由于所伴随的岩浆作用的破坏，增加了该期断裂研究的难度，塔里木盆地晚海西期断裂研究较薄弱。

巴楚隆起上的吐木休克断裂、色力布亚断裂、海米罗斯断裂和玛扎塔格断裂，形成于海西晚期或在海西晚期继承性活动。这些 NW 向边界断裂控制着巴楚隆起雏形的形成。此外，在巴楚隆起内部还形成了巴探 5 井断裂带等次级 NW 向断裂。

沙雅隆起的轮台断裂和亚南断裂进一步活动，沙雅隆起西部、哈拉哈塘凹陷、英买力低凸起上的断裂继承海西早期的活动特征，同时库尔勒凸起上又新生了一批长 6～68km 的 NW 向的逆断层。

孔雀河地区在该期断裂活动强烈，NW 向断裂持续逆冲活动，新发育了 NW 向的维马克断裂带，带内断裂平行展布，长度为 9～46km。龙口断裂南侧也形成 NW 向的断裂带，长度为 13～42km。群克断裂北侧新生两条小断裂，走向 NW，一条长 38km，倾向 SW；一条长 11km，倾向 NE。

麦盖提斜坡形成了近 EW 向展布的玉代里克断层，以及玉北地区西部等多条挤压断层，并伴随断层产生了断层传播褶皱；同时在早二叠世末，随着大规模火山活动，形成了与火成岩相关的断裂，如皮山北新 1 井断裂。

顺托果勒低隆形成了张扭性走滑断裂，呈直立状或者正花状构造，可能与塔中北坡西部地区侵入岩体相关。

5. 印支期—燕山期

印支期—燕山期断裂集中发育在南天山山前和沙雅地区，在巴楚隆起上主要是边界断裂的复活（图 2-25）。印支期以冲断构造为主，燕山期以伸展构造为特色。塔河地区上古生界石炭、三叠系及中新生界白垩系、第三系均发育一系列小规模的呈堑垒构造和阶梯式正断层组合的雁列式走滑断裂，主要表现为张扭性质。

印支期断裂活动主要分布在沙雅隆起、孔雀河斜坡，其次分布在巴楚隆起等地区。沙雅隆起上轮台和亚南断裂，南天山造山作用过程中强烈挤压-冲断，南天山造山后均发生了负反转，同时还形成了一系列正断层。阿克库勒凸起受到 NE～SW 向持续性的稳定挤压，区域挤压导致局部张扭与压扭作用及南部下石炭统盐丘的盐拱作用，在三叠系中形成 NE 向右扭动的正断裂组合。隆起西部新和地区发育多条呈雁列式展布的断裂带。库尔勒鼻凸上 NW 向断裂强烈冲断。

白垩纪末的燕山晚期构造运动，使塔里木盆地由侏罗纪的区域性张性构造环境转变为区域性挤压构造环境，造成盆地西南部的平缓抬升和隆升剥蚀，形成古近系与白垩系及下伏地层的不整合，即 T_3^0 不整合。燕山晚期断裂活动主要集中在沙雅隆起、库车拗陷，其次分布在巴楚隆起等地区。

沙雅隆起上轮台和亚南断裂继承性活动，英买力、哈拉哈塘地区发育与轮台断裂走向相同的逆冲断裂带。同时，南天山造山后的应力松弛作用在塔里木盆地北部形成了一系列雁列式正断层组带。这些小型正断层往往构成左阶或右阶式雁列束，平面上组成多条张扭性正断层带，剖面组合形态则是小型堑垒构造或阶梯状正断层束。

库车拗陷 NEE 向逆冲断裂带发育，乌什凹陷南缘断裂由南向北冲断，走向 NE，长 162km，断裂平面上弯弯曲曲，控制乌什凹陷中生界的沉积。乌什断裂长 139km，走向 NE，倾向 NW，与乌什凹陷南缘断裂一起控制温宿凸起的形成。

巴楚隆起 NNW 向的色力布亚断裂、海米罗斯断裂、玛扎塔格断裂、阿恰断裂带和吐木休克断裂等断裂带持续逆冲。

6. 喜山期

塔里木盆地喜山期断裂集中发育于南天山、昆仑山和阿尔金山的山前地带，盆地内部主要见于巴楚隆起及其周缘，沙雅隆起上也有该期断裂的发育（图 2-25）。喜山期的断裂活动以挤压冲断构造为特色，在南天山山前和昆仑山山前形成前陆褶皱冲断带，如库车褶皱冲断带、柯坪褶皱冲断带、喀什北褶皱冲断带、昆仑山山前褶皱冲断带。盆地内部主要是先存断裂的复活。该期断裂既有盖层滑脱冲断构造，也有基底卷入型断裂，同时还有走滑断裂，如喀拉玉尔滚断裂。断裂走向主要有 3 个方向，分别是 NE～SW、NW～NE 和近 E～S。

塔河地区的一系列雁列式正断层组在喜山早期继承性活动。这些小型正断层往往构成左阶或右阶式雁列束，平面上组成多条张扭性正断层带，剖面组合形态则是小型堑垒构造或阶梯状正断层束。

第三章 储集体地质特征

对碳酸盐岩岩石学特征的研究是分析储层成因和控制因素的基础之一。相对于碎屑岩而言，海相碳酸盐岩受成岩作用的改造更为明显，成岩作用过程也更为复杂。本章通过取心段观察及其镜下鉴定，对岩石学进行了全面的分析，论述了岩石类型、成岩作用及储集空间等特征。

第一节 岩石学特征

碳酸盐岩结构分类是现今碳酸盐岩岩石学及岩相古地理学的基础，碳酸盐岩与碎屑岩的最大区别是矿物组分相对简单，但结构组分非常复杂。因此，有效且准确的碳酸盐岩结构分类是研究一切碳酸盐岩储集体的前提。在此，拟对目前学术界最广为人们所接受的分类方案做简要的阐述。

Folk（1959）的石灰岩分类方案中首次引进了碎屑岩的成因观点，在碳酸盐岩分类上是个重大突破，在欧美广泛流行，在我国应用也较普遍。他的分类方案特别强调岩石结构特征，即突出了颗粒的成因意义，从而可以与碎屑岩，尤其是砂岩进行对比，进而分析岩石的成因及其环境特征。这个分类方案特别适用于成岩改造较弱的颗粒灰岩及部分白云石化灰岩。福克首先认为石灰岩基本上由3个端员组分构成：异化颗粒、微晶方解石基质及亮晶方解石胶结物。按各组分相对比例，可把石灰岩分为4个主要类型（表3-1）：①亮晶异化颗粒石灰岩，具亮晶方解石胶结物；②微晶异化颗粒石灰岩，具微晶方解石胶结物；③正常化学石灰岩，主要成分为微晶方解石；④未受搅动的礁灰岩（原地礁灰岩）。

表 3-1 Folk（1959）的碳酸盐岩分类

异化颗粒的体积含量			大于10%异化颗粒 石灰岩（Ⅰ和Ⅱ）		小于10%异化颗粒 微晶石灰岩（Ⅲ）		未受搅动的礁灰岩（Ⅳ）
			亮晶方解石胶结 大于泥晶填隙物	泥晶填隙物大于 亮晶方解石胶结	1%～10%异化颗粒	小于1%异化颗粒	
			亮晶异常化学岩（1）	微晶异常化学岩（2）			
	大于25%内碎屑（Ⅰ）		内碎屑亮晶砾屑灰岩 内碎屑亮晶灰岩	内碎屑泥晶砾屑灰岩 内碎屑泥晶灰岩	内碎晶：含内碎屑泥晶灰岩	微晶灰岩；假如受扰动和微晶化 假如为原生白云石：白云岩	生物灰岩
小于25%内碎屑	大于25%鲕粒（O）		鲕粒屑亮晶砾屑灰岩 鲕粒亮晶灰岩	内碎屑泥晶砾屑灰岩内碎屑泥晶灰岩	鲕粒：含鲕粒泥晶灰岩		
	小于25%鲕粒 化石与球粒体积比	大于1:3（b）	生物亮晶砾屑灰岩 生物亮晶灰岩	生物泥晶砾屑灰岩生物泥晶灰岩	化石：含化石泥晶灰岩		
		3:1～1:3（bp）	生物球粒亮晶灰岩	生物球粒泥晶灰岩	球粒：含球粒泥晶灰岩		
		小于1:3（p）	球粒亮晶灰岩	球粒泥晶灰岩			

此外，对交代白云岩 Folk（1962）也根据异化颗粒是否明显，将其划分为有异化颗粒痕迹和无异化颗粒痕迹两个亚类。整体而言，Folk（1962，1959）的分类比较详细，使得它更适用于显微镜下识别碳酸盐岩的岩石类型，确定其形成环境。

另一类在国内外也很流行的分类方案是 Dunham（1962）提出的石灰岩分类方案，在该分类方案中，首次引入了颗粒/灰泥比的能量指数概念，强调了环境对灰泥的生产和带出作用，岩石类型的命名简单，便于野外应用。Dunham（1962）的分类方案主要基于灰泥的有无、颗粒与灰泥之间的支撑关系及沉积结构是否可识别（图3-1）。共分为4种岩石类型：泥晶灰岩、粒泥灰岩、泥粒灰岩和颗粒灰岩，代表了能量变化的过程。这些类型实质上与 Folk（1962）的亮晶异化颗粒石灰岩、微晶异化颗粒石灰岩和微晶石灰岩是一致的，但 Dunham（1962）的分类方案更加简洁方便。

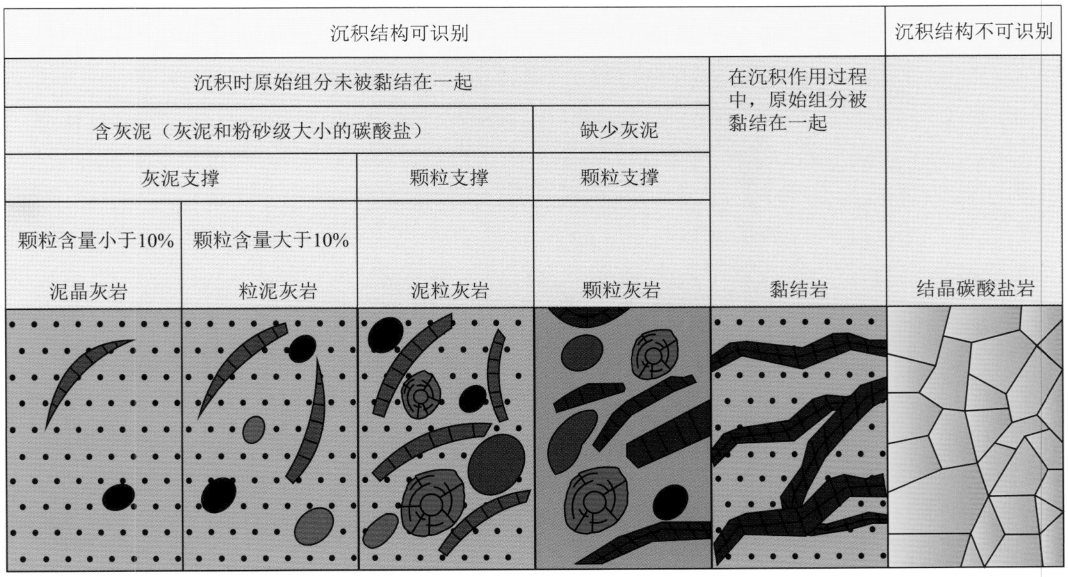

沉积结构可识别					沉积结构不可识别
沉积时原始组分未被黏结在一起				在沉积作用过程中，原始组分被黏结在一起	
含灰泥（灰泥和粉砂级大小的碳酸盐）			缺少灰泥		
灰泥支撑		颗粒支撑	颗粒支撑		
颗粒含量小于10%	颗粒含量大于10%				
泥晶灰岩	粒泥灰岩	泥粒灰岩	颗粒灰岩	黏结岩	结晶碳酸盐岩

图 3-1　Dunham（1962）的碳酸盐岩分类方案

此外，Dunham（1962）的分类方案中还分出了两种特殊的石灰岩类型，即黏结岩和结晶碳酸盐岩。其中，结晶碳酸盐岩可以是结晶灰岩或结晶白云岩，它们是碳酸盐岩中特殊的岩石类型。

在国内，曾允孚和夏文杰（1980）提出的石灰岩分类方案是较有代表性且应用广泛的分类方案之一。该分类方案是在 Folk（1962，1959）和 Dunham（1962）灰岩分类方案的基础上，同样依据颗粒含量、原始成分沉积时是否黏结在一起及沉积构造是否可识别等，把石灰岩分为泥晶石灰岩类、颗粒（粒屑）石灰岩类、生物石灰岩类及重结晶石灰岩类四大类（表3-2）。这套分类方案整合了 Folk（1962，1959）和 Dunham（1962）分类方案最大的优点，即把可观察到的和可描述性的主要碳酸盐岩结构组分反映到岩石的定名中。此外，还进一步采用了定量标准来划分次级类型，方便野外、井场及实验室等不同科研场所的使用。

表 3-2　曾允孚和夏文杰（1980）的碳酸盐岩分类方案

颗粒百分含量	主要填隙物	颗粒石灰岩类						原地固着生物灰岩类
		内碎屑（砾、沙、粉、屑）	生物（屑）	鲕（豆）粒	球粒（团粒）	团块	3种以上颗粒混合	
大于50%	亮晶	亮晶砂屑灰岩	亮晶生屑灰岩	亮晶鲕粒灰岩	亮晶球粒灰岩	亮晶团块灰岩	亮晶颗粒灰岩	1. 生物（珊瑚、红藻、苔藓、海绵动物、层孔虫等）礁灰岩 2. 生物（海百合、层孔虫、藻类）层灰岩 3. 生物（枝状珊瑚、海绵动物、苔藓虫、藻类等）丘灰岩
	灰泥	微晶砂屑灰岩	微晶生屑灰岩	微晶鲕粒灰岩	微晶球粒灰岩	微晶团块灰岩	微晶颗粒灰岩	
50%～25%	灰泥	砂屑微晶灰岩	生屑微晶灰岩	鲕粒微晶灰岩	球粒微晶灰岩	团块微晶灰岩	颗粒微晶灰岩	
25%～10%	灰泥	含砂屑微晶灰岩	含生屑微晶灰岩	含鲕粒微晶灰岩	含球粒微晶灰岩	含团块微晶灰岩	含颗粒微晶灰岩	
小于10%	灰泥	泥晶灰岩类						
重结晶灰岩类		具残余结构（各类颗粒或生物礁），晶粒（粗、中、细晶）灰岩，如具残余结构的巨晶（大于4mm）、粗晶（0.5～4mm）、中晶（0.25～0.5mm）、细晶（0.03～0.25mm）灰岩						

　　Folk（1962，1959），Dunham（1962）及曾允孚和夏文杰（1980）的分类方案都可算作国内外碳酸盐岩岩石学研究领域中的里程碑式的成果，尤其是其中对石灰岩的分类，更是明确了水动力条件在岩石分类中的重要性。但是这些方案对于白云岩的分类来说则显得较为简单且相对不够实用。

　　对于白云岩而言，其结构特征是分类的主要依据。20 世纪 60 年代 Friedman（1965）较早地认识到晶体形态在白云岩分类当中的重要性，他提出用自形（autiomorphic）、半自形（hypidiomorphic）及他形（xenomorphic）等术语来描述白云石晶体的形态，这些术语与现今常用的 euhedral、subhedral 和 anhedral 为等效术语。Friedman（1965）的白云岩分类方案对于随后一些白云岩的研究起到了一定的作用（Randazzo and Zachos，1984；Zenger，1981）。虽然这类方案原则上准确表征了自由生长表面的白云石晶体，但对于描述薄片中紧密连接的晶体却并不太合适。因此，Gregg 和 Sibley（1984）、Sibley 和 Gregg（1987）提出在晶体形态分类的基础上加入晶体边界形态的分类（即 nonplanar 非平直面和 planer 平直面），因为这可以区分表征不同晶体生长的成形机制。这项分类方案备受白云石化研究者的推崇，该方案除具有简单实用及描述性强等特点外，还定义了一个由平直面晶向非平直面晶转化的临界粗化温度（为 50～60℃），对白云岩的成因研究有一定的启示作用。之后，Wright（2001）又定义了一个过渡类型，即平直面-半自形到非平直面-他形，其中平直面和非平直面晶体可并排出现。至此，该方案得以完善（图 3-2）。

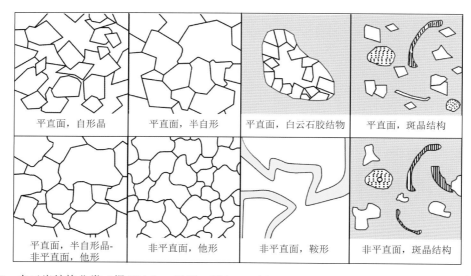

图 3-2　白云岩结构分类（据 Wright，2001；Sibley and Gregg，1987；Gregg and Sibley，1984 修编）

　　笔者通过数十年对塔里木盆地寒武系—奥陶系碳酸盐岩的实际研究，结合国内外常用的分类术语，尝试在本书中对岩石类型提出新的命名方案，主要将该区储集体的岩石类型划分为石灰岩、白云岩及其他岩类（表 3-3）。

表 3-3　塔里木盆地寒武系—奥陶系碳酸盐岩分类表

类别			基本岩石类型	主要发育层位
石灰岩	颗粒灰岩（颗粒含量大于 50%）	亮晶颗粒灰岩（亮晶大于泥晶）	亮晶砂（砾）屑灰岩，亮晶鲕粒灰岩，亮晶生屑灰岩，亮晶颗粒灰岩（3 种以上颗粒混合）	良里塔格组 一间房组 鹰山组
		微亮晶颗粒灰岩	微亮晶砂（砾）屑灰岩，微亮晶球粒灰岩，微亮晶颗粒灰岩（3 种以上颗粒混合）	
		微晶颗粒灰岩（微晶大于亮晶）	微晶球粒灰岩，微晶砂（砾）屑灰岩，微晶生屑灰岩，微晶核形石灰岩	
	颗粒微晶灰岩（颗粒含量为 50%～25%）		砂屑微晶灰岩，生屑微晶灰岩，球粒微晶灰岩	良里塔格组 鹰山组
	含颗粒微晶灰岩（颗粒含量为 25%～10%）		含砂屑微晶灰岩，含生屑微晶灰岩	
	微晶灰岩（颗粒含量小于 10%）		泥晶灰岩	
	生物灰岩	礁灰岩	骨架岩，黏结岩，障积岩	良里塔格组
		藻灰岩	隐藻凝块石灰岩，藻层纹灰岩，藻黏结岩	

续表

类别		基本岩石类型	主要发育层位
白云岩	晶粒白云岩	粉晶云岩，细晶云岩，中-粗晶云岩，不等晶云岩	鹰山组下部 蓬莱坝组 下丘里塔格组
	保留（或残余）原始结构的白云岩	颗粒白云岩、（残余）砂屑白云岩、（残余）砾屑白云岩、（残余）鲕粒白云岩等	
	泥微晶白云岩	纹层状泥微晶白云岩	
	白云石充填物	细-中晶自形（半自形）白云石充填物、中粗晶鞍形白云石充填物	
其他岩类		（含）白云质灰岩、（含）灰质白云岩 硅质（化）岩	鹰山组中下部

这个命名方案中，灰岩的命名术语以曾允孚和夏文杰（1980）的分类方案为依据，颗粒的百分含量为划分次级类型的主要依据。对于白云岩而言，首先根据白云岩中原始结构的保存状况将其分为两个大类：一类是保留（或残余）原始沉积结构的白云岩；另一类是原始结构无法识别的白云岩（即晶粒白云岩）。对于原始结构保存较好的白云岩我们可以根据其原有结构类型来分类（如纹层状泥-粉晶白云岩、颗粒白云岩等）；对于那些原始结构无法识别的白云岩我们可以根据白云石的晶体大小和晶体结构特征（如晶体的形状、边界和晶间关系等）进行分类，其中晶体大小依据刘宝珺（1980）的分类标准，晶体结构特征以 Sibley 和 Gregg（1987）的分类为基础，并根据研究区实际情况进行适当调整和简化，主要分为自形（平面-自形晶），半自形（平面-半自形晶为主，少量曲面-他形晶），他形（曲面-他形晶）3 种类型。此外，由于白云石同样可以以充填物的形式出现在孔隙和裂缝中，且对白云岩成因和储层的形成具有重要指示意义（如鞍形白云石往往被认为与热液改造有关），因此也将其列入分类表中。

一、石灰岩的岩石学特征

灰岩主要分布在奥陶系上统良里塔格组、中统一间房组及中下统鹰山组，按灰岩结构分类，主要岩石类型包括颗粒灰岩、颗粒微晶灰岩、含颗粒微晶灰岩、微晶灰岩、生物灰岩等，其中颗粒灰岩又根据微晶、微亮晶和亮晶的含量分为微晶颗粒灰岩、微亮晶颗粒灰岩和亮晶颗粒灰岩。

（一）颗粒灰岩类

这类灰岩是指岩石中颗粒含量大于 50%的灰岩，以颗粒支撑为特征。根据粒间填隙物的差异可进一步划分为亮晶颗粒灰岩、微亮晶颗粒灰岩和微晶颗粒灰岩。颗粒类型、大小及其填隙物的类型可以大致反映出沉积时的水动力条件，因此，不同的岩石结构类型也往往代表了不同的沉积环境。

1. 亮晶颗粒灰岩

亮晶颗粒灰岩以原始粒间孔隙中发育亮晶方解石胶结物为特征，一般属中-高能台缘滩和台内滩产物。亮晶胶结物类型多样，既有新月型、悬垂型的，也有等厚环边型的纤状、栉壳状、马牙状胶结物，还有粒状、晶簇状、嵌晶状亮晶胶结物等，反映了其多样的成岩环境。根据不同的颗粒类型，该类灰岩可进一步划分为亮晶砂屑灰岩、亮晶生屑灰岩、亮晶鲕粒灰岩及亮晶颗粒灰岩。层位上，亮晶颗粒灰岩主要发育于一间房组、鹰山组及卡塔克隆起上的良里塔格组。

亮晶鲕粒灰岩（图版 1A）：鲕粒含量为 60%～70%，大小一般为 0.2～0.5mm，类型多样，包括正常鲕、薄皮鲕、变形鲕及复鲕等，多数鲕粒同心纹层明显（图版 1B），其核心主要为砂屑及生屑，分选中等—较好。粒间亮晶充填，常见二世代甚至是三世代胶结现象。主要分布于良里塔格组中，如塔中的顺 2 井、顺 3 井、顺 6 井及中 2 井中常见该类灰岩，是台地边缘高能相带的产物。

亮晶砂屑灰岩（图版 1C、图版 1D）：砂屑含量一般为 60%～80%，颗粒磨圆中等—好，分选一般—较好，多为藻砂屑，常含有粉屑、生屑，偶见砾屑。粒间亮晶充填，具世代胶结。在盆地内上奥陶统良里塔格组、中奥陶统一间房组和中下奥陶统鹰山组均有分布，多形成于台缘滩及高能滩环境中。

亮晶生屑灰岩（图版 1E）：生屑含量一般为 50%～80%，生物种类多样，主要有介形虫、藻类、腕足、腹足、苔藓虫等，常见生屑以介形虫屑、藻屑及棘屑为主，有少量砂屑、粉屑伴生。粒间以粒状亮晶方解石胶结为主，局部见微亮晶。主要分布于良里塔格组和一间房组中，常见于台地边缘高能滩后环境中。

亮晶颗粒灰岩（图版1F）：由3种以上颗粒组成，常见的颗粒组合为生屑-砂屑-鲕粒组合、生屑-球粒-砂屑组合及团块-生屑-砂屑组合。粒间主要为粒状亮晶方解石胶结，常常具有二世代胶结现象。以良里塔格组中最为常见，其次为一间房组，鹰山组中上部该类灰岩较发育，通常分布于台缘高能滩及台内滩等高能相带中。

2. 微亮晶颗粒灰岩

微亮晶颗粒灰岩中以微亮晶胶结物充填于颗粒间为特征。微亮晶通常是指细粒的方解石基质（粒径小于 20μm），其晶体通常具有较一致的大小，自形-半自形为主。其成因一般解释为粒间的灰泥基质经重结晶作用而成，因此，该类灰岩沉积时的能量相对较弱，主要发育在开阔台地和局限台地相带中。微亮晶颗粒灰岩中的颗粒以（藻）砂屑及团块为主，其次为生屑及核形石等。这类颗粒灰岩主要分布在鹰山组及一间房组中，尤其是鹰山组中上部最为常见。

微亮晶砂屑灰岩（图版2A）：该类灰岩在微亮晶颗粒灰岩中所占比例较大，分布范围广，盆地中西部下奥陶统以发育大量的微亮晶砂屑灰岩为特征。其砂屑含量一般为60%～90%，多为藻砂屑，常含有粉屑、生屑，砾屑较少见，颗粒磨圆中等—好，分选一般。粒间主要充填微亮晶。良里塔格组、一间房组和鹰山组均有分布，多形成于开阔台地台内滩及台地边缘滩等环境中。

微亮晶球粒灰岩（图版2B）：球粒也叫团粒，是由微晶碳酸盐岩矿物所组成的不具内部构造的、表面光滑的球形或卵形颗粒，其粒径一般较小（0.1～0.03mm），通常认为球粒主要包括藻球粒、粪球粒及假球粒。研究区球粒以藻球粒及假球粒为主，球粒通常是低能环境的产物，它们多出现于潟湖和滩间海中。微亮晶球粒灰岩主要分布于鹰山组，和藻黏灰岩、砂屑灰岩呈互层状出现。

微亮晶颗粒灰岩（图版2C）：主要由3种以上的颗粒组成，常见的颗粒组合为生屑-砂屑-球粒组合、生屑-核形石-砂屑组合及团块-生屑-砂屑组合。粒间主要为微亮晶方解石充填，主要分布于开阔台地滩间或局限台地，虽然颗粒形成时的能量较高，但是粒间多为低能的灰泥充填，只是在成岩过程中重结晶形成微亮晶，因此该类灰岩通常代表一种相对低能的环境。

3. 微晶颗粒灰岩

微晶颗粒灰岩是指颗粒含量大于50%，颗粒支撑，但粒间主要为灰泥充填的岩石。粒间亮晶胶结物明显少于灰泥，但部分灰泥可新生变形为微亮晶。主要发育于一间房组及鹰山组中。

微晶球粒灰岩（图版2D）：颗粒类型主要为球粒、粉屑及少量的介形虫碎片，颗粒含量为50%～70%，其中球粒含量为30%～40%，以灰泥填隙为主，部分灰泥重结晶为微亮晶。它们多产于潟湖和滩间海环境中。

微晶砂屑灰岩（图版2E）：砂屑含量一般为60%～80%，砂屑成分多为藻砂屑，常含有粉屑、生屑，砾屑较少见，颗粒磨圆中等—好，分选程度变化较大，具生物扰动和轻度的藻黏结现象。在研究区上奥陶统良里塔格组和中下奥陶统鹰山组均有分布，多形成于台内低能滩或滩间海环境中。

微晶生屑灰岩（图版2F）：生屑含量一般为50%～60%，主要为介形虫、藻类、腕足、腹足、瓣鳃、苔藓虫等，常有少量砂屑、粉屑与之伴生，粒间为灰泥填隙。在研究区上奥陶统良里塔格组、中统一间房组及中下奥陶统鹰山组均有产出，其中一间房组以介形虫屑及棘屑为主，良里塔格组主要以藻屑为主。多形成于台内低能生屑滩或高能滩后环境中。

微晶核形石灰岩（图版3A）：核形石又称藻包粒，是一种形状不规则的颗粒，由非同心状的藻类泥晶纹层围绕一个固体核心组成，常为厘米级大小，其不同的纹层类型反映了水体能量及水体深度的变化。研究区仅在塔中地区良里塔格组取心段中见到该类灰岩，岩心上观察核形石大小不等，粒径最小为3mm，最大可达 2.3cm，以近圆形或椭圆形为主，核心主要为生屑及内碎屑，包壳圈层不规则，纹层的厚度及层数也差异较大。对中 19 井第 2 回次取心段顶部岩心的镜下观察发现，该类核形石的圈层主要为藻类纹层，局部含亮晶斑块，核心为海百合碎屑及苔藓虫碎屑，粒间充填微晶。核形石既可以形成于高能环境中，也可以出现在低能环境中，我们通常依据其纹层的特征及类型来判别沉积时的能量高低。由于研究区核形石的纹层多为不连续的藻纹层（图版 3B）且纹层间常见亮晶充填，纹层紊乱堆叠，且粒间以灰泥为主，说明沉积时的水动力较弱，因此认为研究区微晶核形石灰岩主要形成于低能环境中，一般在局限台地或滩间海中发育。

（二）颗粒微晶灰岩

颗粒微晶灰岩含有 25%～50%的颗粒，微晶方解石含量一般大于 50%，以灰泥支撑为主（图版 3C、图版 3D）。主要颗粒类型为砂屑、粉屑和生屑，偶见砾屑，生屑类型包括藻屑、介屑、棘屑、腹足、三叶虫碎屑等。在盆地内上奥陶统良里塔格组和中下奥陶统鹰山组均有分布，其中鹰山组地层主要为砂屑微晶灰岩及球粒微晶灰岩，良里塔格组主要为生屑微晶灰岩。该类灰岩多形成于低能环境中或系受风暴作用改造的结果，如局限台地或开阔台地的滩间海中。

（三）含颗粒微晶灰岩

含颗粒微晶灰岩以灰泥含量高（75%～90%）为特征，颗粒含量仅占 10%～25%，主要为灰泥支撑（图版 3E）。颗粒类型主要为砂屑及生屑。主要分布于良里塔格组下部地层中，是潟湖及滩间海等低能环境的产物。

（四）生物灰岩

研究区的生物灰岩主要包括礁灰岩和藻灰岩，主要是由原地生物通过生长格架、黏结、阻挡等作用所形成的灰岩。

1. 礁灰岩

礁灰岩主要见于良里塔格组，鹰山组中尚未发现，主要包括骨架礁灰岩、黏结礁灰岩和障积礁灰岩 3 种类型（图版 4A、图版 4B、图版 4C）。

骨架礁主要由原地生长的造架生物，如珊瑚、层孔虫、海绵、管孔藻、苔藓虫等，相互联结、黏结搭架，形成具有坚固骨架的岩石，是组成礁核的主要岩石类型之一。造架生物的含量一般大于 30%，并含有大量的各种附礁生物。骨架间常为生物碎屑、灰泥和粒状方解石充填。奥陶系生物骨架岩主要有珊瑚骨架岩、层孔虫骨架岩、海绵骨架岩、管孔藻骨架岩及它们的复合类型等。骨架岩多形成于中-高能的浅水环境中，形成台缘礁相沉积。

障积岩由原地生长的枝状、丛状等障积生物障积灰泥而成。障积岩中，造礁生物之间一定有大量的灰泥，并且可能有较多的居礁生物。起障积作用的常见生物有丛状的四方管珊瑚、枝状的苔藓虫和钙质海绵等。例如，中 11 井 5331.75～5332m 井段可见 0.25m 厚的苔藓虫障积岩等。障积岩通常与骨架岩共同组成生物礁的主体。

黏结岩是由黏结-结壳生物黏结或包覆钙质海绵、层孔虫等造架生物及各种附礁生物和碎屑所组成的一种礁灰岩，是组成礁核的重要岩石类型之一。在这种岩石中，黏结结构非常发育，受黏结生物的抑制，造架生物的形体一般较小，葛万藻、球松藻及其他起黏结作用的生物相当发育，骨架孔洞相对较小，常充填灰泥、生屑和球粒，亮晶方解石胶结物较少。

研究区塔中 23 井 5115～5156.64m 井段良里塔格组的礁、丘、滩组合明显可见 3 个以上钙质海绵为主的成礁旋回，从上到下，分别为海绵骨架礁、层孔虫-海绵骨架礁及珊瑚-海绵障积礁，规模都比较小，礁核仅厚 2m，发育不完整。塔中 30 井的 5004.0～5056.7m 井段良里塔格组有多个成礁旋回发育的礁组合，下部 12m 以珊瑚礁为主，中部 23m 以粒屑滩为主，上部为厚 13m 的海绵礁。塔中 44 井 4844.7～4926.0m 井段良里塔格组可见 5 个旋回的棚缘礁、滩组合，造礁生物主要为管孔藻，其次为钙质海绵、托盘类、苔藓虫、喇叭孔珊瑚等，礁核厚 2～32m，属骨架礁类型。塔中 35 井 5538.6～5562.6m 井段良里塔格组为厚 24m 的苔藓虫障积礁。

在中 2 井的良里塔格组第 1～3 回次取心段礁灰岩极为发育，见大量骨架岩和障积岩。古生物含量最高可达 84%，有藻类、珊瑚类、苔藓虫、海绵、棘皮类、腕足类、瓣鳃类、腹足类和介形类化石；造礁生物以分枝状或板状红藻、中国孔珊瑚、四分珊瑚、板状海绵、层孔虫为主；障积生物有复体四分珊瑚、单体四射珊瑚类的扭心珊瑚及丛状复体的中国孔珊瑚；缠结生物有苔藓虫、葛万藻及其他蓝细菌、隐藻；居礁生物以粗枝藻及其他藻类为主，棘皮类次之，少量的介形类、腹足类、双壳类等。

2. 藻灰岩

藻灰岩主要见于良里塔格组中，顺南地区一间房组和鹰山组也少量发育，包括藻层纹石灰岩、隐藻凝块石灰岩和藻黏结砂屑灰岩。

藻层纹石灰岩（图版 4D）：由藻纹层组成，横向分布连续，纵向上大致平行。藻层纹石的亮层由藻球粒、藻架孔（鸟眼孔）和少量灰泥组成，暗层由富有机质灰泥条纹组成。为低能环境的产物。

隐藻凝块石灰岩（图版 4E）：无明显连续的藻纹层，部分呈宽缓、断续的纹层或窗格孔洞。形态以块状为主，宏观上表现为不规则的凝块状隐藻团块及窗格孔洞和平底晶洞构造，微观上常由隐藻黏结的球粒和灰泥组成。为中-低能环境（灰泥丘丘翼）的产物。

藻黏结砂屑灰岩（图版 4F）：以藻黏结砂屑为主，含少量粉屑、砾屑和鲕粒等。砂屑含量超过 60%～70%，黏结藻的颜色常为深褐-黑色。粒间可见少量亮晶、泥晶方解石胶结物。常见于鹰山组中，一般为低能滩及滩间海的产物。

（五）泥（微）晶灰岩

泥（微）晶灰岩（图版 5A、图版 5B）是塔里木盆地奥陶系灰岩中最发育、分布最广的一类岩石，占有的地层厚度最大，是低能环境中沉积作用的产物。多呈较大厚度连续分布，或呈薄层状、透镜状夹于颗粒灰岩或白云岩中。岩石主要由泥、微晶方解石组成，常含有少量砂屑、球粒和生屑，部分微晶灰岩中还见粉晶白云石菱面体。

二、白云岩的岩石学特征

（一）泥微晶白云岩

该类白云岩中白云石晶体极为细小（通常小于 0.03mm，一般为 0.01～0.02mm），以半自形-他形为主，晶体间紧密接触。常与膏岩呈互层状产出，常见的构造有波痕、层状或波状纹层（图版 5C）。生物化石稀少。在阴极射线下不发光或者发极暗红色光（图版 5D），可能与这类白云岩形成于海水环境且未受后期成岩改造有关。泥微晶白云岩在塔里木盆地寒武系—奥陶系广泛分布，塔北和巴麦地区的钻井（塔深 1 井、星火 1 井、和田 1 井、巴探 5 井，沙 88 井）均有出现，层位上以阿瓦塔格组、下丘里塔格组及蓬莱坝组最为发育，而且巴麦地区的泥微晶白云岩通常与膏岩相伴生。

该类白云岩如果按晶粒大小来区分，应归属于晶粒白云岩中，但是现在一般认为晶粒白云岩往往是成岩阶段（埋藏期）交代的产物，而泥微晶白云岩则是准同生期高盐度卤水快速交代的产物，形成时间比较早（Warren，2000）。由于这类白云岩晶粒细小，成层性好，横向分布稳定，且水平纹层发育，并可见保留了原始微细结构的藻纹层结构，加之泥微晶白云岩中常见石膏或岩盐发育（图版 5E、图版 5F），因此认为其是准同生期白云石化作用的产物。

（二）保留（或残余）原始结构的白云岩

这类白云岩对于原始沉积环境的判断具有重要意义，根据对原始结构保留程度的不同，可将这类白云岩分为 3 个亚类：①颗粒和胶结物的外形或轮廓及内部结构都保留了原始灰岩的特征，只是已经完全云化，国外学者常称之为拟晶或拟态白云岩（mimetic dolomite），本次研究中将这类原始结构保存完好的白云岩归为"颗粒白云岩"范畴来描述，命名方式依据颗粒碳酸盐岩的命名原则；②仅保留有颗粒或胶结物的轮廓或外形，但是内部结构已无法识别的白云岩，即"残余颗粒白云岩"；③颗粒或胶结物的结构已无法识别，仅保留有颗粒残影或幻影（ghost）的白云岩，实际上这类白云岩通常由晶粒较粗的白云石组成，因此应属于晶粒白云岩，所以本节主要描述颗粒白云岩和残余颗粒白云岩的特征。

1. 颗粒白云岩

这类白云岩通常能够完整地保留原始灰岩中颗粒和胶结物的特征，国外学者常称之为拟晶交代（mimetic replacement），其结构类似于颗粒灰岩，因此对于沉积环境的恢复具有重要意义。目前所观察到的颗粒类型主要有砂屑、砾屑、鲕粒、团粒、团块（藻包壳）等（图版 6A、图版 6B、图版 6C）。颗粒部分通常由泥微晶白云石构成，除部分经重结晶而成粉晶白云石或经溶蚀后被粉-细晶白云石充填外，其余均保留了其原始微细结构，如鲕粒的同心层纹（图版 6A）。颗粒白云岩颗粒间多为亮晶白云石胶结，也有粒状方解石胶结（图版 6B）及泥微晶白云石填隙（图版 6C），部分胶结物具有多世代发育的特征（图版 6C）。胶结物大多为等轴状、洁净、明亮的白云石，晶体结晶程度具有向孔隙中心增大的特征。但这类白云岩中孔隙发育程度较差。

该类白云岩在下丘里塔格组和阿瓦塔格组均有出现，其在平面上的分布具有明显差异。颗粒白云岩在塔北地区的塔深 1 井寒武系主要出现于第一岩性段上部和第二岩性段下部沉积层位，出现频率较高，经统计颗粒白云岩占 7.64%；在于奇 6 井的发育程度更高，占已钻遇寒武系白云岩地层的 16.9%，但其沉积单层厚度不大，一般为 2～4m，最厚达 8m；星火 2 井和大古 1 井的取心段也有这类白云岩发育，厚度和丰度略有减少。颗粒白云岩在巴麦和塔中地区出现的概率较小，目前仅在巴探 5 井下丘里塔格组、和田 1 井阿瓦塔格组中观察到，但是发育程度远不及塔北地区，很可能与这些地区处于相对低能的台地相沉积环境有关。

2. 残余颗粒白云岩

这类白云岩通常能够部分保留原始颗粒的轮廓或内部结构，但是胶结物的结构保存程度较差。残余的颗粒组构一般由泥晶白云石组成（图版 6D、图版 6E），颜色较暗，富含有机质，部分颗粒中的泥晶白云石可能经历了重结晶改造，晶粒略有变大，而且颗粒的轮廓也更加模糊。交代胶结物的白云石往往较粗，单偏光下晶体干净明亮，自形到半自形（图版 6E），部分白云石具有交代颗粒的趋势。此外，还有一部分该类白云岩是通过铸模孔的发育而识别的，这是由于铸模孔发育而保留了原始颗粒轮廓（图版 6F）。从这些颗粒的外形分析，其原始结构可能多为砂屑或鲕粒，代表了一种能量较高的水动力条件，因此这些白云岩发育的部位可能预示着高能相带（如台内滩）的发育。

残余颗粒白云岩的分布范围较颗粒白云岩要广一些，塔北、塔中和巴麦地区的钻井中均有发育，但仍以塔北地区发育程度最高。例如，塔北地区塔深 1 井上寒武统第二岩性段和第一岩性段（建隆体）内、于奇 6 井上寒武统中下部、星火 2 井、大古 1 井上寒武统中上部，暗示该时期高能的颗粒滩环境发育良好，但成岩后经多期次白云石交代作用、重结晶等成岩作用改造，使原岩多数呈残余结构粉-细晶白云岩（如残余藻纹层、残余藻屑、残余颗粒等组构）。

原始结构保存的白云岩在形成过程中可能受以下几个方面因素的影响：①对白云石高度过饱和的流体；②高度可溶的反应物，如高镁方解石相比低镁方解石具有更高的溶解度，由高镁方解石组成的生屑颗粒通常会优先被白云石交代，并能够完好地保留原始组构特征（Tucker and Wright，1990）；③低温白云石化作用趋向于保存灰岩的原始结构（Machel，2004）。因此可以认为，颗粒白云岩（拟晶白云岩）的形成时间应该比较早，可能是海底成岩环境中同生期或准同生期白云石化作用的产物，成岩温度较低，且白云石化流体浓度高，白云石交代的原始矿物以未发生新生变形的高镁方解石为主，加之较低的成岩温度使其原始结构得以保存；残余颗粒白云岩的形成过程要复杂一些，如早期选择性白云石化作用（白云石优先交代细粒的灰泥基质），后期成岩过程中的重结晶和过度白云石化会在一定程度上破坏原岩的组构。

（三）粉晶云岩

白云石晶体较细小，一般介于 0.03～0.05mm 之间，晶体自形程度普遍较差，以他形-半自形为主，多数晶体表面比较浑浊，且晶体表面脏、晶体之间往往为镶嵌状接触（图版 7A）。阴极射线下多数发暗红光或不发光(图版 7B)。溶蚀孔洞及晶间孔在这类白云岩中也较为常见,如和田 1 井第 8 回次 5163.0～5168.9m 的取心段中,岩心观察见针孔发育,局部密集出现,镜下观察发现这类针孔主要是粉晶白云岩中的溶蚀孔洞,溶孔不规则,溶孔壁呈港湾状,溶孔发育处的白云石晶体自形程度较高。

(四)细晶云岩

白云石晶体介于 0.05～0.25mm,晶形从他形、半自形到自形均有发育,半自形-自形晶之间以点、线式接触为主,构成"砂糖状白云岩"(图版 7C),常见晶间孔及晶间溶孔发育(图版 7D),但多被硅质、泥质或有机质充填。他形或半自形晶之间多为凹凸接触或线接触,岩石较致密,很少发育晶间孔(图版 7E)。阴极发光下该类白云岩通常呈现出较均一的红色光(图版 7F)。这类白云岩中还常见雾心亮边结构,部分雾心呈花瓣状内核;这类白云岩中环带结构也比较发育,且一般位于晶间孔隙处,使晶体自形程度变好;环带厚度不等,通常都小于晶体的粒径,环带内可见包裹体,在晶间溶孔、溶缝中亦常有环带状白云石充填。雾心亮边和环带结构发育说明白云石形成于多变的成岩环境中(Folk,1975;Adam,1960),渗透回流白云石化和埋藏白云石化作用均可形成这类白云岩。

细晶白云岩是研究区中较为常见的一种白云岩类型,特别是寒武系下丘里塔格组和阿瓦塔格组发育大量细晶白云岩,从巴楚隆起上的巴探 5 井、和田 1 井到卡塔克隆起的中 4 井及塔北的塔深 1 井、塔深 2 井及大古 1 井等均见这类白云岩,而且不同程度地发育各类溶蚀孔洞,总体来说横向上分布广泛,厚度稳定,是潜在的可成规模的有利储集体。

(五)中-粗晶白云岩

白云石晶体粗大,一般在 0.25～2mm,主要为半自形-他形晶粒状镶嵌结构,晶面较脏(图版 8A),原始的碳酸盐岩颗粒结构或细微的沉积构造几乎完全消失。晶体通常具有弯曲的或不规则的边界,显示轻微的波状消光(图版 8B),并且由于包裹体丰富而显示出浑浊的外观。在某些地方,互相镶嵌的白云石晶体紧密堆积,可能具有不明确的边界(图版 8C)。在局部区域,可以观察到这类白云石晶体被石英部分交代,但仍保留了白云石晶体的形态(图版 8B)。在阴极发光下,中-粗晶白云岩呈现出较均匀的暗红色发光性(图版 8D)。

中-粗晶白云岩的含量相对粉晶和细晶白云岩要少一些,如于奇 6 井中晶白云岩发育 6 层,累计厚 51m,占本井揭露寒武系厚度的 11.5%;粗晶白云岩发育 2 层,累计厚 4m,占本井揭露寒武系厚度的 0.9%。总体来说横向上分布不稳定,连续性较差。

(六)不等晶白云岩

不等晶白云岩指的是粉晶、细晶、中晶、粗晶并存或呈斑状分布的白云岩,它们是上述粉晶至粗晶白云岩中具有成因联系的组合岩类。不等晶白云岩可分为两种类型:一种是与残余结构有关的不等晶白云岩,晶形大小受控于原岩组构(图版 8E),如原始结构为藻砂屑结构的灰岩,云化后的砂屑部分常常由微粉晶白云石组成,而粒间则充填细晶白云石;另一种是与原岩结构无关的不等晶白云岩,各种大小的晶体并存(图版 8F),多为中-粗晶与粉晶的组合,这种结构组合通常是由于埋藏过程中白云石化程度的不均一或是原有白云岩重结晶而成。组成不等晶白云岩的晶体自形程度较差,多为他形或半自形,镶嵌接触。根据岩心及镜下观察发现这类白云岩中储集空间并不是十分发育,很可能与原始结构及多期的白云石化作用造成的过度白云石化有关。

(七)白云石充填物

这里的充填物主要是指那些围绕孔洞或裂缝内壁生长的白云石,虽然这类白云石含量很少,但其存在对成岩流体性质、孔洞形成机理的理解具有重要意义。在研究区白云岩地层中发育有两类白云石充填物。

1. 细-中晶自形（半自形）白云石充填物

这类白云石通常作为孔洞或裂缝的首期充填物附着其内壁生长（图版 9A、图版 9B），以细-中晶为主，少量粗晶；面向孔洞或裂缝中心方向晶体自形程度变好，发育平直的晶面边界，晶体清澈明亮，含较少的包裹体和杂质，部分晶体可见环带发育（图版 9C）；阴极发光以暗红色光为主（图版 9D），总体上显示出与基质白云岩类似的发光性（图版 9E）。扫描电镜下可见该类白云石充填物紧邻缝洞内壁生长（图版 9F），或是呈漂浮状分布于孔洞中心，晶体自形程度高，该类白云石充填物在下奥陶统白云岩中发育程度较高。

2. 中-粗晶鞍形白云石充填物

鞍形白云石充填物多为浅灰白色或乳白色（图版 10A），主要沿裂缝或溶蚀孔洞内壁生长，既可围绕洞壁生长成一个壳层也能完全充填孔洞。灰岩和基质白云岩中均有发育，可与嵌晶方解石或自生石英共生（图版 10B）。

根据其与围岩接触关系的不同可分为两种类型：一种为鞍形白云石充填物与围岩呈突变接触，即充填物沿切割基质白云岩或灰岩的裂缝分布，两者之间的界限十分明显（图版 10C），如塔中地区 Z4 井寒武系、古隆 1 井下奥陶统，巴楚地区同 1 井、巴探 5 井上寒武统，玉北地区玉北 5 井、玉北 7 井蓬莱坝组取心段中，说明这类充填物形成于基质白云岩之后，显示出非常强烈的后期改造的特征；另一种为渐变关系，鞍形白云石充填物与围岩的界线并不明显，通常是在孔洞较发育部位或在自由空间生长时才显示出鞍形晶的特征（图版 10D），如塔中地区 Z3 井、玉北地区玉北 1-2 井、玉北 1-4 井等，由于这部分鞍形白云石多发育于中-粗晶、他形白云岩中，因此两者在成因上具有很强的相似性和继承性。整体上，研究区以第一种接触关系最为常见。

显微镜下观察，鞍形白云石晶体粗大（0.5mm 以上），多具明显的波状消光（图版 10C、图版 10D），晶体表面较脏，可见大量固相或液相包裹体，晶体内微裂缝及节理发育，面向孔隙中心方向可见明亮环带，部分鞍形白云石边缘被溶蚀成港湾状。扫描电镜下可见鞍形白云石的晶面弯曲或不规则，呈镰刀状或阶梯状生长（图版 10E），并与自生粒状石英、黏土矿物、萤石、重晶石、黄铁矿等矿物共生。

这类白云石充填物的阴极发光性较弱，多为暗红色光，部分样品边缘可见明暗相间的环带（图版 10F），可能预示了鞍形白云石形成过程中流体性质多变，或受多期热液活动的共同控制。

三、其他岩类的岩石学特征

其他岩类主要包括灰岩和白云岩之间的过渡类型：白云质灰岩和灰质白云岩、硅质岩和硅化岩等。在鹰山组地层下部、蓬莱坝组地层上部常见白云质灰岩和灰质白云岩，在顺南 4 井、顺南 401 井及顺南 2 井区鹰山组上部则可见硅质岩、硅化岩发育。

（一）（含）白云质灰岩

方解石含量为 50%～90%，白云石含量为 10%～50%。主要分布于鹰山组下段，其产状分为两种：第一种是白云石沿缝合线或裂缝发育于泥晶灰岩或颗粒灰岩之中（图版 11A），分布范围明显受缝合线或裂缝走向控制，镜下特征为晶群呈条带状，单个晶体则呈漂浮状，晶体干净明亮，以粉-细晶（自形-平直面）为主，消光均匀；第二种是白云石以局部富集的形式交代原岩（如微/亮晶砂屑灰岩、藻灰岩等），镜下观察可见晶体以粉-细晶（半自形-平直面）为主，晶面较脏，可见节理，不具有环带结构，晶群呈斑块状分布（图版 11B）。两者都具有白云石颗粒局部富集的镜下特点，属于不完全交代的典型特征。

（二）（含）灰质白云岩

白云石含量为 50%～90%，方解石含量为 10%～50%。根据现有薄片的镜下特征，白云岩内残余少量原岩结构（如泥晶灰岩或微晶砂屑灰岩）的灰质成分或裂缝内充填（残余）少量灰质，依据这种结构特征推断，研究区内的（含）灰质白云岩应该属于一种白云石化不彻底的白云岩类型，可以是上面所说的白云质灰岩持续云化的产物（图版 11C）。当然，白云岩晶间后期被方解石胶结充填或者强烈的去云化作用也能形成（含）灰质白云岩，但目前并未识别到这两种机制下形成的（含）灰质白云岩。

（三）硅质（化）岩

研究区硅质（化）岩主要分布于顺南地区，其中尤以顺南 4 井鹰山组上段最为发育，在顺南 2 井和顺南 401 井也有小规模发育，镜下鉴定原岩为亮晶砂屑灰岩（图版 11D），随着硅化程度的提高，原岩结构逐渐消失，镜下基本无法鉴别原岩组构（图版 11E）；部分硅质岩较为致密，但也有相当一部分硅质岩中发育晶间孔隙（图版 11F）。相比而言，顺南 2 井与顺南 401 井的硅化程度较低，但硅质产状与顺南 4 井相似。在以往的塔里木下古生界的碳酸盐岩研究当中，硅质的产出往往是以燧石、蛋白石、玉髓或者粒状石英（充填在裂缝、溶蚀孔隙）的形式出现，寒武纪地层中可以见到约 5m 厚的层状硅质岩，岩性主要由隐晶质石英组成（陈永权等，2010），且这类岩石地层主要来自盆地相中的西大山组，其成因为正常海水沉积，而本区的硅质（化）岩则来自台地相中的鹰山组，石英的结构形态以板状、短柱状及充填在裂缝中的粒状石英为主，从产状上可初步判定其为非原生沉积成因产物。

第二节　成岩作用特征

成岩作用的概念最初由 Von Guembel（1868）提出，有人进行修改后表述为"沉积物在沉积后和固结中所经历的所有物理和化学的变化，且不包含极端的高温（大于 300℃）和高压（大于 100MPa）的介入"（Larsen and Chilingar，1967）。同样，国内研究者将成岩作用定义为"沉积物被埋藏以后，在较低的温度和压力条件下所发生的物理和化学变化"（刘宝珺等，1992）。根据氧化还原势、酸碱度等特征，成岩作用被分为多个阶段，如刘宝珺（1992，1980）将沉积物沉积后的过程划分为同生作用、成岩作用（狭义）、后生作用和表生成岩作用。这个划分中，同生作用阶段是指沉积颗粒沉降至沉积表面不再受到扰动的阶段，这个阶段沉积颗粒仍与海盆底层水接触；成岩作用阶段是指从沉积颗粒与底层水隔离后到沉积物受压实、胶结作用被固结成岩石的阶段，这个阶段温度、压力条件不高，微生物作用活跃；后生作用阶段指的是沉积物固结成岩石后温度、压力条件逐渐升高的过程；表生成岩作用是指埋深固结的沉积岩被抬升至地表后发生变化的过程。Larsen 和 Chilingar（1967）将成岩作用划分为同生成岩作用（syndiagenesis）、埋藏成岩作用（anadiagenesis）和表生成岩作用（apidiagenesis）（图 3-3）。Larsen 和

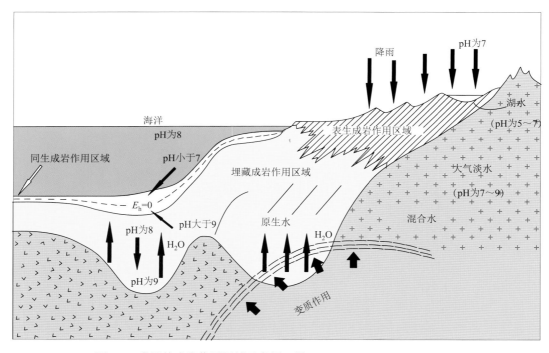

图 3-3　常见的成岩作用区域示意图（据 Larsen and Chilingar，1967）

Chilingar（1967）的方案中的同生成岩阶段（syndiagenesis）又包括了初始阶段（initial stage）和早期埋藏阶段（early burial stage），大致对应刘宝珺等（1992）的方案中的同生作用和成岩作用阶段，这个阶段埋藏深度为 1～100m，持续时间为 1000～100000 年，这个过程持续的深度和时间受到一系列变量的控制（如成岩固结、有机质作用、沉降速率、水深等），大致以细菌活动的下限作为底界面。埋藏成岩作用（anadiagenesis）对应于刘宝珺等（1992）的方案中的后生作用阶段，这是一个逐渐排除原生水的阶段，原生水向上、向周围运移，盆地随之下沉。在这个过程中，孔隙关闭、渗透率下降，盆地逐渐变得相对更封闭。埋藏成岩过程一直会持续到各种构造运动的发生，要么发生进一步的沉降进入变质作用域，要么发生抬升或者造山运动进入表生成岩作用域。表生成岩作用（apidiagenesis）则与刘宝珺等（1992）的方案中的表生成岩作用一致。

Land（1970）等提出了成岩环境的概念，成岩环境是地表或者地下受特殊的成岩作用影响的一个带，这个带可以用一组典型的标志特征来描述，几种比较重要的成岩环境有大气淡水成岩环境、海水成岩环境和埋藏成岩环境。淡水成岩作用主要发生在陆地表面及沿碳酸盐岩台地抬升到海面以上的地区，在渗流带，流体在颗粒之间主要表现为毛细管作用，而在渗流带流体充满所有的孔隙。海水渗流环境与淡水渗流环境的成岩标志相似（如悬挂型和新月型胶结），海水潜流带主要在浅海或深海海底，在深海，静水压力升高，水温下降，CO_2 的局部压力高，导致深海沉积物中碳酸钙溶解。

尽管成岩作用的概念提出较早，但大量有关成岩作用的研究出现在 20 世纪 60 年代后，成岩作用对沉积物原生孔隙的调整及成岩作用形成新的次生孔隙无疑对石油天然气勘探的意义重大，因而受到了普遍关注，光性矿物学、阴极发光技术、扫描电子显微镜、稳定同位素、放射性同位素、微量元素、流体包裹体等技术方法也逐渐被引入成岩作用的研究。下文将分别介绍塔里木盆地寒武系—奥陶系储层中常见的成岩现象。

一、泥晶化作用

泥晶化作用属于新生变形作用的一种，也是海水潜流带重要的成岩作用之一，发生于一种相对低能、海水循环较差的沉积环境（如礁后潟湖相）中，从成因机制上讲，这种作用主要是生物作用的结果，对颗粒本身具有破坏作用（使颗粒原始结构发生改变）。由于附着于石灰岩表层的非钙质蓝藻或者绿藻的生长，灰质颗粒表面布满由藻类/真菌所致的生物钻孔，并在藻类/真菌死亡后被泥质充填，随着钻孔密度的增大，在颗粒表面逐渐由点状分布变为线状分布，并最终形成以文石或高镁方解石为主要成分的深黑色泥晶套（或泥晶包壳），并将颗粒包裹（图版 12A～图版 12D）。对于白云岩而言，这些泥晶套的发育对于原岩结构构造特征的恢复和原始沉积环境的判别具有重要意义，特别是那些交代程度不强的残余颗粒白云岩、具有颗粒幻影的晶粒白云岩，泥晶套的存在可以更好地理解这些岩石沉积时的环境及白云石化作用发生的过程与强度。例如，塔深 1 井、于奇 6 井、巴探 5 井薄片下在颗粒周缘发现有深色的泥晶套（图版 12E、图版 12F），对于那些交代强度较高的白云岩而言，泥晶套的存在可以更好地识别颗粒类型，有助于对原岩和沉积环境的恢复。

二、方解石胶结作用

方解石的胶结充填作用是破坏孔隙和降低孔隙度的最主要因素之一。塔里木盆地奥陶系灰岩中胶结物极为发育，按照不同成因环境有如下几类。

（一）海底成岩环境第一期胶结作用

主要发育微晶方解石、纤状方解石、束状方解石、放射纤维状方解石、放射轴状方解石和泥晶方解石 6 种类型。该期胶结物一般使颗粒灰岩的原始孔隙度降低 15%～20%。

微晶方解石：微晶方解石是本区奥陶系颗粒灰岩中一种常见的胶结物类型，它可直接覆于颗粒表面上，也可覆于先前的泥晶套上，围绕颗粒形成一个规则等厚的包壳，为 2～20μm 厚的薄膜，在薄片中呈暗线出现，使颗粒和骨屑内孔隙的轮廓更加明显。微晶方解石包壳之外，可生长有叶片状方解石胶结物。在薄片中识别的微晶方解石胶结物，含量较低，通常为 1%～2%。

纤维状和纤柱状方解石胶结物：主要出现于中高能滩的亮晶颗粒灰岩和礁丘的黏结岩、骨架岩、礁砾屑灰岩的孔洞中。亮晶颗粒灰岩中，纤维状方解石和纤柱状方解石胶结物围绕颗粒长成栉壳状略等厚的环边，厚度通常为 0.02～0.1mm，顺 3 井、顺 6 井良里塔格组颗粒灰岩中见大量放射纤状方解石胶结物（图版 13A、图版 13B）。从本区上奥陶统黏结岩和礁灰岩孔洞中的纤维状等厚环边胶结物的形态特征、部分纤维状方解石中 Sr 含量高及普遍的 Mg、K、Na 含量高的特征，推断其原始胶结物为纤维状文石（王振宇等，2009）。纤柱状和叶片状方解石胶结物的原始矿物成分可能为高镁方解石，因此它们主要形成于海底潜流带环境中。

（二）大气淡水成岩环境第二期胶结作用

主要的胶结物类型包括新月型或重力胶结物、渗流粉砂及等厚叶片状、刃状胶结物。其中，在大气淡水渗流带中常见新月型胶结物及渗流粉砂，在潜流带中则发育等厚环边叶片状或马牙状粉-细晶方解石胶结物。例如，中 12 井 5613.9m 处鹰山组中见砂屑颗粒之间充填新月型胶结物（图版 13C）；中 4 井良里塔格组 4893.8～4906.5m 处（图版 13D）及顺 2 井 6780.0～6879.9m 处见大量马牙状方解石胶结物呈等厚环边状分布于颗粒外围。

（三）埋藏成岩环境第三期胶结作用

埋藏成岩环境中方解石胶结物的共同特征是晶体明亮粗大，以单晶或嵌晶形式充填于孔隙或孔洞的中心部位（图版 13E），常见的类型有环带状方解石、粗粒亮晶方解石、嵌晶方解石，晶体粗大明亮，这一期方解石多见于中高能滩颗粒灰岩和生物礁灰岩孔洞中，虽然含量不高，但会导致原生孔隙、次生孔隙储集性能降低。

环带状方解石：以阴极发光下明显发育环带为特征，一般以细晶-中粗晶为主，在不发光的核心之外，发育有 2～3 个由亮橙光与暗橙光或不发光交替组成的环带。不发光环带 Fe、Mg 含量高，而发光环带的 Mn、Sr、K 含量较高，反映了环带方解石是在介质条件多变的环境中形成的，其主要形成于大气水潜流带—浅埋藏的区域地下水作用环境中。

嵌晶方解石（图版 13E）：这种方解石以具有嵌含组构为特征，即一个方解石大晶体包含若干个颗粒，它们常发育有应力双晶，阴极发光以暗淡发光为主，反映了它们主要形成于埋藏环境中。

粒状亮晶方解石（图版 13F）：多呈中粗-巨晶他形、半自形或镶嵌状充填于孔洞中央，在未充填满的孔洞中，也可见到发育较好的晶形。总体上其 Fe、Mn 含量较高，阴极发光以昏暗光、暗橙光和不发光为特征。

综上所述，不同成岩环境中形成的方解石胶结物具有明显不同的结构，胶结物晶体的大小一般随成岩环境深度的增大而变粗。胶结作用是导致碳酸盐岩岩性致密化的重要因素。通过上述三期方解石胶结充填作用使原生孔隙、次生孔隙储集性能降低，物性变差。

三、压实压溶作用

由于上覆沉积物不断加厚，在重荷压力下，沉积物的体积及地层水的含量都将变小，原始地层的原生孔隙也将逐步消减，松散的沉积物将会变得比较致密，这种作用称为压实作用。

沉积物的压实主要表现在孔隙度和含水量的减少，以及结构、构造的变化等方面。压实作用在一有上覆沉积物时就已经开始发生，随着地层不断埋深，地层将会受到上覆地层越来越大的压力，在颗粒、晶体和岩层之间的接触点上，将会受到应力并发生弹性应变，化学势能也不断增加，使应变矿物的溶解度提高，导致接触处发生局部溶解，形成压溶缝合线。压实压溶作用可以使碳酸盐岩地层厚度减薄，孔隙度急剧减小，孔隙水排出，是成岩后期破坏储层的主要成岩作用之一。

影响压实压溶作用的主要因素如下。

（1）继承性因素。碳酸盐颗粒的结构、填积、排列及形状对压实作用有明显的影响。一般认为颗粒平均粒径小，分选中—好、填积密度或填积指数小及未受潜穴搅动的随机堆积，有利于发生压实作用。直板或多孔状及具有可塑性的颗粒容易遭受较强的物理压实作用。大化石的壳体保护或遮蔽，可使小颗粒躲避压实作用的破坏。镁方解石和文石等准稳定矿物容易发生压溶作用，黏土矿物在颗粒接触界面的流体系统中，促成颗粒间产生互相连接的溶解微区，也有助于发生压溶作用。

（2）动力学因素。一般认为压溶作用发生在数百米深的埋藏条件下，白云岩中缝合线通常被认为开始形成于 600～1000m（Machel，2004），但在部分情况下，压溶作用也可以出现在几十米的浅埋藏环境中（Ehrenberg et al.，2012；Choquette and James，1987）。连续持久的埋藏，将引起压实总效应增强。地温梯度较低、颗粒表面亲水及贫镁雨水的渗入，均有利于压溶作用的发生。

（3）抑制性因素。早期的胶结和白云石化作用，可以提高碳酸盐岩沉积物的强度；地层中形成的较高的流体压力（超压）可以帮助岩石骨架负载上覆地层的负载压力，从而阻碍压实作用的发育、延缓孔隙率下降。

压实压溶作用在碳酸盐岩地层中极为普遍，其形成的缝合线几乎遍布研究区整个奥陶系和寒武系碳酸盐岩地层（图版 14A、图版 14B、图版 14C），缝合线在一些情况下可能成为成岩流体或者油气运移的通道，因此，在模拟碳酸盐岩储层裂缝的过程中，必须定量、半定量地把缝合线对储层连通性的贡献考虑在内（李映涛等，2014）。压实作用也常常被用于进行成岩序列的约束，由于碳酸盐岩沉积后胶结作用很快发生，因此压实作用相对较弱，仅少量样品可见颗粒受压实影响而产生微弱的形变（图版 14D）。另外，部分细晶、自形白云岩中也可观察到微弱的压实作用（图版 14E），间接说明了这些白云岩的形成时间相对较早。

四、硅化作用

硅化作用包括了 SiO_2 矿物（玉髓、石英等）对其他矿物的交代和在孔缝空间中的胶结作用。硅化作用在碳酸盐岩沉积盆地中并不鲜见，研究区碳酸盐岩地层中硅化及硅质充填作用以寒武系和中下奥陶统最为发育，向上逐渐减弱。根据薄片观察，硅化主要有以下几种类型：生物碎屑硅化斑点、硅质结核、硅质充填溶孔和裂缝。

（一）生物碎屑硅化斑点

生物碎屑硅化斑点在岩心上难以识别，但在薄片显微镜下可清楚地识别出来（图版 15A）。塔中地区、巴麦地区鹰山组及塔河油田一间房组岩心上较为常见。发育的碳酸盐岩岩性没有选择性，但在岩石内部被 SiO_2 交代的组分具有很强的选择性，主要表现为选择部分腕足碎片、海百合碎片发生硅化，偶见选择海绵、三叶虫、苔藓虫及砂屑发生硅化，硅化多呈微晶石英或细粒石英晶体形式。

（二）硅质结核

塔北、塔中、巴楚地区鹰山组及塔河油田一间房组岩心上可见硅化结核。结核大小悬殊、形态不规则，结核内部有生物碎片被硅化和灰岩残余（图版 15B），由此证明它是灰岩经硅化而来；显微镜下可见硅化结核的原岩结构特征，被硅化原岩可以是颗粒灰岩、颗粒微晶灰岩、微晶灰岩、藻黏结灰岩等，没有选择性，碳酸盐颗粒及微晶方解石基质部分的硅化以微晶石英的形式呈现，粒间亮晶方解石以及藻窗状孔亮晶方解石部分的硅化以晶粒稍大的粒状石英的形式呈现，生物碎屑仍保留其原始结构特征，显示出硅化具有"拟态"交代特征；局部可见"微溶蚀速度快-微沉淀速度慢"形成的孔洞，孔洞内 SiO_2 沉淀生长显示出由孔壁→孔隙中心，晶体由小→大的特征，并可有剩余空间保存下来或为巨晶方解石充填。此外，还可见灰岩残余、重结晶方解石残余及粉-细晶自形白云石分散于硅化结核中。

（三）硅质充填溶孔及裂缝

充填溶孔及裂缝的石英晶体大小不一，既有隐晶-微晶质的，也有粉细晶级别的，在良里塔格组灰岩的非选择性溶孔中、寒武系及下奥陶统的白云岩溶蚀孔洞和裂缝中均有见到（图版 15C）。

充填于寒武系及下奥陶统白云岩溶洞和裂缝中的硅质在研究区最为发育，如塔北的塔深 1 井、于奇 6 井、星火 2 井、桥古 1 井，塔中的中 4 井，巴楚隆起的同 1 井等的寒武系取心中均有见到。这类硅质既可以将孔洞完全充填，也可以呈皮壳状围绕着溶蚀洞穴生长，并且常与鞍形白云石伴生（图版 15D）。此外，可观察到由孔洞壁到孔洞中心，硅质从隐晶质到细晶质，粒径逐渐变大（图版 15E）。在阳极射线下，这些充填的硅质基本不发光（图版 15F）。

此外，顺南地区顺南 4 井等的硅化现象比较特殊，除可见石英充填在孔洞和裂缝中外，石英大量交代了原始灰岩，形成了约 4m 厚的硅化段，该段孔隙度可以达到约 20%，主要的储集空间以交代后的石英晶间孔为主。

五、热化学硫酸盐还原反应

热化学硫酸盐还原反应（thermochemical sulfate reduction，TSR）是指烃类在高温条件下将溶解的硫酸盐矿物还原生成 H_2S、CO_2 等气体的过程，同时，热化学硫酸盐反应也是一种有机质和无机质互相作用的过程，在这个过程中，烃类被氧化（朱光有等，2006；蔡春芳和李宏涛，2005）。反应的化学式可以总结为（Machel，1987）

$$烃类 + SO_4^{2-} \longrightarrow 蚀变的烃类 + 固态沥青 + H_2S(HS^-) + HCO_3^- (CO_2) + H_2O + 热量(?)$$

基于大量的流体包裹体和模拟实验数据，热化学硫酸盐还原反应的开始温度被认为在 $100\sim140℃$ 之间，在某些情况下，热化学硫酸盐反应可能要达到 $160\sim180℃$ 才能开始。从热动力学角度来说，热化学硫酸盐反应在 25℃ 即可发生，但是在 100℃ 以下时，热化学硫酸盐反应的速率非常低，地质上可以忽略不计（Machel，2001）。例如，Goldhaber 和 Orr（1995）计算在高 H_2S 含量的情况下，热化学硫酸盐还原反应在 100℃ 下的反应速率为 10^{-9}mol/(L·a)，在 120℃ 下的反应速率为 10^{-8}mol/(L·a)，在 150℃ 下的反应速率为 10^{-6}mol/(L·a)。这个速率很可能接近在地质过程中热化学硫酸盐还原反应的最快反应速率（Machel，2001）。

由于热化学硫酸盐还原反应能够产生 H_2S、CO_2 等侵蚀性气体，部分学者认为热化学硫酸盐还原反应的发生能够有效地在碳酸盐岩中形成次生孔隙，从而提高储层物性（Jiang et al.，2018；Zhu et al.，2007；朱光有等，2006）。然而，针对热化学硫酸盐还原反应形成次生孔隙的能力，仍然存在大量争议。例如，Machel（2001）认为只有在特殊情况下热化学硫酸盐还原反应能形成少量次生孔隙；Hao 等（2015）则认为热化学硫酸盐还原反应会形成大量的方解石，堵塞已经形成的孔隙，因此并不能提高储层孔隙度。总的来说，现今对热化学硫酸盐还原反应的研究显示，热化学硫酸盐还原反应不能或者仅能少量形成次生孔隙，对储层的建设性不大（Jiang et al.，2018；Hao et al.，2015；Ehrenberg et al.，2012）。

塔里木盆地中寒武统阿瓦塔格组发育一套蒸发岩，下伏的下寒武统为区域广泛发育的烃源岩，因此塔里木盆地寒武系具备发生热化学硫酸盐还原反应的条件。岩心中偶见的单质硫可能是热化学硫酸盐还原反应产物 H_2S 被 SO_4^{2-} 离子局部再氧化形成的（Machel，2001）。

六、萤石的交代、充填作用

萤石是一种含氟矿物，成分为 CaF_2。镜下观察萤石表现为负高突起，当和白云石的正高突起在一起时，负高突起更为明显（图版 16A）；萤石在薄片下单偏光为无色，在正交偏光下则为全消光（图版 16B、图版 16C）。从矿物学的角度来讲，萤石为一轴晶矿物，正交镜下应为全消光，但是当有杂质混入时萤石呈浅绿色或者淡紫色，此时，萤石具有弱的干涉色。

在塔中上奥陶统灰岩和中下奥陶统白云岩中均有萤石充填孔洞和裂缝的现象存在。上奥陶统灰岩中以塔中 45 井良里塔格组最为典型（王嗣敏等，2004），全井共发育 5 段，累计厚度为 15.7m，多呈粒状、半自形-他形充填于洞径为 $1\sim8$mm 的小型溶洞及 $40\sim110$mm 的大型溶洞中；其他井中，萤石也主要产出于高角度构造缝及溶洞中，成层状或条带状分布。这些萤石充填物常与中粗晶方解石、硬石膏、天青石和石英作为共生矿物出现。其较完整的充填次序是，缝洞边部为中粗晶的粒状半自形-自形方解石，方解石常具环带构造和应力双晶；粗晶方解石之外，为自形粒状的萤石，发育环带构造，晶形较好，显示出萤石在自由空间内的生长，它可交代先期方解石；缝洞中部，自形粒状的萤石之外，常为具斑状构造的细粒状萤石、方解石和石英充填物。

萤石主要发育在中下奥陶统及寒武系的白云岩段中，如中 15 井、中 19 井、中 13 井、中 4 井等井的样品中均有发现，扫描电镜下观察萤石主要以充填溶孔和裂缝的方式产出（图版 16D～图版 16G），出现的频率较高。

七、自生黏土矿物

根据详细的薄片观察及扫描电镜分析发现，奥陶系—寒武系白云岩中的自生矿物以伊利石为主，伊利石通常出现在白云石晶粒之间或集中分布在溶蚀孔洞内，而且也不是单独出现，多与自生石英及黄铁矿共生（图版 17A）。此外，在巴探 5 井白云岩溶孔中还见有片状的伊蒙混层矿物（图版 17B）。

还有另外两种黏土矿物，是比较少见的，一种是呈带状分布，另一种是呈棒状分布，仅从形状上判断，这两种矿物可能是埃洛石和坡缕石，尤其是坡缕石在岩石中比较少见（图版 17C）。

坡缕石最早由俄罗斯学者隆夫钦科夫于 1862 年在乌拉尔坡缕缟斯克矿区的热液蚀变带中发现并命名，该矿物是一种层链状结构的含水富镁铝硅酸盐黏土矿物，属于海泡石族（郑自立等，1997；田煦等，1996）。其理想分子式为 $(Mg, Al, Fe)_5Si_8O_2O(HO)_2(OH_2)_4 \cdot nH_2O$，理论化学成分如下：$SiO_2$ 占 56.96%，$(Mg, Al, Fe)O$ 占 23.83%，H_2O 占 19.21%。成分中常有 Al、Fe 混入，Al_2O_3 替代部分 MgO。坡缕石晶体呈毛发状或纤维状，在电子纤维镜下呈长柱状或针状（图版 17C），呈白、灰、浅绿或浅褐色，硬度一般为 2～3。此外，坡缕石的赋存状态是充填在白云岩的溶蚀孔洞中，说明坡缕石的形成晚于溶蚀孔洞的形成。

埃洛石是多水高岭石，又称为叙永石。晶形上两者的区别比较大，高岭石是假六方板片状、蠕虫状、放射状和粒状集合体，尤其是假六方板片状的高岭石最为常见，也最易识别。而多水高岭石（埃洛石）则为晶体极细微，致密状，但是在扫描电子显微镜下则表现为棒状、管状、长板状和针状集合体（图版 17C）。塔深 1 井取心段中检测到该类矿物，扫描电子显微镜下呈棒状产出，细而长，结晶完好，易于识别。

八、褐铁矿化

褐铁矿化作用往往是地层暴露侵蚀间断的标志，从层序地层层面分析是一个重要的层序界面，从岩溶层面分析褐铁矿化形成时期就是古岩溶的发育时期，从油气水运移层面分析是一个重要的运移通道和油气水聚集空间，因此对于岩溶的发育具有重要指示作用。其成因主要是由于地层受构造抬升影响，暴露地表，在大气环境下，黄铁矿经氧化转变成褐铁矿。在研究区的良里塔格组颗粒灰岩中见到这种褐铁矿化现象，其产出方式有两种：一种是分布于颗粒与胶结物之间；另一种则是充填于胶结物之内（图版 17D）。

九、自生黄铁矿

黄铁矿是碳酸盐岩地层中较为常见的一种自生矿物类型，由于黄铁矿的形成需要强还原环境，因此，黄铁矿的形成都是在埋藏过程中。一般来讲，莓状黄铁矿主要形成在成岩早期，如在良里塔格组的藻灰岩或中下奥陶统白云岩中见到莓状黄铁矿呈星散状分布，但是在薄片下观察到的莓状黄铁矿并不多，大部分都是黄铁矿的集合体，主要有两种类型：一种呈分散状或者集合体状分布在岩石中（图版 17E）；另一种呈集合体状分布在岩石的溶蚀孔洞中（图版 17F）。

第一种没有见到明显的热液改造特征，也没有见到明显的溶蚀特征，表明这一期的黄铁矿是在埋藏早期形成的，由于埋藏过程中孔隙水处于还原环境，由孔隙水的铁离子和硫离子结合而形成。根据对白云石的能谱分析，发现在埋藏白云石化形成的白云石中很少检测到铁的存在，表明在埋藏过程中，铁离子没有参与到白云石化作用的过程中，从而为黄铁矿的形成提供了条件。

第二种是充填在热液溶蚀孔洞中的黄铁矿，显然这一期的黄铁矿是在热液作用过后，其他离子都被消耗掉，使得黄铁矿充填在溶蚀的孔洞中，黄铁矿的充填所占比例很小，对储集空间影响不大。这一期黄铁矿的出现也表明热液作用的存在。在深埋作用时期几乎所有的离子都参与了成岩作用，因此不可能留下；黄铁矿在埋藏过程中很难溶解，不可能是早期形成的黄铁矿溶解之后再沉淀形成的，只能是外来溶液所带来的物质在反应之后形成的。

十、白云石化作用

通常来说，形成白云石的过程主要包括白云石化（dolomitization）和白云石胶结（dolomite cementation）两类，前者指的是碳酸镁钙交代碳酸钙的过程，而后者指的是白云石从流体中沉淀、在孔隙空间中生长的过程（Machel，2004）。因此，热液引起的先存白云石的重结晶不在本小节内容中展示。此外，为了描述方便，白云石胶结物的内容也包括在本章内容中。

白云石化作用在塔里木盆地寒武系—奥陶系地层中作用广泛，尤其是下奥陶统和寒武系碳酸盐岩中发育了大量白云岩（黄擎宇等，2013；郑剑锋等，2010；马锋等，2009），其中鹰山组下部以发育斑状白云岩为特征，大部分白云岩发育雾心亮边或环带结构，白云石化作用一般沿缝合线或裂隙发育，而下奥陶统蓬莱坝组及寒武系以晶粒白云岩为主，白云岩厚度大，成层性好，分布广泛，白云石结构类型多样。前人对塔里木盆地白云岩进行了大量的研究，认为塔里木盆地寒武系—奥陶系白云岩成因复杂、形成于多种环境下（Du et al.，2018；Dong et al.，2017，2013；Guo et al.，2016；Jiang et al.，2016；Zhang et al.，2009），本节内容将对几种主要的白云石化模式（形成环境）进行简要介绍。

Machel（2004）对众多的白云石化模式进行了总结，认为按照白云石形成的环境、成岩阶段、流体盐度等，可以将白云石化模式分为如下几种。

（1）准同生和微生物（有机）白云石化。准同生和微生物白云石化发生在准同生阶段，即沉积物落在沉积底床上几年或几十年的时间内。这类白云石化通常发生在浅海到潮上带或者远洋环境中，且受微生物活动的影响。许杨阳等（2018）对前人关于微生物白云石的研究进行总结认为，微生物活动促进准同生白云石化过程发生主要通过以下途径：①微生物能够氧化小分子有机质生成 CO_3^{2-}/HCO_3^-，进而提高胞外微环境的碱度和 CO_3^{2-} 活度；②消耗沉积物孔隙水中的 SO_4^{2-}，从而破坏 $MgSO_4^0$ 离子对，提高 Mg^{2+} 的活性；③硫酸盐还原菌的细胞壁能够充当白云石晶体的成核模板。然而，Machel（2004）认为准同生白云石化作用形成的白云石通常规模不大（1%~5%），在有利条件下局部白云石含量能达到 100%，这类白云石通常是为后续进行的白云石化过程提供了成核基础。塔里木盆地广泛发育一套微生物白云石，叶德胜（1992）统计，藻（蓝细菌）纹层白云石（层状叠层石）约占齐格布拉克组上段的 79.9%，现今大多数学者认为这套白云石为准同生成因，并且微生物活动对白云石的形成起到了重要作用（罗平等，2013；王小林等，2010；史基安，1993）。

（2）微咸水和混合水白云石化。微咸水通常指的是盐度介于大气淡水和正常海水（35~36g/L）之间的流体，这个定义自然包括了曾经风靡一时的混合水（大气淡水与海水混合）模式（Hanshaw et al.，1971），这种白云石化流体被认为能够影响到地下 600~1000m 的沉积物，因此，它通常发生在浅埋藏阶段。大气淡水-海水混合水模式认为白云石形成于滨岸自由含水层和深部承压含水层内的大气水和海水的混合作用（Flugel and Munnecke，2010；Hanshaw et al.，1971），然而这种模式一直饱受争议，不仅其机理一直被质疑，在现代碳酸盐台地的混合水带也没有发现白云石的形成（Machel，2004；Tucker and Wright，1990；Land，1985）。

（3）卤水白云石化。卤水通常指的是盐度大于正常海水（35~36g/L）的流体，这类流体又可以分为盐度介于正常海水盐度（35~36g/L）和石膏饱和盐度（120g/L）之间的中等盐度卤水，以及盐度大于石膏饱和盐度（120g/L）的超盐度卤水。这两种流体均主要来源于海水的蒸发浓缩，且后者引起的白云石化常常会伴随着石膏的出现。这个定义主要包括了渗透回流白云石化和塞卜哈白云石化模式，这类白云石化通常发生在近地表和浅埋藏环境下，部分情况也能影响到中等埋藏深度。

（4）海水白云石化。海水白云石化并不特指某一种模式，而是一个多种以海水为白云石化流体的模式的集合，海水在热对流、海水轻微蒸发引起的密度差、大气淡水-海水混合引起的密度差等复合因素的驱动下进入碳酸盐台地，并使之白云石化，这一过程可以影响到中等埋藏深度下的碳酸盐岩（Gregg et al.，2001）。

（5）埋藏环境下的白云石化。指孔隙水不再受地表活动影响时发生的白云石化过程（Machel，1999），白云石化流体的类型可以包括原地/下伏地层的孔隙水、深循环的淡水/海水等，流体的驱动机制可能包括压实作用驱动、热对流、地形补给模式、构造驱动流体等。热液白云石化也包含在这种类型中，热液一词是用于表征流体温度与环境温度的关系（Machel and Lonnee，2002），热对流、地形补给、构造驱动流体等机制下的卤水运移和白云石化均有可能是热液的。

现阶段的研究认为，塔里木盆地寒武系—奥陶系白云石应该是多期白云石化作用的结果，主要有 4 期白云石化作用，分别是同生/准同生期白云石化、浅埋藏白云石化、中-深埋藏白云石化和热液改造白云石化作用。其中，同生/准同生期白云石化作用与高度过饱和的白云石化流体有关，多形成晶粒较细小的泥-微晶白云石（图版 18A），具有拟态交代的特征，从而有助于原岩组构的保存；埋藏白云石化作用多发生在下奥陶统和上寒武统块状白云石中，大部分岩石原始组构被破坏，多形成细晶、自形/半自形白云石（图版 18B），中-深埋藏阶段较高的温度使许多早期形成的白云石发生重结晶，从而形成大量中-粗、他形白云石（图版 18C）；热液活动阶段，热液流体对埋藏阶段的白云石进行调整改造，并在缝洞中形成鞍形白云石充填物（图版 18D）。

十一、过度白云石化作用

过度白云石化作用通常是由高浓度的白云石化过饱和流体引起的，从而导致围绕原有白云石晶体的再生长环边或次生加大边，也称为白云石胶结作用（Choquette and Hiatt，2008；Sibley，1982），为了与前述胶结作用区分，这里用术语"过度白云石化"来描述。

在寒武系—奥陶系碳酸盐岩中，过度白云石化作用常见于细晶自形-半自形白云石样品中（图版 18E、图版 18F），可观察到核心区域较为浑浊，而环带部位则较为明亮清晰（图版 18E）。通常，环带可以围绕原始白云石晶粒均匀生长，其宽度多为 10～30μm。但在局部区域，可见环带不均匀生长，向孔隙中心环带的生长宽度可达 80μm；这种不均匀的环带生长导致自形程度高的核心部位逐渐演变为自形程度差的半自形或他形晶。

过度白云石化作用对孔隙的影响是双重的：一方面，由于原始白云石晶粒具有较高的自形程度，在成岩早期晶粒之间应该存在大量晶间孔隙。而过度白云石化作用导致晶体表面的环带不断生长并连片胶结时，晶体形态也发生了改变，早期孔隙空间被破坏；另一方面，环带的生长有助于白云石晶粒之间构成坚固的格架，从而抵抗机械压实，保存残余的早期孔隙。

十二、溶蚀作用

对于碳酸盐岩地层而言，溶蚀作用是储层形成的重要机制。溶蚀作用的发生通常是由于孔隙中流体的化学性质发生了明显的变化，如盐度、温度、CO_2 分压的改变，溶蚀作用可以发生在地层埋藏史中的任意时间。根据流体性质的不同可将溶蚀作用分为大气淡水溶蚀、有机酸溶蚀和热液溶蚀；根据溶蚀发生时间的不同可分为同生/准同生期溶蚀、表生溶蚀和埋藏溶蚀。由溶蚀作用产生的溶蚀孔、洞、缝，在埋藏过程中，往往成为油气良好的聚集空间。同生/准同生期溶蚀作用主要受层序/高频层序界面控制，溶蚀作用具有一定的组构选择性（图版 19A、图版 19B）；表生岩溶作用与构造抬升有关，受古地貌及断裂共同控制，这类溶蚀作用一般不具有组构选择性（图版 19C、图版 19D），溶蚀范围广、作用深度大；而埋藏溶蚀作用则主要与断裂活动有关，断层为热液流体提供了运移通道并构建出开放成岩体系，沿裂缝的溶蚀特征明显（图版 19E）。这类溶蚀作用受断层发育程度的控制明显。

盆地内碳酸盐岩地层经历的溶蚀作用具有溶蚀流体丰富、溶蚀期次较多的特点。根据岩心、薄片、地化数据及埋藏史等资料分析，认为发育了同生期的大气水溶蚀、表生岩溶及埋藏期热液溶蚀作用，不同类型的溶蚀作用所形成的储集空间各异，但对储集体的形成和油气的聚集都具有重要意义，在后面章节会对各种溶蚀作用进行详细论述。

十三、破裂作用

破裂作用也是碳酸盐岩储集空间形成的主要因素之一。根据成像测井及岩心、镜下观察发现，岩石中的裂缝类型比较丰富，有斜交缝、垂直缝、水平缝等。裂缝中的充填情况差别也很大，有的全充填，有的半充填，有的则完全没有充填。按成因可将裂缝分为成岩缝、溶蚀缝和构造缝，对于不同裂缝的特征和分布将在储层储集空间部分详细论述，这里仅对不同裂缝的形成期次进行分析。成岩缝主要以发育缝合线为特征，通常在埋深达 300m 时就有形成，但大部分缝合线可能形成于埋深为 600～900m 的范围；溶蚀缝主要形成于表生作用阶段，埋藏过程受断裂与深部流体的影响也会形成部分溶蚀缝；构造缝形成的期次较多，奥陶系碳酸盐岩从沉积至今，经历了多次构造运动，可形成多期裂缝，而在同一期的构造运动中又可产生不同的裂缝类型。裂缝虽然对储层孔隙度影响不大，但是对于渗透率的影响显著，可以大幅改善储层的渗透能力，十分有利于油气运移。

第三节　地球化学特征

一、碳氧同位素

碳酸盐矿物是指任何具有 CO_3^{2-} 的矿物，而碳酸盐岩中最常见的矿物方解石和白云石分别为碳酸钙和碳酸镁钙，因此，碳同位素和氧同位素是研究碳酸盐岩矿物最常用的地球化学手段。

氧在自然界中有 3 种稳定同位素：^{16}O（99.757%）、^{17}O（0.038%）和 ^{18}O（0.205%）。由于 ^{18}O 和 ^{16}O 具有巨大的丰度和质量差，$^{18}O/^{16}O$ 在自然界中通常比较稳定（Hoefs，2008；郑永飞和陈江峰，2000）。碳酸盐矿物的 $\delta^{18}O$ 值受到以下几个因素的影响。

（1）矿物形成温度。

（2）形成矿物的流体的 $\delta^{18}O$ 值。流体的 $\delta^{18}O$ 值受控于降雨、蒸发、流体混合和水岩作用。典型的大气淡水的 $\delta^{18}O$ 值小于 0‰，并且随着远离蒸发源头及温度下降，这个值向两极地区逐渐递减（Rozanski et al.，1993）。海水和蒸发海水具有更高的 $\delta^{18}O$ 值，由于海水的巨大体量及 ^{18}O 和 ^{16}O 巨大的丰度差异，通常海水的蒸发不会明显影响到海水的 $\delta^{18}O$ 值，而在局限环境中，随着蒸发的进行，流体的 $\delta^{18}O$ 值会持续升高直到某一个极值（Lloyd，1968）。

（3）矿物学因素。不同的碳酸盐矿物具有不同的氧同位素分馏方程，导致统一环境中沉淀的不同碳酸盐矿物会具有不同的 $\delta^{18}O$ 值。常见的碳酸盐矿物中，同样温度形成的文石比低镁方解石 $\delta^{18}O$ 值高大约 1‰，25℃下形成的白云石 $\delta^{18}O$ 值比低镁方解石高大约 3‰（Land，1980）。

（4）其他动力学因素。例如，矿物沉积速率、流体 pH 等都会影响到矿物的 $\delta^{18}O$ 值，通常在高 pH 下矿物沉淀速率较快，矿物沉淀的过程中轻同位素（^{16}O 和 ^{12}C）更容易进入矿物中，这个过程对于生物成因的碳酸盐岩尤其重要（Swart，2015）。

碳在自然界中有两种稳定同位素：^{12}C（98.93%）和 ^{13}C（1.07%）。尽管自然界中 ^{12}C 和 ^{13}C 的丰度差异巨大，$\delta^{13}C$ 值的变化却可达 120‰以上，大于 + 20‰和小于–100‰的天然样品都被报道过（Hoefs，2008）。碳酸盐矿物的 $\delta^{13}C$ 值受到以下几个因素的影响。

（1）溶解无机碳。对海相碳酸盐岩 $\delta^{13}C$ 值影响最大的因素是海水中的溶解无机碳（dissolved inorganic carbon，DIC）的 $\delta^{13}C$ 值，从而受控于光合作用固定的 CO_2、碳酸盐岩风化和有机质氧化。开阔海水中溶解无机碳的 $\delta^{13}C$ 值变化很小，但在一些滨海环境中溶解无机碳的影响很重要。

（2）沉淀速率和 pH。沉淀速率和 pH 对 $\delta^{13}C$ 值的控制作用与氧同位素相似，但 $\delta^{13}C$ 值的变化更小。

（3）矿物学因素。相似环境下形成的不同矿物具有不同的碳同位素组成，如文石的 $\delta^{13}C$ 值比低镁方解石和高镁方解石高+1‰～+2‰，而白云石的 $\delta^{13}C$ 值比低镁方解石高大约 + 1‰（Swart，2015）。

（4）温度。碳在流体中往往以 H_2CO_3、HCO_3^-、CO_3^{2-} 等形式存在，而温度、氧分压、流体 pH 等因素共同决定了碳在流体中存在的形式，相对于温度对氧同位素的影响，温度对碳同位素的影响较小（尹观和倪师军，2009）。

此外，年代效应也是碳、氧同位素研究中重要的一环。Veizer 等（1999）通过对低镁方解石生物壳及部分泥晶灰岩的取样，公布了显生宙海相碳酸盐岩 $\delta^{13}C$ 及 $\delta^{18}O$ 值的时间演化曲线（图 3-4 和图 3-5），这为约束碳酸盐岩成岩作用中流体的性质提供了一个可参考的地质背景值。

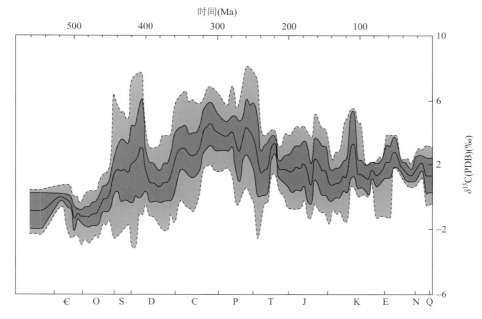

图 3-4 显生宙低镁方解石生物壳 δ^{13}C 值的演化趋势（据 Veizer et al.，1999 修编）

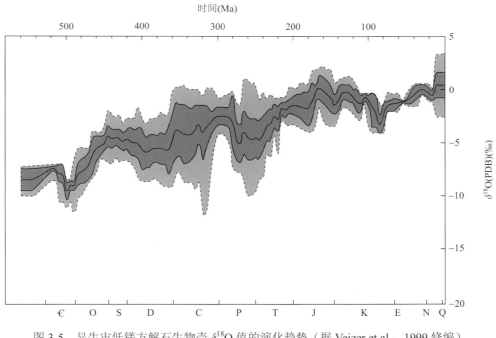

图 3-5 显生宙低镁方解石生物壳 δ^{18}O 值的演化趋势（据 Veizer et al.，1999 修编）

塔里木盆地奥陶系、寒武系海相碳酸盐岩中针对白云石、缝洞充填方解石进行了大量的碳氧同位素研究，总的来说，样品的碳同位素差异不大，而受到成岩流体 δ^{18}O 值和成岩温度巨大差异的影响，不同碳酸盐矿物样品的 δ^{18}O 值差异较大。

灰岩样品的 δ^{13}C（VPDB）值的范围为 -1.8‰～-0.1‰，δ^{18}O（VPDB）值主要分布在 -8.8‰～-7.0‰之间，这个范围大致落在寒武纪—奥陶纪海相方解石的范围内（δ^{13}C 为 -2‰～$+2$‰，δ^{18}O 为 $+5$‰～$+9$‰，Veizer，1999）。

泥晶白云岩的 δ^{13}C 值的范围为 -1.2‰～-0.2‰，δ^{18}O 值主要分布在 -7.5‰～-5.7‰之间；细晶白云岩 δ^{13}C 值的范围为 -2.6‰～$+0.9$‰，δ^{18}O 值的范围为 -10.2‰～-4.5‰；中-粗晶白云岩的 δ^{13}C 值的范围为 -2.3‰～$+0.4$‰，δ^{18}O 值的范围为 -10.7‰～-1.7‰；缝洞充填粗晶鞍形白云石的 δ^{13}C 值的范围为 -3.5‰～-0.1‰，δ^{18}O 值的范围为 -14.4‰～-6.1‰。基质白云石的 δ^{13}C 值总体变化不大，δ^{18}O 值随着白云石晶形变大轻微偏负；而鞍形白云石胶结物的 δ^{13}C 值和 δ^{18}O 值则明显较基质白云岩偏负。

缝洞充填方解石的 $\delta^{13}C$ 值的范围为 $-4.4‰\sim+0.6‰$，$\delta^{18}O$ 值主要分布在 $-15.5‰\sim-6.0‰$ 之间。各地区、层位的缝洞充填方解石成因复杂，其 $\delta^{13}C$ 值和 $\delta^{18}O$ 值覆盖范围大。

二、锶同位素

锶有 ^{88}Sr（82.58%）、^{87}Sr（7.00%）、^{86}Sr（9.86%）、^{84}Sr（0.56%）4 种稳定同位素，其中 ^{88}Sr、^{86}Sr、^{84}Sr 的绝对含量没有发生变化，而 ^{87}Sr 的丰度变化与 ^{87}Rb 的放射性衰变有关，其变化程度不仅受年代学效应影响（时间），还与铷和锶的地球化学性质和各种地质地球化学作用有关（尹观和倪师军，2009）。沉积盆地碳酸盐岩的研究中，由于锶同位素的分馏不受压力、温度和生物作用的影响，它常被用于进行流体示踪工作（Machel，2004）。由于碳酸盐岩形成相关的生物活动不会导致锶同位素的分馏，因此各个时代海水的 $^{87}Sr/^{86}Sr$ 值可以从生物颗粒中进行测试，前人报道了大量的数据，建立了显生宙海水 $^{87}Sr/^{86}Sr$ 值随时间变化的曲线（图 3-6）（McArthur et al.，2012；Montañez et al.，2000；Veizer et al.，1999；Qing et al.，1998），$^{87}Sr/^{86}Sr$ 值时间曲线的建立能够有效地帮助约束成岩流体的性质。

塔里木盆地奥陶系、寒武系海相碳酸盐岩中针对白云石、缝洞充填方解石进行了锶同位素研究。灰岩样品的 $^{87}Sr/^{86}Sr$ 值的范围为 $0.70823\sim0.70922$，落在寒武纪—奥陶纪海水的范围内（$0.7079\sim0.7092$，McArthur et al.，2012）。泥晶白云岩的 $^{87}Sr/^{86}Sr$ 值的范围为 $0.70767\sim0.70996$；细晶白云岩的 $^{87}Sr/^{86}Sr$ 值的范围为 $0.70728\sim0.71388$；中-粗晶白云岩的 $^{87}Sr/^{86}Sr$ 值的范围为 $0.70719\sim0.71429$；缝洞充填粗晶鞍形白云石的 $^{87}Sr/^{86}Sr$ 值的范围为 $0.70706\sim0.71921$；缝洞充填方解石的 $^{87}Sr/^{86}Sr$ 值的范围为 $0.70832\sim0.71940$。由于塔里木盆地各个地区、层位的碳酸盐岩经历的成岩历史有较大差异，不同地区的同种产状的碳酸盐矿物的锶同位素特征差异较大，将在后文分地区和层位进行详细叙述。

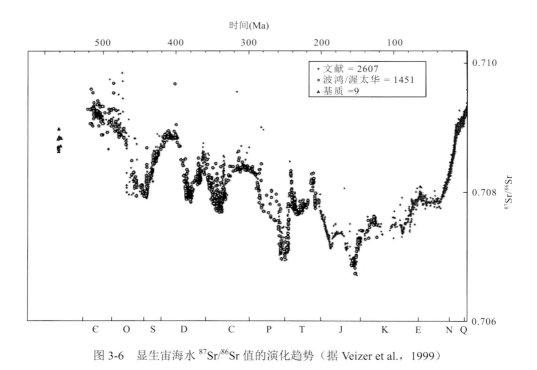

图 3-6　显生宙海水 $^{87}Sr/^{86}Sr$ 值的演化趋势（据 Veizer et al.，1999）

三、流体包裹体

流体包裹体是成岩矿物在结晶生长过程中，由于晶体生长速度不均、生长机制不同、某（些）流体组分的浓度发生变化等生长因素影响而形成的晶体缺陷中捕获的成岩成矿流体。这些流体是地质历史时期保存至今的成岩成矿"原始样品"（张文淮和陈紫英，1993）。流体包裹体技术是沉积盆地成岩作用研究中重要且常用的一项分析技术，通常用于获取矿物形成时流体的温度、盐度、压力等信息（Chu et al.，2016；Chi et al.，2016；Chi et al.，2014；Goldstein，2001）。沉积盆地中，尽管存在氧同位素、团簇（C-O）同位素（clumped isotope）等温度计（Came et al.，2017；Lloyd et al.，2017；Bernasconi et al.，2011；Dennis and Schrag，2010；Eiler，2007），但对于结晶程度相对较高的矿物（如白云石、方解石、石英胶结物），流体包裹体仍然是适用范围最广泛、精度"相对"最高的矿物温度计（Millán et al.，2016）。除矿物温度计外，流体包裹体同样可能记录下油气运移成藏的信息。例如，当盐水包裹体与烃类包裹体共生于同一个流体包裹体组合中时，综合盐水包裹体的均一温度、烃类包裹体的均一温度和气液比等信息，能够恢复烃类包裹体形成时的温度和压力（Ping et al.，2017a，b；陈红汉等，2014；Liu，2003）。

流体包裹体岩石学是流体包裹体研究中最重要的部分，其研究目的主要有两个。

（1）确定流体包裹体的地质意义（成因）。流体包裹体的成因直接决定了流体包裹体能够用于解决什么问题。池国祥和卢焕章（2008）、Goldstein 和 Reynolds（1994）详细介绍了各类常见矿物中流体包裹体的分布及成因解释。原生成因的流体包裹体可以通过包裹体的分布与晶体的生长环带的关系进行识别，可以用于解释矿物形成的温度、盐度等信息；而次生成因的流体包裹体多呈平面阵列分布或者沿切割晶体边界或生长环带的愈合裂纹分布，这类包裹体记录了矿物形成之后（可能是任何时期）的流体信息。因此，详细的流体包裹体分布的描述是进行流体包裹体研究的首要工作，是决定流体包裹体研究能否继续开展的关键（Goldstein and Reynolds，1994）。

（2）评价流体包裹体数据的可靠性（约束流体包裹体显微测温数据）。由于流体包裹体在捕获后会经历热再平衡、腔体变形等后期变化，包裹体所记录的信息在这些过程中可能受到严重的改变（Bodnar，2003；Barker and Goldstein，1990；Prezbindowski，1987；Goldstein，1986），在确定流体包裹体的成因后，我们仍然需要寻找其中的幸存者。Goldstein 和 Reynolds（1994）提出了流体包裹体组合的概念，一个流体包裹体组合被表述为"岩石学上最细致划分的、相互关联的一组包裹体"，流体包裹体组合的概念强调的是同时捕获的一组流体包裹体。同一个流体包裹体组合内流体包裹体的相态组合、均一温度分布、冰点温度分布都能够帮助我们寻找到保存较好的"幸存者"。

沉积盆地中，通常进行流体包裹体研究的宿主矿物包括石英、方解石、白云石等。石英因其较大的莫氏硬度，通常被认为具有良好的保存流体包裹体原始信息的能力。然而沉积盆地中隐晶硅质矿物经过埋藏成岩作用调整形成的石英往往因为原生流体包裹体较少而不适合进行流体包裹体研究。方解石莫氏硬度较低，抵抗埋藏过程中流体包裹体内外压差的能力较弱，并且方解石解理发育，对寻找原生包裹体和保存包裹体原始信息非常不利，因此，方解石并不是可靠的进行流体包裹体研究的载体。此外，裂缝、孔洞充填的块状方解石胶结物在不借助阴极发光等技术的情况下很难确定流体包裹体的成因，因此，大量针对方解石中包裹体的研究报导的都是自由分布、团簇分布的流体包裹体，这类包裹体既可能是原生成因的，也可能是次生成因的（池国祥和卢焕章，2008；Goldstein and Reynolds，1994），在利用这些包裹体数据进行成岩作用解释时应当非常谨慎。尽管白云石的莫氏硬度与方解石接近，但大量的测试经验显示白云石保存流体包裹体原始信息的能力远强于方解石（Goldstein and Reynolds，1994）。并且，由于一些粗晶白云石晶体常常在偏光镜和阴极发光照射下表现出独特的环带生长特征，沿着这些粗晶白云石的环带常常能找到一些原生包裹体。但是，由于白云石中的流体包裹体通常较小（大多数小于 7μm），且白云石晶体往往比较污浊，对流体包裹体低温相行为的观察难度较大，获取的流体盐水体系信息较少。

塔里木盆地碳酸盐岩储集体中，报道过大量针对石英、方解石和白云石等胶结物的流体包裹体研究，以石英为例，往往是针对孔洞、裂缝中充填的自生石英进行流体包裹体研究，如塔河地区沙 88 井白云岩中的自生石英、顺南地区顺南 4 井硅化段中的自生石英、盆地北缘露头区裂缝中充填的自生石英等（Lu et al.，2017；崔欢等，2012；朱东亚和孟庆强，2010）。塔里木盆地不同区块经历的埋藏史-热史演化有一定的差异，在本节内单独对流体包裹体数据的展示很难进行综合比较，因此，具体的流体包裹体数据将在后面的章节中详述。

第四节　储集体空间特征

由于碳酸盐沉积物的生物成因、高化学活性和强烈的成岩改造，使碳酸盐岩的孔隙系统比碎屑岩要复杂得多（Moore，2001），不同学者根据各自的研究需要建立了多种孔隙划分方案，如 Lønøy（2006）、

Archie（1952）和 Lucia（1995）基于碳酸盐岩油藏开发和建模而建立的分类方案，Choquette 和 Pray（1970）以孔隙成因为核心的分类方案等。

　　这里简单介绍一下 Choquette 和 Pray（1970）的孔隙分类方案，该方案也是本书中储集空间类型划分的主要依据。Choquette 和 Pray（1970）的孔隙划分方案共确定了 15 种碳酸盐岩孔隙的基本类型（图 3-7）。该方案中，组构选择性是主要的划分参数。如果孔隙和组构之间有明确的依赖关系，则称该孔隙为组构选择性的；如果孔隙和组构之间没有明确的依赖关系，则称该孔隙为非组构选择性的。

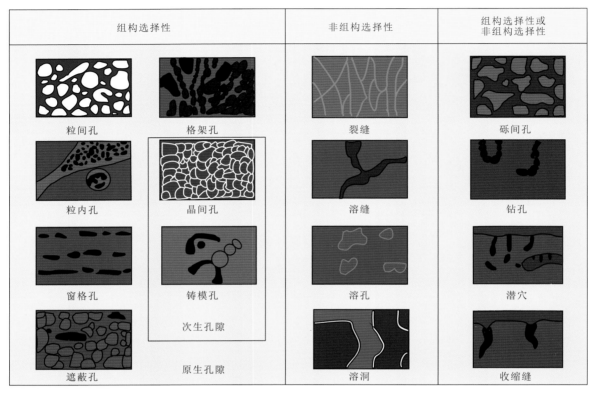

图 3-7　Choquette 和 Pray 的碳酸盐岩孔隙分类

　　根据岩心观察、薄片分析鉴定，按照储层储集空间几何形态、大小和成因，认为塔里木寒武系—奥陶系碳酸盐岩储集空间类型以孔隙、溶洞和裂缝三大类为主（表 3-4）。

表 3-4　研究区碳酸盐岩储集空间类型

储集空间类型		成因	孔径（mm）	孔隙形态	充填程度	面孔率
孔隙	铸模孔	主要由砂屑、鲕粒、生屑等颗粒被全部溶蚀而成	0.01～1.5	圆、椭圆，具其原始颗粒外形	未充填、半充填-全充填均有	1%～5%，最高可达8%
	粒间孔	碳酸盐岩颗粒（鲕粒、砂屑、生物屑、球粒等）之间的孔隙	0.01～1	受颗粒控制	未充填、半充-全充填均有	1%～5%，最高可达10%
	非选择性溶孔	沿微裂缝、缝合线扩大而成，颗粒、胶结物及泥晶基质均被溶蚀	0.01～2	港湾状、串珠状、不规则状	未充填、半充填-全充填均有	差别较大
	晶间孔	主要为白云石化作用及重结晶所致	<0.1	四面体状或多面体状	半充填，连通性好	1%～8%，最高达13%
	晶间溶孔	由晶间孔、晶间微孔受大气水、热液等流体溶蚀扩大形成	0.01～2	港湾状、不规则几何状	未充填-半充填	3%～10%，最高达15%
溶洞	溶蚀洞	大于 2mm 的溶孔称为溶洞，往往与裂缝的扩容有关	2～5mm 小洞 5～10mm 中洞 10～100mm 大洞	不规则状、蜂窝状	未充填、半充填-全充填均有	
	大型洞穴	主要是指直径大于 100mm 的溶洞，往往与表生岩溶有关	>100	不规则状	半充填-全充填	

续表

储集空间类型		成因	孔径（mm）	孔隙形态	充填程度	面孔率
裂缝	构造缝	早期形成的构造裂缝，大多已被方解石、白云石或石英全充填，晚期形成的构造裂缝大多未充填，呈开启-半开启状				
	溶蚀缝	由裂缝溶蚀扩大而成，其缝壁凹凸不平，缝宽大小不一，形态弯曲，可使彼此孤立的孔隙相连，溶缝的发育程度受岩性、水介质等条件控制				
	成岩缝	即缝合线，成岩过程中由压溶作用形成压溶缝，大多为泥质、黄铁矿、灰泥、方解石充填，部分扩溶网状缝合线可作为有效的储集空间				

一、孔隙

碳酸盐岩是一种复杂的、多成因的岩石类型，它的孔隙也是如此。碳酸盐岩孔隙的复杂性主要表现在孔隙结构的复杂性和孔隙成因的复杂性两个方面。碳酸盐岩孔隙大小变化范围很广，在同一岩组或单个手标本中，各种大小的孔隙并存是很普遍的现象。孔隙的形状更是千姿百态。本次研究通过岩心观察、薄片鉴定分析，同时结合前人的划分标准，将塔里木寒武系—奥陶系碳酸盐岩储集体的孔隙类型划分为铸模孔、粒间孔、非选择性溶孔，晶间孔、晶间溶孔。

（1）铸模孔（图版19A、图版20A）：是指颗粒内部被选择性溶蚀后形成的孔隙。被溶蚀的颗粒通常为砂屑、生屑和鲕粒，这类溶孔是沉积后形成的次生孔隙，多数形成于准同生阶段。铸模孔是碳酸盐岩储层中极为重要的孔隙，然而由于它们往往呈孤立孔洞群状分布，所以当缺乏其他类型的孔隙伴生时，虽然可具有很高的孔隙度，但渗透率并不一定高。若与粒间孔或裂缝同时发育，则可具有较高的渗透率。研究区铸模孔直径通常为0.01~1mm不等，部分可达2mm，但这类溶孔不易保存，常常被后期粒状方解石充填。这类溶孔受层位及相带的限制明显，塔里木盆地内主要发育于良里塔格组或一间房组的浅滩相沉积物中，鹰山组中尚未发现该类孔隙。

（2）粒间孔（图版20B）：是指碳酸盐岩颗粒（鲕粒、砂屑、生物屑、球粒等）之间的孔隙。颗粒的形状、大小、圆度和分选，以及堆积方式直接影响其数量和连通性，这类孔隙是沉积过程中形成的原生孔隙，通常也会叠加溶蚀作用而扩大（图版20C），但原生孔隙仍然占主要地位。孔隙直径变化较大，一般为0.1~0.5mm，叠加溶蚀作用最大可达2mm以上。这类孔隙也主要发育于良里塔格组及一间房组的滩相颗粒灰岩中。

（3）非选择性溶孔（图版20D）：非选择性溶蚀通常发生在成岩之后，由于不稳定的碳酸盐岩矿物已经变为稳定的低镁方解石，因此溶蚀作用多不具有选择性，通常沿微裂缝、缝合线发生扩溶，形成串珠状、斑状孔隙及小溶缝，形状不规则，大小不一。该类溶孔一般受表生岩溶控制，溶孔内常充填泥质、方解石、石英、黄铁矿及白云石等。这种溶孔孔隙直径变化较大，一般为0.1~2mm，最大可达2mm以上，形成溶洞，是研究区碳酸盐岩中重要的储集空间类型。非选择性溶孔既可以出现在上奥陶统良里塔格组中，也可见于中下奥陶统一间房组和鹰山组中。

（4）晶间孔及晶间溶孔：晶间孔是结晶较好的白云岩中晶体间发育保存的角孔，主要出现在细-中晶白云岩中，形态规则，呈多面体或板状（图版20E）。晶间溶孔是存在于晶体之间，在晶间孔的基础上溶解扩大而形成的一类孔隙，形态不规则，通常呈港湾状（图版20F）。该类孔隙的形成与白云石化作用及后期的溶蚀作用有关，在岩心上表现为针孔状。晶间孔直径较小，通常在0.1mm以下，如果白云石晶型较好则有利于晶间孔的发育，面孔率可达10%左右；晶间溶孔的直径较大，通常为0.05~2mm，溶孔内常见方解石、石英及鞍形白云石充填。这类孔隙的分布具有一定的层控性，主要出现在白云岩地层或灰岩向白云岩过渡的地层中，常见于中下奥陶统鹰山组和蓬莱坝组，特别是在鹰山组的灰质白云岩段较发育。寒武系晶间孔及晶间溶孔在塔里木盆地全区都有分布，且比较发育，构成了寒武系—奥陶系白云岩储集体中最为主要的储集空间类型。

二、裂缝

裂缝是指仅沿延伸方向岩块没有发生明显相对位移的断裂。它对碳酸盐岩储层有重大的影响。根据裂缝的成因可以将裂缝分为构造裂缝、成岩裂缝、溶蚀裂缝、压溶裂缝。根据裂缝的产状可以将裂缝分为垂直裂缝、斜交裂缝、水平裂缝。裂缝是研究区十分常见的储集体空间类型（图版21）。

（1）构造缝（图版 21A～图版 21D）：主要是构造活动所产生的破裂缝，缝壁较平直，不同构造期次产生的破裂缝往往相互切割，包括张裂缝、剪裂缝或水平缝和斜交缝等。在寒武系—下奥陶统白云岩段均有发育，可见构造裂隙产状多样，可以是水平裂隙，也可是斜交层面裂隙，还可以是垂直层面裂隙；可以是方解石、白云石等半充填的裂隙，也可是未充填裂隙；裂隙宽度多在 0.01～50mm 范围内变化，后期经常发生扩溶，缝壁不规则，延伸不远，长度多为数十厘米，组系分明，常被方解石或白云石胶结物充填。剪裂缝一般较平直，形状较规则，组系分明，延伸较远，缝宽小，多小于 2mm，常被方解石充填，少有泥质、有机质、沥青、氧化铁等充填或半充填。构造缝有多期，其分布主要与构造部位有关。构造缝在全盆均有发育，在台地内部和台地外部都很常见。此外，构造缝不仅在奥陶系发育，在寒武系也较为发育，并且在塔北具有不同程度的破碎。

（2）溶蚀缝（图版 21E）：主要是地表水、地下水沿早期的裂缝（构造缝、缝合线、成岩缝）溶蚀扩大，使之进一步改造而形成的。该类裂缝由于受到溶蚀改造，宽度较大，通常为 0.2～5mm，且宽窄变化明显，局部还发育成洞状，表现为断面不规则溶蚀扩大。在塔河及顺南地区溶蚀缝较为常见，巴麦地区的巴探 2 井、巴探 4 井、玉北 5 井等中下奥陶统取心段中也常见大量溶蚀缝发育，大部分缝内充填有机质、泥质、硅质、方解石和白云石等，少部分溶孔未充填。

（3）成岩缝（图版 21F）：主要是缝合线，缝合线是成岩过程中由压实压溶作用形成的一种成岩缝，其形成和地层压力、温度及灰岩中的泥质含量有关。它的产状多数与层面平行，呈锯齿状，也有少量与层面呈垂直、斜交的缝合线，是水平挤压的结果。缝合线在工区内普遍发育，缝宽为几微米到几十微米不等，以近水平状为主，少量呈斜交状。薄片显示，部分缝合线被方解石、泥质全充填或有机质充填，部分扩溶网状缝合线可作为有效的储集空间。良里塔格组及鹰山组上部缝合线极为发育，但是鹰山组下部缝合线逐渐变少，分析其与岩石成分关系密切，中上奥陶统地层以灰岩和含泥灰岩为主，易于在埋藏过程中受压溶作用影响而形成缝合线；下奥陶统以白云岩地层为主，而白云石较方解石具有较高的抗压强度，不利于缝合线的发育。寒武系—奥陶系成岩缝存在方解石、白云石、石英等不同程度的充填，部分被压溶压实呈缝合线形式产出。

三、溶洞

直径大于 2mm 的空隙称为洞。根据洞径的不同又可分为普通溶洞和大型洞穴，2～100mm 为普通溶洞，大于 100mm 的则是大型洞穴。溶洞的发育往往与沿裂缝的扩溶紧密联系，常沿裂缝的延伸方向及在裂缝附近发育。这类孔洞大多是溶蚀作用形成的，它可以发生在不同的成岩环境中。早期的溶解孔洞主要是在大气水成岩环境中形成的，发育在与暴露有关的沉积间断面之下。早期溶解孔洞多数是大小相近的选择性溶孔，一般小于 10mm。在微溶解缝发育时，这些孔洞层能成为极好的储集层。碳酸盐岩中大的洞穴是表生作用下古岩溶的产物，其形成与碳酸盐岩的长期暴露、剥蚀有关。多发育在大的不整合面下的厚度较大、质地较纯的碳酸盐岩中。

岩心上观察，溶蚀孔洞形状多不规则，呈串珠状、蜂窝状或拉长状等，大小不一，未充填、充填-半充填均有出现（图版 22A、图版 22B）。显微镜下观察，溶蚀孔洞边缘具有港湾状特征（图版 22C），面向孔隙中心方向可见各种胶结物生长（如自形白云石胶结物、鞍形白云石胶结物、硅质和方解石等）（图版 22C～图版 22F）。通常，一些自形白云石胶结物沿溶蚀孔洞生长，它们与基质白云岩之间见明显的不规则边缘，表明这些胶结物是在基质白云岩被溶蚀后而形成的（图版 22C、图版 22D）；除自形白云石胶结物外，玉髓和自生石英也经常出现在溶蚀孔洞中，且经常呈皮壳状围绕孔洞生长（图版 22E）。此外，一些巨晶方解石也常作为最后的充填物全充填或半充填溶洞（图版 22F）。溶蚀孔洞构成了寒武系—奥陶系碳酸盐岩储集体最主要的一类储集空间类型。

图 版 1

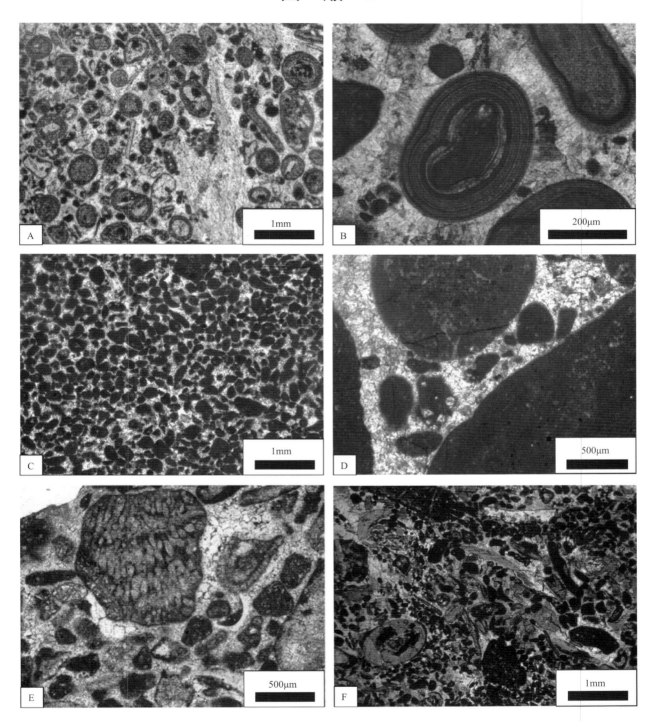

A. 亮晶鲕粒灰岩，鲕粒类型有薄皮鲕、正常鲕、变形鲕以及复鲕，艾丁11井，O_2yj，6354.12m（－）；

B. 亮晶鲕粒灰岩，可见鲕粒同心圈层明显，顺3井，O_3l，6438.19m（＋）；

C. 亮晶砂屑灰岩，砂屑磨圆较好，大部分砂屑呈椭圆形，分选也较好，塔深3-1井，$O_{1-2}y$，6239.62m（－）；

D. 亮晶砾屑灰岩，可见砾屑间有少量的砂屑，砂屑与砾屑均被亮晶方解石胶结，顺南3-1井，$O_{1-2}y$，6239.62m（－）；

E. 亮晶生屑灰岩，生屑以棘皮类、苔藓虫等为主，顺6井，O_3l，6615.30m（－）；

F. 亮晶颗粒灰岩，颗粒为砂屑-生物碎屑-团块组合，分选较差，磨圆一般，跃进1X井，O_2yj，7216.75m（－）

图　版　2

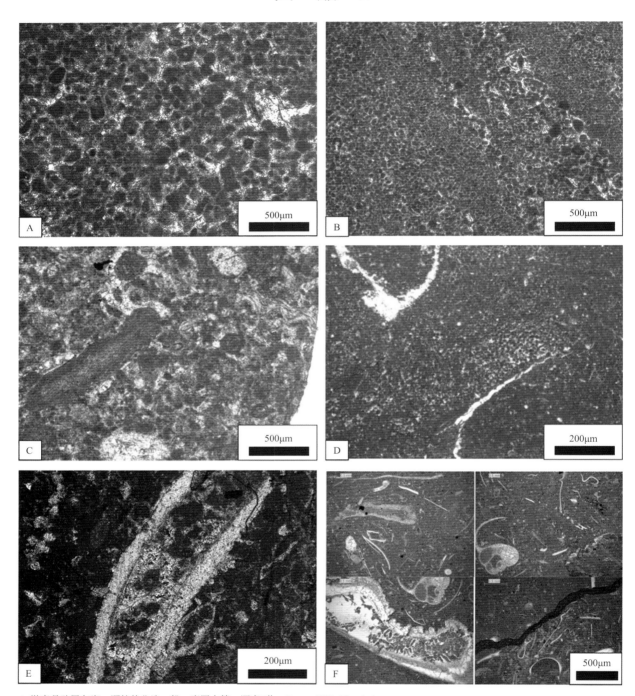

A. 微亮晶砂屑灰岩，颗粒的分选一般，磨圆中等，顺南7井，$O_{1-2}y$，7101.55m（−）；

B. 微亮晶球粒灰岩，球粒密集堆积，另可见砂屑呈带状分布，顺南5井，$O_{1-2}y$，6876.27m（−）；

C. 微亮晶颗粒灰岩，颗粒包括砂屑、球粒及生屑，巴开2井，$O_{1-2}y$，5944.4m（−）；

D. 微晶球粒灰岩，可见溶缝内充填亮晶方解石，和田1井，O_3l，4368.1m（−）；

E. 微晶砂屑灰岩，可见生屑以及少量白云石晶体呈漂浮状分布，顺南1井，O_2yj，6964.59m（−）；

F. 微晶生屑灰岩，生屑类型多样，可见介形虫、腕足、棘皮类、腹足、海绵骨针等碎片，顺南2井，O_2yj，6377.28m（−）

图　版　3

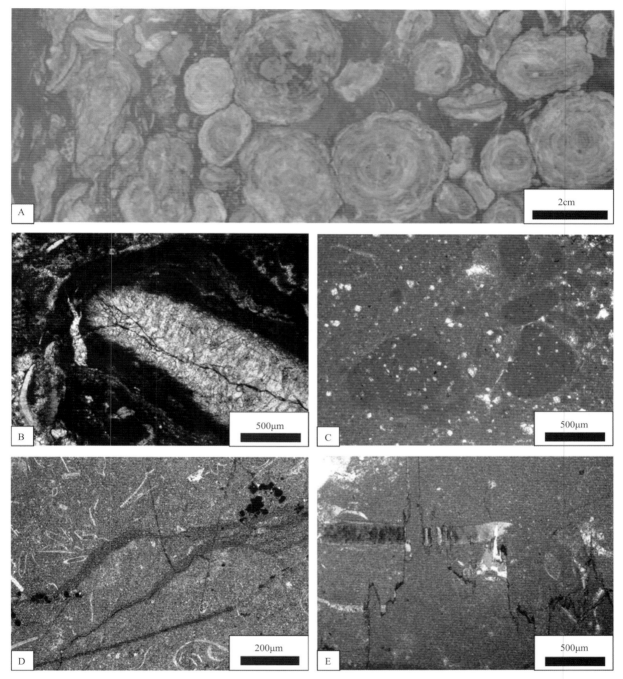

A. 微晶核形石灰岩，可见核形石大小不等，中19井，O_3l，5217.90m；

B. 微晶核形石灰岩，纹层不连续，另可见少量生屑，中19井，O_3l，5217.90m；

C. 砂（砾）屑微晶灰岩，中12井，O_3l，5313.55m（—）；

D. 生屑微晶灰岩，可见微裂缝相互切割，生屑见棘屑、海绵骨针等，另见少量黄铁矿，顺南2井，O_2yj，6576.18m（—）；

E. 含生屑微晶灰岩，可见生屑被高幅缝合线切割，顺南2井，O_2yj，6553.49m（—）

图　版　4

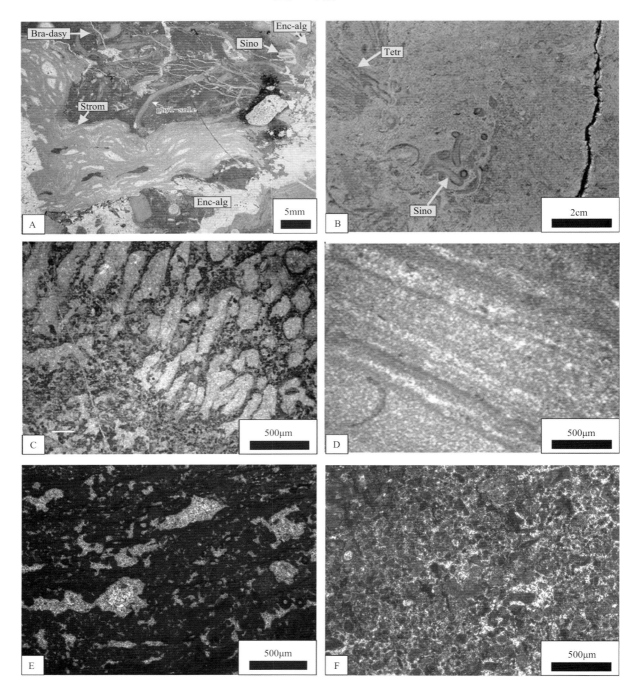

A. 灰泥骨架岩，Bra-dasy：分枝状粗枝藻，Enc-alg：隐藻类，Strom：层孔虫，Sino：中国孔珊瑚属，中2井，O_3l，1-30/52（据吴亚生）；

B. 障积岩，Tetr：四分珊瑚属之斜纵切面；Sino：中国孔珊瑚属，中2井，O_3l，2-22/76；

C. 灰泥骨架岩，造架生物为射管藻，中2井，$O_{1-2}y$，5749.98m（−）；

D. 藻纹层灰岩，可见纹层横向分布连续，纵向上大致平行，塔深1井，$\in$，7690m（−）；

E. 隐藻凝块石灰岩，由隐藻黏结的球粒和灰泥组成，顺南7井，O_2yj，6580.70m（−）；

F. 藻黏结砂屑灰岩，顺南7井，O_2yj，6547.98m（−）

图 版 5

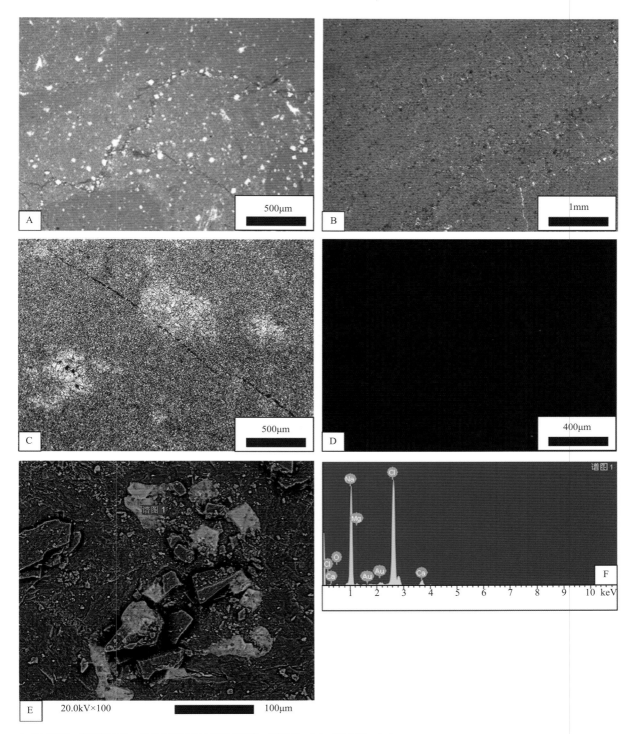

A. 微晶灰岩，发育缝合线，沿缝合线有少量白云石发育，中12井，O_3l，5313.55m（－）；

B. 微晶灰岩，局部重结晶，发育细小缝合线，沿缝合线有少量白云石发育，塔深301井，$O_{1-2}y$，6206.00m（－）；

C. 泥晶白云岩中的似鸟眼构造，塔深1井，∈，7462.67m（－）；

D. 阴极发光下，微晶白云岩显示出非常暗淡的发光性，深88井，O_1p，6484.10m（－）；

E&F. 致密的泥晶白云岩与石盐（NaCl）共生，E图为SEM图像，F图为石盐能谱分析结果，和田1井，O_1p，5167.3m

图　版　6

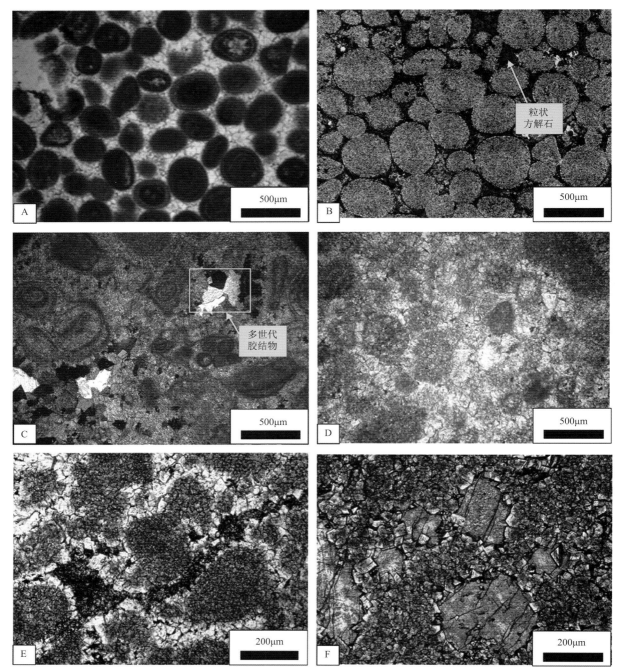

A. 亮晶鲕粒白云岩，鲕粒发育同心纹层，塔深1井，C，7710m（－）；

B. 灰岩颗粒被泥晶白云石交代，随后粒状方解石（茜素红染色）充填了粒间孔隙，MB1井，O_1p，4820.17m（－）；

C. 亮晶藻团块白云岩，黄色方框处为颗粒间的两世代胶结物，塔深1井，C，8050m（＋）；

D. 残余砂屑白云岩，塔深1井，C，8290m（－）；

E. 残余砂屑白云岩，可见胶结物大多为洁净、明亮的白云石，大古1井，C，6217.92（－）；

F. 残余颗粒白云岩，颗粒溶蚀后形成的铸模孔被方解石胶结物（茜素红染色）充填，中19井，$O_{1-2}y$，5479.55m（－）

图　版　7

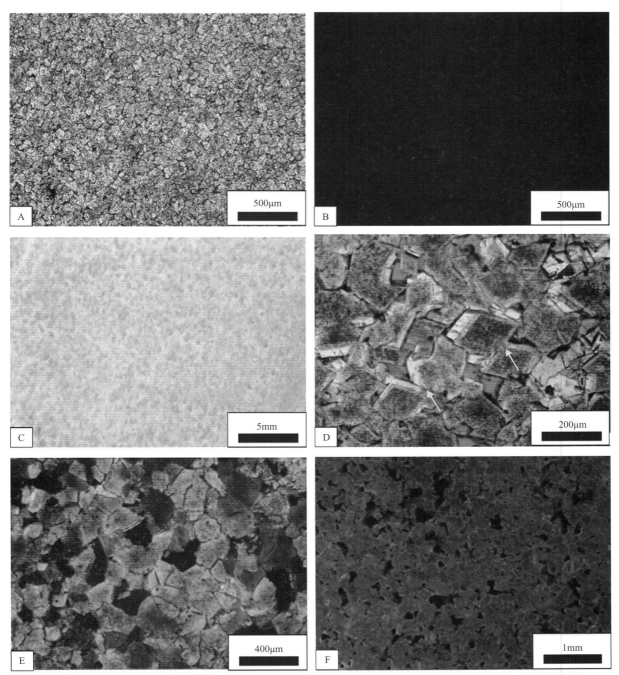

A. 粉晶白云岩，半自形-他形晶，晶粒紧密接触，沙88井，O_1p，6484.70m（−）；

B. A的阴极发光照片，总体发光性弱，呈现不发光或者微弱暗红色光；

C. 灰白色细晶、自形白云岩，具有"砂糖状"结构，晶粒大小较为均一，中19井，$O_{1-2}y$，5553.1m（−）；

D. 细晶、自形白云岩镜下特征，自形晶为主，晶粒支撑，晶间孔发育，部分晶体经历了弱压实，导致晶体之间
　　由点状接触变为线状接触（箭头），环带生长与弱压实作用同时或稍晚，中19井，$O_{1-2}y$，5526.0m（−）；

E. 细晶、半自形白云岩镜下特征，半自形晶为主，晶体间为线状接触，较致密，塔深2井，$\in$，6905.35m（+）；

F. 细晶、自形白云岩发均一的红色光，中19井，$O_{1-2}y$，5527.7m

图 版 8

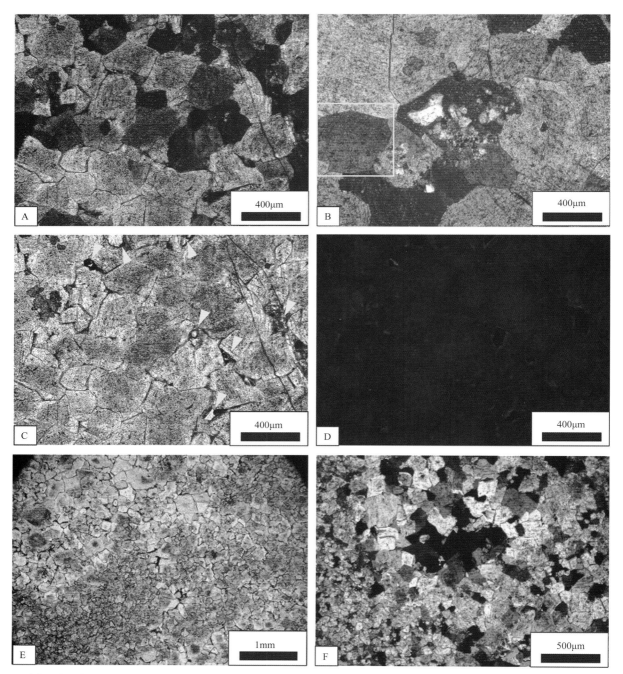

A. 中粗晶白云岩，白云石晶体为半自形-他形结构，晶体呈凹凸接触，塔深2井，O_1p，6643.40m（+）；

B. 中粗晶白云岩，白云石晶体为半自形结构，可见白云石晶体被石英部分交代，玉北7井，O_1p，6232.03m（+）；

C. 中-粗晶白云岩，表现出非平直面他形结构，可见少量晶间孔隙发育（黄色实心箭头），玉北7井，O_1p，6229.90m（-）；

D. C的阴极发光照片，白云石显示出暗红色的发光性；

E. 不等晶白云岩，原岩结构可能为藻砂屑结构，于奇6井，$\textit{Є}$，7314.39m（-）；

F. 不等晶白云岩，各种大小的晶体并存，多为中-粗晶与粉晶的组合，桥古1井，$\textit{Є}$，5742.08m（-）

图　版　9

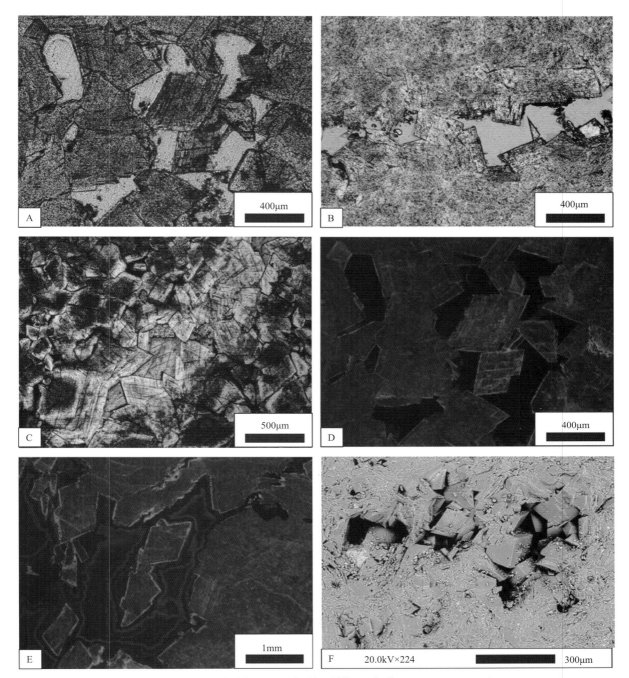

A. 溶蚀孔洞被粗晶白云石充填物半充填，白云石充填物显示出平直面自形结构，玉北5井，O_1p，6740.15m（−）；

B. 中粗晶白云岩中发育的裂缝被中晶自形白云石充填物半充填，玉北5井，O_1p，6743.4m（−）；

C. 中-粗晶白云石胶结物，白云石呈自形平直面，可见菱形加大环边，随后方解石充填残余的储集空间，方解石为茜素红染色，古隆1井，$O_{1-2}y$，6533.34m（−）；

D. A的阴极发光照片，白云石充填物显示出暗红色的发光性；

E. 白云石充填物显示出与基质白云岩类似的暗红色发光性，而在极薄边缘显示亮红色发光；

F. 细晶自形白云石充填物扫描电镜下特征，可见该类白云石充填物紧邻缝洞内壁生长，中19井，$O_{1-2}y$，5552.9m

图　版　10

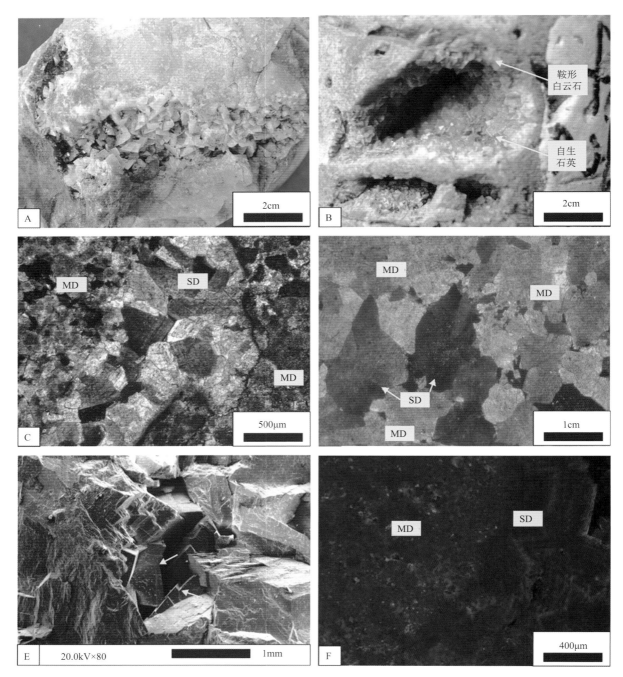

　A. 溶蚀孔洞被白色粗晶鞍形白云石充填物半充填，鞍形白云石充填物呈乳白色，塔深1井，$\mathcal{C}$，8405.52m；

　B. 鞍形白云石与自生石英共生，可见鞍形白云石发育于溶洞的顶部，而自生石英发育在溶洞的底部，塔深1井，$\mathcal{C}$，7874.24m；

　C. 中-粗晶鞍形白云石（SD）充填物沿裂缝分布，鞍形白云石表面微裂缝发育，中4井，$\mathcal{C}$，5813.55m（+）；

　D. 粗晶鞍形白云石（SD）与基质白云岩（MD）界线并不明显，呈过渡关系，玉北1-4井，$O_{1-2}y$，5075.95m（+）；

　E. 粗晶鞍形白云石充填物具镰刀状或阶梯状的晶面边界特征（箭头），SEM照片，玉北1-4井，$O_{1-2}y$，5073.48m；

　F. 中晶、曲面-他形白云岩（MD）显斑状暗红色光，溶洞中充填的鞍形白云石（SD）具有暗红色的核心和明暗相间的环带，塔深2井，
　　$\mathcal{C}$，6905.35m

图 版 11

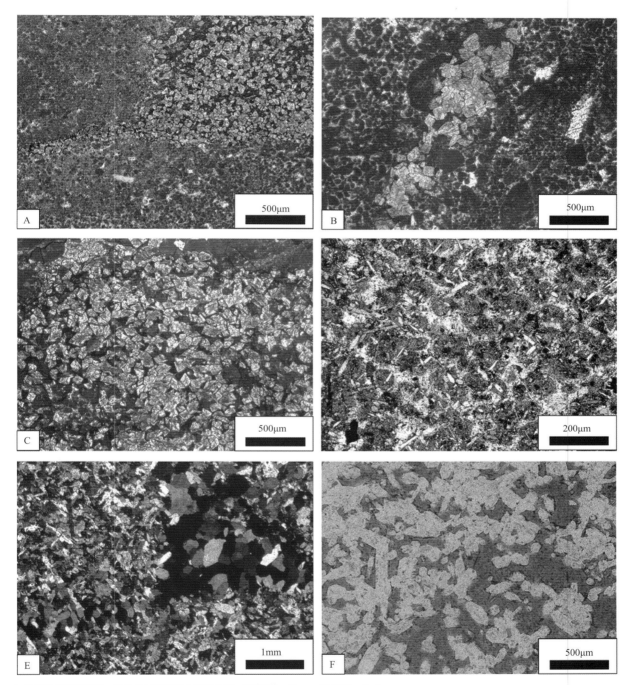

A. 云质微晶砂屑灰岩，粉晶白云石沿缝合密集分布，顺南3井，$O_{1-2}y$，7560.75m（−）；

B. 含云质微亮晶砂屑灰岩，云质选择性交代粒级较大的砂屑颗粒，呈斑状分布，顺南7井，$O_{1-2}y$，7133.70m（−）；

C. 灰质细晶白云岩，灰质大部分被白云石交代，可见未被交代的原岩可能为微晶砂屑灰岩，顺南7井，$O_{1-2}y$，7099.70m（−）；

D. 含硅质亮晶砂屑灰岩，石英晶体呈针状、六方锥状，杂乱漂浮状分布，可见石英似乎优先较大砂屑颗粒，顺南2，$O_{1-2}y$，6870.02m（+）；

E. 硅质岩，硅质由板条状、短柱状及粒状石英组成，顺南4井，$O_{1-2}y$，6671.50m（+）；

F. 硅质岩，石英晶体呈短柱状，晶间溶孔十分发育，顺南4井，$O_{1-2}y$，6670.48m（−）；

图　版　12

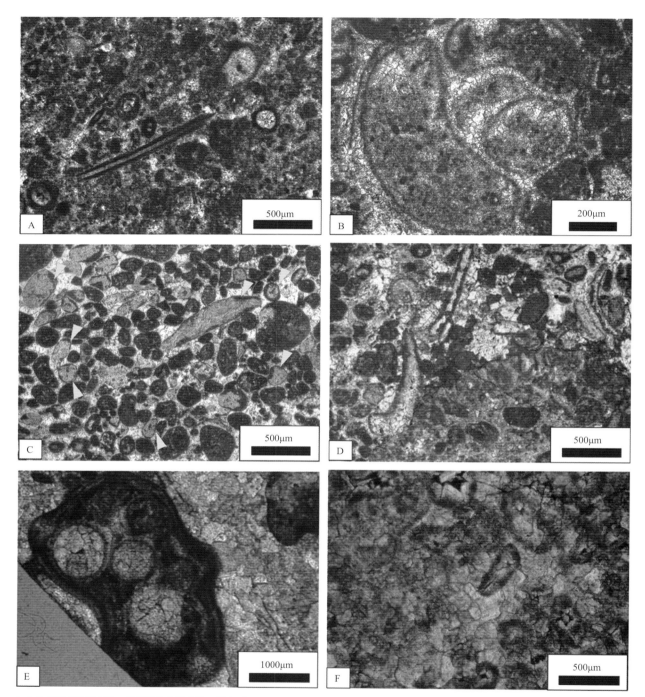

A. 含生屑亮晶砂屑灰岩，管状藻整体泥晶化，顺南1井，$O_{1-2}y$，6970.23m（—）；

B. 含生屑微亮晶砂屑灰岩，生屑发生泥晶化和新生变形作用，粒内形成大量细晶方解石，方解石重结晶严重，顺托1井，O_2yj，7672.30m（—）；

C. 颗粒及生物碎片边缘发生泥晶化作用（黄色实心箭头），玉北7井，O_1p，6373.52m（—）；

D. 生屑颗粒边缘发生泥晶化作用，顺6井，O_3l，6621.25m（—）；

E. 残余团块白云岩，团块由多个鲕粒包壳而成，鲕粒边缘发生泥晶化，巴探5井，ε，4740.38m（—）

F. 残余鲕粒细晶白云岩，泥晶套的发育使颗粒的轮廓得以保留，于奇6井，ε，7425m（—）.

图　版　13

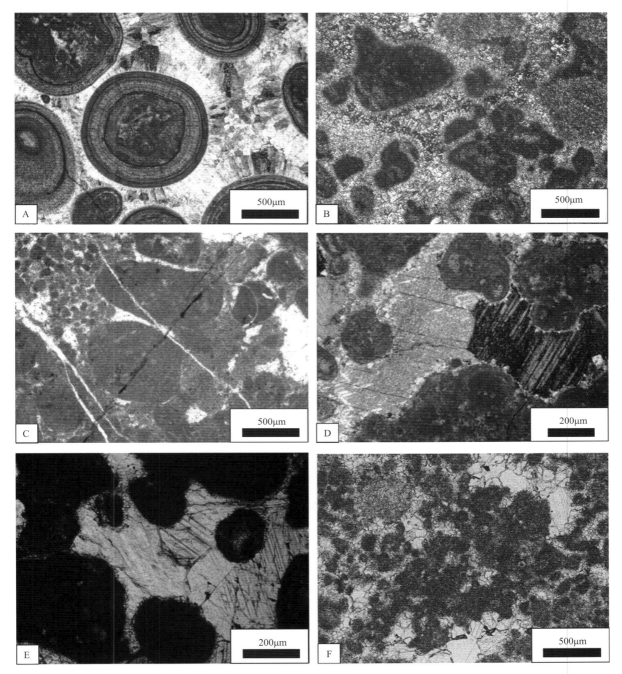

A. 亮晶鲕粒灰岩，粒间见三世代胶结，一世代为针状胶结物，二世代为放射纤状方解石，三世代为等轴粒状方解石，顺3井，O_3l，6438.19m（+）；

B. 亮晶藻砂屑灰岩，纤维状方解石沿砂屑颗粒表面发育，玉北7井，O_1p，6372.02m（−）；

C. 亮晶砂砾屑灰岩，粒间新月型胶结物，中12井，$O_{1-2}y$，5613.9m（−）；

D. 亮晶砂屑灰岩，粒间二世代胶结，一世代为马牙状方解石，二世代嵌晶方解石胶结，中4井，O_3l，4893.83m（+）；

E. 亮晶砂屑灰岩，颗粒边缘见马牙状胶结物，粒间为嵌晶方解石充填，中4井，O_3l，4891.77m，（−）；

F. 粒状方解石作为胶结物，完全充填粒间孔隙，古城14井，O_1p，6551.05m（−）

图　版　14

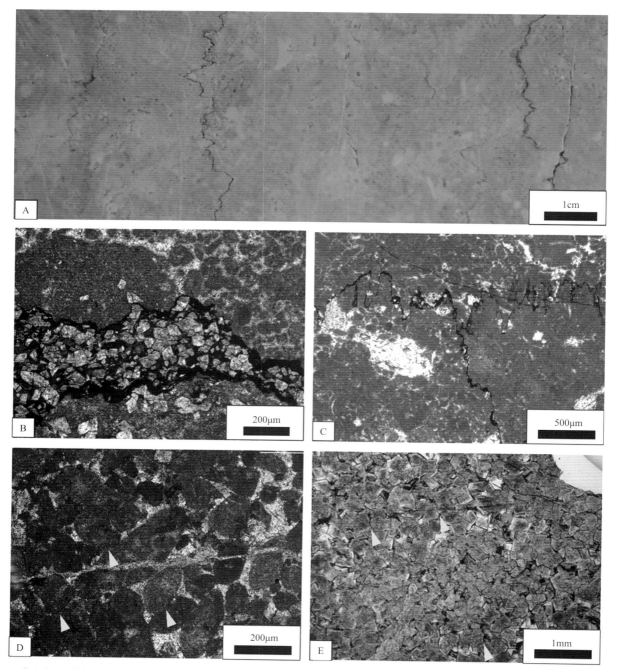

A. 岩心上可见数条缝合线发育，深88井，$O_{1-2}y$，6263.57m；

B. 沿缝合线发育自形粉晶白云岩，缝合线中充填有机质，顺南5井，$O_{1-2}y$，7179.75m（－）；

C. 见压溶缝合线，缝合线中充填有机质，顺南4-1井，$O_{1-2}y$，6573.97m（－）；

D. 压实作用导致部分砂屑颗粒间呈线接触关系（黄色箭头），见裂缝切割颗粒，顺南1井，$O_{1-2}y$，6962.25m（－）；

E. 自形晶白云石受压实微弱变形，注意压实作用发生的部位往往不发育亮边或环带，中19井，$O_{1-2}y$，5526.00m（－）

图 版 15

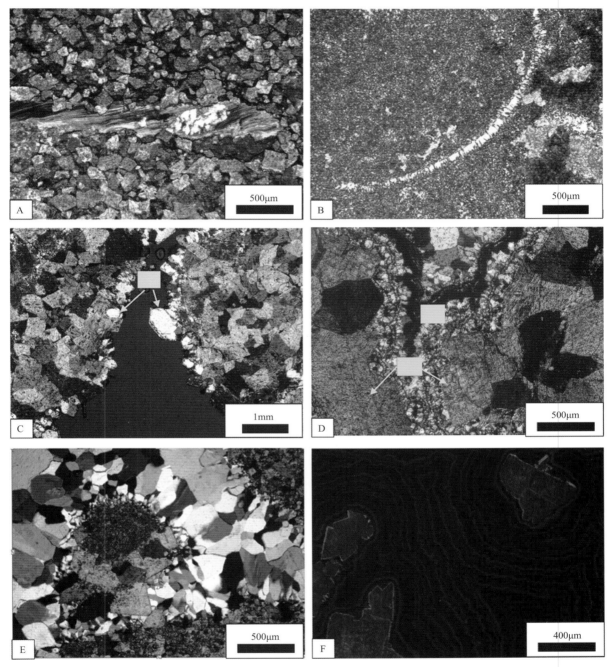

A. 生物碎屑内硅化斑点，腕足碎屑局部硅化，顺5井，$O_{1-2}y$，6785.3m（+）；

B. 硅质结核，残余生屑结构，巴探4井，$O_{1-2}y$，6041.5m（+）；

C. 石英在中晶自形白云石充填物之后继续半充填溶蚀孔洞，玉北5井，O_1p，6840.52m（+）；

D. 鞍形白云石（SD）与玉髓呈突变接触，玉北5井，O_1p，6742.31m（+）；

E. 由孔洞壁到孔洞中心，石英从隐晶质到细晶质，粒径逐渐变大，大古1井，$\in$，6269.55m（−）；

F. 阴极发光下玉髓表现出不发光或极暗淡的发光性，玉北5井，O_1p，6739.50m

图　版　16

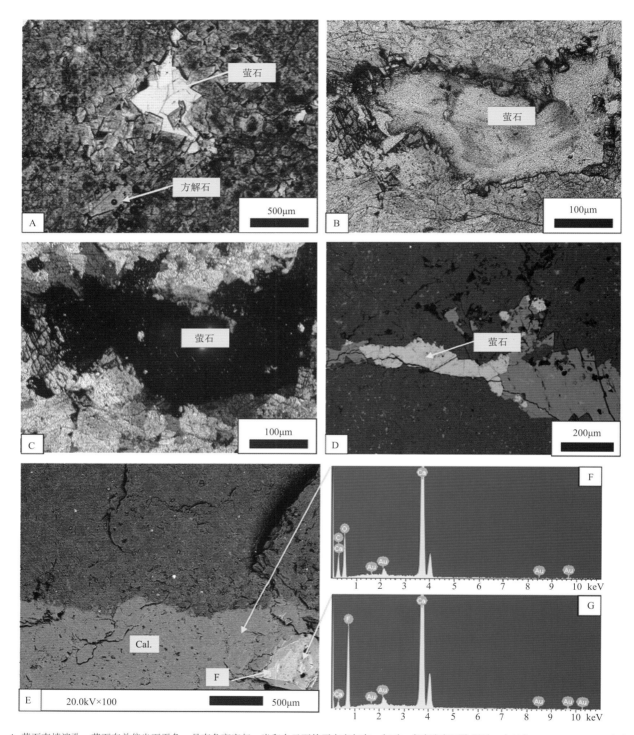

A. 萤石充填溶孔，萤石在单偏光下无色，具有负高突起，当和白云石的正高突起在一起时，负高突起更为明显，中19井，$O_{1-2}y$，5523.8m（－）；

B&C. 萤石充填溶孔，萤石在单偏光下无色，在正交偏光下则为全消光，塔深1井，$\mathbb{C}$，8407.70m，其中C为单偏光，D为正交偏光；

D. 萤石充填溶孔及裂缝，背散射（BSE）图像，中19井，$O_{1-2}y$，5523.8m；

E～G. 背散射下可见方解石（Cal）及萤石（F）充填白云岩中发育的裂缝，方解石及萤石由能谱分析确定，玉北5井，O_1p，6840.20m

图　版　17

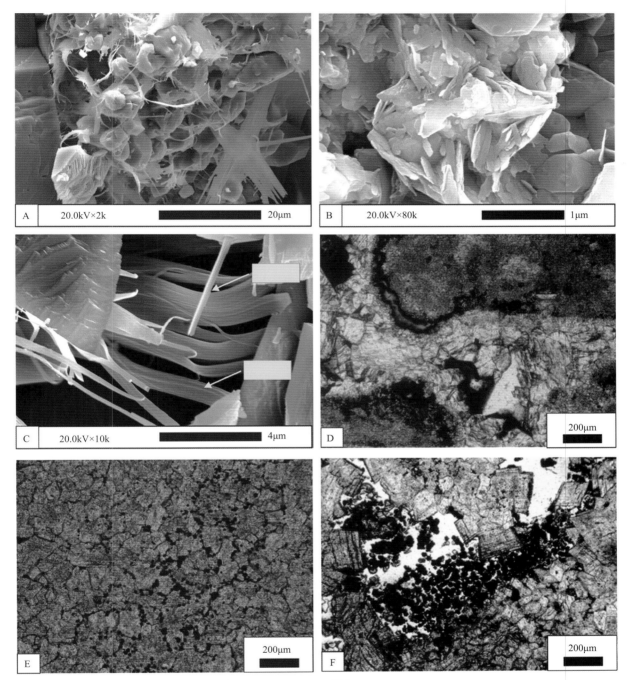

A. 伊利石和石英混积充填白云石晶间孔，塔深1井，∈，7103.30m，SEM照片；

B. 孔洞中的黏土矿物：片状伊蒙混层，巴探5井，∈，4739.43m，SEM照片；

C. 埃洛石及坡缕石，塔深1井，∈，4回次岩心，SEM照片；

D. 亮晶砂屑灰岩，褐铁矿化，顺6井，O_3l，6617.4m（−）；

E. 白云岩中莓状黄铁矿呈星散状分布，和田1井，O_1p，5165.10m（−）；

F. 黄铁矿充填溶蚀孔洞，于奇6井，∈，7119.80m（−）

图　版　18

A. 微晶白云石，表现出非平直他形到平直面半自形的结构特征，塔深2井，O_1p，6555.55m（−）；

B. 细晶白云石，表现出平直面自形-半自形结构，晶体较为明亮，古隆1井，$O_{1-2}y$，6533.24m（−）；

C. 中-粗晶白云石，表现出平直面半自形结构，玉北5井，O_1p，6741.90 m（−）；

D. 鞍形白云石充填溶蚀孔洞，随后被玉髓充填剩余的储集空间，其中鞍形白云石具有明显的波状消光的特征，大古1井，Є，6262.06m（+）；

E. 明亮环带围绕自形白云石发育，古隆1井，$O_{1-2}y$，6533.34m（−）；

F. 围绕早期白云石生长的不完整环带（黄色箭头），巴探5井，Є，4739.43m，SEM照片

图 版 19

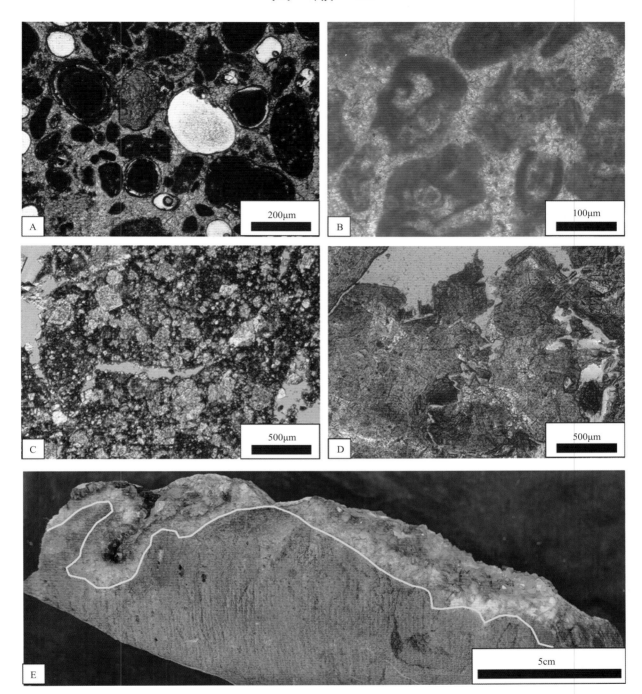

A. 组构选择性溶蚀形成的铸镆孔，顺2井，O_3l，6799.09m（−）；

B. 组构选择性溶蚀形成的粒内孔，顺南7井，O_2yj，6487.98m（−）；

C. 非组构选择性溶蚀形成的溶缝，中19井，$O_{1-2}y$，5262.20m（−）；

D. 非组构选择性溶蚀形成的溶孔，玉北1-4井，$O_{1-2}y$，5046.50m（−）；

E. 沿高角度裂缝的热液溶蚀，导致岩心上呈现港湾状形态，顺南4井，$O_{1-2}y$，6373.07m

图　版　20

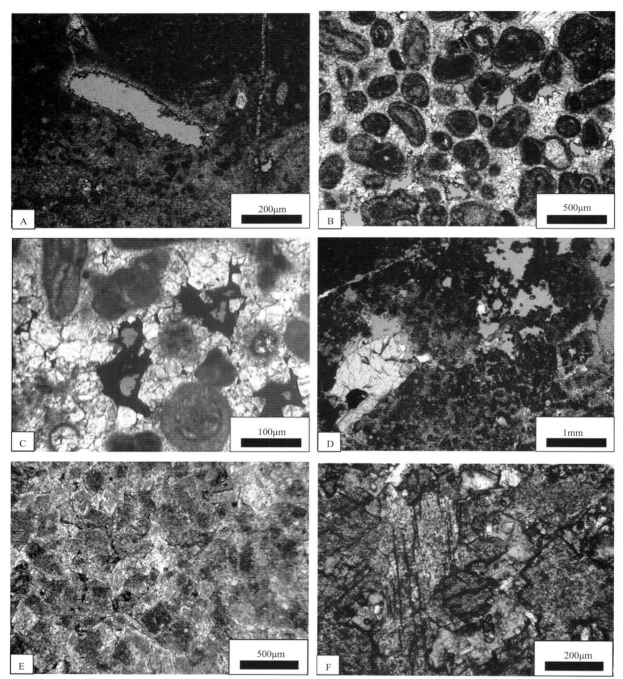

A. 铸模孔，顺6井，O_3l，6879.80m（－）；

B. 粒间孔，中4井，O_3l，4895.10m（－）；

C. 粒间溶孔，见沥青半充填，O_3l，6618.20m（－）；

D. 非选择性溶孔，溶孔呈不规则状，中2井，O_3l，6618.20m（－）

E. 晶间孔，玉北8井，$O_{1-2}y$，7176.48（－）；

F. 晶间溶孔，顺北蓬1井，$O_{1-2}y$，8452.80m（－）

图 版 21

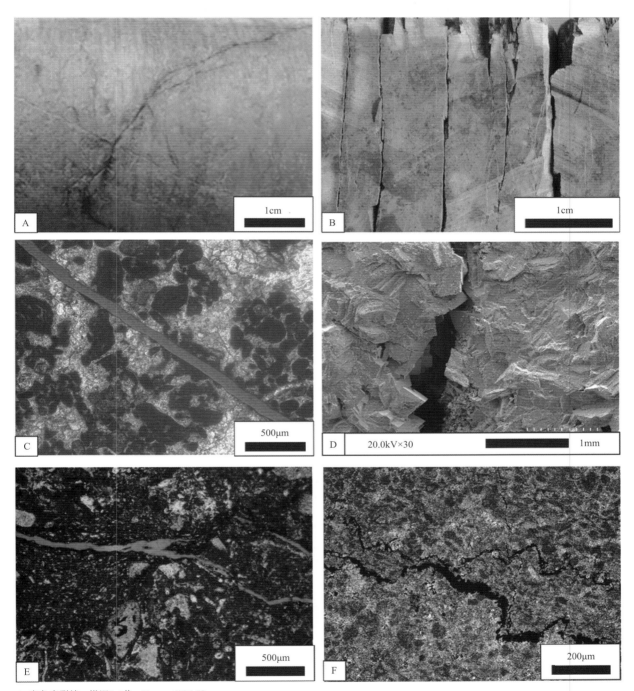

A. 高角度裂缝，塔深3-1井，$O_{1-2}y$，6235.60；

B. 平缝，顺北2井，O_2yj，7365.10m；

C. 构造微裂缝，顺南7井，$O_{1-2}y$，6485.45m（−）；

D. 扫描电镜下可见自形白云石沿缝壁发育，于奇6井，Є，7061.65m，SEM照片；

E. 溶缝切割缝合线，顺北2井，O_2yj，7362.80m（−）；

F. 微亮晶砂屑灰岩，缝合线充填有机质，顺南1井，$O_{1-2}y$，6966.12m（−）

图　版　22

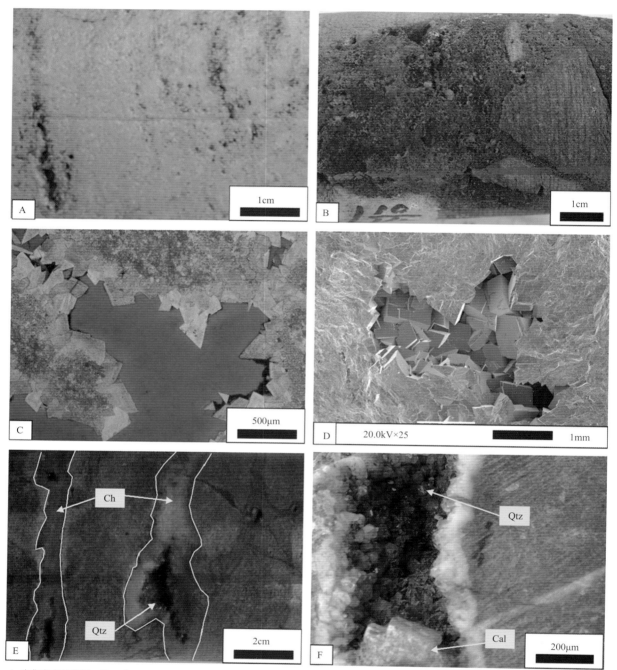

A. 密集发育的溶洞，沙83井，$O_{1-2}y$，5535.84m；

B. 岩心呈角砾状，发育多个溶蚀孔洞，顺北蓬1井，$O_{1-2}y$，8451.00m；

C. 残余藻砂屑白云岩中的溶蚀孔洞，洞壁见自形白云石胶结物，并有少量沥青，塔深1井，$\in$，7875.66m（-）；

D. 溶蚀孔洞中充填的异形白云石，塔深1井，$\in$，8406.24m，SEM照片；

E. 溶蚀孔洞中先后充填皮壳状玉髓（Ch）及石英（Qtz），玉北5井，O_1p，6741.73m；

F. 方解石（Cal）和石英（Qtz）半充填溶洞，顺南4井，$O_{1-2}y$，6669.81m

第四章　玉北地区奥陶系碳酸盐岩储集体发育特征

玉北地区位于塔西南拗陷麦盖提斜坡东部，北与玛扎塔格断裂带相邻，东延伸到塘古巴斯凹陷，南与塔西南叶城—和田凹陷接壤（林新等，2018）。区内奥陶系主要经历加里东中期、海西早期等多期构造运动（丁文龙等，2012），形成 T_7^8、T_7^4、T_7^2、T_7^0 等多个重要沉积界面；平面上发育多条 NE～NNE 和近 EW 向断裂带，在海西早期地貌上形成凹凸相间的多个岩溶高地和岩溶洼陷，其储集体的发育程度与断裂带有密切联系。导致奥陶系地层沉积演化比较复杂，大致可分 3 个地层小单元（图 4-1）：①以玉北 1 号断裂为界，西部平台区发育上奥陶统良里塔格组，即 $C_1b(S_1k)/O_3l/O_{1-2}y/O_1p$；②东部 NE 向断隆带（玉北 1 号构造，玉东 1、2、3、4 号构造带等）奥陶系上覆地层剥蚀严重，鹰山组上部也遭受不同程度的剥蚀，即 $C_1b/O_{1-2}y/O_1p$；③东部断洼区，奥陶系沉积演化序列可能和塘古巴斯凹陷类似，晚奥陶世属陆棚斜坡-盆地相沉积，自上而下发育 $O_3qr/O_3q/O_2yj/O_{1-2}y/O_1p$。因此，玉北地区不同区带沉积构造演化的差异性，导致奥陶系碳酸盐岩储集体形成、发育的不同。

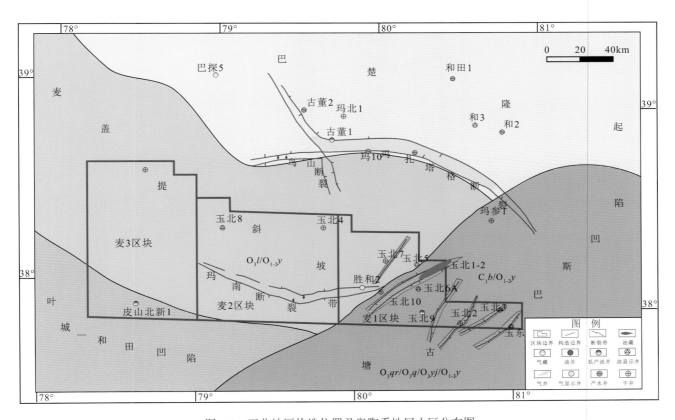

图 4-1　玉北地区构造位置及奥陶系地层小区分布图

玉北地区断裂系统从平面分布上看区域性差异明显，东部构造活动强烈，相比中部平台区和西部斜坡区而言，构造带密集。纵向上则呈现分层特征。

（1）横向密集性差异。自东向西来看，研究区在断裂活动的强度和期次上区别显著，随着近年来对玛南构造带认识的不断提高，认为东部断褶区主要受控于加里东中晚期构造运动，局部区域如玉北 7 号、玉北 1 号及玉北 3 号断裂带上还叠加有海西晚期构造活动的影响，属于两期构造运动叠加区。相对于中西部而言，东部具有断裂幅度较大，断裂带密集的特点，属于工区内构造形态相对复杂的区域，而从构造活动方式和地层沉积序列角度分析，东部断褶区的断裂带应属于塘古巴斯凹陷断裂体系，具有与玛扎塔格构造带相似的成藏条件。位于此区的玉北 1 号断裂带、玉东 3 号断裂带均呈现明显的分段特征，主要在逆冲方向和断裂样式两个方面存在差异。中部平台区和西部斜坡区则是受海西晚期构造活动影响明显，但断裂发育密集程度和强度不如东部断褶区。

（2）纵向分层特征。纵向上根据断裂系统在地层深度、性质和疏密性特征上的差异分为基底→中寒武统（下构造层）、上寒武统→奥陶系（中构造层）、石炭系→二叠系（上构造层），共 3 套构造层（图 4-2）。下构造层对整个工区均有影响，以直立走滑和高角度逆冲断裂为主。中构造层断裂最为密集，对研究区油气勘探意义也最为重大，尤其是在东部断褶区发育的 NE 向盖层滑脱型逆冲推覆断裂系统，其向下与下构造层中发育的 NE 向直立走滑断裂带位置相近，在东部断垒带共同构成了油气运移通道。上构造带横向上主要影响了近 EW 向玉中构造带。另外，有少量继承性逆冲断裂发育在东部断褶区。

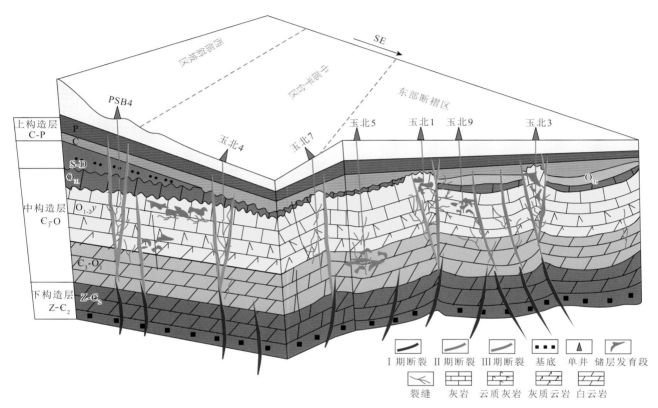

图 4-2　玉北地区断裂发育期次模式图

第一节　岩石组合类型及典型成岩作用

一、岩石组合类型

前已述及在玉北地区中下奥陶统缺失一间房租，仅保留鹰山组及蓬莱坝组，其中蓬莱坝组以晶粒白云岩为主，鹰山组下部以白云岩或云质灰岩为主，而上部主要为一套颗粒灰岩。在储集体的类型中，储集体往往都不太可能是单一岩性的，多种岩石组合形成的储集体最常见，由此依据以下标准确定玉北地区主要的储集体岩石类型组合：①有效的储集性——连通不孤立且未被全填充的储集空间；②区域上分布较为广泛；③有效储集体的体积较大。

依据这 3 种标准，识别出鹰山组 3 类岩石组合类型，蓬莱坝组 2 类岩石组合类型，下面就这 5 类岩石组合类型进行讨论。

（一）亮晶砂屑灰岩与白云质灰岩组合

该类岩石组合（图 4-3）主要发育于鹰山组上部含泥晶砂屑灰岩段，在钻井上一般以泥晶砂屑灰岩夹云质灰岩出现，测井曲线上变化较小，偶有自然伽马（GR）值较高，与泥质含量增高有关 [图 4-3（a）]。

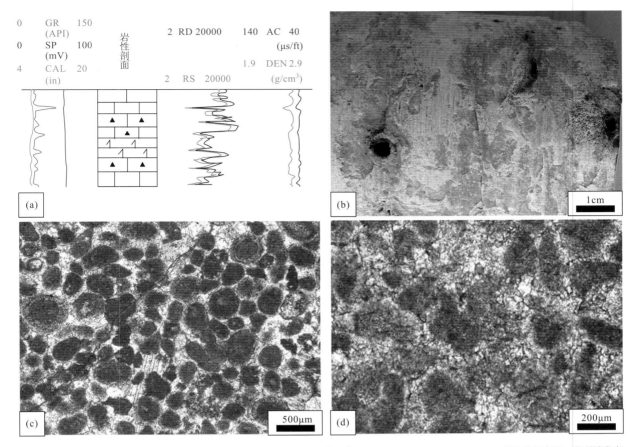

(a) 测井及岩性剖面特征；(b) 浅灰色颗粒云质灰岩，溶孔溶洞发育，玉北 9 井，$O_{1-2}y$，6881.87～6881.95m；(c) 亮晶砂屑灰岩，微裂缝发育，玉北 9 井，$O_{1-2}y$，6883.50m（−）；(d) 亮晶砂屑云质灰岩，颗粒间胶结物白云石化明显，晶间孔发育，玉北 9 井，$O_{1-2}y$，6883.50m（＋）

图 4-3　玉北地区亮晶砂屑灰岩与白云质灰岩组合特征

　　岩心观察可见溶蚀孔洞 [图 4-3（b）]，整体发育中-弱，裂缝发育程度在不同区域存在差异。镜下可见微裂缝发育，砂屑颗粒之间常见晶形较好的白云石，发育晶间孔 [图 4-3（c）、图 4-3（d）]。在玉北地区玉北 9 井、玉北 4 井及玉北 1 井鹰山组顶部发育该类组合。

（二）粗-细-粗-中晶白云岩组合

　　该类组合（图 4-4）主要发育于鹰山组下部的灰质云岩段，在钻井上表现为白云石晶粒总体向上变细的特征，测井上声波时差（AC）变化较大，可能与孔洞分布不均一有关 [图 4-4（a）]。岩心观察可见溶蚀孔洞发育 [图 4-4（b）]，裂缝发育程度也较高。中-粗晶白云岩内孔隙更为发育 [图 4-4（c）]，细晶白云岩中，若晶形较好，则可见晶间溶孔发育 [图 4-4（d）]。该类组合主要发育在与断裂靠近的玉北 3 井、玉北 1-4 井、玉北 1-2x 井及平台区玉北 8 井鹰山组下部云质含量高的层位中。

（三）粗-中-细晶白云岩组合

　　该类岩石组合（图 4-5）主要发育在鹰山组中，在钻井上表现为白云石晶粒大小总体向上变细的特征，测井曲线上与粗-细-粗-中晶白云岩组合不同的是，GR 曲线、AC 曲线及补偿密度（DEN）曲线呈小锯齿起伏状，这应该也与岩性和孔洞发育的不均一性有关 [图 4-5（a）]。岩心上可见溶蚀孔洞大量发育，裂缝发育程度较好 [图 4-5（b）]。镜下白云石完全交代的部位，晶粒多为半自形-自形，见晶间孔、晶间溶孔 [图 4-5（c）]，也有沿微裂缝扩溶晶间溶孔的现象 [图 4-5（d）]。该类组合主要发育在玉北 1-2x 井、玉北 1-4 井及玉北 9 井鹰山组。

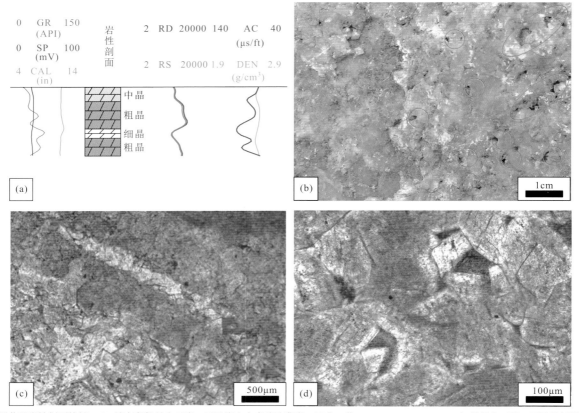

(a) 测井及岩性剖面特征；(b) 浅灰色粗晶白云岩，可见岩心上有溶孔发育，玉北 3 井，$O_{1-2}y$，5368.5m；(c) 中-粗晶白云岩，可见晶间溶孔、晶间孔，玉北 3 井，$O_{1-2}y$，5258.82m（-）；(d) 中-细晶白云岩，白云石晶体自形程度较高，见晶间孔，玉北 3 井，$O_{1-2}y$，5261.90m（-）

图 4-4　玉北地区粗-细-粗-中晶白云岩组合特征

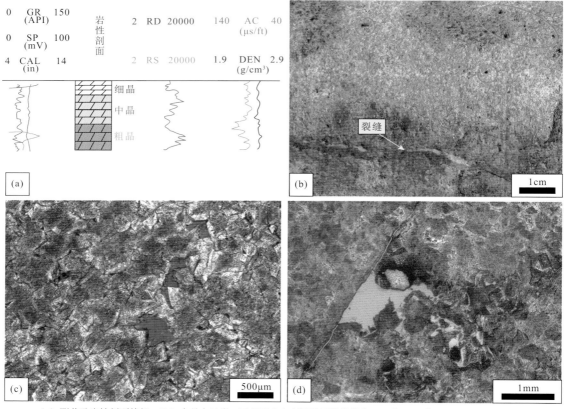

（a）测井及岩性剖面特征；（b）中晶白云岩，可见岩心上有溶孔及裂缝发育，玉北 1-2x 井，$O_{1-2}y$，5136.33m；
（c）中晶白云岩，白云石呈自形-半自形，可见晶间溶孔、晶间孔，玉北 1-2x 井，$O_{1-2}y$，5130.50m（-）；
（d）中粗晶白云岩，微裂缝发育，沿微裂缝有明显的扩溶，玉北 1-4 井，$O_{1-2}y$，5046.50m（-）

图 4-5　玉北地区粗-中-细晶白云岩组合特征

（四）硅质中-粗晶白云岩-细晶白云岩组合

该类岩石组合（图 4-6）主要发育在蓬莱坝组下部，与前几类鹰山组岩石组合类型不同的是该组合底部通常为硅质中-粗晶白云岩，白云石晶粒向上变为细晶白云岩，测井上 DEN 曲线在晶粒较粗的部位呈现低值［图4-6（a）］，这是由于在这种组合中晶粒较大的岩石类型溶蚀孔洞更为发育引起密度值发生变化。岩心上溶蚀孔洞密集发育，硅质呈皮壳状半充填了这些溶蚀孔洞［图4-6（b）］，裂缝发育程度一般。镜下中-粗晶白云石晶粒多为他形，而细晶白云石多为半自形，可见晶间孔、晶间溶孔［图4-6（c）］，大量溶蚀孔洞被玛瑙状玉髓半充填［图4-6（d）］，由下而上逐渐减少。由于钻遇蓬莱坝组的井在玉北地区仅有 3 口，该类组合主要发育在离断裂较远的玉北 5 井。

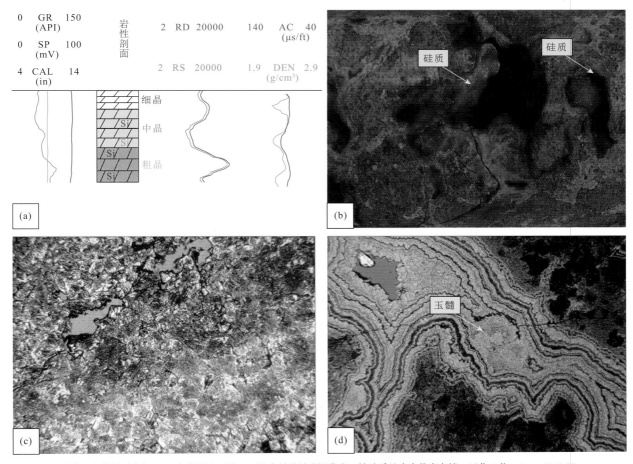

(a) 测井及岩性剖面特征；(b) 中-粗晶白云岩，可见大量溶蚀孔洞发育，被硅质呈皮壳状半充填，玉北 5 井，O_1p，6841.98m；
(c) 中晶白云岩，晶间溶孔，孔隙形态主要呈不规则状，孔径长轴约为 500μm，玉北 5 井，O_1p，6743.40m（−）；
(d) 玛瑙状玉髓充填溶蚀孔洞，玉北 5 井，O_1p，6742.40m（−）

图 4-6　玉北地区硅质中-粗晶白云岩-细晶白云岩组合特征

（五）粗-中晶白云岩组合

该类岩石组合（图 4-7）主要发育在蓬莱坝组中上部，与硅质中-粗晶白云岩-细晶白云岩组合相同的是白云石晶粒呈现出向上变细的特征，测井曲线上与硅质中-粗晶白云岩-细晶白云岩组合相似［图4-7（a）］。岩心上裂缝发育程度较好，呈网状或十字状，溶洞发育程度一般，常可见沿裂缝发育［图4-7（b）］。镜下白云石晶粒多为半自形-他形［图4-7（c）］，部分为半自形，可见晶间孔和少量晶间溶孔，但孔隙连通性一般［图4-7（d）］，其与硅质中-粗晶白云岩-细晶白云岩组合最大的不同是该类岩石组合中硅质充填很少。在研究区处于断裂翼部的玉北 7 井和处在断凸位置的玉北 1-2x 井发育该类岩石组合，玉北 5 井局部发育，反映了断裂体系对该类岩石组合的裂缝发育有较明显的影响。

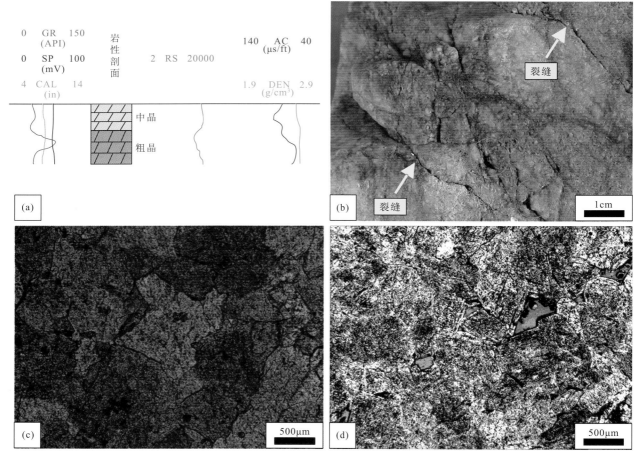

(a) 测井及岩性剖面特征；(b) 粗晶白云岩，可见裂缝发育并相互切割，局部区域可见溶洞沿裂缝发育，玉北 7 井，O_1p，6229.80m；
(c) 粗晶白云岩，白云石呈半自形-他形，玉北 5 井，O_1p，6229.80m（-）；(d) 晶间孔隙，孔隙呈多面体状，玉北 5 井，O_1p，6740.15m（-）

图 4-7　玉北地区硅质中-粗晶白云岩-细晶白云岩组合特征

二、典型成岩作用

（一）破裂作用

破裂作用对岩石最直观的改造来自构造裂缝的发育。玉北地区的构造缝与区域构造运动关系紧密，从构造的演化角度方面来看，以两类构造缝为主。一类是地表区域性分布的高角度张性缝，分析成因为受地层隆升影响，应力释放所致。另一类则主要受断裂活动和褶皱控制，从高角度到低角度裂缝均有发育。鹰山组裂缝主要沿构造高陡带发育，玉北 1 号构造带裂缝走向与断裂走向较一致，呈 NE 走向；其他构造带与主构造方向角度相交，以 NW～SN 向为主（图 4-8）。蓬莱坝组裂缝以中高角度-近垂直缝为主，沿玉北 1 号构造带裂缝走向与断裂走向一致，其他呈 NNW～SN 向（图 4-9）。

破裂作用形成的裂缝在该区整体主要表现为中高角度-近垂直缝 [图 4-10（a）]，偶尔可见少量网状缝 [图 4-10（b）]。镜下鉴定多呈方解石或泥质充填的特征 [图 4-10（c）]，部分可见有机质充填 [图 4-10（d）]。裂缝发育程度向下呈增多的趋势，应与向下层段越来越接近断层部位，与断裂活动派生的裂缝越来越多有关。成像测井显示，高角度裂缝发育，层段不集中，可与水平缝、不规则裂缝、微细缝叠置发育，张开性好 [图 4-10（e）]。这些有效的高角度张开缝对成岩流体（如淡水及深部流体）和油气渗流起到主要作用。

由于受到构造部位的控制，构造缝的发育和充填程度常常有较大差异（表 4-1），其主要表现如下：①鹰山组裂缝在玉北 1 号构造带充填程度弱于其他高陡断隆带或断洼带；②蓬莱坝组裂缝充填程度弱于鹰山组。

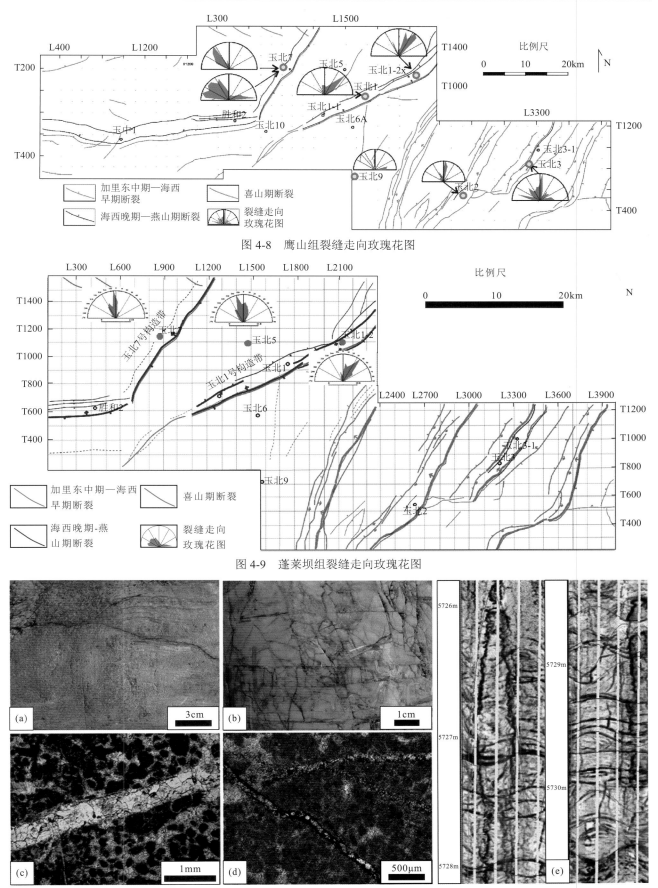

图 4-8　鹰山组裂缝走向玫瑰花图

图 4-9　蓬莱坝组裂缝走向玫瑰花图

(a) 浅灰色油斑灰质泥晶白云岩，高角度构造缝发育，玉北 1-2x 井，$O_{1-2}y$，5136.44m；(b) 浅黄灰色粉细晶白云岩，见网状裂缝，玉北 1-2x 井，$O_{1-2}y$，5134.60m；(c) 亮晶砂屑灰岩，构造缝被方解石充填，方解石脉切割泥岩，玉北 1 井，$O_{1-2}y$，5610.77m（−）；(d) 泥晶砂屑灰岩，见裂缝内充填方解石及有机质，玉北 3 井，$O_{1-2}y$，5496.91m（−）；(e) 高角度裂缝与中、低角度裂缝，平行缝，不规则裂缝及微细缝叠置发育，玉北 1 井，$O_{1-2}y$，5726m

图 4-10　玉北地区破裂作用特征

表4-1　玉北地区不同构造带裂缝发育情况

层位	构造位置	井名	裂缝倾角	裂缝充填	
				充填程度	主要充填物
鹰山组	玉北1号构造带	玉北1	底部高角度-近直立缝、上部近水平-低角度缝、中部均有	高角度缝未充填为主，低角度缝全充填为主	方解石
		玉北1-2x	近垂直、高角度及低角度缝	基本无充填	方解石
	玉北2号构造带	玉北2	底部以稀疏高角度剪切缝为主，上部以低角度缝为主	多数未充填	方解石
	玉北3号构造带	玉北3	高角度缝	基本全充填	方解石、泥质
		玉北3-1	低角度、高角度-近垂直缝	基本全充填	方解石
	玉北7号构造带	玉北7	高角度剪切缝	多数全充填	方解石
	断洼带	玉北5	高角度剪切缝	多数全充填	方解石、有机质
		玉北6A	低角度缝为主	基本全充填	方解石
		玉北9	高角度剪切缝为主，局部近水平缝	高角度缝多数充填，近水平缝多数未充填	泥质
蓬莱坝组	玉北7号构造带	玉北7	低角度缝、高角度缝（底部发育）	多数无充填	方解石
	断洼带	玉北5	高角度剪切缝	多数无充填	方解石

（二）白云石化作用

玉北地区奥陶系碳酸盐岩的白云石化作用对于储集性改善起着重要作用。根据薄片鉴定的结果，白云石的晶体以中-粗晶为主，偶尔可见细晶，泥-微晶相对比较稀少（图4-11）。此外，还可以观察到两类不同类型的白云石充填物（细-中晶自形白云石充填物和鞍形白云石充填物），暗示了该区奥陶系碳酸盐岩存在多种白云石化机理。

泥-微晶白云石尽管在玉北地区发育较少，但可观察到的样品中这类白云石具有非平直他形-平直面半自形的结构特征，表明它的形成与相对低温的近地表白云石化有关（Gregg and Shelton，1990；Gregg and Sibley，1984），应该是准同生期白云石化的产物。

细晶半自形白云石晶体多具有平直的晶面结构特征［图4-11（a）］，指示其形成温度较低，未到达晶体曲面化的临界粗化温度（50～60℃）（Gregg and Shelton，1990；Gregg and Sibley，1984）。大部分该类白云石中缺乏缝合线的特征说明其仅仅经历了较弱的压实作用，即在大规模的压溶作用之前已经形成。此外，细晶半自形白云石表现出的斑驳的发光性［图4-11（b）］，表明它们可能是在不同氧化还原条件下，但在相同白云石化事件中从多期流体脉冲发展而来的（Babatunde et al.，2014）。上述这些特征都表明这类白云石是浅埋藏阶段低温白云石化的产物。

中-粗晶白云石具有曲面他形的晶体结构和较均匀的暗红色发光性［图4-11（c）、图4-11（d）］，说明它是在埋藏条件下较高温度中快速生长的。此外，部分样品显示出轻微的波状消光特征［图4-11（e）］，也说明了形成的温度较高。因此，这类白云石是中-深埋藏阶段高温白云石化的产物。

细-中晶自形白云石充填物和鞍形白云石充填物具有明显的过渡关系，并且鞍形白云石弯曲的晶面及波状消光的特征［图4-11（f）］，表明它可能是高温富镁流体下快速沉淀的产物。这两类白云石都应该是热液的产物。

总体来看，玉北地区碳酸盐岩经历了4期白云石化作用，其中浅埋藏和中-深埋藏白云石化作用起主要作用，而晚期的热液白云石化对储集体的改造较为明显。

（三）溶蚀作用

在玉北地区碳酸盐岩地层当中，很难观察到（准）同生期溶蚀作用形成的组构选择性溶蚀孔隙（如铸模孔或粒内溶孔），仅在玉北8井可见到疑似的铸模孔［图4-12（a）］，并被随后的细晶自形白云石半充填。因此，较弱的（准）同生期溶蚀作用可能是普遍存在的，但在玉北地区碳酸盐岩地层当中发育不明显，并且在漫长的成岩历史中，各类成岩作用的叠加改造导致该类溶蚀作用对玉北地区碳酸盐岩储集体的贡献微乎其微。

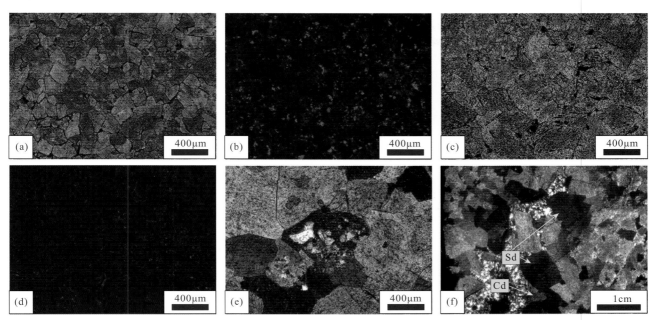

(a) 细晶白云岩，表现出平直面半自形结构，玉北 5 井，O$_1p$，6842.92m（-）；(b) 图（a）的阴极发光照片，细晶白云石显示出斑驳的发光性；(c) 中-粗晶白云岩，表现出非平直面他形结构，晶体呈镶嵌状接触，玉北 5 井，O$_1p$，6741.90m（-）；(d) 图（c）的阴极发光照片，白云石显示出暗红色的发光性；(e) 少量的中-粗晶白云石显示出平直面半自形结构，可见白云石晶体被石英部分交代，玉北 7 井，O$_1p$，6232.03m（+）；(f) 细-中晶自形白云石（Cd）和鞍形白云石（SD）充填溶蚀孔洞，随后被玉髓充填剩余的储集空间，其中鞍形白云石具有明显的波状消光特征，玉北 5 井，O$_1p$，6741.90m（+）

图 4-11　玉北地区白云石化作用特征

表生溶蚀作用是玉北地区断隆带储集体发育的主要成岩作用之一。井漏、放空等现象是识别表生溶蚀作用发育层段的重要标志。根据录井资料显示，钻遇奥陶系半充填与未充填溶洞的过程中，常出现钻具放空及钻井液漏失的现象，并且井漏、放空段多处与奥陶系 T$_7^4$ 界面存在密切关系，多口井见油气显示或获工业油气（表 4-2）。

表 4-2　玉北地区奥陶系井漏、放空统计表

构造带	井号	深度（m）	井漏、放空	距 O$_{1-2}y$ 顶（m）	与油气关系
玉北 7 号构造带	玉北 7 井	6104.91	漏 28.9m³	300.91	
		6380.90	漏失 22m³	576.9	
玉北 1 号构造带	玉北 1 井	5603.68～5622	漏失 322.7m³	10.68～29	中测获高产油流
	玉北 1-1 井	5885.49～5889.48	漏失 68m³	1.99～5.98	
		6223.18～6227.18	放空 4m	339.68～343.68	油斑显示
		6233.18～6234.18	放空 1m	349.68～350.68	油斑显示
	玉北 1-2x 井	5115～5117	漏失 616.5m³	7.5～9.5	酸压，高产油
		5283.28～5284.93	放空 1.65m	175.78～177.43	油迹显示，产油
	玉北 1-5 井	5320～5320.98	放空 0.98m 漏失 161.82m³	11～11.98	高产油
玉东 2 号构造带	玉北 2 井	6005.50	放空 0.2m	280.5	气测异常
		6027	漏失 183.62m³	313	
玉东 3 号构造带	玉北 3-1 井	5071.62 5080.39 5088	漏失 84.04m³ 井涌 5.95m³、井漏 2.03m³ 井漏 209.388m³	57	气测异常
玉东 4 号构造带	玉东 4 井	5399 5623.12	21.74m³ 27.23m³	2 226.12	油迹显示

表生期地层受到抬升出露于地表后会使大气淡水沿风化裂缝下渗并出现扩溶现象，上覆沉积物（如泥质、粉砂岩及碳酸盐岩角砾及亮晶方解石）不断充填于这些溶缝中 [图 4-12（b）、图 4-12（c）]。镜下观察可见明显的非组构选择性溶蚀 [图 4-12（d）]，一些早期形成的裂缝经溶蚀扩大，宽度可达几厘米 [图 4-12（e）]，甚

至发展为溶洞。此外，在平台区也能观察到一些渗流粉砂，而渗流粉砂之上通常为大气淡水成因的粗晶方解石［图4-12（f）］，说明表生溶蚀作用的确在玉北地区发育。

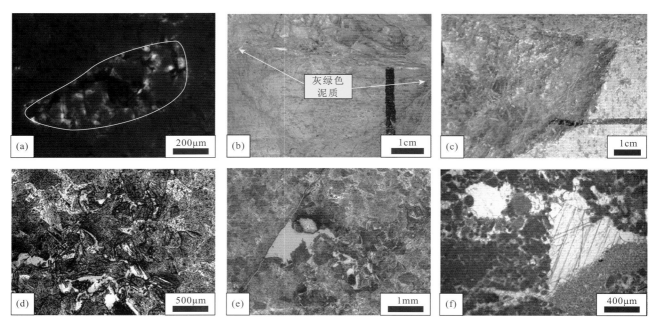

(a) 白云岩中疑似的铸模孔，玉北8井，$O_{1-2}y$，9回次，透射光照片；(b) 绿色泥质充填扩溶缝，玉北3井，$O_{1-2}y$，5362.61m；(c) 绿色泥质充填扩溶缝，玉北1井，$O_{1-2}y$，5612.35m；(d) 非组构选择性溶蚀，可见白云石晶体有明显的溶蚀现象，玉北1-4井，$O_{1-2}y$，5046.50m（–）；(e) 沿裂缝的扩溶形成超大的晶间溶孔，玉北1-4井，$O_{1-2}y$，5046.50m；(f) 渗流粉砂，渗流粉砂之上为干净明亮的粗晶方解石，玉北8井，$O_{1-2}y$，6967.43m（–）

图 4-12　玉北地区表生溶蚀作用特征

　　埋藏溶蚀作用主要与盆地的异常热事件及断裂活动等有关。在埋藏条件下，随着温度、压力的增加，白云石的溶解能力不比方解石逊色。在埋藏早期，岩层的压实往往就伴随着小规模的压溶作用。但压溶作用形成的缝合线多数情况下仅能提高储集体少量的渗透率，对孔隙发育的贡献较少，因此它不是主要的埋藏溶蚀作用。在玉北地区蓬莱坝组碳酸盐岩地层当中，白云岩中发育了较多不规则的孔洞［图4-13（a）、图4-13（b）］，这些孔洞往往就是埋藏溶蚀作用遗留的产物，只是被后期不同类型的胶结物充填［图4-13（a）～图4-13（c）］。此外，这些孔洞被认为是埋藏溶蚀作用形成的，主要原因是细晶和中粗晶白云石具有明显的溶蚀特征［图4-13（d）、图4-13（e）］，并且这些孔洞往往与裂缝系统相关联［图4-13（b）、图4-13（e）］，说明裂缝系统是非常重要的流体输导体系。此外，在鹰山组地层中也能见到少量鞍形白云石［图4-13（f）］，并且玉北1井在5613.00m处的萤石发育［图4-13（g）］和玉北3井5227.00m处的碎裂化云岩进一步证明了热液沿裂缝上涌现象的存在［图4-13（h）］，也暗示了与热液相伴随的埋藏溶蚀作用在地层中的持续作用。

（四）硅化作用

　　硅化作用在玉北地区碳酸盐岩地层中非常常见，硅质沉积物以结核和缝洞充填物的形式存在，结晶程度也有很大的变化，从隐晶质的微晶石英晶体（Mq）或玉髓（Ch）到粒状/柱状的石英晶体（簇）（Qtz）都存在。

　　硅质结核通常由微晶石英晶体或玉髓组成［图 4-14（a）］。塔里木盆地寒武系—奥陶系大量的硅质结核，基于稀土及硅氧同位素的分析（陆朋朋，2012；李庆等，2010），已被证实为正常沉积的硅质沉积物，因此形成的时间也相对较早。

　　以缝洞充填物出现的硅质沉积物具有世代性特征。一世代主要是玉髓，它充填了细-中晶自形白云石（Cd）和鞍形白云石（SD）充填之后的缝洞空间。通常，玉髓在岩心上呈皮壳状［图4-14（a）］，而在镜下多呈环带状［图4-14（b）］，它由细小的石英晶体（10～70μm）组成，倾向于向孔洞中心生长。二世代主要是自生石英［图4-14（c）］，它由100～500μm 的粒状/柱状石英晶体组成。在扫描电镜下，可见石英晶体呈六方锥状向孔洞中心生长，当富硅酸性流体持续供应时可将残余储集空间完全充填［图 4-14（d）、图4-14（e）］。

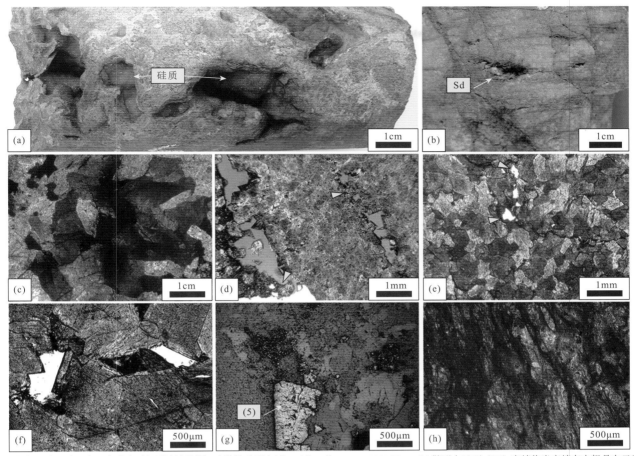

(a) 中-粗晶白云岩，岩心上发育不规则溶蚀孔洞，多数被硅质充填，玉北 5 井，O₁p，6841.99m；(b) 鞍形白云石（Sd）充填物半充填在中粗晶白云岩的溶缝当中，玉北 7 井，O₁p，6229.59m；(c) 鞍形白云石呈现出波状消光的特征，玉北 5 井，O₁p，6741.90m；(d) 晶间溶孔，可见白云石晶体被溶蚀（黄色实心箭头），晶体边界呈港湾状，玉北 5 井，O₁p，6743.40m（−）；(e) 晶间溶孔，可见 D3 白云石晶体被溶蚀（黄色实心箭头），晶体边界呈港湾状，玉北 7 井，O₁p，6231.82m（−）；(f) 溶孔内的鞍形白云石呈线或点接触，形成的晶间孔成为了最终的残余储集空间，玉北 1-4 井，O₁₋₂y，5046.60m（−）；(g) 萤石（CaF₂）发育在微亮晶砂屑灰岩中，玉北 1 井，O₁₋₂y，5613.00m，透射光照片；(h) 碎裂化白云岩，玉北 3 井，O₁₋₂y，5227.00m

图 4-13　玉北地区热液溶蚀作用特征

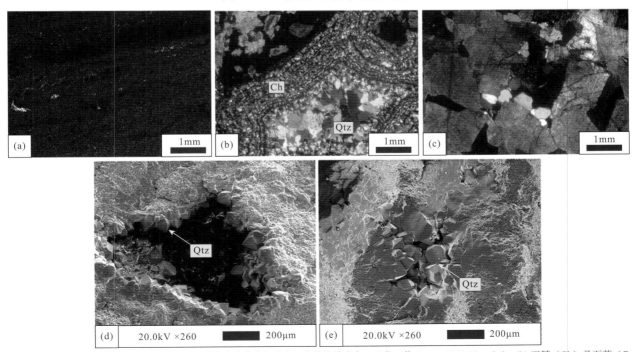

(a) 硅质结核在镜下由微晶石英晶体组成，充填物半充填在中粗晶白云岩的溶缝当中，玉北 3 井 O₁₋₂y，5265.35m（+）；(b) 玉髓（Ch）及石英（Qtz）先后充填溶蚀孔洞，玉北 5 井，O₁p，6750.51m（+）；(c) 粒状石英充填晶间孔，玉北 1-4 井，O₁₋₂y，5075.50m（+）；(d)、(e) 扫描电镜下可见面向孔隙部分的自生石英显六方锥状，玉北 5 井，O₁p，6840.20m，其中（e）为背散射照片

图 4-14　玉北地区硅化作用特征

而玉髓和粒状/柱状石英与白云石胶结物密切的关系，则暗示了其形成时间相对较晚；玉髓到石英结晶程度的提高，则反映了温度的变化和流体中含硅浓度的降低，暗示形成两类矿物的流体性质具有演化性，可能与广泛的热液活动有关。

三、成岩作用发育规律及序列

玉北地区奥陶系碳酸盐岩可观察到的成岩事件及成岩矿物类型较多，且大多数成岩矿物之间的成岩顺序相对比较清晰。图 4-15 是主要成岩现象在玉北 8 井—玉北 7 井—玉北 5 井—玉北 1 井—玉北 1-2x 井—玉北 6A 井—玉北 3 井的分布素描图，便于对区域上成岩现象的理解。

在玉北地区奥陶系碳酸盐岩地层中，由于钻遇蓬莱坝组的钻井较少且取心有限，主要观察到白云石化作用，且以埋藏白云石化作用为主；其次，埋藏溶蚀作用在该组地层中最为发育，与之伴生的两类白云石及硅质充填物的相对丰度也较高；最后，鹰山组下部地层埋藏溶蚀较为发育，主要见于平台区玉北 8 井鹰山组下段及断洼区玉北 6A 井鹰山组下段。表生溶蚀作用主要发育在玉北的断隆区域，以发育大型洞穴层及非组构性选择溶蚀孔洞等为主要特征；向东至玉北 3 井则能明显观察到绿色泥质充填扩溶缝。破裂作用在区域内普遍发育，以中高角度裂缝为主要特征，方解石为主要的充填物。

综合以上对各种成岩作用的分析，结合沉积演化背景，建立了玉北地区碳酸盐岩成岩序列（图 4-16）：研究区浅水碳酸盐沉积物，其早期成岩史从海底成岩环境开始，然后进入埋藏成岩环境，在海平面发生多次短暂升降变化的情况下，局部区域内（如玉北 8 井）海底、大气淡水成岩环境可以多次重复交替出现，但这两种成岩环境的深度范围比埋藏成岩环境小得多，持续时间也短得多。对于较深水碳酸盐沉积物，仅经历了短暂的海底成岩环境之后，便直接进入埋藏成岩环境，以未遭受大气淡水的成岩作用为特征。进入浅埋藏成岩环境中，发生浅埋藏白云石化、压实压溶等作用。

受构造运动的影响，玉北东部区域逆冲推覆断裂系统发育，导致玉北 1 井区、玉北 3 井区等区域发生构造抬升；经历了早期成岩及浅埋藏成岩后的碳酸盐岩可以抬升到地表附近，进入表生成岩环境，并发生以表生溶蚀作用为主的成岩变化，随后的沉降和沉积物在其上继续堆积，可以导致它们再次进入埋藏成岩环境。

晚成岩阶段早期，随着埋藏深度持续增加，成岩环境温度也升高，蓬莱坝组和鹰山组下段中一些早期形成的白云石晶体开始发生曲面化。同时伴随着早期白云石晶体的溶解和重结晶，中-粗晶白云石以粗大的晶体形态及彼此镶嵌接触的形式开始形成。在中-粗晶白云石形成之后，发生了一期显著的破裂作用，切割了所有基质白云石。随后沿裂缝系统发生了一期埋藏溶蚀作用，形成了大量不规则的溶蚀孔洞，使得蓬莱坝组和鹰山组下段原本已经非常致密的地层物性得到了极大的改善。随着埋藏溶蚀作用的持续进行，成岩流体的饱和度发生变化，当流体中 Mg^{2+} 浓度超过饱和度阈值后，溶蚀孔洞和切割基质白云岩的裂缝内开始都沉淀细-中晶自形白云石（CD）和鞍形白云石（SD）充填物。紧随其后，在残余的孔隙空间中玉髓和/或石英开始沉淀。随后，普遍存在的晚期方解石晶体和极少量的萤石堵塞了大多数先前成岩矿物（白云石和石英）留下的残留孔隙空间。

第二节　成岩流体地球化学特征

一、大气淡水的地球化学特征

在淡水和咸水、浅海和深海、还原和氧化环境中，碳酸盐岩的碳氧同位素组成具有明显差别，可以作为成岩环境的地化标志之一。①在大气淡水环境中，大气淡水由于贫 ^{18}O，富 ^{12}C（黄思静，2010），因此，大气淡水成岩环境的 $\delta^{18}O$、$\delta^{13}C$ 值均具向高负值滑移的趋势。具体表现为 $\delta^{13}C$ 为低-中负值，$\delta^{18}O$ 为高负值。②在浅-深埋藏成岩环境下，由于该成岩环境位于地下一定深度，温度、压力是控制成岩作用的重要因素，而生物作用微弱甚至消失，因此，$\delta^{13}C$ 随埋深的增大变化不大，而 $\delta^{18}O$ 则容易随埋深及温度的增大而减小（黄思静，2010；Warren，2000；Land，1985）。

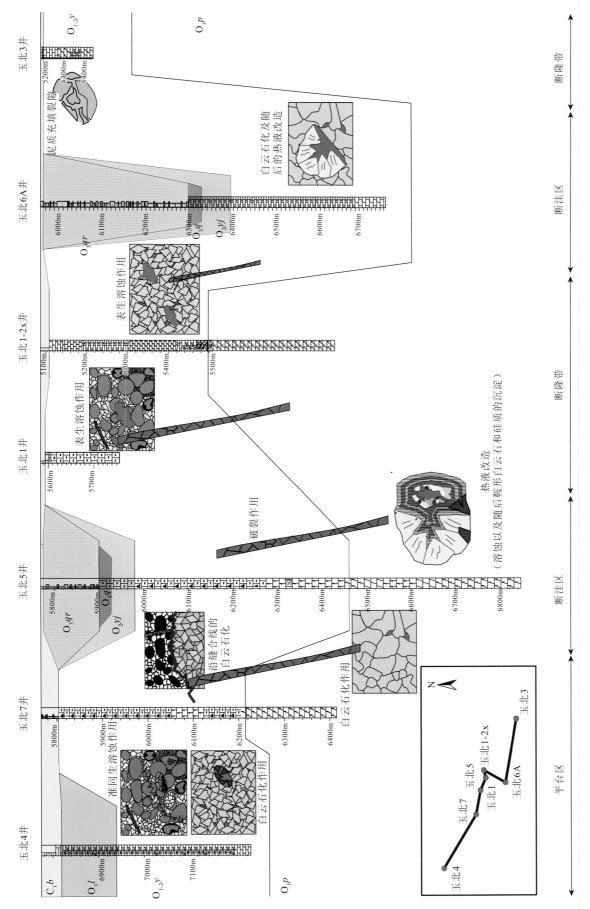

图 4-15 顺北地区中下奥陶统成岩作用连井模式图

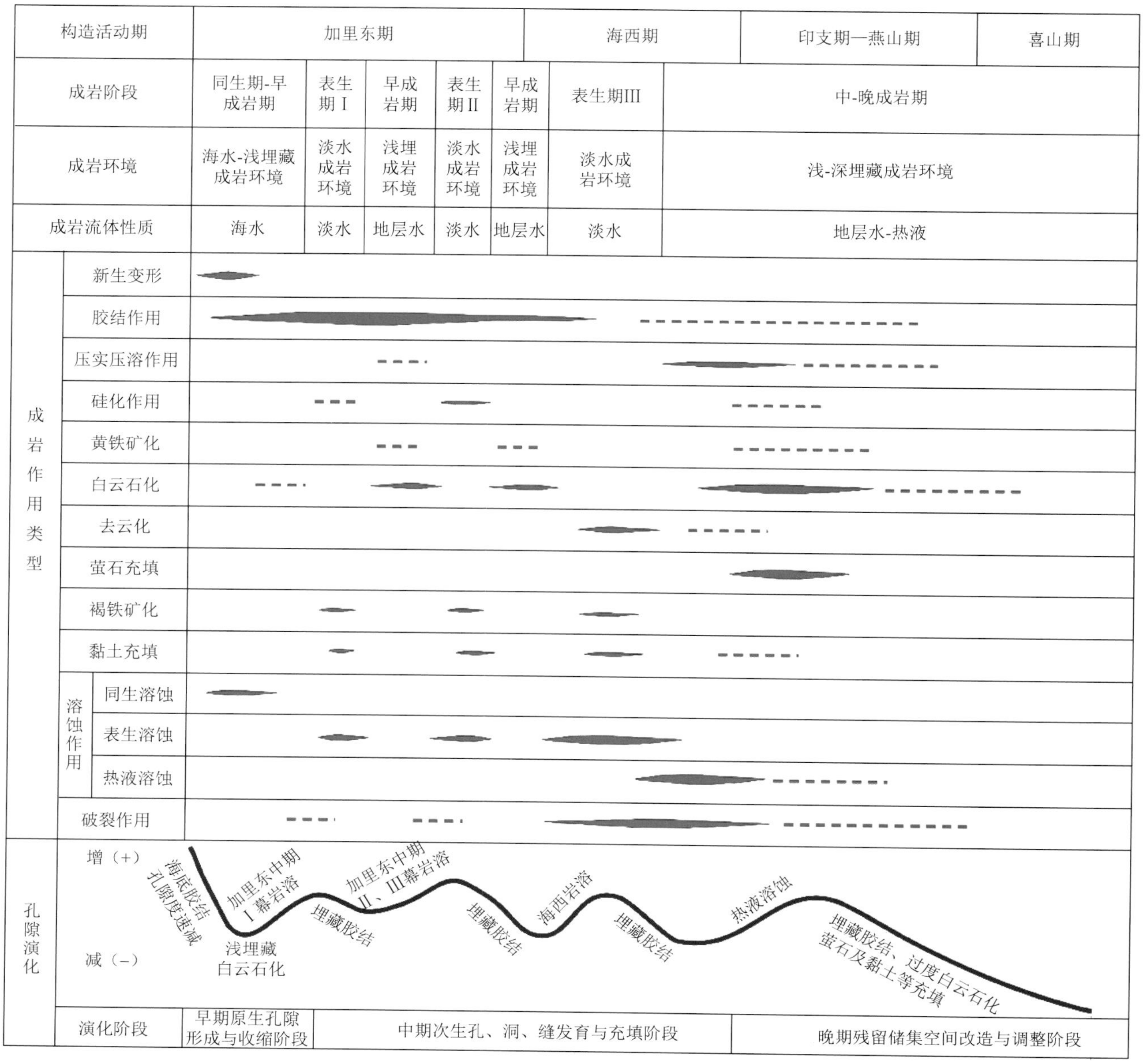

构造活动期	加里东期					海西期	印支期—燕山期	喜山期
成岩阶段	同生期-早成岩期	表生期Ⅰ	早成岩期	表生期Ⅱ	早成岩期	表生期Ⅲ	中-晚成岩期	
成岩环境	海水-浅埋藏成岩环境	淡水成岩环境	浅埋成岩环境	淡水成岩环境	浅埋成岩环境	淡水成岩环境	浅-深埋藏成岩环境	
成岩流体性质	海水	淡水	地层水	淡水	地层水	淡水	地层水-热液	

成岩作用类型：新生变形、胶结作用、压实压溶作用、硅化作用、黄铁矿化、白云石化、去云化、萤石充填、褐铁矿化、黏土充填

溶蚀作用：同生溶蚀、表生溶蚀、热液溶蚀

破裂作用

孔隙演化：增（+）／减（－）——海底胶结孔隙度递减、浅埋藏白云石化、加里东中期Ⅰ幕岩溶、埋藏胶结、加里东东中期Ⅱ、Ⅲ幕岩溶、埋藏胶结、海西岩溶、埋藏胶结、热液溶蚀、埋藏胶结、过度白云石化萤石及黏土等充填

演化阶段：早期原生孔隙形成与收缩阶段｜中期次生孔、洞、缝发育与充填阶段｜晚期残留储集空间改造与调整阶段

图 4-16　研究区中下奥陶统碳酸盐岩成岩演化序列

对玉北不同地区鹰山组上段地层中缝洞方解石的 C、O 同位素值进行分析（图 4-17），结果表明，平台区有少数 $\delta^{13}C$ 为正值，与其他两个区域有明显的区别。绝大部分样品的 $\delta^{13}C$、$\delta^{18}O$ 值为负值，$\delta^{18}O$ 值的分布范围为–4‰～–10‰，其 $\delta^{18}O$ 值变化范围较宽则是沉淀方解石的溶液在沉淀前与碳酸盐岩原岩交换作用的反映。特别是东部断隆带上的样品比其他区域的 $\delta^{18}O$ 值更低，说明断隆带上大气水对储集岩的改造更为彻底，与断隆带上奥陶系碳酸盐岩地层受到多期构造运动的叠加改造背景相符，即断隆带遭受了多期次大气淡水溶蚀作用的改造。此外，通过对玉北 1 井靠近 T_7^4 界面的溶洞中的方解石进行包裹体测温（图 4-18），发现其均一温度均低于 70℃，盐度也相对较低，与后期的成岩矿物有明显的区别，说明玉北 1 井溶洞中的方解石可能为淡水成因。

二、热液流体的地球化学特征

岩相观察表明，蓬莱坝组—鹰山组下段白云岩中存在明显的热液改造现象，通过对不同类型的白云岩基质、白云石充填物和后期成岩矿物进行地球化学分析，从而了解玉北地区热液流体的性质。

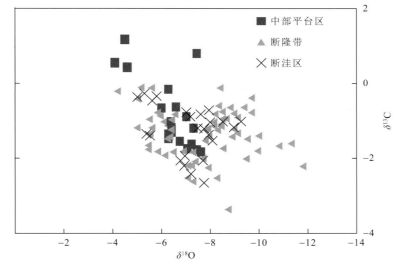

图 4-17　玉北地区鹰山组上段缝洞方解石 C、O 同位素交汇图

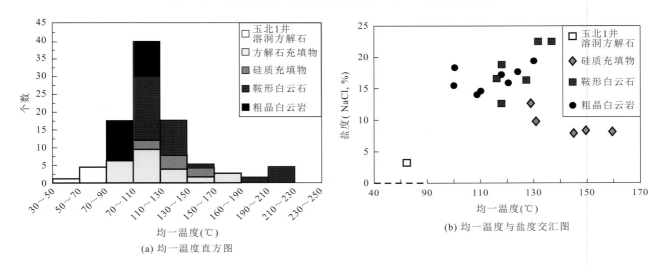

(a) 均一温度直方图　　　　　　　　　　　(b) 均一温度与盐度交汇图

图 4-18　玉北地区不同矿物包裹体的地球化学特征

　　绝大多数基质白云岩的 $\delta^{13}C$ 值和 $\delta^{18}O$ 值与早奥陶世方解石的范围重叠（图 4-19），它们的 $^{87}Sr/^{86}Sr$ 值也几乎都在晚寒武世—早奥陶世海水的 $^{87}Sr/^{86}Sr$ 值范围内（图 4-20），说明这些基质白云岩的成岩流体都是海水从沉积期到埋藏期逐步演化而来的。然而，相对于所有的基质白云岩，Cd 白云石具有相对较小的 $\delta^{18}O$ 值（图 4-19），说明形成细-中晶自形白云石的流体具有相对更高的温度。

　　与细-中晶自形白云石相比，鞍形白云石具有更粗大的晶体，弯曲的晶面以及波状消光的特征 [图 4-11（f）]，表明它们可能是高温富镁流体快速沉淀的产物（Davies and Smith，2006；Machel，2004）。鞍形白云石中存在大量丰富的包裹体，也意味着晶体的快速生长。鞍形白云石 $\delta^{13}C$ 值与基质白云岩以及细-中晶自形白云石有大量的重叠（图 4-19），说明白云石化流体具有相似的 $\delta^{13}C$ 同位素值组成特征，并且在鞍形沉淀过程中没有显著变化。鞍形白云石的 $\delta^{18}O$ 值相对基质白云岩和细-中晶自形白云石轻微降低（图 4-19），说明鞍形白云石是在更高的温度及更高的盐度中形成的，这得到了流体包裹体测温的支持（均一温度为 119～220℃）（图 4-18）。鞍形白云石的 $^{87}Sr/^{86}Sr$ 值明显高于所有其他类型的白云石，说明玉北地区的鞍形白云石可能是热液成因的，与先前报道的寒武系和中-下奥陶统地层中的鞍形白云石具有相似的岩石学和地球化学特征（Guo et al.，2016；Zhu et al.，2015；Dong et al.，2013，2017；Zhang et al.，2009）。在三岔口露头区，下奥陶统热液白云石的生长受断裂和裂缝的控制，并被证明与早二叠世浆活动密切相关，其相邻的辉绿岩年龄为（290.5±2.9）Ma，受 U-Pb 同位素测年约束（图 4-21）（Dong et al.，2013）。因此，热液白云石可能与早二叠世岩浆活动密切相关。

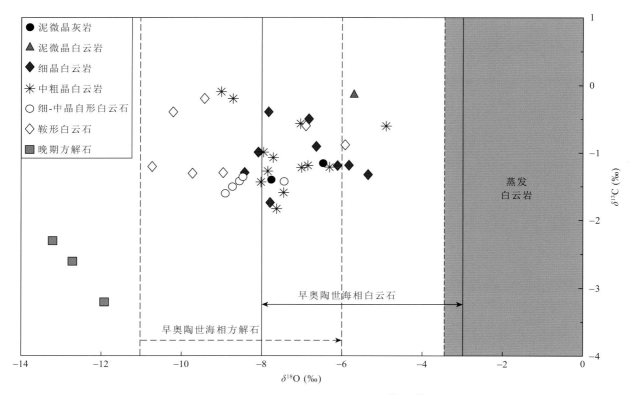

图 4-19　玉北地区白云岩及后期充填物的 $\delta^{18}O$-$\delta^{13}C$ 交汇图

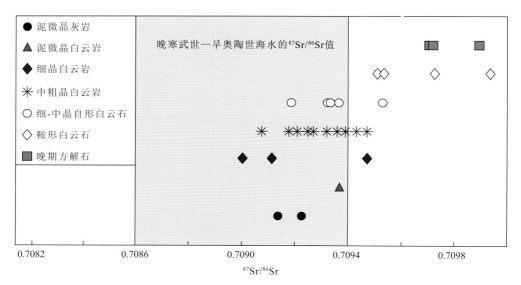

图 4-20　玉北地区白云岩及后期充填物的 $^{87}Sr/^{86}Sr$ 值分布图

White（1957）认为，热液的温度比环境温度高 5～10℃。以玉北 5 井和玉北 7 井的鞍形白云石流体包裹体的均一温度为例（119.8～163.2℃），根据塔里木盆地埋藏历史（图 4-22），在早二叠世期间玉北地区下奥陶统围岩的埋藏温度为 90～110℃（图 4-22），明显低于白云石化流体温度。因此，如上所述，鞍形白云石是热液成因的。

细-中晶自形白云石和鞍形白云石通常作为充填物出现在裂缝/溶蚀孔洞中（具有相似的产状），这暗示它们可能具有相似的成因（即热液成因）。在局部区域，一些细-中晶自形白云石晶体显示出增加的曲面，渐进地过渡生长，偶尔见鞍形白云石的底部为细-中晶自形白云石晶核[图 4-11（f）]，说明鞍形白云石与细-中晶自形白云石胶结物的流体环境是连续过渡的。它们与裂缝/溶蚀孔洞密切相关，意味着破裂作用可以为流体从深部向上迁移提供必要的通道（Davies and Smith，2006）。鞍形白云石中的镁离子主要来自研究区寒武系—中下奥陶统地层的围岩，与国外灰岩地层中的热液白云石化有显著不同，这一点得到了镁同位素分析的支持（王坤等，2017；刘伟等，2016）。因此，热液先通过溶蚀围岩富集镁离子，然后发生鞍形白云石沉淀。如前所述，形成鞍形白云石的白云石化流体中 ^{18}O 富集是由于水-岩相互作用。因此，在热流体进入裂缝系统初期，尽管热液对围岩不饱和，但由于热流体与围岩作用较为缓慢且需要一定的时间，因而流体中镁离子浓度相对较低。在这种环境下即使流体温度超过了白云石晶体生长的临界温度，白云石还是会缓慢地自形生长，因而沉淀形成具有平直面半自形-自形结构的细-中晶自形白云石胶结物。随着热流体与围岩作用时间的延长，流体中镁离子含量会升高，造成鞍形白云石晶体粗大，并且常常含有丰富的微裂缝，晶面发生弯曲及波状消光。因此，细-中晶自形白云石和鞍形白云石是相同热液白云石化事件中不同阶段的产物。

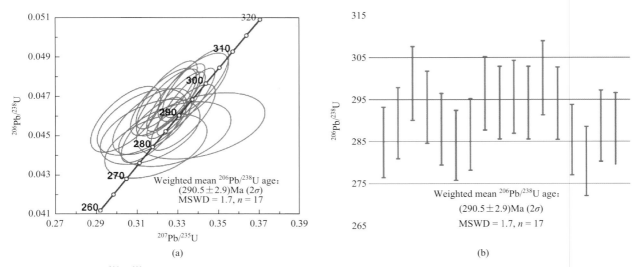

(a) 17 个数据的平均加权 $^{206}Pb/^{238}U$ 谐和年龄为（290.5±2.9）Ma（2σ）；(b) 加权平方误差均值（MSWD）为 1.7，置信度为 95%（据 Dong et al., 2013）

图 4-21　巴楚三岔口奥陶系辉绿岩体高分辨锆石谐和年龄图

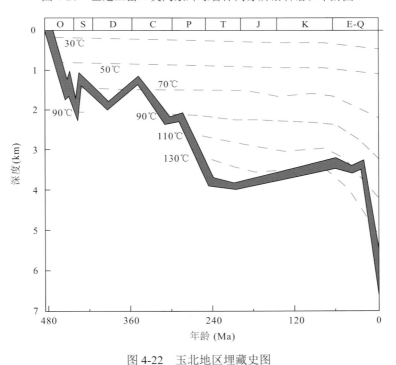

图 4-22　玉北地区埋藏史图

第三节　储集体发育特征

一、储集体物性特征

对玉北地区 14 口井共 163 个奥陶系样品进行了测试。测试结果如图 4-23 所示。

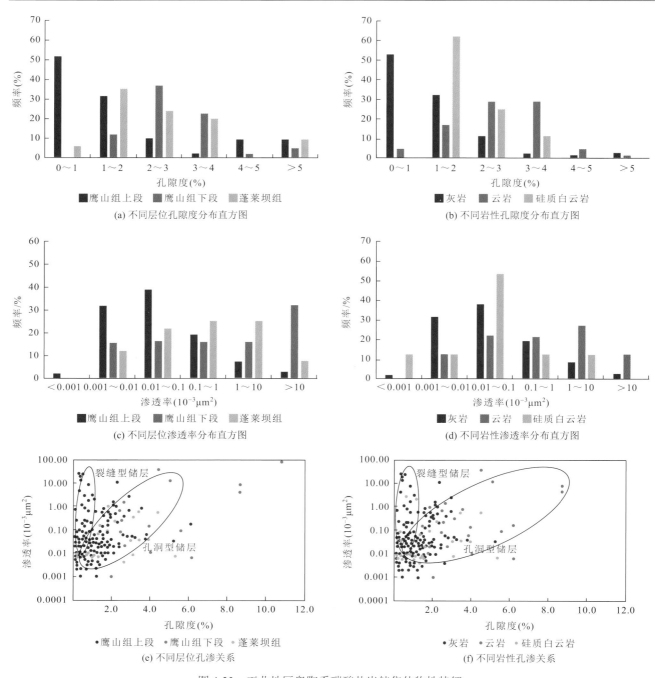

图 4-23　玉北地区奥陶系碳酸盐岩储集体物性特征

　　鹰山组和蓬莱坝组的基质岩石都比较致密，孔隙度和渗透率都不高，蓬莱坝组岩石的平均孔隙度为 2.90%，平均渗透率为 $1.23 \times 10^{-3} \mu m^2$；鹰山组下段平均孔隙度为 3.88%，平均渗透率为 $9.97 \times 10^{-3} \mu m^2$；鹰山组上段平均孔隙度为 1.30%，平均渗透率为 $0.70 \times 10^{-3} \mu m^2$。从孔渗分布直方图中也可以看出蓬莱坝组和鹰山组下段高孔隙度样品的比例较大，鹰山组上段孔隙度总体较低，但渗透率并未表现出与孔隙度相同的规律，蓬莱坝组的渗透率为中等或较低值，鹰山组下段则表现为中等或较高值，而鹰山组上段的渗透率则为中等或较低值［图 4-23（a）、图 4-23（b）］。

　　从不同岩性的孔渗分布直方图来看，灰岩的孔隙度值总体较低，平均为 1.36%，硅质白云岩中低孔隙度的比例较高，平均为 1.96%，白云岩的孔隙度值总体较高，平均为 3.34%。但从渗透率来看，灰岩及白云岩的渗透率均为中等或较高值，平均分别为 $0.83 \times 10^{-3} \mu m^2$ 和 $5.17 \times 10^{-3} \mu m^2$，而硅质白云岩基本为中等，平均为 $0.65 \times 10^{-3} \mu m^2$，高渗透率的样品少见［图 4-23（b）、图 4-23（d）］。通过灰岩与白云岩的对比可知，白云岩的物性特征相对较好；通过白云岩与硅质白云岩的对比可知，硅质白云岩的物性特征相对较差，上述特征表明白云石化对于储集体物性起到建设性作用，而硅质的产出对于储集体物性具有一定的破坏作用。

从不同层段和不同岩性的孔渗关系图中也可以看出，在鹰山组上段和灰岩中裂缝型储集体相对较为发育，与前述岩性分布的时代特征相吻合，鹰山组上段以灰岩为主，因而裂缝型储集体在鹰山组上段和灰岩中的高比例出现了很好的耦合。蓬莱坝组和鹰山组下段的白云岩则以孔洞型储集体为主 [图 4-23（e）、图 4-23（f）]。

二、储集体类型

（一）玉北 1 号构造带储集体类型

玉北 1 号构造带呈 NE～NNE 走向，具有 NE 高、SW 低的特点；始于加里东中晚期，定型于海西晚期，主干断裂具有上陡下缓走滑转换特点，加里东中晚期—海西早期暴露遭受剥蚀，钻探证实鹰山组风化壳上部及上覆地层遭受剥蚀，缺失 O_2-D，即 $C_1b/O_{1-2}y$ 接触，导致鹰山组风化壳长期遭受剥蚀、叠加多期岩溶，形成多种类型的储集空间。据钻井、取心、录井综合研究，玉北 1 号构造带发育有洞穴型、孔洞型、裂缝型、孔洞-裂缝型及裂缝-孔洞型储集体，其中以裂缝型及裂缝-孔洞型储集体为主。

1. 洞穴型储集体

洞穴型储集体（$\phi \geq 100$mm）虽相对比较少，但与玉北平台区、玉东断洼区及玉东 1、2、3、4 号断裂带相比，玉北 1 号构造带洞穴型储集体更发育。

钻遇洞穴层厚度总计达 42.5m（玉北 1 井 5600.5～5606.0m，玉北 1-1 井 5886～5890m 和 6218～6235m，玉北 1-2x 井 5110～5115m、5117～5118m、5119～5122m、5282～5289m），占钻遇奥陶系地层总厚度的 3.3% 左右。最典型洞穴层为玉北 1-1 井 6223.18～6227.18m 和 6233.18～6234.18m、玉北 1-2x 井 5283.28～5284.93m 的放空段等；在钻井取心中表现为收获率低，测井上常表现为明显扩径（呈 U 形）、双侧向视电阻率极低（RD 一般小于 20Ω·m）、补偿密度（DEN）特别低、声波时差（AC）和中子孔隙度（CNL）较大，自然伽马一般小于 20API；成像测井表现为暗色斑块响应特点（图 4-24）。这类储集体中充填程度不同的洞穴层的测井响应特征归纳在表 4-3 中。

表 4-3　玉北地区奥陶系洞穴层的测井响应特征

项目	未充填洞穴层	部分充填的洞穴层	严重充填洞穴层	
			钙质砂岩、砂泥岩	
钻、录井特征	钻速加快、钻具放空、大量泥浆漏失	钻具加快或略加快、少量泥浆漏失及放空	钻速加快或略加快	
测井曲线特征	①自然伽马值接近纯灰岩基线，井径扩大 ②视电阻率可低至 10Ω·m 以下 ③声波时差明显增大，补偿密度异常降低	①自然伽马值明显增大，井径可扩大或不明显 ②视电阻率降低，纯砂岩为 0.2～20Ω·m，砂泥岩段为 20～200Ω·m ③声波时差、中子孔隙度明显升高，补偿密度降低 ④铀、钍、钾异常	①自然伽马值明显增大，电位无变化 ②视电阻率可低至 4Ω·m 以下 ③声波时差增大，补偿密度降低明显（测井解释：泥质含量高）	
实例	玉北 1-2x 井	玉北 1 井	玉北 1-1 井	玉北 3 井
测井响应特征				

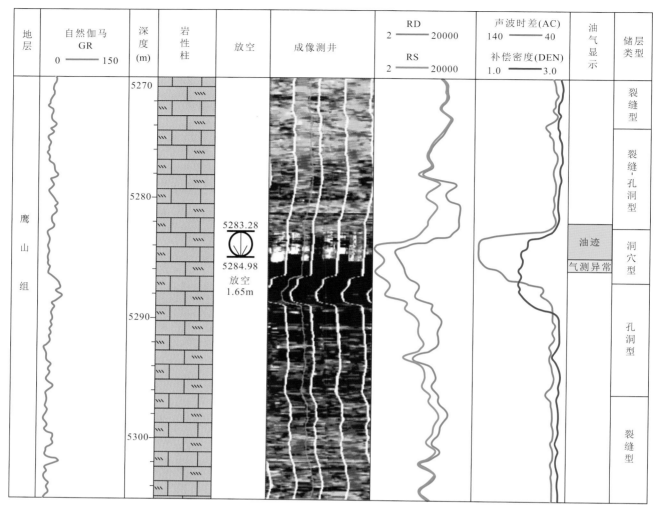

图 4-24　玉北 1-2x 井洞穴层测井响应特征

2. 孔洞型储集体

孔洞型储集体（2mm≤φ＜100mm）的发育程度相对于洞穴型储集体要高。玉北 1 井第 5～8 回次取心见到的 142 个孔洞中，洞密度为 7 个/m，其中小洞有 133 个，占 94%，中洞和大洞分别为 4 个和 5 个，最大洞径达 1.2cm×1.5cm，一般未充填-半充填方解石（表 4-4）。玉北 1-2 井 5133.50～5445.66m 第 2、3 回次取心，在已统计的 488 个孔洞中，小洞有 478 个，中洞有 10 个，小洞约占 98%；洞密度分别为 210 个/m 和 30 个/m；孔洞均半充填方解石。

孔洞型储集体在测井上表现为深浅侧向视电阻率（RD 一般为 100～2000Ω·m）较低、补偿密度较低、声波时差和中子孔隙度较大，自然伽马一般接近 15API；成像测井表现为暗色斑点状特点，显示为连片状溶蚀孔洞或分散状溶蚀孔洞，且多与裂缝发育或沿缝扩溶、顺层溶蚀。

表 4-4　玉北 1 井鹰山组取心段孔洞统计表

取心回次	井段（m）	孔洞描述		充填情况
		数量（个）	洞径	
5	5604.72～5605.99	6	最大为 1.2cm×1.5cm，最小为 0.1cm，一般为 0.2～0.5cm	半充填方解石
	5605.99～5606.70	8	0.1～0.2cm	未充填
6	5606.70～5609.78	85	一般为 0.5～3mm，最大为 1.2cm	多半充填方解石
7	5612.70～5620.00	3	分别为 1.6cm×0.6cm、1.3cm×0.5cm、0.9cm×0.3cm	半充填方解石
8	5714.00～5718.20	36	一般为 1mm×1mm，最大为 5mm×3mm	未充填-半充填方解石
9	5718.20～5725.20		溶蚀孔欠发育	

3. 裂缝型储集体

裂缝型储集体在 NE 向断裂带（如玉北 1 井断裂带）鹰山组上部比较发育。例如，玉北 1 井第 6～9 回次最发育，裂缝为 66～86 条不等，缝密度为 11～15 条/m，且从下部第 9 回次向上到第 5 回次，裂缝具有低角度缝、平缝向上变为高角度缝、立缝的演变，证实裂缝是受到挤压产生的结果；缝宽由下部的中缝（$\phi = 0.3～0.5mm$）向上变为中-宽缝（$0.5～1.0mm$）；裂缝充填也由下部以充填油或少量未充填为主向上部以充填油、见少量未充填或充填泥质过渡，第 7 回次裂缝中见大量沥青质。裂缝存在多期充填，早期以充填沥青、方解石为主，第二期以充填油为主，第三期则以充填泥质或未充填为主。

常规测井表现为双侧向视电阻率较低（RD 一般为 100～1000Ω•m），"双轨"特征明显，且 RD＞RS；不扩径，自然伽马值较低，一般小于 15API，部分充填泥质等可能略高；三孔隙度曲线均接近基线（图 4-25）；钻井过程中无放空、很少见井漏现象。在 FMI 上分别表现为暗色线条、中-高幅度的暗色正弦曲线、低振幅的暗色正弦曲线及不规则形态的暗色曲线等（图 4-26）。

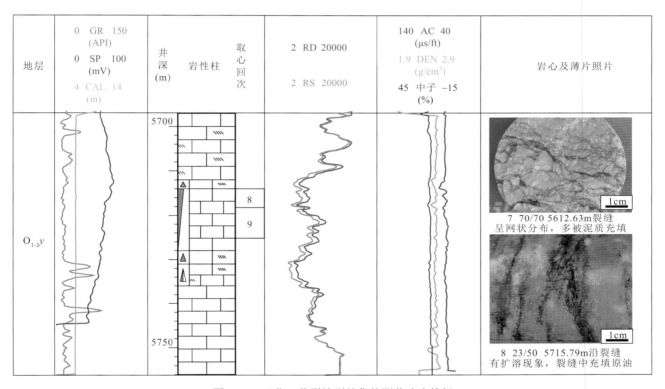

图 4-25　玉北 1 井裂缝型储集体测井响应特征

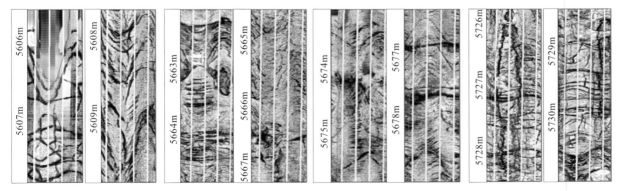

图 4-26　玉北 1 井裂缝型储集体成像测井响应特征

4. 复合型（孔洞-裂缝型和裂缝-孔洞型）测井响应特点

孔洞、裂缝多常伴生形成孔洞-裂缝等复合型储集体，在玉北地区比较常见（图 4-26）。常规测井上，该类储集体一般不扩径，自然伽马值一般为 15～30API；双侧向视电阻率较低（RD 一般为 100～2000Ω·m），深、浅侧向无明显幅差；补偿密度较小，声波时差、中子孔隙度略有增大；成像测井常见到沿裂缝扩溶、顺层状溶蚀，形成裂缝＋溶蚀孔洞型储集空间，在 FMI 图像上表现为暗色正弦曲线和暗色斑点状图像（图 4-27）。

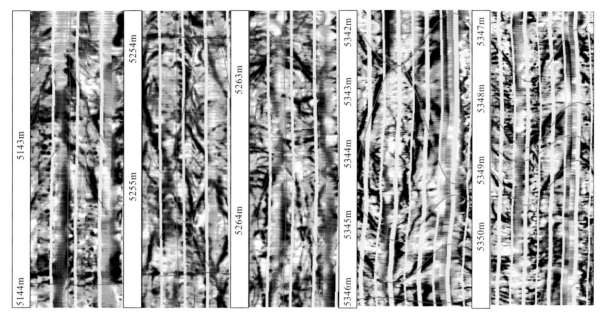

图 4-27　玉北 1-2x 井复合型储集体成像测井响应特征

（二）西部平台区储集体类型

西部平台区普遍残留上奥陶统良里塔格组，部分井可能残留有桑塔木组地层（胜和 2 井），至于是否发育有一间房组地层，目前还没有古生物资料证实。皮山北 2 井 6898.45～6898.55m 的 *Yaoxianognathus neimengguensis*，玉北 4 井 5900.00～5900.53m 的 *Scabbardella similaris* 在塔里木盆地均主要产自上奥陶统地层，证实发育上奥陶统。

上奥陶统良里塔格组在海西早期存在短暂的沉积暴露，玉北 4 井、玉北 8 井钻探证实其岩溶储集体不发育，如玉北 4 井第 1～3 回次取心，岩性以含生屑泥晶灰岩夹亮晶砂屑灰岩（鲕粒）为主，少量含生屑含泥质灰岩；见少量中缝，缝多全充填泥质和方解石；测井响应为高阻致密性储集体中偶见薄层弱溶蚀孔，其储集性能与巴麦地区其他钻井类似，一般均相对较差。

西部平台区鹰山组表层储集体欠发育，偶见少量裂缝型储集体，鹰山组下段白云岩储集体溶蚀孔洞发育。中上部灰岩地层存在淡水改造，但储集体主要发育在下部白云岩地层当中，取心揭示白云岩储集体具有两类储集空间：孔洞型与孔隙型。铸体薄片揭示的孔隙空间主要为白云石晶间孔隙，白云石主要为直面自形白云石，以孔洞型储集体为主（图 4-28）。

（三）东部断洼区储集体类型

东部断洼区与西部平台区类似，鹰山组表层储集体欠发育，孔洞型储集体是断洼区发育的最主要的储集体类型，多发育于蓬莱坝组和鹰山组内幕远离不整合面的白云岩段中，如玉北 6A 井第 9 回次鹰山组取心段中可见大量溶蚀孔洞（图 4-29）。此外，玉北 5 井 6450～6500m、6600～6670m、6700～6750m 溶蚀孔洞白云岩及灰质白云岩段中可见该类型储集体发育。这类储集体的溶蚀孔洞主要呈蜂窝状发育，少数孤立发育，造成该类型储层的物性呈现 3 种特征：①孔洞大量发育且连通性较好，基质孔隙度及渗透率都较好；②孔洞大量发育但连通性一般或较差，基质孔隙度较好、渗透率一般；③孔洞孤立发育，基质孔隙度及渗透率都较差。

图 4-28 平台区玉北 8 井鹰山组下段白云岩孔洞型储集体特征

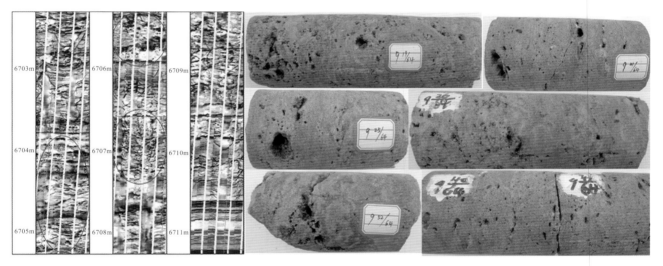

图 4-29 断洼区玉北 6A 井鹰山组下段白云岩孔洞型储集体特征

这类储集体的测井响应特征表现为自然伽马曲线在溶洞处呈"反弓"形,值较围岩增大;双侧向视电阻率测井值明显减小,呈小的"正差异";补偿密度测井曲线在溶洞处呈"弓"形,值降低很多;声波时差和中子孔隙度均增大;成像测井显示为黑色斑块,直径为 10~100mm(图 4-30)。

三、储集体地震响应特征

(一)储集体地震振幅响应特征

根据上述不同类型的储集体正演模拟结果,对比实际地震剖面碳酸盐岩储集体地震响应特征,总结玉北 1 井区块奥陶系碳酸盐地层的地震响应特征、确定敏感参数,能为该区储集体预测地震技术的开发与应用研究提供依据。

从表 4-5 可以看出,钻井揭示奥陶系储集体段位于波峰或波谷上,振幅值弱、中、强都有,值域为 0~72。

综合常规测井及成像测井解释,玉北 1 井主要发育有 3 段有利储集体段:5604~5615m 井段以高角度裂缝为主,高角度裂缝与不规则、微细裂缝叠置,局部裂缝伴随溶蚀发育;5658~5680m 井段以中、高角度裂缝为主,多含不规则斜交裂缝及微细缝特征;5688~5750m 井段裂缝相对较发育,不规则裂缝、高角度斜交缝及直劈缝与中、低角度裂缝叠置，溶蚀特征发育不理想，以弱溶蚀特征为主，与主要裂缝段相对应，溶孔结果受裂缝影响较大。该井已在上部井段进行了中途测试，获高产油气流。玉北 1 井鹰山组顶部储集体主要表现为低振幅反射；中下部储集体段为杂乱背景下的强振幅反射，横向展布清晰（图 4-31）。

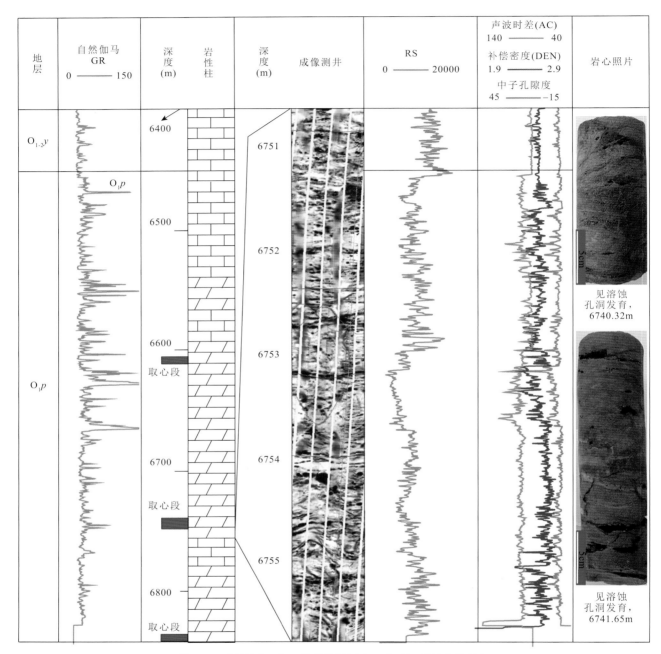

图 4-30 断洼区玉北 5 井蓬莱坝组白云岩孔洞型储集体特征

表 4-5 玉北地区钻井奥陶系储集体地震反射特征统计表

井点	钻探目标地震反射特征	储集体层段（m）	储集体层段地震反射特征
胜和 2 井	玛南构造带高部位	6427～6442.5	位于波谷，振幅值为-76
玉北 1 井	玛南构造带高部位	5600～5620	位于波峰，振幅值为 56
		5666～5762	位于波谷，振幅值为-56
		5712～5736	位于波峰，振幅值为-68
玉北 1-1x 井	玛南构造带高部位	5953.46～5958.46	位于波峰下零相位，振幅值为 4
		6056.19～6069.19	位于波谷，振幅值为-12
		6223.18～6241.18	位于波峰，振幅值为 40

井点	钻探目标地震反射特征	储集体层段（m）	储集体层段地震反射特征
玉北 1-2 井	玛南构造带高部位	5115.00～5117.00	位于波谷，振幅值为-72
		5283.28～5284.93	放空段，波谷下部接近零相位，振幅值为-20
玉北 4 井	串珠状反射	5819～5847	位于波峰，振幅值为 56
		5864～5866	位于波谷，振幅值为-44
		5942～5957	位于波峰，振幅值为-32
玉北 5 井	古潜山背景，振幅异常条带及串珠状反射	5994～6002	位于波峰上零相位，振幅值为 12
玉北 7 井	鼻凸背景，振幅异常条带及串珠状反射异常	5820～5824	位于波谷下零相位，振幅值为 0
		6228.0～6231.8	四开尚无曲线，未能标定
玉北 3 井	玛东构造带高部位	5169～5232	位于波谷，振幅值为-45
		5303～5330	位于波谷，振幅值为-15
		5042～5459	位于波谷，振幅值为-68
皮山北 2 井	皮山北构造带	7159～7160	位于波谷上零相位，振幅值为-8
		7175～7177	位于波谷下零相位，振幅值为-12
玉北 6 井	低频反射条带背景，串珠状反射异常		低频反射条带背景，串珠状反射异常
玉北 8 井	透镜体强反射异常体		透镜体强反射异常体
玉北 9 井	穹窿状外形内幕杂乱反射		穹窿状外形内幕杂乱反射
玉北 10 井	串珠状反射		串珠状反射
玉北 11 井	串珠状反射		串珠状反射
玉北 12 井	内幕杂乱反射		内幕杂乱反射
玉北 1-3H 井	玛南构造带高部位		断背斜背景下串珠状反射
玉北 1-4 井	玛南构造带高部位		残丘背景、内幕杂乱反射
玉北 1-5 井	玛南构造带高部位		残丘背景、内幕杂乱反射

玉北 1-2 井主要发育有 3 个有利储集体段：5125～5190m、5250～5310m、5340～5370m，均为中、高角度裂缝和溶孔发育段，总体溶孔发育程度不理想，以弱溶蚀为主，含溶蚀孔层段与裂缝发育层段配置较好。玉北 1-2 井鹰山组上部储集体和放空井段为弱反射，为主要产层段；下部储集体段为杂乱背景下的强振幅反射（图 4-31）。

玉北 1-1x 井主要发育有两个有利储集体段：5900～5976m 为裂缝发育层段，但部分被泥质充填；6207～6227m 以裂缝和溶洞为主，该段钻井中发生井漏和放空（5m）。玉北 1-1x 井鹰山组顶部储集体发育段振幅变弱，下部储集体段为杂乱反射（图 4-31）。

玉北 5 井全井共钻遇：12m/8 层气测异常、1.5m/1 层油迹、7.5m/1 层荧光。该井测井解释储集体发育段大致分为 3 套；①鹰山组中下部 6279.0～6367.0m，该段储集体较发育，标定于波谷，为中强反射；②蓬莱坝组上部 6456.0～6528.0m，该段储集体发育，储集体类型为裂缝-溶孔型，标定于较弱的波峰位置；③蓬莱坝组中、下部：6600.0～6767.0m，该段储集体发育，储集体类型为裂缝-溶孔型，视电阻率值偏低，该段岩心破碎，裂缝发育，并可见明显的未充填溶蚀孔洞，地震剖面上该储集体段标定为两个强反射相位，短轴呈下掉滴水状（图 4-31）。

玉北 7 井主要发育 3 套有利层段：①5882～5905m，主要为裂缝型储集体，地震上标定为中强反射波谷上沿；②6094～6176m，主要为裂缝-孔洞型和裂缝型储集体，标定为弱反射波谷；③6300～6380m，主要为裂缝型储集体，标定为串珠状反射（图 4-31）。

（二）断裂裂缝检测

鉴于研究区多期次的构造运动及其控制的强烈持续的断裂体系的发育，使得研究区裂缝广泛发育，而裂缝对优质储层的贡献又是显而易见的，因此研究区的断裂、裂缝及微裂缝检测就显得极其重要。应力场数值模拟结果表明，奥陶系潜山碳酸盐岩构造裂缝发育带及定向与断裂体系关系明显，裂缝主要密集分布在 NE 向主断层附近。裂缝方向总体以 NE 向为主，与区域构造应力方向垂直。该区主应力有两个：NE 向和 EW 向，表明可能存在两期构造运动（图 4-32）。

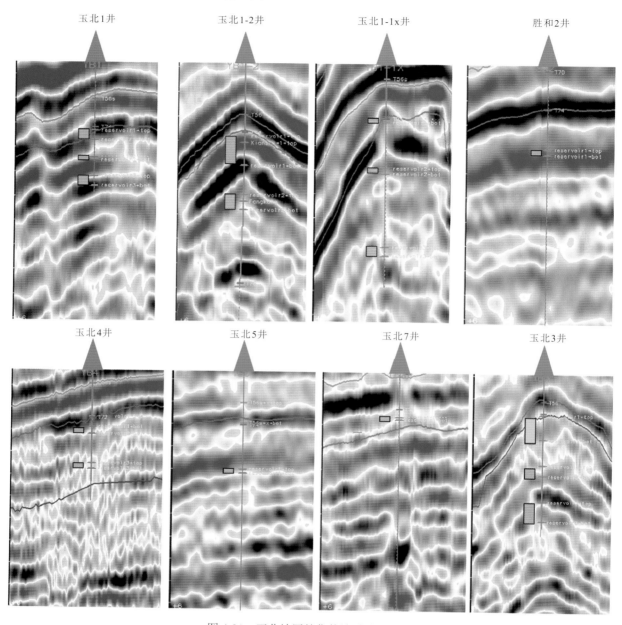

图 4-31　玉北地区储集体地震响应特征

蚂蚁追踪算法是目前公认的一种非常有效的断裂和裂缝识别技术，可以清晰地识别边界图，包括所有小的裂缝和地震不连续界面。通过玉北 1 井地震剖面与蚂蚁体裂缝追踪剖面对比图（图 4-33），蚂蚁体图越接近黑色，代表裂缝越大。可以清晰地看到在玉北 1 井原始地震剖面上具有比较明显显示的大断裂在蚂蚁体追踪剖面中都可以清晰追踪，并且可以观察到溶蚀孔洞沿着裂缝发育。而对于在原始剖面中肉眼难以识别的一些小断裂及裂缝发育带在蚂蚁体追踪剖面上也都有清晰反映，其形态和展布都比较清晰直观。

综合玉北地区钻井的储集体地震响应特征和断裂裂缝检测，认识到玉北地区储集体在地震响应上的一些特征。

（1）表层风化壳裂缝-孔洞型储集体多发育于构造高部位，遭受了一定程度的岩溶剥蚀，在地震响应特征上为弱振幅反射特征。

（2）裂缝型储集体的发育与断裂带关系密切，玉北地区奥陶系内幕的裂缝型储集体多表现为中强反射特征，反射强度受裂缝角度和密度影响，角度越大反射强度越小，密度越大反射强度越大，本区裂缝多以高角度裂缝为主。因而在裂缝储集体预测中，需在奥陶系内幕弱振幅背景中寻求强振幅条带。

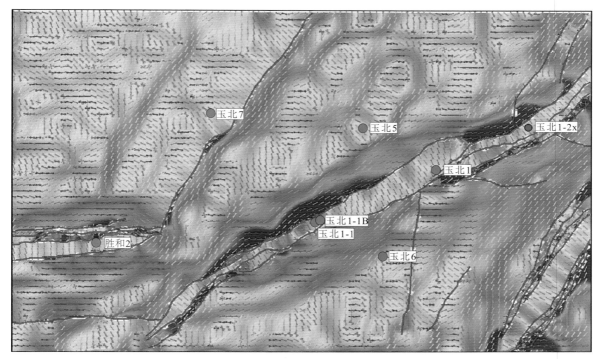

图 4-32 玉北 1 井三维地震工区奥陶系鹰山组应力场及曲率变化属性图

（3）串珠状反射在本区依旧具有很大的价值，从玉北 6A 井、玉北 5 井和玉北 7 井的储集体反射特征来看，结合蚂蚁体裂缝追踪的分析（图 4-33），断洼区串珠状反射对应缝洞型储集体。

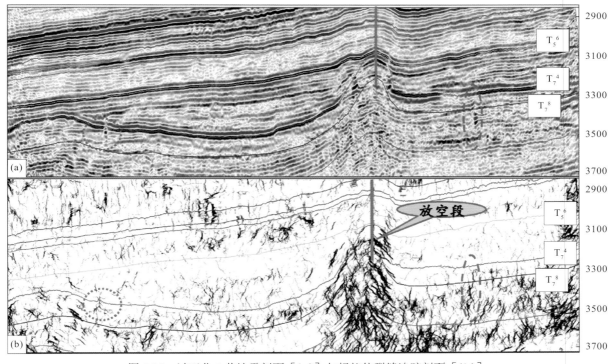

图 4-33 过玉北 1 井地震剖面 [（a）] 与蚂蚁体裂缝追踪剖面 [（b）]

四、储集体分布规律

针对玉北地区奥陶系储集体类型及展布特征，前人已经做了一定的研究（乔桂林，2014；谭广辉，2014；刘忠宝，2013，2014）。基于对玉北地区奥陶系储集体类型的识别及储集体测井和地震响应特征的认识，对该地区奥陶系储集体展布特征进行了分析，结果表明（图 4-34 和图 4-35），玉北地区储集体孔洞（包括被云质、硅质、钙质充填-半充填-未充填的孔隙）具如下特征。

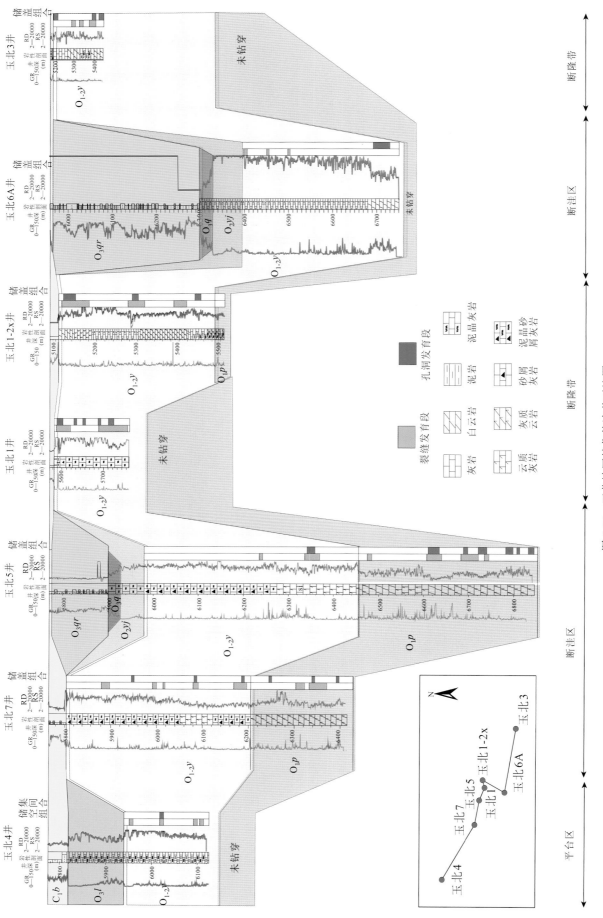

图 4-34 玉北地区储集体连井对比图

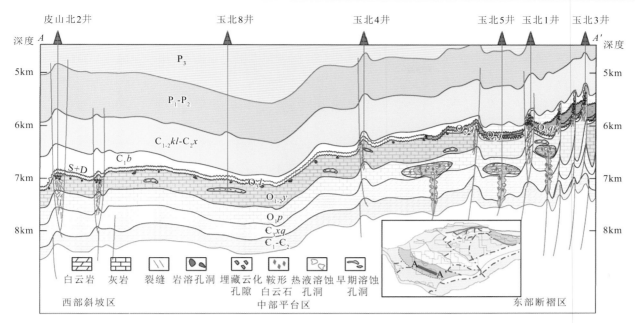

图 4-35　玉北地区储集体地质剖面图

（1）鹰山组上段可见两套储集体：在玉北 1 号构造带，在靠近现今鹰山组顶部位置，发育溶孔、裂缝及部分溶洞；玉北 9 井区发育少量溶孔；在其他井区未见发育。在鹰山组上段下部位置，发育一套准层状溶蚀孔洞型储集体，以溶孔、溶洞为主，部分为裂缝。

（2）鹰山组下段可见一套储集体：总体在鹰山组中下部发育，横向基本可对比，在玉北 3 井、玉北 6A 井、玉北 9 井较发育，说明可能与当时的古地貌高部位有关。

（3）蓬莱坝组可见 2～3 套储集体：由于钻井揭露的蓬莱坝组较少，根据玉北 3 井、玉北 5 井、玉北 1-2x 井发育情况，推断总体发育 2～3 套横向可对比的孔洞。

与沉积旋回对比发现，总体在向上变浅旋回的中上部孔隙较为发育，但也有孔隙在向上变浅旋回的下部或在向上变深旋回的上部发育。这一方面受控于古地貌高点的位置；另一方面可能是塔里木地块从早奥陶世至志留纪时期由南向北穿越赤道地区，大气降水丰富，即使在水体相对较深的时期淡水透镜体依然较为发育，大气淡水或淡水-海水混合水溶蚀较强所致。

显然，以上所分析的储集体不一定是现今的有效储集空间。后期白云石化、硅质热液作用和晚期钙质胶结，均对储集空间有较强的改造作用。只有那些适度白云石化且油气较早充注的储集空间，后期热液改造或晚期方解石未完全充填的孔隙，才能成为有效孔隙。

平面上，以玉北 1 号 NE 向断裂为界，玉北地区奥陶系可划分为 3 个地层小单元，及西部玉北平台区（玉北 5 井、玉北 7 井和玉北 8 井）、NE 向构造带（玉北 1 井和玉北 1-2x 井）和玉东断洼区（玉北 2 井、玉北 3 井、玉北 6A 井和玉北 9 井）。由于受构造抬升的影响不同，不同单元的储集体发育特征也明显不同。

（一）玉北 1 号 NE 向构造带储集体发育特征

玉北地区 NE 向构造带奥陶系由于受到多期构造抬升的显著影响，裂缝广泛发育，主要发育裂缝型储集体、溶洞-裂缝型储集体和溶孔-裂缝型储集体，以玉北 1 井和玉北 1-2x 井特征最为明显。裂缝型储集体主要发育在鹰山组上部；溶洞-裂缝型储集体和溶孔-裂缝型储集体主要发育在鹰山组下部和蓬莱坝组。玉北地区断褶区域储集体发育程度最好。

（二）东部断洼区储集体发育特征

东部断洼区受剥蚀程度较低，鹰山组与上伏一间房组整合接触，受构造抬升影响相对较弱，储集体发育特征以玉北 9 井和玉北 6A 井最为明显。玉北 9 井以裂缝型储集体为主，玉北 6A 井以孔洞型储集体和裂缝-孔洞型储集体为主。对于蓬莱坝组而言，玉北 5 井储集体发育特征最为明显，以孔洞型储集体和裂缝-孔洞型储集体为主。

（三）玉北平台区储集体发育特征

平台区储集体类型发育样式较多，以玉北 8 井特征最为明显，鹰山组上部发育较多的裂缝型储集体；而在鹰山组下部则广泛发育以白云岩为基质岩性的孔洞型储集体。

第四节　储集体主控因素

通过对玉北地区实钻情况和分析化验资料等的研究，认为玉北地区奥陶系主要发育岩溶缝-洞型储层，具体来讲可以分为 3 套，分别为表层风化壳储层、鹰山组下段储层和蓬莱坝组储层。

一、表生岩溶作用的影响

一般情况下，岩溶作用都受控于不整合作用下形成的古地貌，研究区中下奥陶统碳酸盐岩由于经历多期构造运动的叠加改造，岩溶发育期次及特征均有显著差异。

和田古隆起在地质历史过程中经历了基底古隆起、奥陶系古隆起、古隆起沉降消亡等多个发育阶段及迁移演化。加里东早期—中期 I 幕和田古隆起形成阶段玉北地区整体隆升，中部平台区一间房组剥蚀殆尽，鹰山组顶部灰岩段也受到一定程度的剥蚀。玉北地区中部平台区鹰山组碳酸盐岩地层具备加里东中期 I 幕岩溶发育的宏观地质条件；加里东中期 III 幕—海西早期和田古隆起发育定型阶段、加里东中期末，盆地南缘处于持续收缩的挤压构造环境，导致和田古隆起和塔中隆起区进一步挤压隆起，形成了大范围分布的奥陶纪末高角度不整合，在早期基底断裂的基础上形成了多排 NE 走向的断裂构造带，反映奥陶纪末塘古巴斯凹陷受到由 SSE 向 NNW 方向的强烈挤压，造成凹陷内形成对冲的、NEE 走向的系列逆冲断层，地层受推挤向断层面抬升、翘倾、褶皱，突出的地层遭受强烈的剥蚀，形成了受断裂带控制的不整合带；海西早期和田古隆起轴向发生变化，构造应力场发生变化，玉北地区东部断褶区 NE 向断裂构造内部多期应力交织，断裂带裂缝型储层发育，为溶蚀作用提供了基础条件（图 4-36）；海西中晚期（柯坪）巴楚古隆起形成及和田古隆起沉降埋藏。隆起变迁为奥陶系碳酸盐岩储层发育提供了有利条件。

（一）上奥陶统与中-下奥陶统之间的不整合面（T_7^4）

此不整合面在研究区构造演化中极其重要，加里东中期 I 幕运动引发全盆海退，使玉北地区整体抬升，暴露地表，形成大范围的侵蚀不整合面，并发育挤压褶皱形成的断裂。从地震剖面上看，T_7^4 界面除东部构造带为强反射外，整体则表现为低频连续反射，其上下地层多为角度不整合或平行不整合接触关系［图 4-37（a）］。鹰山组与上覆地层基本为微角度不整合，弱削截特征。据资料显示，该期的沉积间断为 30～50Ma，岩溶地貌特征较为平缓，因此，加里东中期 I 幕岩溶广泛发育。

玉北西部平台区奥陶系地层沉积序列与巴楚隆起主体相同，鹰山组之上覆盖良里塔格组，一间房组的缺失表明该区存在加里东中期 I 幕岩溶作用。目前揭示的钻井有皮山北 2 井、玉北 8 井、玉北 4 井。

（二）志留系与奥陶系间的不整合（T_7^0）

该不整合面受控于加里东中期 III 幕运动，地震剖面上标定为 T_7^0，是加里东中期 III 幕运动在塔里木盆地西部地区的构造响应，是区内构造演化中重要的一期不整合面［图 4-37（b）］。志留系地层直接覆盖在鹰山组地层之上的区域，在鹰山组顶发育加里东中期多幕次岩溶叠加作用，以色力布亚断裂—海米罗斯断裂—玛扎塔格断裂以南玉北斜坡区（皮山北 2 井以西）至巴什托地区为代表。鹰山组第四段残留厚度相对较薄，一般为 100～150m，岩性为浅灰色灰岩，部分发育 1～2 层辉绿岩、安山岩等火山岩侵入体。与玉北东部断隆带相比，鹰山组顶部的地层剥蚀程度较弱。

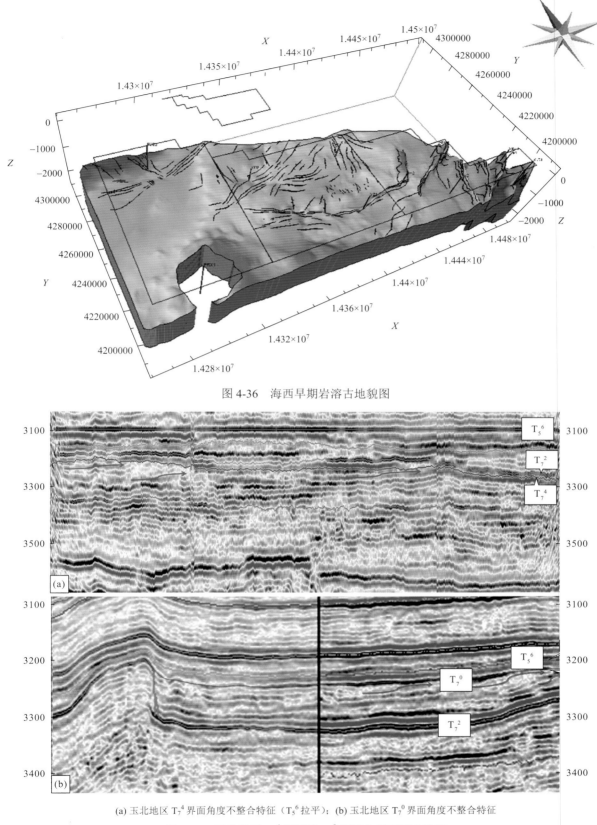

图 4-36　海西早期岩溶古地貌图

(a) 玉北地区 T_7^4 界面角度不整合特征（T_5^6 拉平）；(b) 玉北地区 T_7^0 界面角度不整合特征

图 4-37　玉北地区 T_7^4 界面及 T_7^0 界面角度不整合特征

（三）巴楚组与鹰山组的不整合（T_6^0）

巴楚组与鹰山组受控于海西早期构造运动，发育范围较小，表现为多个不整合类型叠加，石炭系地层与中-下奥陶统碳酸盐岩的不整合接触区以发育海西早期岩溶为主要特征，可能叠加了加里东中晚期的岩溶作用。研究区内典型的构造带是玉北东部断隆带，受多期构造运动、地层剥蚀与岩溶作用的影响，石炭系之下残留的碳酸盐岩地层具有较大的差异，其岩溶储集体特征可能受岩性、局部构造等多种因素的综合影响。不同构造带的海西早期岩溶作用响应主要指钻、录、测的影响特征与充填物特征。

海西早期之后，随着和田古隆起逐渐被淹没埋藏，岩溶作用宣告结束，此后由于石炭纪巴楚组下部泥岩段的覆盖，岩溶储集体得以很好地保存。同时，海西期热液沿先前形成的断裂体系与早期的表生岩溶作用相叠加进一步改造了储集体的孔隙性，风化淋滤作用和流体-岩石相互作用优化了玉北地区断裂带上储集体的储集性能，玉北 1 井岩心中的溶蚀孔洞和玉北 1-2x 井中出现的溶洞可能就是这一时期的淋滤结合热液流体共同作用形成的。

东部断隆带受多期暴露剥蚀并接受大气淡水淋滤，加之加里东中晚期—海西早期中高角度裂缝较发育，裂缝在提供储集空间的同时，还为大气淡水下渗提供通道，促进岩溶作用。鹰山组顶部储集体主要受多期暴露不整合面和中高角度裂缝共同控制，在东部断隆带形成了缝洞型优质储集体。

从目前的实钻结果来看，不同地区之间、古地貌高部位与低部位之间、断裂带与断裂带之间、同一个断裂带上储集体发育均存在明显差异。归其原因主要是不同区带在地层剥蚀（决定不整合形成过程中暴露淋滤时间）、裂缝发育程度（规模、有效性等）上存在差异。

（1）麦盖提斜坡东部玉北地区储集体好于西部巴什托地区。虽然两地区下奥陶统鹰山组碳酸盐岩均具备多期暴露发生溶蚀的条件，且从钻井岩心及成像测井图像上看均有裂缝发育，但是断裂-裂缝发育期次存在明显不同，玉北地区主要以加里东中晚期—海西早期裂缝为主，而巴什托地区主要为岩溶期后海西晚期的断裂-裂缝系统为主，对岩溶作用的发生无贡献。

（2）古地貌高部位储集体好于低部位。主要是由于高部位地层剥蚀强度更大，遭受大气淡水淋滤时间长，更有利于溶蚀，其次古地貌高部位往往与断裂带叠加复合，裂缝较发育，沟通流体可进一步促进溶蚀作用发生。

（3）不同断裂带之间存在差异。玉北 1 号构造带缝洞型储集体明显好于玉北 3 号和玉北 7 号构造带，3 个构造带地层剥蚀程度基本相当，同为构造带高部位，裂缝发育均较好，但从钻井岩心裂缝统计分析结果来看，玉北 3 井、玉北 7 井裂缝充填严重，如玉北 3 井鹰山组岩心观察到的 483 条裂缝中，有 312 条裂缝全充填，21 条裂缝半充填，充填物主要为方解石和沥青质，破坏了裂缝沟通流体促进溶蚀的有效性，故其孔洞发育相对较差。而玉北 1 井观察到的 351 条裂缝中，高角度裂缝与中低角度裂缝均有，充填原油的裂缝占多数，充填程度很低，在提供储集空间的同时，可沟通流体促进溶蚀孔洞发育。

（4）同一断裂带之间存在差异。玉北 1 号构造带上自南向北玉北 1-1 井、玉北 1 井、玉北 1-2x 井依次变好，首先是受地层剥蚀程度的控制，剥蚀程度越大储集体好，在剥蚀程度相近的情况下，裂缝发育规模（厚度、产状）越大，储集体越好。

二、热液作用的影响

热液溶蚀作用的关键在于构建开放成岩体系，使反应产物能够被带出成岩体系，从而形成有效储集体空间。因此研究区与热液作用有关的白云岩储集体通常发育在断裂带附近，与岩浆活动有关，断层及岩浆活动期一方面为深部流体的上涌提供通道和动力，另一方面也可将溶蚀后的产物带出本层，从而形成下部溶蚀、上部充填的剖面特征。

玉北地区的热液流体对宿主白云岩地层具有极强的侵蚀性，可形成大量溶蚀孔洞，如玉北 5 井蓬莱坝组、玉北 6A 井鹰山组下段等鞍形白云石发育的层段均有溶蚀孔洞的发育。同时，断裂体系在一定程度上影响了储集体的成岩作用。诸多事实证明断裂体系和岩溶作用如果可以合理地综合叠加、相互匹配，那么两者耦合后对于形成有效高产的碳酸盐岩储集体所起到的作用可以远远大于其单一作用所产生的效果。由于这种深部流体对白云石不饱和，因此初始作用阶段溶蚀了大量断层附近的白云岩，随着溶蚀作用的进行，热液流体的性质（离子浓度、成分、温度）也逐渐发生改变，最后流体对白云石变为过饱和，使得鞍形白云石开始沉淀在溶蚀孔洞中，随后自生萤石、自生石英等热液矿物相继沉淀。玉北 5 井蓬莱坝组取心段中，下部自生石英的充填作用要弱于上部（图 4-38），很可能就是热液自下而上作用的结果，导致下部溶蚀，而上部充填的现象。

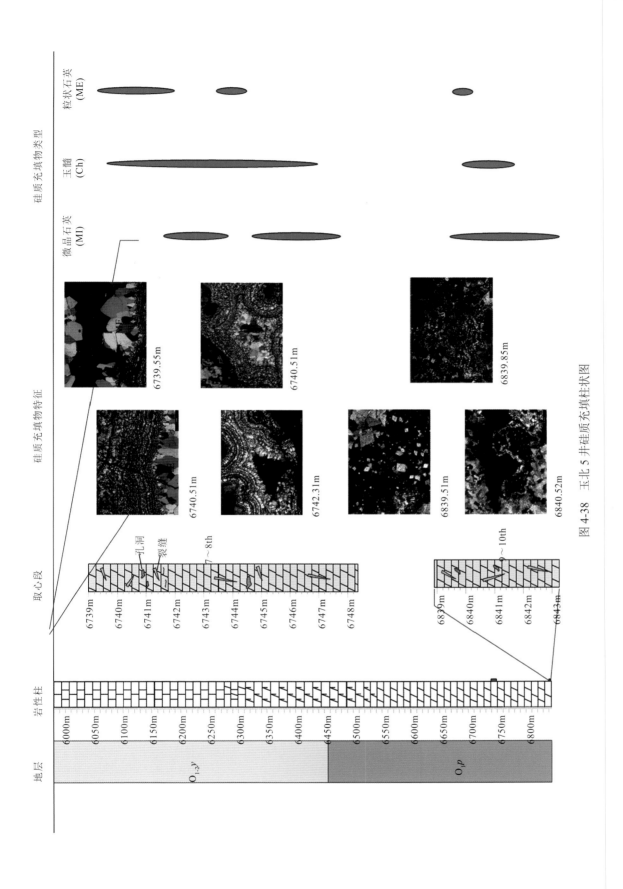

图 4-38 玉北 5 井硅质充填柱状图

三、断裂及裂缝对储层发育的控制作用

断裂及其伴生裂缝是岩溶作用的先期通道，增加了水与碳酸盐岩的接触面积，增大了地表水及地下水的溶蚀范围，改善了碳酸盐岩的渗流作用，使溶蚀作用增强，溶蚀速度加快，在碳酸盐岩内部形成一个可代谢的淡水溶蚀系统，从根本上为空间范围内大规模的碳酸盐岩溶蚀作用提供条件。玉北地区放空也均与断裂有一定的相关性，如玉北 1 井顶部，在沿断裂溶蚀扩大的溶洞导致钻井放空并漏失。对比玉北地区奥陶系鹰山组发育裂缝与孔洞的对应关系（表 4-6）可以看出，玉北 1 号构造带裂缝、孔洞开启性好，发育层段对应性较好，具有较好的裂缝-孔洞网络系统，为油气运聚成藏提供了良好的路径，利于沟通油气，其他构造带孔缝充填严重，有效孔、缝对应性差，不利于油气运聚。

表 4-6　玉北地区奥陶系缝洞对应关系

层位	构造位置	井名	裂缝发育段（m）	裂缝条数（条）	裂缝充填情况			孔洞个数（个）	孔洞充填情况			含油气裂缝（条）	含油气孔洞数（个）	缝洞对应关系
					全充填	半充填	无充填		全充填	半充填	无充填			
鹰山组	玉北 1 号构造带	玉北 1	5603.68～5612.70	22	4	14	4	103		69	34	17	103	较好
			5615.27～5620.00	31	16	3	12	3		3		15	3	差
			5714.0～5718.20	72		13	59	36		16	20	72	36	好
			5718.2～5725.00	44		7	37	0				44	0	差
		玉北 1-1	5984.00～5989.12	15	15			5	4	1		0	0	差
		玉北 1-2x	5133.50～5135.61	57	5	16	36	439		439		29	439	好
			5444.00～5445.66	12	8	4		49		49		0	0	较差
	玉东 3 号构造带	玉北 3	—	483	312	21	150	70	70	0	0	—	0	差
	中西部平台区	玉北 4	—	17	17	0	0	1	1	0	0	—	0	差
	玉北 7 号构造带	玉北 7	—	140	137	3	0	11	11	0	0	—	0	差
	断洼带	玉北 9	6558.00～6563.60	9	7	2	0	0	0	0	0	0	0	差
			6844.63～6885.50	60	55	5	0	179	8	63	108	5	146	差

加里东中晚期—海西早期断裂对奥陶系碳酸盐岩缝洞型储层发育贡献大。加里东中晚期—海西早期的断裂带活动时期与奥陶系碳酸盐岩暴露时期相匹配，断裂活动控制了伴生裂缝的发育，使得地表淡水能够沿断裂及裂缝下渗，发生溶蚀作用，有利于缝洞型储层的发育，玉北 1 井的突破为此类构造带的勘探提供了良好的思路。其余活动时期的断裂与奥陶系碳酸盐岩暴露期不相配，对岩溶作用的贡献也有限。但毋庸置疑的是断裂带直接或间接控制裂缝的发育。

从构造演化分析，本区通常会发育两类构造缝：一类是隆起抬升时由于应力释放，形成靠近地表的区域性分布的高角度张性缝；另一类是由于断裂活动、褶皱发育形成受局部构造控制的裂缝，既有高角度裂缝，也有中低角度裂缝。从玉北 1 井的 FMI 结果来看，奥陶系鹰山组发育 3 段裂缝，从上到下逐渐增多，走向以 NE 向为主，低角度的平缝、微裂缝主要分布在下两个层段。岩心观察到至少发育两期裂缝，并有低角度裂缝切割高角度裂缝的现象。分析原因，应与往下层段越来越接近断层部位，受断裂活动派生的裂缝越来越多有关。

加里东中期—海西早期断裂活动有利于裂缝型储层的形成和改造，断裂活动形成相同走向的构造裂缝，如加里东中期—海西早期玉北 1 井构造带形成走向一致的裂缝，可促进地表水对奥陶系风化面的侵蚀，导致溶蚀作用增强，使溶蚀孔洞和裂缝更加发育，从而增加了有效储层的厚度，如玉北 1 井顶部沿裂缝溶蚀扩大的洞。与断裂带呈不同夹角的裂缝走向可能是由于后期区域构造应力场发生变化，导致断裂褶皱以不同于断裂走向的裂缝形式表现，这类储层有利于增加奥陶系储层，但却不能沿裂缝形成岩溶-缝洞型储层，

只表现为对后期油气调节存在一定的贡献性，甚至对油气藏产生破坏作用。总体来看，根据目前玉北地区主要钻井奥陶系鹰山组测井解释储集体厚度占地层厚度百分比的统计分析结果（图 4-39），玉北地区大多发育与断裂走向较为一致的裂缝，对储集体具有相当的贡献，统计奥陶系鹰山组多属裂缝型储集体，并且复合型储集体发育区主要集中在 NE 向构造条带上。此外，玉北 1 井、玉北 1-1x 井、玉北 1-2 井在下古生界中下奥陶统钻进过程中发生放空、漏失，均与其断裂作用有关。因此，NE 向早期形成的深大断裂发育区，是玉北地区裂缝型和裂缝-孔洞型储层最有利的发育区。

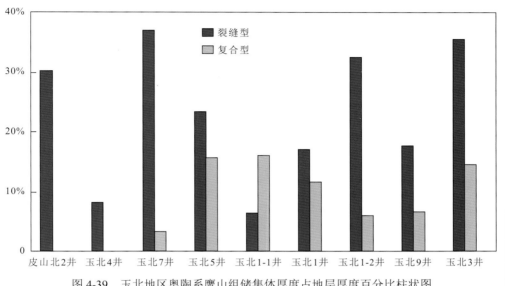

图 4-39　玉北地区奥陶系鹰山组储集体厚度占地层厚度百分比柱状图

第五章　顺北地区深层奥陶系碳酸盐岩储集体发育特征

顺北地区位于塔里木盆地的中西部，地理位置隶属新疆维吾尔自治区阿瓦提县和沙雅县，构造位置处于阿瓦提拗陷、沙雅隆起及顺托果勒低隆的过渡部位。区域构造上位于顺托果勒低隆构造带，跨越顺托果勒低隆和东西两个拗陷，南部紧邻卡塔克隆起，北部为沙雅隆起。中国石油化工股份有限公司将该探区划分为 6 个评价区（图 5-1）。其中，顺北油区分为顺北 1 区、顺北 2 区、顺北 3 区和顺北 4 区，面积为 $1.99 \times 10^4 \text{km}^2$；顺南气区分为顺南 1 区和顺南 2 区，面积为 8000km^2。顺北 1 区位于顺托果勒低隆的西北部、沙雅隆起的西南倾没端，西跨阿瓦提拗陷东斜坡，构造特征表现为北高南低、东高西低的斜坡形态。顺北地区北部沙雅隆起总体表现为 X 形走滑断裂体系发育，南部塔中隆起和顺托果勒低隆的南部地区（顺北 2 区—顺北 4 区和顺南 1 区—顺南 2 区）则以发育 NE 向或 NNE 向单剪走滑断裂体系为主。顺北 1 区位于 X 形走滑断裂体系与单剪走滑断裂体系的过渡带。

第一节　岩石类型及典型成岩作用

一、岩石类型

从顺北地区的岩心观察来看，目的层一间房组和鹰山组的岩石类型有颗粒灰岩类、泥晶/微晶灰岩类、藻黏结灰岩类、过渡岩类（灰质白云岩/白云质灰岩）、硅质（含硅）岩类及白云岩类。颗粒灰岩多为亮晶胶结，颗粒以生物碎屑（生屑）和砂屑为主，偶见藻类经过搬运磨圆后形成的藻砂屑和藻砾屑［图 5-2（a）］，可见少量核形石［图 5-2（b）］；泥晶/微晶灰岩中沿缝合线常可见漂浮状粉晶-细晶自形白云石［图 5-2（c）］；薄片中偶见具有隐藻黏结结构，鸟眼孔和层状孔洞发育，粒状亮晶充填，如亮晶藻黏结含白云质灰岩、亮晶含团块生物碎屑-藻黏结灰岩［图 5-2（d）、图 5-2（e）］；过渡岩类主要为粉晶-细晶灰质白云岩［图 5-2（f）］、含生物碎屑粉晶-细晶灰质白云岩和粉晶-细晶灰质白云岩，白云石呈半自形-自形菱形晶，呈分散状分布于微晶方解石之中，也可以沿缝合线分布；含硅灰岩、硅质灰岩、硅质岩在顺北地区多口井中均有发现，各层系均有发育，硅质主要为隐晶质玉髓和微晶状石英［图 5-2（g）］，硅质多对灰岩进行整体交代，偶见对生物碎屑或无选择性的斑块进行交代。此外，在隐晶质和微晶状的硅质部分常可见漂浮状分布的粉晶-细晶自形白云石［图 5-2（h）］。白云岩类主要为平直面自形-半自形细-中晶白云岩［图 5-2（i）］。

二、典型成岩作用

（一）方解石的胶结和充填作用

研究区的胶结作用表现为颗粒之间被方解石等胶结物充填，根据薄片鉴定的胶结物形态和阴极发光特征，在顺北地区可识别出放射轴状方解石、粒状方解石和方解石 C1～C4 六种形态的胶结物或充填物。放射轴状方解石胶结物主要发育于泥晶灰岩之中［图 5-3（a）］，干净明亮的粒状方解石胶结物［图 5-3（b）］多发育于亮晶砂屑灰岩和微亮晶颗粒灰岩之中。

方解石 C1 为被硅质交代后残余的方解石，与硅质流体性质密切相关，多发育于硅质边缘，具有明显的交代残余结构，以粒状形态镶嵌在硅质中，其晶体大小为 200～500μm［图 5-3（c）］，阴极发光下显示为橘红光［图 5-3（d）］。

方解石 C2 多发育于裂缝或破碎硅质角砾之间，此类方解石晶粒大小不一，为 200～1000μm，多呈细-中晶［图 5-3（e）］。阴极发光下可见该类方解石的发光性多为暗红-昏暗光，可见橘红色的亮边［图 5-3（f）］。该类方解石与硅质的切割关系表明其形成期次与 C1 不同。

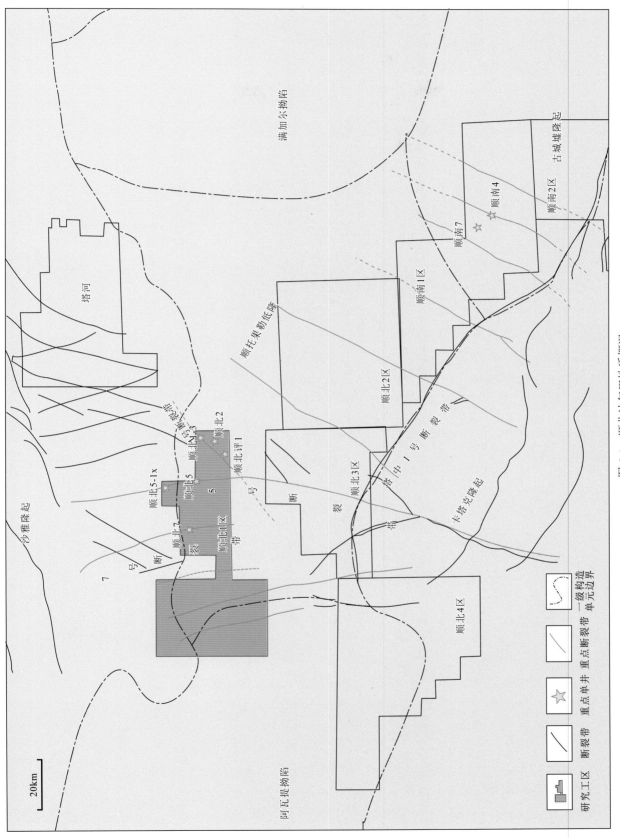

图 5-1　顺北油气田地质概况

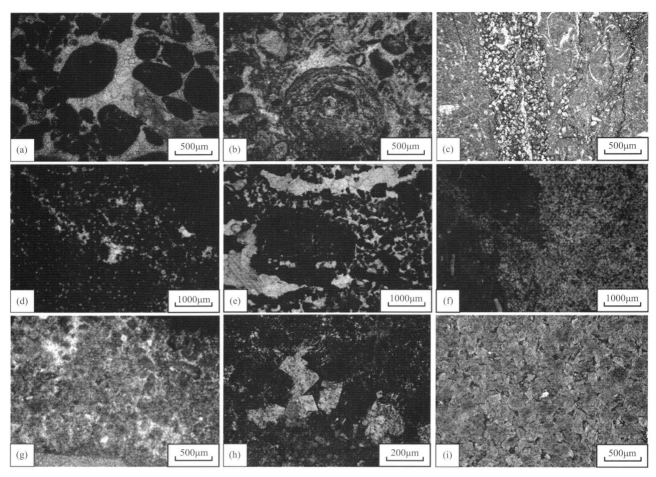

(a) 亮晶（藻）砾屑-砂屑灰岩，颗粒磨圆较好，可见两期方解石胶结，顺北 5 井，O_2yj，7425.80m（+）；(b) 泥微晶颗粒灰岩，可见核形石，顺北 2 井，O_2yj，7362.84m（–）；(c) 泥晶/微晶灰岩，可见粉晶-细晶自形白云石沿缝合线分布，顺北 2 井，$O_{1-2}y$，7520.60m（–）；(d) 微晶灰岩-亮晶藻黏结灰岩，鸟眼孔发育，顺北 2 井，$O_{1-2}y$，7736.26m（–）；(e) 亮晶含团块-介形藻黏结灰岩，$O_{1-2}y$，顺北 2 井，7737.70m（–）；(f) 含生屑粉晶-细晶灰质云岩，白云石为粉晶-细晶自形-半自形结构，$O_{1-2}y$，顺北 2 井，7523.60m；(g) 含硅质泥晶/微晶砂屑灰岩，硅质为隐晶-微晶结构，可见自形的漂浮状白云石，顺北 2 井，O_2yj，7442.97m（+）；(h) 隐晶质硅质中含自形白云石，顺北 2 井，O_2yj，7363.49m（+）；(i) 平直面自形-半自形细-中晶白云岩，顺北蓬 1 井，$O_{1-2}y$，8452m（–）

图 5-2　顺北地区岩石学特征

方解石 C3 主要发育在破碎颗粒之间，其晶体大小为 100～1000μm［图 5-3（g）］，晶体增大可能多为流体密度及沉淀空间变化导致的，阴极发光下显示为不发光-昏暗光［图 5-3（h）］。方解石 C3 往往包裹着破碎颗粒，结合岩心及薄片观察并没有明显的其他成岩流体的再改造现象。

方解石 C4 主要沿高角度裂缝发育，其晶粒大小受裂缝宽度限制，多为 500μm 左右［图 5-3（i）］。薄片观察显示，该类方解石具有明显的切割特征，其沿裂缝可见切割基质、硅质、缝合线和方解石 C2［图 5-3（f）］。阴极发光下呈现出较强的红光发光性［图 5-3（f）］。

整体来说，胶结作用在研究区一间房组—鹰山组地层中广泛发育，以粒状方解石胶结物充填孔隙和裂缝为主要特征。一间房组地层中局部可见粗晶-巨晶方解石充填于破碎颗粒之间，阴极射线下其发光性以昏暗光为主要特征。鹰山组地层中，胶结物以亮晶为主，阴极射线下其发光性以昏暗光为主要特征。

（二）破裂作用

破裂作用是指岩石受到外部应力的作用而产生裂缝的作用，是顺北地区最主要的建设性成岩作用。顺北地区走滑断裂大规模和多期次的发育导致破裂作用的主要产物是互相切割的构造裂缝［图 5-3（f）］和破碎的构造角砾［图 5-4（a）］。根据裂缝的几何形态，将研究区裂缝分为以下 3 种类型：①高角度裂缝［图 5-4（b）］；②扩溶缝［图 5-4（c）］；③水平裂缝［图 5-4（d）］。裂缝的充填程度具有全充填、半充填、未充填的差异，充填物质也不尽相同，包括泥质、沥青质和方解石。未充填-半充填的裂缝可作为良好的运移通道和储集空间。破碎的角砾往往被方解石胶结而致密［图 5-4（e）］。

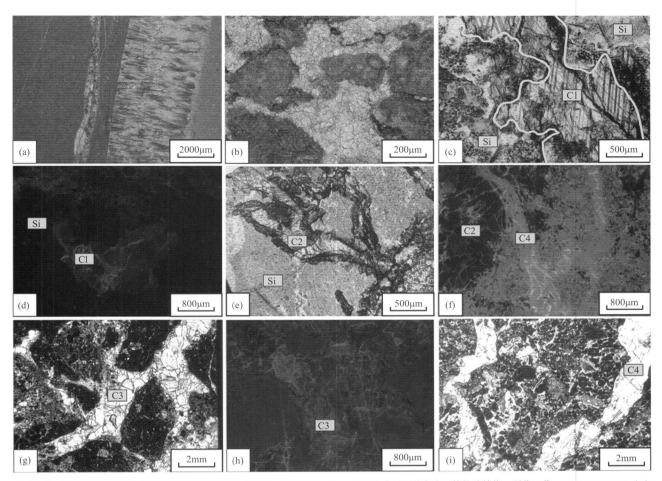

(a) 放射轴状方解石胶结物充填于裂缝中,顺北 5-1X 井,O$_2$yj,7558.52m(+);(b) 微亮晶颗粒灰岩,粒状胶结物,顺北 2 井,O$_2$yj,7446.95m(−);(c) 见硅质交代的方解石 C1,顺北 1-3 井,O$_2$yj,6-1/18(−);(d) 被硅质交代的方解石 C1 在阴极发光下显示为橘红光,硅质不发光,顺北 7 井,O$_2$yj,1-11/60;(e) 方解石 C2 发育在破碎硅质角砾之间,顺北 7 井,O$_{1-2}$y,1-43/60(−);(f) 方解石 C2 在阴极发光下显示为暗红-昏暗发光性,晶体边缘可见橘红光的亮边,方解石 C4 切割方解石 C2,C4 呈现出较强的红光发光性,顺北 1-3 井,O$_2$yj,2-11/19;(g) 破碎颗粒之间被方解石 C3 充填,顺北 5 井,O$_2$yj,2-9/32(−);(h) 阴极发光下 C3 显示为不发光-昏暗光,顺北 5 井,O$_2$yj,2-9/32;(i) 方解石 C4 发育在切割基质的裂缝中,顺北 7 井,O$_2$yj,2-26/32(−)

图 5-3 顺北地区方解石的胶结和充填作用

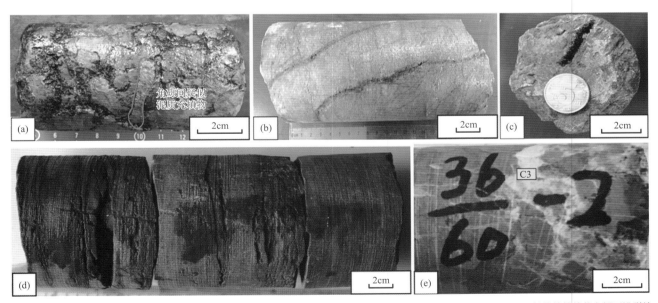

(a) 构造角砾岩,角砾为基质灰岩,砾间见疑似泥质,砾间缝被沥青全充填,顺北 1-3 井,O$_2$yj,7273.64～7273.70m;(b) 扩溶缝被粒状方解石沿裂缝壁半充填,顺北 5-1X 井,O$_2$yj,7481.38～7481.61m;(c) 图(b)的岩心横截面的扩溶缝,可见粒状方解石沿裂缝壁半充填;(d) 发育平缝,可见沿平缝有扩溶现象,顺评 1 井,O$_{1-2}$y,7782.68m;(e) 构造破碎的角砾之间被方解石 C3 全充填,顺北 7 井,O$_{1-2}$y,1-36/60 岩心

图 5-4 顺北地区破裂作用特征

（三）溶蚀作用

在顺北奥陶系碳酸盐岩地层中，很难观察到（准）同生期溶蚀作用形成的组构选择性溶蚀孔隙，如铸镆孔或粒内溶孔。因此，较弱的（准）同生期溶蚀作用可能是普遍存在的，但在研究区目的层发育不明显。相对于塔里木盆地其他地区，顺北地区取心段样品中的同生期溶蚀作用现象并不典型，但是，可以见到发育有表生期岩溶的特征，主要表现为以下几点。

1. 红色氧化泥质的混入

在顺北 1-3 井、顺北 1-7H 井及顺北 2 井中都观察到红色泥质的存在 [图 5-5（a）]，镜下观察其整体呈黑色且不具有消光性 [图 5-5（b）]。这些红色泥质可能是由淡水流体通过运移带入地层当中的。

2. 大型溶洞、洞穴层的存在

研究区广泛存在放空和漏失现象，说明在钻井的过程中，钻遇大型溶洞或洞穴层，导致钻头放空，钻时加快，而钻井泥浆的压力较大，因此造成泥浆漏失。此外，在顺北 1-3 井一间房组取心段中可见长约 5m 的黑色沥青段 [图 5-5（c）]，说明在油气充注之前存在溶蚀作用可能形成了洞穴层。

3. 镜下观察可见海绿石

海绿石是一种富钾、富铁、含水的二八面体层状铝硅酸盐自生矿物，在海相沉积岩和现代沉积物之中广泛分布，常应用于揭示沉积物之间的相互关系与沉积环境，确定具有地质意义的沉积间断，测定沉积岩年龄等（Chacrone et al.，2004；葛瑞全，2004）。根据成因可分为原地海绿石和异地海绿石两种类型。原地海绿石主要形成环境为弱氧化至弱还原介质条件、弱碱性介质条件，通常集中于相对薄的地层（<1～3m）中（Amorosi，1997）。而只有原地海绿石才能正确反映其形成时的古环境信息，通常将其作为海侵时期凝缩段或者沉积间断的识别标志，常常在不整合面中可见到较多数量的海绿石发育。而异地海绿石通常是由原地海绿石经过流体搬运作用在地层其他部位滞留形成的。

在薄片镜下观察中，在研究区内距离 T_7^4 较近的一间房组地层的薄片观察中，可见到有海绿石出现。其形态呈现翠绿色的颗粒状或者长短轴的卵形，沿缝合线分布的特征 [图 5-5（d）]，缝合线内大多充填泥质。区内海绿石的成因应该为异地海绿石，是大气淡水从地表沿裂缝系统进入地层时，将不整合面附近含少量海绿石的泥质一同带入地层所形成的。

4. 溶蚀缝洞发育

多口单井取心段的岩心中可见溶蚀缝洞发育 [图 5-5（c）、图 5-5（d）]。此外，部分单井岩心的镜下观察可见粒间的胶结物或基质被溶蚀 [图 5-5（e）、图 5-5（f）]，说明研究区目的层存在过溶蚀作用的改造。

（四）其他成岩作用

除上述几种类型的成岩作用以外，区内还发育以下几种成岩作用：压实压溶作用、白云石化作用及硅化作用。在顺北地区奥陶系碳酸盐岩中，由于胶结作用进行得比较快，颗粒间的接触关系较弱，仅有少量的颗粒或生物碎片有轻微的变形 [图 5-6（a）]，表明发生了较低限度的压实作用。压溶作用通常发生在机械压实作用之后，最显著的特征是广泛分布的压溶缝合线 [图 5-6（b）]。

白云石化作用：研究区白云石的主要表现形式为沿缝合线分布发育，这类白云石常呈粉-细晶结构（50～100μm），自形-半自形为主，晶体干净明亮，消光均匀，阴极发光下呈暗红色 [图 5-6（c）]，此类白云石分布受控于泥质含量较高的缝合线，由此可以推断此类白云石较缝合线的形成时间略晚或大致相当。根据缝合线形成与埋藏条件，认为该白云石化发生于浅-中埋藏成岩阶段。

硅化作用：顺北地区的目的层在地层元素测井（ECS）、元素录井和取心段资料上均识别到了大量的硅质，硅质多以结核、团块或条带状产出 [图 5-6（d）]，镜下鉴定呈玉髓或隐晶质结构 [图 5-6（e）]。此外，在顺北蓬 1 井中可见粒状石英半充填了晶间溶孔 [图 5-6（f）]，说明在溶蚀作用以后有一期富硅的热液流体对目的层进行了改造。

(a) 顺北地区岩心薄片上具有红色泥质特征；(b) 泥质在镜下不具消光性，顺北 1-3 井，O_2yj，7272.65m（+）；(c) 岩心中见大段沥青，且沥青质中见较大颗粒的立方体黄铁矿，顺北 1-3 井，O_2yj，7265.05～7265.10m；(d) 缝合线处发育海绿石，顺北 2 井，O_2yj，7356.22m（+）；(e) 可见粒状方解石中有少量晶间孔及晶间溶孔，部分晶体边界有溶蚀特征，顺北 2 井，O_2yj，7357.40m（–）；(f) 白云石晶体边界具有较明显的溶蚀特征，顺北蓬 1 井，$O_{1-2}y$，8452.00m（–）

图 5-5　顺北地区溶蚀作用特征

(a) 颗粒间的接触关系较弱，可见介形虫碎片有轻微的变形，顺北 1-3 井，$O_{1-2}y$，7424.00m（–）；(b) 见缝合线内发育粉晶白云石，白云石晶体呈自形-半自形，顺北 1-3 井，$O_{1-2}y$，7428.00m（–）；(c) 图（b）的阴极发光特征，表现为灰岩基质近于不发光，而缝合线内分布的白云石发弱橙红色光，发光性一般但好于基质；(d) 硅质呈条带状发育，顺评 2H 井，O_2yj，7508.88～7508.94m；(e) 硅质呈玉髓或隐晶质结构，顺北 2 井，O_2yj，7360.79m（–）；(f) 细小的粒状石英半充填充填晶间溶孔，顺北蓬 1 井，$O_{1-2}y$，8452.90m（–）

图 5-6　顺北地区压实压溶作用、白云石化作用及硅化作用特征

　　此外，该区域还发育泥晶化作用、重结晶作用及一些自生矿物（如黄铁矿），但这些作用对该区储集体的影响较小，在此不再赘述。

三、成岩作用发育规律及序列

　　这里分别从横向和纵向上对顺北地区中下奥陶统碳酸盐岩的成岩作用进行了差异比较（图 5-7），从而了解成岩作用在区域内的发育规律。

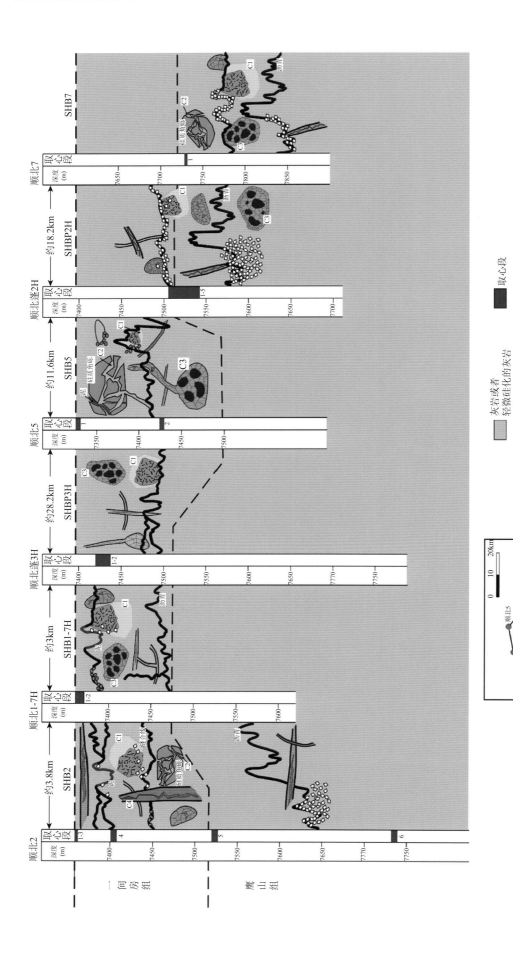

图 5-7 顺北地区中-下奥陶统成岩作用连井模式图

（一）横向差异

横向上，不同断裂带的同一层位成岩作用的差异主要表现在以下方面。

1. 破裂作用的程度

位于顺北 1 号主干断裂带的顺北 1-3 井以发育高角度立/斜缝为特征，顺北 1-7H 井发育大量平缝，且充填物可见泥质和沥青。顺北 5 号主干断裂带斜缝、平缝、立缝均有发育，部分裂缝未充填，裂缝发育特征与顺北 1 号主干断裂带相似。次级断裂带的顺北 2 井裂缝发育也较明显，以平缝为主，见少量立缝发育，裂缝多为方解石半充填，缝宽多为 1mm 左右。而分支断裂带上的顺评 1H 井、顺评 2H 井和顺评 3H 井裂缝发育较差，以平缝为主要特征。

2. 硅化作用的表现形式

一间房组地层中，顺北 1 号断裂带的硅化现象均表现为隐晶质硅交代方解石 C1，顺北 1-7H 井和顺北 2 井中偶见玉髓；而顺北 5 号断裂带常见硅质角砾，且被充填方解石 C2 的裂缝切割，向下局部缝合线处可见交代方解石 C1 的硅质。

（二）纵向差异

纵向上，不同层位之间的成岩差异主要表现在以下方面。

1. 压实压溶作用

顺北地区一间房组地层中，压实压溶作用较为发育，岩心上显示明显的锯齿状缝合线，可见低幅、高幅和网状缝合线，微观镜下可见其充填物有泥质、沥青、白云石和黄铁矿。而鹰山组的缝合线发育规模相对较弱，多以充填自形白云石为主。

2. 白云石化作用

顺北地区一间房组地层中，未见明显的白云石化现象，偶见自形白云石漂浮于缝合线中；而鹰山组地层中，白云石的表现形式为沿缝合线分布的白云石、交代基质的白云石、漂浮在硅质中的自形白云石，虽然现象较为明显，但白云石仍未达到一定的规模，所以并没有对鹰山组储集体起到明显的改善作用。

3. 硅化作用

顺北地区一间房组地层中，硅化作用发育较为普遍，在岩心上表现为条带状、角砾状、斑块状等，微观上表现为交代残余结构的硅质、隐晶质硅。而鹰山组硅化作用不太明显，仅可见少量隐晶质硅交代原岩。

（三）各断裂带差异

各断裂带的差异表现在以下方面。

1. 顺北 5 号断裂带

顺北 5 号断裂带的研究井和研究层位为顺北 5 井和顺北 5-1X 井的一间房组。早期基质为泥-微晶颗粒灰岩，见生屑发育，多为腕足类。随着地层进入埋藏期，进变新生变形作用表现为基质灰泥及生屑的重结晶，方解石晶粒增大，退变新生变形作用以包裹颗粒、生屑的泥晶套为特征。顺北 5 井一间房组上部的硅化现象较为明显，硅质交代方解石 C1，可见残余结构。经过一系列的破裂作用，见硅质和颗粒发生破碎，硅质角砾间和破碎颗粒间分别被方解石 C2、C3 胶结，随后，被压实压溶作用产生的缝合线切割，并沿缝合线发育黄铁矿，且在孔洞充填的方解石中也可见到黄铁矿的存在。而顺北 5-1X 井一间房组下部，经过破裂作用产生高角度裂缝，后被放射轴状和晶粒状方解石胶结，且见裂缝互相切割现象，未见明显的充填，裂缝中见未孔隙。后期发育的缝合线中可见少量泥质和沥青充填。

2. 顺北 1 号断裂带

顺北 1 号断裂带的研究井和研究层位为主干断裂带顺北 1-3 井一间房组、顺北 1-7H 井一间房组和次级断裂带顺评 1H 井鹰山组、顺评 3H 井一间房组、顺北 2 井一间房组及鹰山组。

早期基质为泥（微）晶颗粒灰岩，见生屑发育，多为腕足类。随着地层进入埋藏期，压溶缝合线出现，缝合线中见少量黄铁矿、沥青及由上部地层充注进来的泥质，进变新生变形作用表现为基质灰泥和生屑的重结晶，方解石晶粒增大，退变新生变形以包裹颗粒、生屑的泥晶套为特征。硅质发育普遍，硅质侵入，对围岩进行交代，见明显的交代残余方解石 C1 及残余颗粒结构。断层破裂作用较强的区域，破碎角砾发育，见硅质角砾被方解石 C2 充填。后期压溶作用产生的缝合线切割方解石 C2。进入鹰山组，颗粒含量明显减少，常见泥晶灰岩。白云石化作用沿缝合线发育且交代基质，但发育规模有限，并未起到明显的建设性成岩作用。硅化现象明显减少，仅可见少量硅质交代方解石 C1，晚期发育的高角度裂缝切割缝合线充填热液方解石 C4，见未充填完全的残余孔隙，伴随构造运动的持续发育，最晚一期油气充注。

根据对现有资料的综合分析，顺北地区中-下奥陶统地层成岩演化序列（图 5-8）如下：早期沉积物沉积以后，成岩作用以泥晶化、胶结作用、重结晶作用及溶蚀作用为主，其中海底胶结作用一般具有多世代胶结的特征，在大气淡水的影响下，溶蚀作用使得粒间溶孔形成，部分泥晶及不稳定颗粒发生重结晶作用形成新的方解石胶结物，同时伴随早期烃类流体侵位（沥青）；进入浅埋藏成岩阶段时，粒状方解石大量胶结，砂屑等颗粒被选择性硅化，原始海水中的溶解硅可能提供了硅的物质来源；中埋藏期由于持续性的埋藏压溶作用十分显著，形成大量近平行于层面或不规则的网状缝合线，同时自生黄铁矿开始生成，白云石化流体沿缝合线交代基岩，并伴随方解石胶结作用。到了深埋藏阶段，研究区中-下奥陶统碳酸盐岩地层在构造作用的影响下形成大量断裂和裂缝体系，但大部分被晚期烃类流体侵位（沥青）及方解石充填。

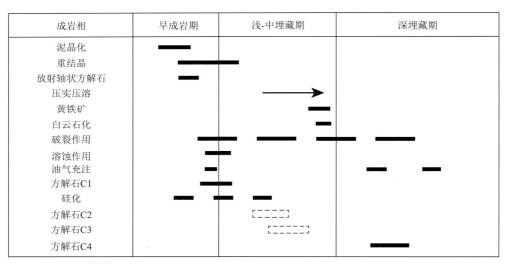

图 5-8　顺北地区成岩演化序列图（虚线框表示成岩事件的相对顺序不太清楚）

第二节　成岩流体地球化学特征

顺北地区在构造活动的影响下，形成了三期大规模构造走滑断裂，破裂作用比较发育，不同时期的构造运动产生的裂缝及破碎，其方解石充填物在岩相上表现出不同的特征。因此，对不同期次的流体形成的方解石进行了详细的地球化学分析。

一、碳氧同位素特征

本书将研究区微区碳氧同位素数据与全岩碳氧同位素数据进行统一分析，研究区碳氧同位素分析结果及含量测定参数见表 5-1 和表 5-2。绘制基质灰泥与不同成因流体的方解石的碳氧同位素交汇图，如图 5-9 所示。

本书全岩所测定的基质灰泥微区碳氧同位素值（$\delta^{13}C$ 值为 –1.2‰～＋0.1‰、$\delta^{18}O$ 值为 –9.2‰～–6.9‰）都

与同期海水值接近（Veizer et al., 1999）；硅质交代残余的方解石 C1 相比于基质灰泥 $\delta^{13}C_{VPDB}$ 无明显分馏，但 $\delta^{18}O_{VPDB}$ 具有偏负现象；方解石 C2 与 C3 的 $\delta^{13}C_{VPDB}$ 和 $\delta^{18}O_{VPDB}$ 较基质灰泥相比均出现一定程度的负偏移，其中 $\delta^{13}C_{VPDB}$ 虽然跨度较大，但部分 $\delta^{13}C_{VPDB}$ 相对基质灰泥的 $\delta^{13}C_{VPDB}$ 并无明显分馏，表明成岩流体仍为海源流体；沿高角度裂缝充填的方解石 C4 的 $\delta^{18}O_{VPDB}$ 值相比于方解石 C2、C3 的 $\delta^{18}O_{VPDB}$ 值明显偏低，说明形成方解石 C4 的流体类型与形成 C1、C2、C3 的流体类型不同。

表 5-1　碳氧同位素分析结果表

井名	块号	$\delta^{13}C_{VPDB}$（‰）	$\delta^{18}O_{VPDB}$（‰）	矿物类型
顺北 5-1X 井	$1\,{}^{2}/_{60}$	+0.3	−6.9	基质灰泥
顺北 7 井	$1\,{}^{36}/_{60}$	−1.2	−9.2	基质灰泥
顺评 3H 井	$2\,{}^{45}/_{88}$	−0.8	−8.0	基质灰泥
顺北 1-3 井	$4\,{}^{4}/_{19}$	−0.6	−10.9	方解石 C1
顺北 1-3 井	$6\,{}^{1}/_{18}$	−1.2	−11.7	方解石 C1
顺北 1-3 井	$2\,{}^{16}/_{19}$	−1.5	−13.1	方解石 C2
顺北 2 井	$4\,{}^{14}/_{57}$	−1.4	−13.4	方解石 C2
顺北 7 井	$1\,{}^{11}/_{60}$	−0.9	−13.2	方解石 C2
顺评 3H 井	$2\,{}^{8}/_{88}$	−0.8	−11.3	方解石 C2
顺北 1-3 井	$2\,{}^{11}/_{19}$	−0.9	−11.9	方解石 C3
顺北 1-3 井	$3\,{}^{8}/_{18}$	−0.9	−10.9	方解石 C3
顺北 5 井	$2\,{}^{7}/_{32}$	−2.2	−12.2	方解石 C3
顺北 1-3 井	$3\,{}^{17}/_{18}$	−1.9	−17.1	方解石 C4
顺评 3H 井	$2\,{}^{45}/_{88}$	−1.1	−15.8	方解石 C4

表 5-2　碳氧同位素测定参数表

类别	$\delta^{13}C_{VPDB}$（‰）	$\delta^{13}C_{VPDB}$ 均值（‰）	$\delta^{18}O_{VPDB}$（‰）	$\delta^{18}O_{VPDB}$ 均值（‰）
基质灰泥	−1.2～0.3	−0.6	−9.2～−6.9	−7.7
方解石 C1	−1.2～−0.9	−1.0	−11.7～−11.1	−11.4
方解石 C2	−3.5～−0.6	−2.0	−13.4～−9.7	−11.8
方解石 C3	−2.8～−0.8	−1.2	−12.8～−6.0	−10.6
方解石 C4	−2.0～−0.8	−1.3	−17.1～−8.1	−12.8

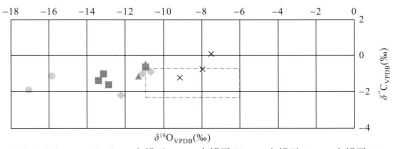

图 5-9　各期流体碳氧同位素交汇图

二、稀土元素特征

不同的流体具有不同的稀土元素（REE）配分特征，处于不同氧化还原环境的流体具有不同的 Ce、Eu 特征（余新亚等，2015）。本次研究采用北美页岩标准化，Ce 异常与 Eu 异常计算采用 $Ce/Ce^{*} = 2Ce_{N}/(Pr_{N}+Nd_{N})$ 和 $Eu/Eu^{*} = Eu_{N}/(Sm_{N}\times Tb_{N})^{1/2}$。典型的海相灰岩通过标准化后具有相对高的轻稀土含量 $(La/Yb)_{SN}>1$，Ce 负异常，Gd 轻微异常，La 正异常，$(La/Nd)_{SN}$ 介于 0.8～2.0 之间（Bau and Dulski，1996；Zhang and Nozaki，1996）；河水的稀土元素除无明显的 Ce 异常外，表现出轻稀土元素总量亏损、重稀土元素富集的特征（Goldstein and Jacobsen，1988）；来自深部的热液流体的 ΣREE 明显高于海水与河水，表现出轻稀土元素富集和显著的正 Eu 异常的配分特征（Michard and Albarede，1986；Michard et al.，1983）。在不同的自然流体中沉积的岩石通常具有相似的稀土元素地球化学特征（Banner et al.，1988），如沉积于海水的碳酸盐岩通常具有不同程度的负 Ce 异常（Oliver and Boyet，2006；Nothdurft et al.，2004；Webb and Kamber，2000），与热液有关的沉积物会出现显著的正 Eu 异常（Morgan and Wandless，1980；Guichard et al.，1979）。除酸性热液流体外，绝大部分自然流体的稀土元素含量均非常低，仅为 $10^{-12}\sim10^{-10}$，不足以显著改变岩石的稀土元素特征，只有当水/岩比大于 10^3 时才能改变岩石的稀土元素特征（McLennan，1989；Banner et al.，1988）。各类流体稀土元素的配分特征如图 5-10 所示。其参数见表 5-3。

生屑胶结物及基质灰泥往往能代表海水的基础地球化学特征（陈永权等，2009）。本书的生屑、基质灰泥的微区元素特征显示，基质整体配分模式表现为右倾的特征［图 5-10（a）］。稀土元素中能敏感反映沉积环境的参数 Ce 与 Eu 分别显示不同的特征。基质的 Ce 整体表现为正常，少量样品显示为负异常，表明基质沉积背景为弱氧化-弱还原的成岩环境。其稀土元素总量普遍小于 30×10^{-6}，均值为 6.3×10^{-6}，反映淡水溶蚀改造的富黏土矿物的特征并不明显（王小林等，2009），同时也反映测试数据较为可靠。LREE/HREE 均值为 19.82，显示轻稀土元素相对重稀土元素具有富集的趋势。δCe 均值为 0.9，与海源性流体 δCe 的特征较为一致。δEu 均值为 0.67，具有一定程度的负异常，指示成岩环境为还原环境。

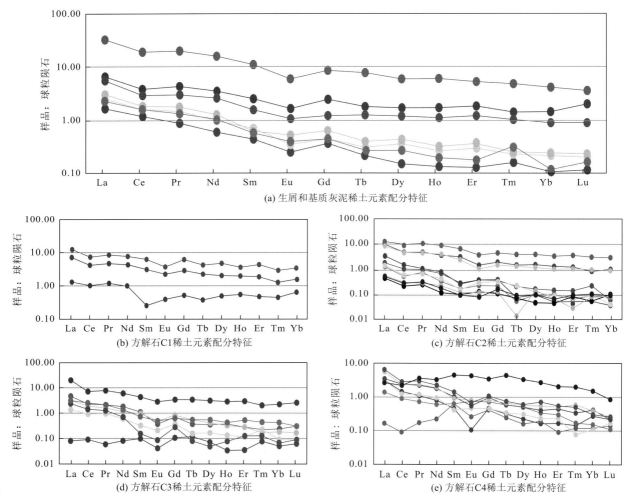

图 5-10　各期流体稀土元素配分特征图

表 5-3　各期流体稀土元素配分参数表

类别	ΣREE 均值（10^{-6}）	LREE/HREE 均值	δCe 均值（10^{-6}）	δEu 均值（10^{-6}）	Y/Ho
基质灰泥	6.3	19.8	0.9	0.7	
方解石 C1	14.8	10.4	0.8	0.7	大于 36

续表

类别	ΣREE 均值（10^{-6}）	LREE/HREE 均值	δCe 均值（10^{-6}）	δEu 均值（10^{-6}）	Y/Ho
方解石 C2	1.9	29.0	0.6	0.9	部分小于 36
方解石 C3	5.0	26.0	1.0	0.5	部分小于 36
方解石 C4	5.3	15.4	1.5	1.3	大于 36

方解石 C1 的稀土元素配分显示具有明显的由右倾向左倾过渡的特征［图 5-10（b）］。稀土元素总量相对基质及 C2、C3 具有明显较高的特征，表明交代成因的方解石可能继承了硅质热液流体的重稀土元素特征，且 LREE/HREE 值表明在溶蚀过程中轻稀土元素发生迁移，整体配分模式较为平缓。Y/Ho 值大于 36，为海源性流体特征。δCe、δEu 均表明该期流体成岩环境为还原环境。

方解石 C2 稀土元素配分模式同样显示具有右倾特征［图 5-10（c）］。稀土元素总量显示该类流体具有较低的稀土元素特征，表明水岩反应时发生大量稀土元素迁移。Y/Ho 显示跨度较广，部分小于 36，具有陆源特征，推测为交代硅质部分继承了其低 Y/Ho 值的特征。δEu 具有两种特征，一种 δEu 为负异常显示，平均值为 0.59；一种 δEu 为正异常显示，平均值为 1.2。少量正异常的 δEu 可能是因为对硅质的交代而继承了硅质的 δEu 特征，显示出轻微热液流体的特征，但 C2 整体仍为海源性流体的特征。

方解石 C3 仍体现出明显的右倾特征［图 5-10（d）］。整体稀土参数均与基质代表的海水特征相差不大，反映成岩环境未有较为明显的改变。稀土元素总量较低表明经历了长期的水岩反应，稀土元素发生迁出，同时轻重稀土元素比值显示轻稀土元素更加富集。δCe 表现相对富集，说明该时期成岩环境为还原环境。在所测样品中见一个样品呈现 δCe 的正异常（2.23），δEu 呈现明显的负异常（0.375），稀土元素总量明显偏低（0.4）。但 C3 整体的稀土元素特征与基质灰泥的稀土元素特征相似。

方解石 C4 的稀土元素配分呈现不同的特征［图 5-10（e）］。这种不同的配分模式与构造紧密联系，因此结合不同的断裂背景，对不同断裂带的方解石 C4 进行稀土元素配分模式的对比分析，如图 5-11 所示。

（1）顺北 1 号断裂带方解石 C4 的稀土元素配分特征呈平坦型［图 5-11（a）］。稀土元素总量平均为 $4.5×10^{-6}$，LREE/HREE 值为 4.15，δCe 平均值为 1.38，δEu 平均值为 1.45。稀土元素总量相对基质灰泥偏低，LREE/HREE 值显示具有明显的轻稀土元素亏损的特征，δCe 与 δEu 呈双高的特征。

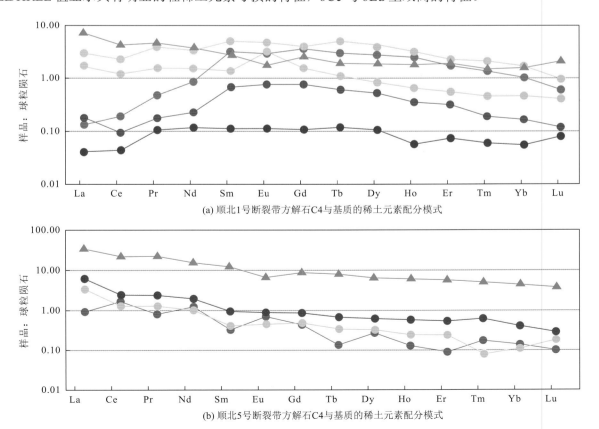

(a) 顺北1号断裂带方解石C4与基质的稀土元素配分模式

(b) 顺北5号断裂带方解石C4与基质的稀土元素配分模式

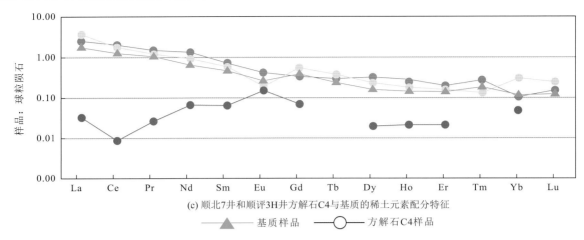

(c) 顺北7井和顺评3H井方解石C4与基质的稀土元素配分特征

————▲———— 基质样品　　————○———— 方解石C4样品

图 5-11　不同断裂带方解石 C4 与基质稀土元素配分特征图

（2）顺北 5 号断裂带方解石 C4 呈现较为平缓的稀土元素配分特征 [图 5-11（b）]。稀土元素总量平均为 5.9×10^{-6}，LREE/HREE 值为 28.12，δCe 平均值为 1.5，δEu 平均值为 1.3。相对于基质，C4 表现为 Eu 的富集趋势，整体配分模式较为相近。

（3）顺评 3 号断裂带方解石 C4 呈现较为轻微的右倾配分特征 [图 5-11（c）]。稀土元素总量平均为 5.0×10^{-6}，LREE/HREE 值为 29.2，δCe 平均值为 1.04，δEu 平均值为 0.56。相对于基质，C4 表现为 Ce 的富集趋势，为还原环境的指示。整体配分模式与基质较为相近。

（4）顺北 7 号断裂由于微区的误差，稀土元素显示残缺，未能全部表现稀土元素的特征，但明显体现出高 Eu 的特征 [图 5-11（c）]。

由此显示，主干断裂带发育的高角度裂缝方解石 C4 部分具有热液流体特征，而分支断裂带热液特征不明显。

三、方解石成因分析

综上所述，方解石 C1 在阴极射线下的发光性为橘红光，氧同位素与基质相比表现为偏负，微量元素显示较高 Fe、Mn 的特征，稀土元素配分模式与围岩相似，由右倾向左倾过渡，且稀土元素总量较高，Y/Ho 值大于 36，表明该期流体为海源性流体。因此，推测方解石 C1 为硅质交代围岩残余的产物，发育于硅质交代围岩之前。

方解石 C2 以较弱的发光性推测其形成于弱氧化-弱还原环境中，该阶段 Mn^{3+} 还未被大量还原进入方解石晶格之中，表明 C2 应该形成于浅埋藏期，而不是深埋背景下的产物。但碳氧同位素与基质具有明显的偏负特征，$\delta^{18}O_{VPDB}$ 相比于方解石 C1 偏负，因此，认为方解石 C2 发育时期相对方解石 C1 较晚，成岩温度增加为 $\delta^{18}O_{VPDB}$ 偏负的主要因素。同时，较低的 Fe、Mn 含量，稀土元素配分的右倾特征，与基质灰泥相似，因此，方解石 C2 整体仍显示为海源性流体的特征，推测其流体性质为封存地层水。

方解石 C3 因为缺少与硅质的接触关系，无法判断其与方解石 C1、C2 的先后关系，但与方解石 C2 的碳氧同位素具有一定的相似性，表明流体性质较为相似，应发育于同一背景之下。$\delta^{18}O_{VPDB}$ 逐渐偏负的趋势表明胶结作用随着埋藏深度的增加而逐渐发育，温度可能为 $\delta^{18}O_{VPDB}$ 偏负的主控因素。但根据其发光性及与缝合线的关系，推测应早于缝合线之前发育，并不是深埋还原背景下的产物。相对较低的 Fe、Mn 特征显示具有一定海源性流体特征，同时，稀土元素配分仍体现出明显的右倾特征，整体与基质代表的海水特征相差不大，进一步揭示了海源性流体特征。在长期的水岩反应过程中，部分稀土元素总量略有变化，稀土元素总量较低，轻重稀土元素比值显示轻稀土元素更加富集，δCe 相对富集，说明该时期成岩环境为还原环境。因此，推测该流体应为封存地层中的海水。

方解石 C4 的发光性较强，以富含 Fe、Mn 为特征，再结合与缝合线和方解石 C2 的切割关系，推测方解石 C4 应晚于缝合线和方解石 C2 发育，且 $\delta^{13}C_{VPDB}$ 和 $\delta^{18}O_{VPDB}$ 相比于方解石 C2、C3，具有较轻的趋势，推测为深埋还原环境的产物。$\delta^{18}O_{VPDB}$ 局部重叠，表明该期流体与地层水具有一定程度的混合，但成岩流体具有深部高温热液流体的特征。稀土元素配分模式具有不同的特征，顺北 1 号、5 号、7 号主干断裂带充填的方解石具有明显的热液特征，而次级断裂带上的顺评 3H 井，热液特征并不明显。这种差异往往与断裂性质相关，主干走滑断裂往往断距大，断裂程度强，有效沟通深部地层，利于热液流体的进入；而次级或分支断裂的断距、断裂形式、断裂程度较主干断裂差，因此深部流体的沟通能力较差，稀土元素特征显示多为地层水的配分特征。

四、地球化学对成岩流体演化的约束

早成岩阶段顺北地区成岩流体以海水或轻微改造的海水为主。上面所描述的放射轴状方解石［图 5-3（a）］通常被认为是海水作用的产物（Richter et al.，2011；Flügel，2010；Kendall，1983；Kendall and Tucker，1973）。进入浅埋藏阶段，由于地层中流体循环速率相对于海底成岩阶段小，方解石胶结物晶体生长较慢，通常表现出晶体明亮粗大的特征。这个阶段通常形成粒状方解石胶结物，其形成的流体多为保存在地层当中的残余海水。方解石 C1 的发育通常与硅质相关，多发育于硅质边缘，具有明显的交代残余结构，说明硅质流体对其的形成有一定影响。方解石 C1 的 $\delta^{18}O_{VPDB}$ 值（−11.7‰~−11.1‰）略低于全球奥陶系海相方解石的 $\delta^{18}O_{VPDB}$ 值（Veizer et al.，1999）并且显示出橘红色的发光性，似乎表明形成方解石 C1 的流体与海水不同。但是其稀土配分模式与基质灰泥的配分模式相似。另外，Y/Ho 值大于 36，表现出海源性流体的特征，说明形成方解石 C1 的流体可能是受到硅质流体影响的轻微改造海水。

早-中成岩阶段研究区成岩流体可能存在大气淡水。在前文中已描述了顺北地区溶蚀作用的特征，而这种溶蚀作用的发生推测可能是大气淡水导致的。由于顺北地区缺乏大规模抬升暴露的证据，因此该区的溶蚀作用与盆地内部塔河隆起的不整合岩溶作用是截然不同的。研究区广泛发育 NE 向走滑断裂，大气淡水可以沿着裂缝系统的优势通道进入目的层并对地层进行溶蚀改造，这种由断裂控制的非暴露型大气淡水溶蚀作用在盆地内部已经有类似的报道（乔占峰等，2011）。焦方正（2018）对该期溶蚀孔洞边部沉淀的方解石胶结物中的包裹体进行测温发现：其均一温度为 45~50℃，表明其形成于近地表环境，发育时期可能为加里东中期。此外，第一次油气充注之前，研究区已存在大型洞穴层，也说明溶蚀作用发生的时间相对较早。综上所述，笔者认为顺北地区中-下奥陶统碳酸盐岩地层在近地表到浅埋藏时期发生了一期断控大气水溶蚀作用，即早-中成岩阶段顺北地区成岩流体存在大气淡水。

进入中成岩阶段（浅-中埋藏时期），成岩流体可能为封存在地层当中的孔隙水，具有海源流体继承性的特征，该时期的主要成岩矿物为方解石 C2 及 C3。其主要证据有：①方解石 C2 被缝合线切割的岩石学现象说明 C2 可能形成于埋深较浅的成岩阶段；②研究区方解石胶结物 C2、C3 的 $\delta^{13}C_{VPDB}$ 值（C2 为−3.5‰~−0.6‰、C3 为−2.8‰~−0.8‰）表现出与同期海水值接近的特征（Veizer et al.，1999），同时较低的 Fe、Mn 含量与稀土元素配分的右倾特征，也说明该阶段成岩流体仍为继承性的海源流体；③尽管 $\delta^{18}O_{VPDB}$ 值（C2 为−13.4‰~−9.7‰、C3 为−12.8‰~−6.0‰）较基质灰泥明显偏负，这可能是由于随埋藏深度增加，受地温梯度影响而引起氧同位素分馏。

晚成岩阶段（深埋藏时期），成岩流体以深部热液流体为主，其主要成岩矿物为方解石 C4。岩石学观察表明，方解石 C4 切割了基质、硅质、缝合线、方解石 C2（图 5-3），说明其在成岩历史中形成时期相对较晚。此外，其较高的 Fe、Mn 含量（平均值分别为 $1159×10^{-6}$、$259×10^{-6}$）及红色的明亮发光性，也说明形成方解石 C4 的流体有别于方解石 C1~C3。进一步，$\delta^{18}O_{VPDB}$ 相较 C2、C3 偏负（−17.1‰~−8.1‰），且 δEu 具有正异常的特征也说明其成岩流体具有深部热液流体的特征。

综上所述，顺北地区中-下奥陶统碳酸盐岩地层成岩流体经历了早成岩期海水或轻微改造的海水→早中成岩期由断裂系统进入地层当中的大气淡水→中成岩期地层中封存的继承性海源流体→晚成岩期的深部热液流体。

第三节　储集体特征

一、储集体物性

（一）顺北地区一间房组碳酸盐岩实测物性

顺北地区一间房组的地层实测物性包括顺北 1-3 井、顺北 1-7H 井和顺北 2 井。该区一间房组 71 个样品实测渗透率数值的汇总分析显示（图 5-12），渗透率主要分布在（0.01~0.05）×$10^{-3}\mu m^2$ 之间，占全部样品的 29.58%，其平均渗透率为 $4.46×10^{-3}\mu m^2$。某些样品发育裂缝，部分渗透率偏高到 $80.3×10^{-3}\mu m^2$，部分渗透率偏低至 $0.46×10^{-3}\mu m^2$，当排除裂缝的影响时，统计显示实测平均渗透率为 $1.54×10^{-3}\mu m^2$，且有超过 71.83%的样品实测渗透率低于 $1×10^{-3}\mu m^2$，为典型的低渗透储集体。孔隙度方面，顺北地区一间房组 74 个样品的实测孔隙度统计显示（图 5-13），孔隙度的主要分布范围为 2.5%~9.0%，孔隙度低于 2.0%的样品占总样品的 56.76%。研究区平均孔隙度为 2.07%。结合渗透率特征认为研究区顺北地区一间房组的实测样品为低孔低渗储集体，储集体的基质物性较差。

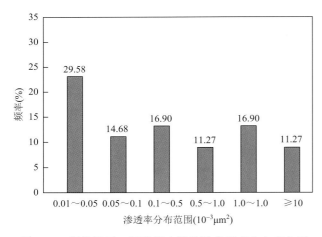

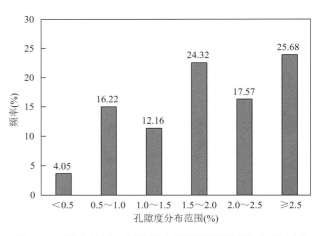

图 5-12 顺北地区一间房组实测渗透率频率分布直方图　　图 5-13 顺北地区一间房组实测孔隙度频率分布直方图

对顺北地区一间房组 71 个基质岩样（去除了 3 个无渗透率的样品）的孔渗关系进行研究（图 5-14），顺北地区一间房组孔渗线性关系总体较差，孔隙度普遍偏小，渗透率值总体不高，结合取心段缝洞统计可见，顺北地区除顺北 2 井一间房组的岩心偶见较高孔隙度外，其他整体孔隙度不高，但裂缝的发育提高了渗透率，有利于改善储集体物性。

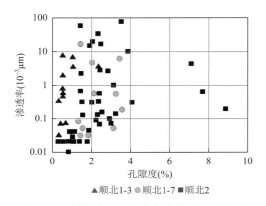

图 5-14 顺北地区一间房组实测孔渗交汇图

（二）顺北地区鹰山组碳酸盐岩实测物性

顺北地区鹰山组的地层实测物性即顺北 2 井第 5 回次（7520.00~7526.00m）和第 6 回次（7732.00~7738.00m）的实测物性。该层位的 8 个样品的实测渗透率显示（图 5-15），渗透率主要分布在（0.1~0.5）×$10^{-3}\mu m^2$ 之间，占了全部样品的 37.5%，其平均渗透率为 $7.7×10^{-3}\mu m^2$。其中包含了发育裂缝的某些样品，这些裂缝样品渗透率偏高到 $19.3×10^{-3}\mu m^2$，当排除这些裂缝样品的影响时，统计显示实测平均渗透率为 $8.07×10^{-3}\mu m^2$，且有超过 62.5%的样品实测渗透率低于 $1×10^{-3}\mu m^2$，为典型的低渗透储集体。孔隙度方面，顺北地区鹰山组 10 个样品的实测孔隙度统计显示（图 5-16），孔隙度的主要分布范围为 0.5%~1%，孔隙度低于 2.0%的样品占总样品的 60%，平均孔隙度为 2.67%。结合渗透率特征认为研究区顺北地区鹰山组实测样品为低孔低渗储集体，储集体物性较差。对顺北地区鹰山组的 8 个基质岩样的孔渗关系进行研究（图 5-17），发现其孔渗相关性极差，相关系数仅为 0.041，表明该段储集体的渗透率并未受到孔隙结构的控制，高渗透率是由裂缝引起的。整体而言，顺北地区鹰山组的基质岩样反映了一种低渗低孔的特征，若没有建设性成岩作用的改造，很难具有理想的储集性能。

（三）研究区实测物性总结

在研究区，对所有样品进行汇总分析，共计 111 个样品的孔隙度数据和 101 个样品的渗透率数据（包含 18 个裂缝样品），对于不含裂缝影响的 93 个样品，其平均孔隙度为 1.95%，对于不含裂缝影响的 83 个

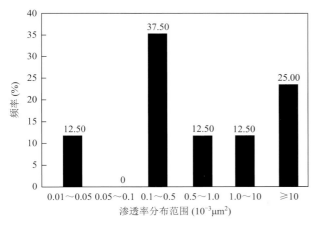

图 5-15　顺北地区鹰山组实测渗透率频率分布直方图

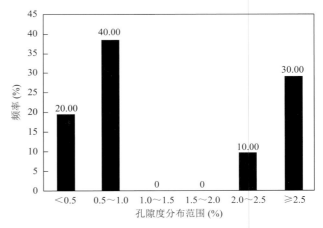

图 5-16　顺北地区鹰山组实测孔隙度频率分布直方图

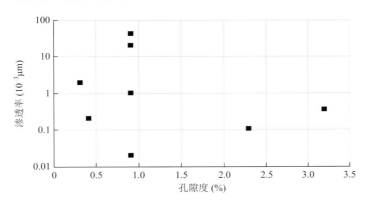

图 5-17　顺北地区鹰山组实测孔渗交汇图

样品，其平均渗透率为 $1.96 \times 10^{-3} \mu m^2$，整体表现为低孔低渗特征，不具有利储集体的特征；当计入裂缝的影响时，平均孔隙度为 1.96%，而平均渗透率为 $7.50 \times 10^{-3} \mu m^2$，可以使储集体物性得到很大提高，变为低孔中低渗透性储集体，可见裂缝对储集体物性改造的意义非常大，裂缝应该为区内有利的储集空间之一。

二、储集体类型划分

（一）洞穴型

洞穴型储集体很难获取到岩心，但在钻井过程中，钻遇该类型储集体时普遍存在放空、漏失现象。顺北 1 号断裂带钻至 T_7^4 界面之下 80~100m 普遍存在放空、漏失现象（图 5-18）。例如，顺北 1-2H 井距 T_7^4 垂深 89.28m 放空 0.41m、漏失 616m³（日产油 91t、日产气 $4.8 \times 10^4 m^3$）；顺北 1-5H 井距 T_7^4 垂深 85.2m 漏失 528m³（日产油 123t、日产气 $3.7 \times 10^4 m^3$）；顺北 1-4H 井距 T_7^4 垂深 93.96m 放空 0.41m、漏失 562m³（日产油 107t、日产气 $3.5 \times 10^4 m^3$）；顺北 1-1H 井距 T_7^4 垂深 82.66m 漏失 1810m³（日产油 87t、日产气 $4.0 \times 10^4 m^3$）；顺北 1-7H 井距 T_7^4 垂深 105.32m 漏失 1333m³（日产油 117t、日产气 $5.3 \times 10^4 m^3$）；顺北 1-6H 井距 T_7^4 垂深 100.74m 漏失 903m³（日产油 112t、日产气 $5.1 \times 10^4 m^3$）；顺北 1-3CH 井距 T_7^4 垂深 101.48m 放空 0.84m、漏失 629m³（日产油 116t、日产气 $8.5 \times 10^4 m^3$）；顺北 5 井距 T_7^4 垂深 190m 漏失 117m³，侧钻至 7386m 放空 0.47m、漏失 648m³，侧钻至 7945.09m 放空 2.69m、漏失 572m³。上述钻探表明，顺北 1 号断裂带一间房组普遍发育洞穴，顺北 5 号断裂带一间房组也发育洞穴。

此外，通过对顺北地区及邻区跃满、跃进、金跃、热普钻井奥陶系一间房组放空、漏失进行统计，15 口钻井存在放空现象，42 口钻井存在漏失现象（图 5-19），表明顺北地区及邻区一间房组发育大型、巨型溶洞。

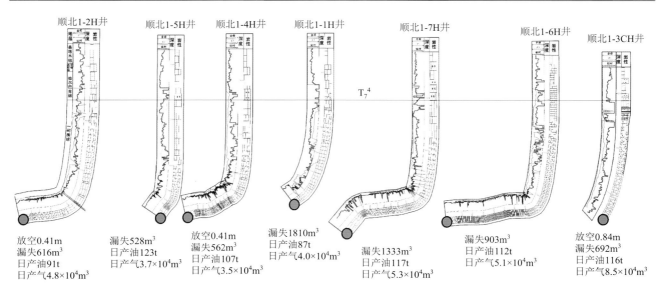

图 5-18　顺北 1 号断裂带洞穴型储集体钻井、录井特征

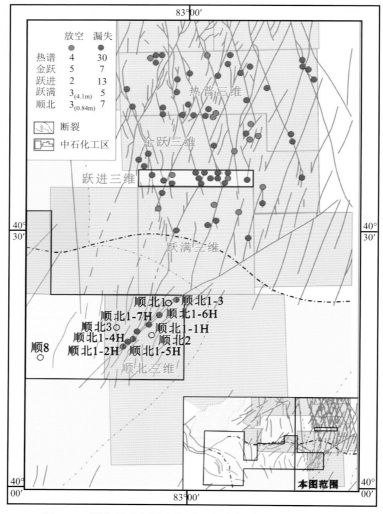

图 5-19　顺北及其邻区奥陶系一间房组放空、漏失统计图

（二）裂缝-溶洞型

　　裂缝-溶洞型储集体在顺北地区的发育较为独特，这主要是由于顺北地区断裂面附近的储集体内部结构复杂。例如，7 号断裂带上的顺北 7 井直井段钻井无放空、漏失情况，录井油气显示均为荧光，常规测井显示整个四开直井段只有顶部和下部发育储集体，其他井段均为高阻致密层，但当顺北 7 井向断裂带侧钻

后，则钻遇两处漏失［图 5-20（a）］，并伴随钻时降低。第 1 个漏失点的测井曲线特征表现为视电阻率相对低、双侧向测井曲线呈明显正差异、孔隙度曲线值（AC、CNL）明显增大［图 5-20（b）］，成像测井上可识别出裂缝和半充填的溶洞［图 5-20（c）］，整体具有裂缝带、破碎带、半充填洞穴、破碎-裂缝带复杂的叠置关系，推测为断裂破碎带的发育部位。在第 2 个漏失点，偶极横波成像测井（DSI）显示 7971m 处的渗透性最好，成像测井显示具有共轭缝的特征，可能发育网状缝［图 5-20（d）］，对应的常规视电阻率呈低尖峰状。测井结果表明，走滑断裂带内部储集体的横向物性变化频繁复杂。分析认为，顺北地区断裂带内应当具有交织的多重断层核结构特征。

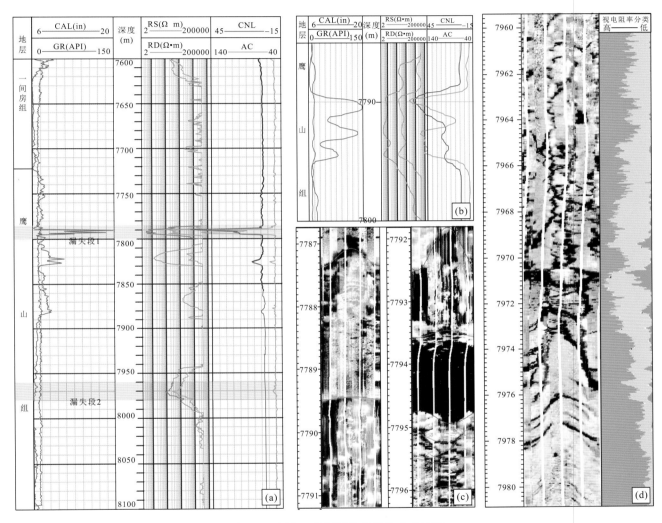

图 5-20　顺北 7 井断裂带的测井响应特征

（三）裂缝型

裂缝型储集体在顺北 2 井特征较为明显，在顺北 2 井 7520～7526m 井段取心岩性为黄灰色油迹泥晶灰岩、荧光泥晶灰岩，下部岩心略具油味，荧光检查在上部井段 7520.00～7524.80m（厚 4.80m）见荧光显示，下部井段 7524.80～7526.00m（厚 1.20m）见油迹显示，该段地层（7500～7580m）整体裂缝较发育，裂缝部分被黑色泥质或有机质充填，孔洞发育一般，且全部被方解石晶体和非晶体充填。

在 FMI 图像上高导缝表现为深色正弦曲线（斜交缝）（图 5-21），为钻井泥浆侵入或泥质充填所致。此外，裂缝在常规测井资料上的主要特征为深、浅侧向视电阻率呈中-高值（地层真电阻率为 100.0～1000.0Ω·m），且深、浅侧向视电阻率曲线一般呈正差异。部分高阻背景值下的相对低视电阻率层段往往为储集体发育段。裂缝型储集体局部略有扩径，其自然伽马曲线特征与致密灰岩段的曲线特征相近，孔隙度测井曲线特征与致密灰岩段的曲线特征差异不大。

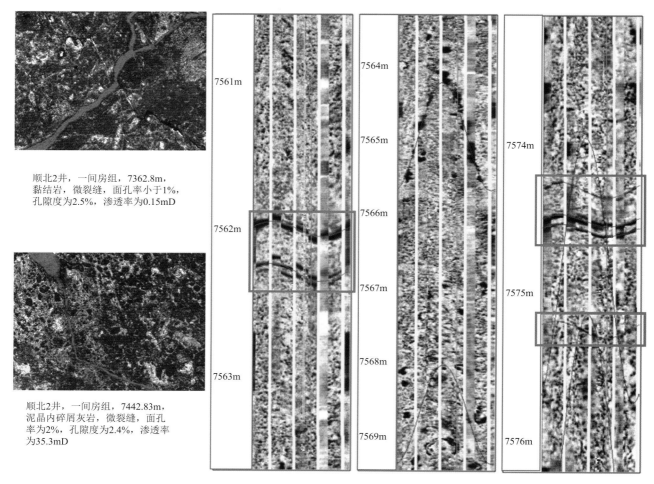

顺北2井，一间房组，7362.8m，黏结岩，微裂缝，面孔率小于1%，孔隙度为2.5%，渗透率为0.15mD

顺北2井，一间房组，7442.83m，泥晶内碎屑灰岩，微裂缝，面孔率为2%，孔隙度为2.4%，渗透率为35.3mD

图 5-21　顺北 2 井裂缝型储集体特征

三、储集体地震响应特征

洞穴和断面空腔由于自身结构的特殊性，难以获取具有代表性的岩心资料，对这类储集空间往往通过钻井过程中的放空、规模性漏失、泥浆失返和钻时骤快（明显降低至 10min/m 以下）等特征，结合测井解释、地震属性分析及生产动态资料等现象来判断。例如，在 1 号走滑断裂带上，钻井在距一间房组顶面之下 80～100m 附近向断裂带侧钻后，均钻遇放空或漏失；在 5 号走滑断裂带上，顺北 5 井从侧钻井段至完钻期间累计漏失泥浆 1313.43m³，在地震解释出的两个断面处先后放空 0.77m 和 2.92m。走滑断裂带上，单井在后期测试中均获高产油气流，表明断裂带主断面处发育垂向狭长洞穴或空腔，具有埋藏深度大（超过 7000m），宽度相对较小（侧钻放空一般小于 1m）的特点。位于主干断裂带上的多口单井长期高产、稳产，油压下降缓慢，表明顺北地区沿深大走滑断裂带储集体的规模较大。相比之下，次级断裂带中，实钻显示储集体的发育程度较差，未钻遇放空或漏失，油气显示弱，表明储集体的发育程度与断裂带级别密切相关。地震剖面上，当出现地震波频率和速度降低、振幅减弱、呈杂乱反射或弱反射及串珠状反射等特征时，可综合解释为缝洞发育段。钻探实践证明，顺北地区地震的串珠状＋杂乱强反射，尤其是在主干断裂带附近所呈现的异常地震反射，是溶洞、断裂面及其周围派生的次级缝洞的综合响应（图 5-22）。这种地震响应所对应的断裂-洞穴型储集体是顺北 1 井区目前所揭露的最重要的储层类型和主要的产层。

由于主要储集体的发育与断裂密切相关，通过对地震资料储集体进行标定，得知该区储集体地震响应特征有 3 类：断裂＋弱反射、断裂＋强反射、断裂＋串珠。挤压式断裂在地震剖面上表现为明显的正花状，地震反射表现为强能量，断裂拉开的宽度较大；拉分式断裂在地震剖面上表现为负花状，地震发射能量相对较弱，断裂呈现出明显的错断特征；平移式断裂在地震剖面上表现为线性异常，断裂宽度较小。

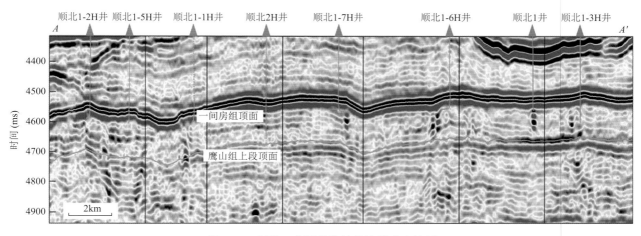

图 5-22　顺北 1 井区储集体的地震响应特征

　　此外，大型溶洞或洞穴在地震属性方面也有明显特征，表现为地震属性振幅变化率为高值。顺北地区奥陶系碳酸盐岩 T_7^4 下 $0\sim40ms$、T_7^4 下 $0\sim100ms$、T_7^6 下 $0\sim100ms$、T_7^8 下 $0\sim100ms$ 普遍见地震属性振幅变化率高值呈面状分布（图 5-23、图 5-24），表明该区一间房组、鹰山组上段、鹰山组下段和蓬莱坝组顶部发育大型、巨型溶洞。

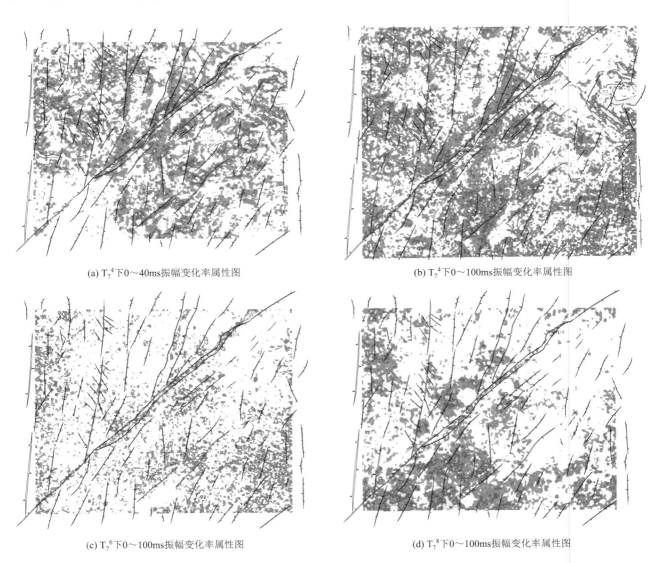

(a) T_7^4下$0\sim40ms$振幅变化率属性图　　　　　　　(b) T_7^4下$0\sim100ms$振幅变化率属性图

(c) T_7^6下$0\sim100ms$振幅变化率属性图　　　　　　　(d) T_7^8下$0\sim100ms$振幅变化率属性图

图 5-23　顺北 1 井区 T_7^8、T_7^6、T_7^4 地震界面振幅变化率属性图

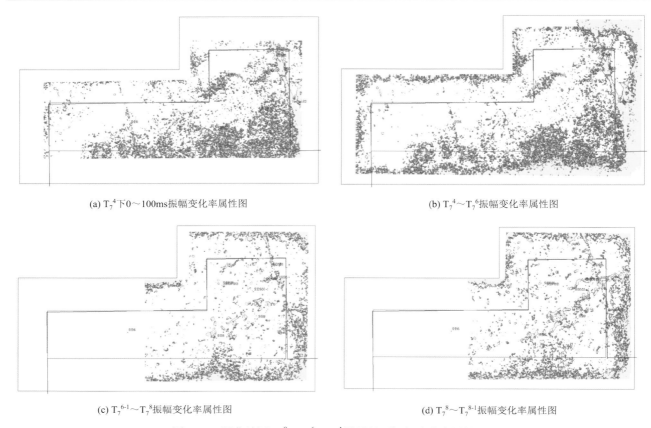

(a) T_7^4下0～100ms振幅变化率属性图　　　　　(b) T_7^4～T_7^6振幅变化率属性图

(c) T_7^{6-1}～T_7^8振幅变化率属性图　　　　　(d) T_7^8～T_7^{8-1}振幅变化率属性图

图 5-24　顺北地区 T_7^8、T_7^6、T_7^4 地震界面振幅变化率属性图

第四节　储集性影响因素分析

　　断裂在储集体的形成过程中占据重要位置，断层本身就可以作为储集空间，而且还能为流体的运移提供通道。构造断裂活动形成的裂缝可以改善储集体的储集性能。它不仅仅能扩大储集空间，而且能够极大地提高渗透率，为地下流体提供高质量的渗滤通道，让流体更好地在岩石中流动，充分地发生水岩反应，将闭塞的孔洞连接起来形成有效的孔洞缝系统，从而进一步提高储集体的储渗空间。因此裂缝发育带经常是优质储集体发育带，断裂的发育带也经常形成有利的油气运聚区。

　　塔里木盆地奥陶系地层经历了多期构造活动的影响，构造活动期形成的断裂系统不仅丰富了碳酸盐岩储集空间的类型，还为后期大气淡水、热流体对储集体的改造及油气运移提供了通道。特别是流体改造作用主要依附于断裂系统，如果没有断层作用形成流体活动的通道，则这些流体很难进入致密的碳酸盐岩地层，因此断层发育的强度对于储集体的形成意义重大。顺北地区断裂对储集体的控制作用非常显著。

一、走滑断裂控缝作用

　　顺托果勒地区主要储集空间为与走滑断裂相关的洞穴、构造高角度裂缝和沿缝溶蚀孔洞，洞穴（钻井放空）主要发育在断裂带附近，高角度缝以北东走向为主、与主断裂走向一致，说明洞穴和高角度裂缝发育与走滑断裂多期活动有直接关系。顺北奥陶系主干断裂完钻 27 口井，85%直接钻遇缝洞体发生放空或井漏，15%改造后沟通缝洞体，详见表 5-4。

表 5-4　顺北主干断裂带放空、漏失情况统计表

参数	顺北 1 井区主干断裂带	顺北 1 分支断裂带	顺北 5 井区主干断裂带	顺北 7 井区断裂带
完钻井数（口）	12	4	10	1
放空、漏井数（口）	10	4	8	1
占比（%）	83	100	80	100

顺北 1 井区主要发育 NE 向、近 SN 向与 NNW 向 3 组高角度压扭性走滑断裂。主干走滑断裂在地震剖面上显示倾角大于 80°，普遍断穿基底。根据目前的勘探程度、油气勘探成果和实物资料，笔者重点对 NE 向 1 号走滑断裂带和近 SN 向 5 号走滑断裂带的发育特征进行分析。

顺北地区的走滑断裂带受差异应力作用影响，具有明显的分段性 [图 5-25（a）]，断裂带之间及其内部不同段的地震反射都存在差异。剖面上，走滑断裂的构造样式呈现出单支状，在局部地段可与分支断裂组合形成拉分地堑或具有负花状构造特征的正断层，而与逆断层的组合则形成背冲式断层或正花状构造。平面上，主干走滑断裂带可分为挤压段、拉分段和平移段。其中，挤压段为主干断裂带受斜向压扭走滑错动所致，断面挟持区呈背冲凸起，地震剖面上可见一间房组顶界面错动明显，呈狭长凸起形态（主要为地垒或正花状构造），伴生断裂向下收敛于主位移带，深部地层的垂向位移较大，同相轴错动明显 [图 5-25（b）]；拉分段为主干断裂受斜向张扭走滑错动所致，断面挟持区拉张下错形成断陷（或地堑），地震剖面上可见一间房组顶界面向下错断明显，伴生断裂呈负花状构造并向深部地层收敛，主断面断穿基底，深部地层的同相轴见弱异常和不连续 [图 5-25（c）]；平移段受主干断裂的基底走滑错断控制，断面高陡平直，呈独立单支或成组水平滑移，伴生断裂相对较弱，局部可见单斜下掉，地震剖面上一间房组顶界面错动不明显，断面的清晰度相比挤压段或拉分段低，深部地层至基底同相轴错动不明显，局部可见轻微褶皱变形 [图 5-25（d）]。

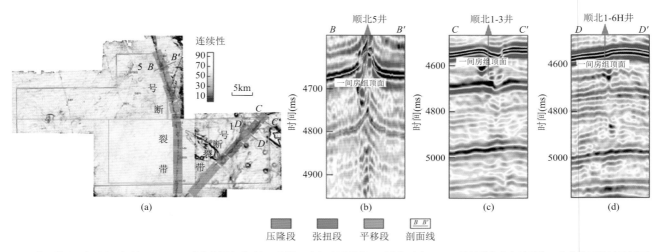

(a) 顺北 1 井区一间房组顶面上、下 15ms 时窗范围内地震相干属性及走滑断裂带的平面叠加分段；(b) 5 号断裂带北段过顺北 5 井的挤压段地震剖面；(c) 1 号断裂带北段过顺北 1 井的拉分段地震剖面；(d) 1 号断裂带中段过顺北 1-6H 井的平移段地震剖面

图 5-25　顺北 1 区断裂带的地震特征

根据前人关于走滑断裂形成机制与断裂带的内部构造模型（Williams et al.，2016；Faulkner et al.，2008；Faulkner et al.，2003；Scholz et al.，1993），基于走滑断裂带几何学与运动学地质模型开展的断裂应力-应变模拟，分析了走滑断控规模裂缝发育的控制因素，并根据走滑断裂不同构造位置应力状态建立了不同段的裂缝发育模式。

（一）叠接拉分段

在叠接拉分段，走滑断裂活动过程中派生局部拉张应力，构造应变以两类断裂作用和两类裂缝作用为主（图 5-26）。

两类断裂作用包括拉分段两侧的平移断层作用和内部的正断层作用，两类裂缝作用是指平移走滑两侧的派生裂缝和正断层派生裂缝作用。断层两侧块体差异运动，产生局部张扭应力场，派生于主断层小角度相交的同旋向张扭断层，张扭断层活动过程中，主要派生于断层走向小角度相交的高角度张性裂缝，一般裂缝开启程度相对较高。因此，在拉分段，往往因为两种裂缝作用叠加，裂缝型储集体发育较好。

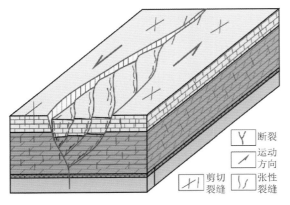

裂缝类型	图示	力学机制解
派生高角度张性裂缝		
伴生高角度平面X形剪切裂缝		

图 5-26　拉分段派生裂缝发育类型、模式及其力学机制

（二）走滑叠接压隆段

在走滑叠接压隆段，构造应变也有两类断裂作用和两类裂缝作用。其中，两类断裂作用包括叠接外两侧平移断层作用和内部的逆断层作用，两类裂缝是指平移走滑两侧的派生裂缝集合体和逆断层派生的压剪裂缝集合体（图 5-27）。同时，局部压隆形成的地层褶皱作用还会形成部分张性裂缝。因此，在压隆段，多种裂缝作用的叠加，对于改造碳酸盐岩储集体十分有利。

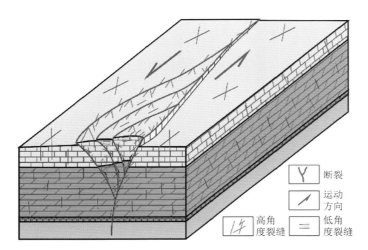

裂缝类型	图示	力学机制解
派生高角度剪切裂缝（R、R'剪切）	R　R'	
派生低角度剪切裂缝		
顺层低角度剪切裂缝		
伴生高角度平面共轭剪切裂缝		
派生高角度剖面共轭剪切裂缝		

图 5-27　压隆段派生裂缝发育类型、模式及其力学机制

压隆段，受断层两侧块体差异运动，产生局部压扭应力场，派生与主断层小角度相交的同旋向压扭断层，同时在压扭断层两侧派生 R、R'剪切，发育一组走向与断层小角度相交、一组与断层近垂直相交的派生裂缝，沿 R 剪切方向裂缝与断层夹角指示本盘的运动方向，这两组裂缝主要为高角度裂缝，但在浅层，上覆地层压力小，最小主应力 σ_3 近垂直，最大主应力 σ_1 与断层走向小角度相交，因而产生沿中间主应力 σ_2 方向的低角度剪切裂缝，与断层走向夹角较大；压扭断层在逆冲活动过程中，派生沿断层倾向的最大主应力，受此局部应力场控制会产生剖面共轭剪切裂缝，平面裂缝走向与断层近平行；同时断层逆冲引起层间滑动，特别是在远离主断层活动区，应力沿断层释放较少，因而会产生顺层剪切，发育与层面小角度相交的低角度剪切裂缝，这类低角度裂缝与前述低角度裂缝的区别主要在于裂缝走向，此类裂缝走向与断层近平行，而前者与断层走向近垂直。

（三）平直走滑段

在平直走滑段，因为相邻两条断层没有出现连接、叠接，断裂活动以平移断层作用为主，裂缝发育也以平移作用派生的剪切破裂（R 与 R'）为主（图 5-28）。因此，裂缝化作用影响的范围较小，密集程度不如拉分段和压隆段。

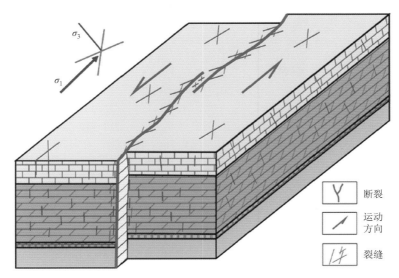

图 5-28 平直走滑段派生裂缝发育模式及力学机制

二、断裂-裂缝-流体耦合性的讨论

顺北地区一间房组—鹰山组上段以潮下带沉积为主，水体较深，且中-下奥陶统顶面岩溶作用不发育。因此，顺北地区成岩流体对储集体的贡献与沙雅隆起（典型岩溶储集体）是截然不同的，探讨断裂-裂缝-流体三者之间的耦合关系是了解该区储集体成因的重要途径。

（一）断控-岩溶作用的存在

顺北地区洞穴与断裂关系密切，其横向宽度都不大，从目前所有钻遇放空的斜井估算其洞穴宽度一般小于 3m，多数在数十厘米至 2m 之间，此类储集体部署直井一般难以直接钻遇放空或规模漏失，表明顺北地区洞穴宽度可能较小，取心主要期次的裂缝多呈高角度-近垂直状，延伸远，缝壁较平直，溶蚀现象不明显，缝壁常被沥青直接充填，并伴随泥质条带或硅质、黄铁矿、角闪石、长石等次生矿物，表明埋藏流体对裂缝的溶蚀作用可能较弱。

研究区广泛发育 NE 向走滑断裂，大气淡水可以沿着裂缝系统的优势通道进入目的层并对地层进行溶蚀改造，这种由断裂控制的非暴露型大气淡水溶蚀作用在盆地内部已经有类似的报道（乔占峰等，2011）。在一些单井中，基质被溶蚀形成孔隙后被粒状方解石半充填 [图 5-29（a）]。这些孔隙中充填的方解石中，流体包裹体呈随机分布，疑似原生包裹体，大量单一液相盐水包裹体与少量两相富液相盐水包裹体共生 [图 5-29（b）、图 5-29（c）]。大多数单一液相盐水包裹体降温至−185℃后，气泡仍然不出现（少量在低温下拉伸出现气泡），说明这些包裹体捕获于低温潜流带（小于 50℃）。进一步地，实测的冰点温度为−0.6℃，表明孔隙中充填的方解石胶结物形成于大气淡水潜流带。

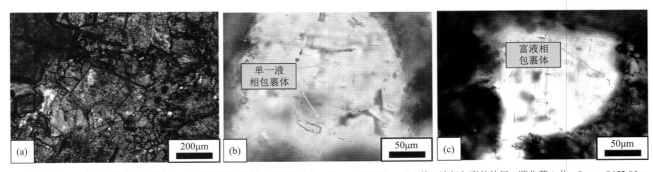

(a) 粒状方解石（茜素红染色）充填在白云石晶间溶孔之间，顺北蓬 1 井，$O_{1-2}y$，8452.80m; (b) 单一液相包裹体特征，顺北蓬 1 井，$O_{1-2}y$，8452.80m; (c) 富液相包裹体特征，顺北蓬 1 井，$O_{1-2}y$，8452.80m

图 5-29 顺北蓬 1 井粒状方解石充填物特征

综上所述，笔者认为顺北地区中-下奥陶统碳酸盐岩地层在近地表至浅埋藏时期发生了一期断控大气水岩溶作用。构造破裂作用形成的断裂及其裂缝体系是流体运移通道，裂缝可以沟通一些孤立的孔隙从而提高储集体的渗透率。同时，也有利于孔隙水的活动及大气淡水沿断裂缝的下渗，形成沿断裂及其裂缝体系分布的次生孔洞缝系统，改善储集性能。

（二）断裂的增容作用

在第一次油气充注之前，研究区已存在大型洞穴层，说明储集空间形成的时间相对较早。尽管顺北地区中-下奥陶统碳酸盐岩存在大气淡水的改造，但储集空间的形成可能并非都来自大气淡水的溶蚀作用。因为如果大气淡水的溶蚀作用持续时间足够长，那么在主干断裂带以外的次级断裂带或者非断裂带上也应该造成较为明显的溶蚀特征，然而，实钻特征表明次级断裂带或者非断裂带上的储集体或油气特征显示均不理想。此外，相对于玉北地区断隆带上受多期次岩溶作用形成的储集体而言，顺北地区中-下奥陶统碳酸盐岩储集体的岩溶特征不够明显，最显著的就是无法区分有效的岩溶分带特征。因此，储集空间的形成可能与断裂的增容作用密切相关。

走滑断裂显著的增容作用体现在裂缝体系及断裂空腔的形成。基于走滑断裂的结构与变形样式、断控裂缝发育机制与规律，综合野外观察、物理模拟、地球物理反射特征及实钻储集体发育特征与油气成果，总结出走滑断控规模裂缝型储集体发育主要有核-带模式与脱空模式两种。两种模式主要受控于走滑断裂规模及不同局部应力条件下派生断裂-裂缝发育规律的差异。

大型压扭走滑断裂带及走滑断裂压隆段主要以核-带模式为主（图 5-30）。受控于剪切＋挤压两种应力作用，在主干断裂带附近发育断层核、断层角砾带及诱导裂缝发育带。其中，断层核沿主断面发育，断层核的形成经历了粉碎、溶解、沉淀、矿物间的反应及相关的破坏原岩结构的力学化学过程，渗透性较差，不是有效的储集空间；断层核两侧的断层角砾带，虽然部分被断层角砾充填，但其残留空间仍然可观，是最有效的储集空间；在断层角砾带外侧，还发育诱导裂缝带，由于发育大量不能完全改变原岩结构的诱导裂缝，渗透性好，也是良好的储集空间，同时在诱导裂缝带内具有随距断层核距离逐渐增大，渗透性逐渐降低的规律。主干断裂派生的次级断裂，由于其活动强度相对较低，可能不发育断层核，仅发育断层角砾带和诱导裂缝带，或者仅发育诱导裂缝带。

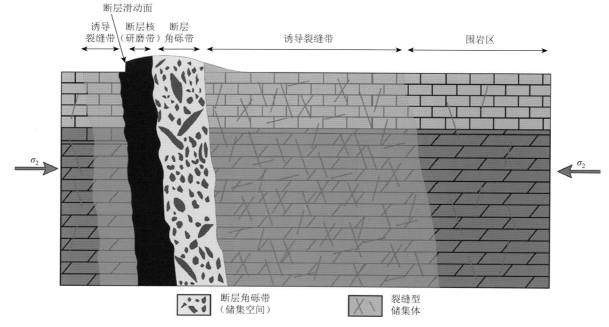

图 5-30　走滑断裂断控裂缝型储集体核-带模式图

整体上，压隆段裂缝型储集体主要沿次级断裂端部、交汇部位裂缝发育，虽然也易于形成规模较大的储集空间，但是断裂内部储集体非均质性强，钻遇到规模储集体难，连通性较差，稳产难度较大，如在顺北 5 号断裂带部署的以强压隆段为目标的顺北 5 井，经历多次轨迹调整才钻遇放空、漏失，测试高初期自喷日产原油 82t，但生产一月后产量下降到日产原油 4t，表现为连通性差，供液不足的特征，针对这种情况，采取酸洗措施后，已经稳产，累产原油 3×10^4t，充分地证实了存在压隆段裂缝型储集体，但内部非均质性强的特征。

张扭走滑断裂带及走滑断裂压拉分段主要以脱空模式为主（图 5-31）。受控于剪切 + 拉张两种应力作用，特别是在拉张应力作用下，断裂附近会产生破裂空腔，形成良好的储集空间。同时在破裂空腔两侧，也发育诱导裂缝带，这些裂缝以张性裂缝为主，裂缝开度大，同样具有良好的储集能力。破裂空腔及诱导裂缝带的规模也与断裂活动强度有关，断裂活动强度越大，储集规模越大。相对于核-带模式，脱空模式下发育的断控裂缝型或裂缝-洞穴型储集体规模可能更大。整体上，拉分段规模储集体主要沿主断裂及次级断裂附近发育，储集体规模大、连通性好，储集体非均质性弱，因此更容易钻遇高产井和稳产井，是首选勘探目标，目前累产 10×10^4t 的顺北 1-3 井就位于断裂拉分段。

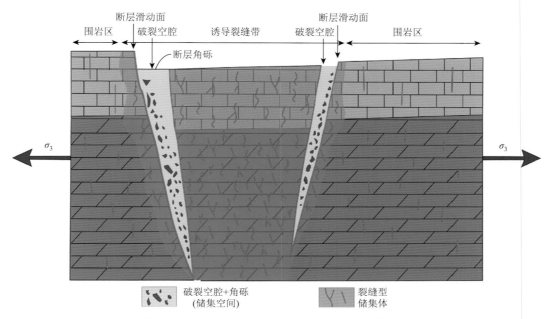

图 5-31　走滑断控裂缝型或裂缝-洞穴型脱空模式图

（三）断裂-裂缝-流体的耦合性

在顺北地区，无论是核-带模式，还是脱空模式形成的断裂-裂缝系统无疑都是成岩流体（大气淡水或热液等）最有效的通道。从流体的角度来分析，由于构造变形特别是区域性拉张形成的扩容作用会导致破碎带和围岩之间出现流体势差（围岩的流体压力大于破碎带），流体以泵吸模式被吸入破碎带（池国祥和薛春纪，2011；Sibson，1994，1987）可对储集体进行改造。次级断裂受规模限制，其中的流体缺乏有效循环，且从地球化学特征来看，主干断裂带发育的高角度裂缝方解石 C4 部分具有热液流体特征，而次级断裂带内基本为同层海源流体，热液特征不明显（图 5-11），缺乏对储集体的溶蚀改造能力，因此，次级断裂带内的储集空间以裂缝为主，储集体的改造多为方解石胶结/充填作用。而对于主干通源断裂带，由于基底与浅部地层之间存在流体势或超压差异，当通源断裂沟通原岩与储集体后，可形成有效的流体上行驱动力，加之主干断裂带连通性强，流体运移通道通畅，主干断裂内具备溶蚀能力的深层埋藏成烃流体可在储集体底部形成有效溶蚀空间。

但值得注意的是，实钻表明断裂、储集体及流体改造并不具有完全的一致性，原因如下。

（1）断裂内部块体接触、角砾充填使得部分断层空间被充填［图 5-4（a）、图 5-4（e）］。例如，结合地震剖面及成像测井资料解释，认为顺北 7 井正是钻遇小型走滑断裂带破裂面的破碎角砾带（图 5-32），因而发生漏失，但顺北 7 井侧钻酸压后压力下降快，关井压力快速—缓慢恢复，表明近井储集体规模有限。而在一级主干断裂上的顺北 1-3 井，虽然投产 3 年累产原油 10×10^4t，但其主要储集空间位于主干断裂两侧的破碎带，断裂带内部被角砾等充填（图 5-32），油气储集意义不大。

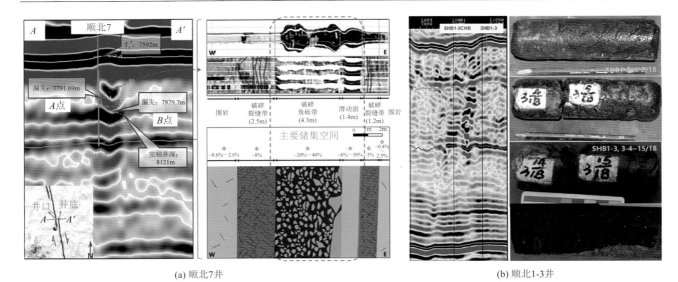

(a) 顺北7井   (b) 顺北1-3井

图 5-32 顺北 7 井与顺北 1-3 井储集空间对比

（2）尽管断裂的增容作用形成了储集空间，但成岩流体对这些先存空间的改造同时具有溶蚀扩大和沉淀充填两种特性。虽然一些方解石充填物的地球化学特征反映了热液（图 5-11）和大气淡水（图 5-29）的存在，但是反过来说，这些矿物的沉淀充填也使得部分原有空间被破坏。

总体而言，上述的这些现象和特性说明了该区储集体形成的复杂性，但这些储集体的成因无疑是断裂-裂缝-流体三者耦合的结果。更明确地说，断裂显著的增容作用是储集空间（裂缝、断裂空腔）早期形成的基础，大气淡水溶蚀是储集空间中期调整的因素，埋藏流体（热液或地层水）改造是储集空间晚期定型的关键。

第六章　顺南—古隆地区奥陶系碳酸盐岩储集体发育特征

顺南地区位于塔里木盆地塔中 I 号断裂带下盘，塔中北坡的顺托果勒低隆与古城墟隆起的结合部位，属于古城墟隆起的西部斜坡带，紧邻满加尔坳陷生烃区。受塔里木盆地周缘天山、阿尔金和昆仑山 3 个造山带的影响，顺南和古隆地区的断裂活动比较复杂。地震剖面 T_7^4（盆地内一间房组顶界面）界面上主要发育 NE 向和 NEE 向两组走滑断裂，NEE 向走滑断裂向上未断穿 T_6^0（上奥陶统顶界面）界面（图 6-1）。

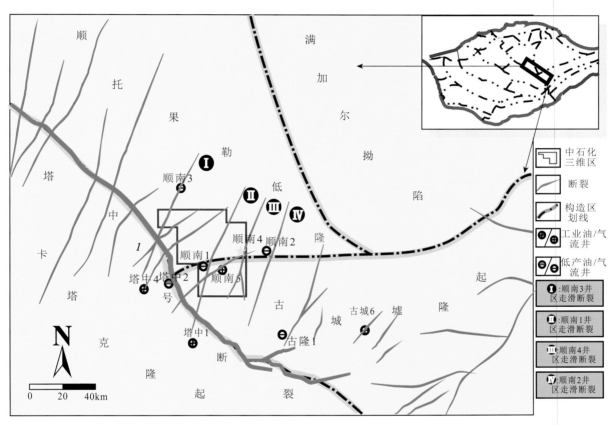

图 6-1　塔里木盆地塔中北坡构造位置及走滑断裂分布

平面上，NE 向走滑断裂体系分布在顺托果勒低隆、卡塔克隆起和古城墟隆起西段（即顺南和古隆地区），地震剖面上共识别出 15 条（吕海涛等，2017）。这些断裂断穿塔中 I 号断裂上盘的卡塔克隆起和下盘的塔中北坡（顺托果勒低隆和古城墟隆起西段），由西北向东南平行展布（李培军等，2017；吕海涛等，2017；漆立新，2016；黄太柱，2014；杨圣彬等，2013）。纵向上，这些断层在 T_8^1 界面以下以正断层为主，倾角为 50°～80°（李培军等，2017），向下断穿寒武系，延伸至前寒武系地层/基底（无法判断震旦系在研究区内是否存在）（焦方正，2017；Han et al.，2017）。NE 向走滑断裂向上断穿的地层在各区域不同，总的来说，NE 向走滑断裂在东南部向上未断穿石炭系，在西北部向上断穿至二叠系或三叠系（焦方正，2017；吕海涛等，2017）。

总体而言，顺南地区主要的断裂带为 NE 向走滑断裂带，主要表现为早期（晚志留世之前）以压扭断裂为主，后期（晚志留世—石炭纪）以张扭断裂（或雁列式正断裂）为主；断裂活动时期在中奥陶世末/晚奥陶世末—石炭纪，主要受到塔里木盆地南缘昆仑山和阿尔金山造山带的影响，石炭纪之后，区域内的断裂活动比较微弱。古隆地区的 NE 向走滑断裂活动相对简单，以压扭断裂为主，晚奥陶世之后活动微弱。

第一节　储集体岩石组合类型和典型成岩作用

一、岩石组合类型

在塔中北坡顺南—古隆地区中-下奥陶统碳酸盐岩地层当中，海相沉积形成了多种岩石组合类型。经过有效的筛选，剔除部分占岩石类型比重较小的岩性，以及受后期成岩流体影响而不具备原始沉积岩石结构的岩性后（如硅质岩、中-粗晶白云岩等），总结归纳出了 9 类主要的岩石组合类型（图 6-2）。

（1）（微）亮晶砂屑灰岩→（微）亮晶砂屑灰岩 + 砂屑泥晶灰岩→（微）亮晶砂屑灰岩。该组合通常出现在研究区一间房组地层中，在部分井段的鹰山组上段地层中也有发育。该组合由 3 个沉积正旋回组成，顶底两个旋回为向上沉积物颗粒变小的（微）亮晶砂屑灰岩，在研究中也能观察到在一个沉积旋回结束时，该类旋回顶部的岩性变为（微）亮晶极细砂屑灰岩；而中部的沉积旋回的主要岩性为（微）亮晶砂屑灰岩向砂屑泥晶灰岩转变。在该组合中可见腕足、腹足、介壳类生屑，未见窄盐度生物，颗粒含量整体较高，磨圆程度较好，分选程度中等，在电性上表现为中-高自然伽马值，自然伽马曲线与组合样式呈反向阶梯状，孔隙度曲线较为平滑，变化不明显，反映了该组合沉积时水体能量较高，代表了碳酸盐台地沉积体系中的中-高能滩相沉积。

（2）（微）亮晶藻砂屑灰岩→（微）亮晶砂屑灰岩 + （微）亮晶藻砂屑灰岩→砂屑泥晶灰岩。该组合

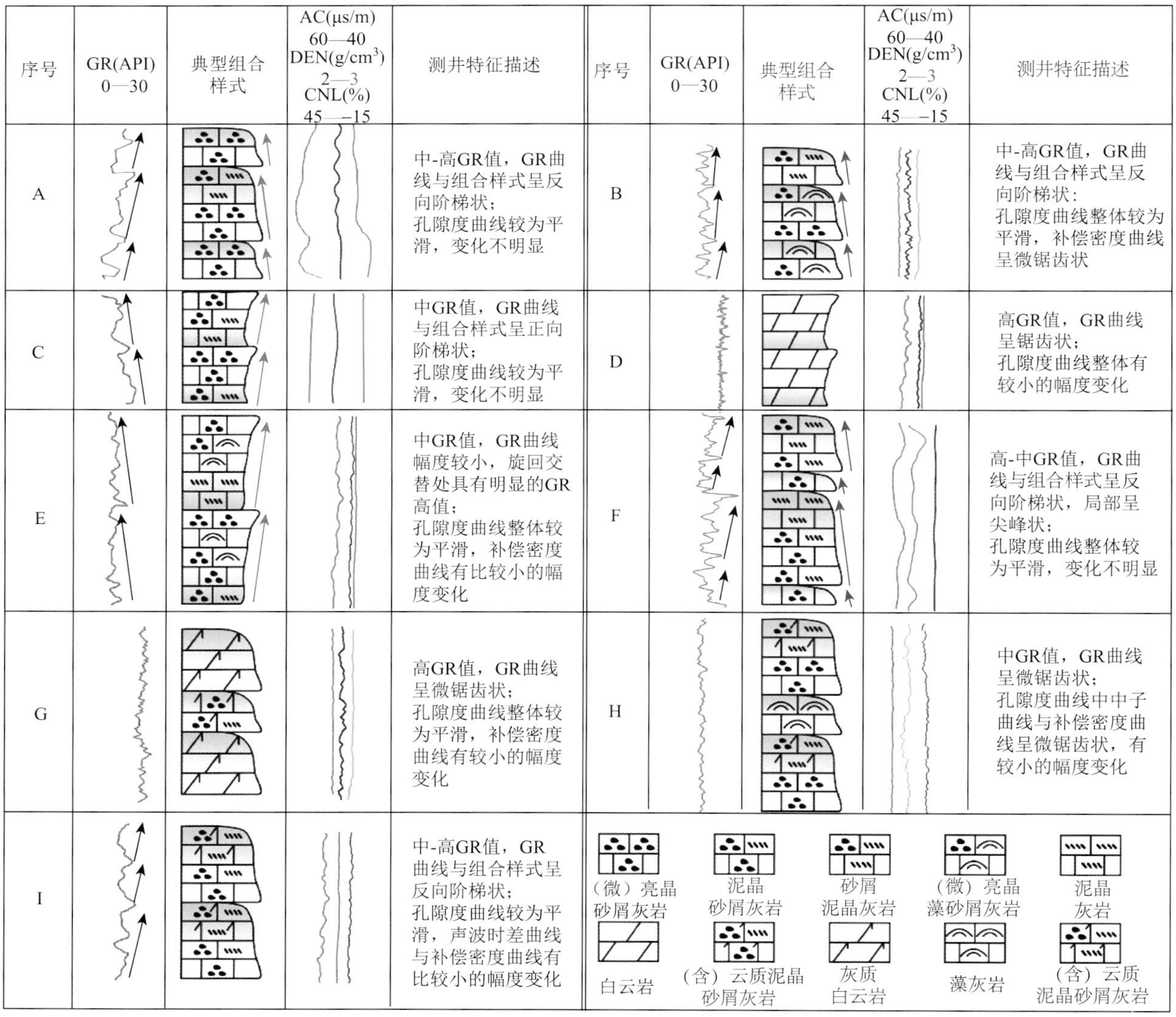

序号	GR(API) 0—30	典型组合样式	AC(μs/m) 60—40 DEN(g/cm³) 2—3 CNL(%) 45—-15	测井特征描述	序号	GR(API) 0—30	典型组合样式	AC(μs/m) 60—40 DEN(g/cm³) 2—3 CNL(%) 45—-15	测井特征描述
A				中-高GR值，GR曲线与组合样式呈反向阶梯状；孔隙度曲线较为平滑，变化不明显	B				中-高GR值，GR曲线与组合样式呈反向阶梯状；孔隙度曲线整体较为平滑，补偿密度曲线呈微锯齿状
C				中GR值，GR曲线与组合样式呈正向阶梯状；孔隙度曲线较为平滑，变化不明显	D				高GR值，GR曲线呈锯齿状；孔隙度曲线整体有较小的幅度变化
E				中GR值，GR曲线幅度较小，旋回交替处具有明显的GR高值；孔隙度曲线整体较为平滑，补偿密度曲线有比较小的幅度变化	F				高-中GR值，GR曲线与组合样式呈反向阶梯状，局部呈尖峰状；孔隙度曲线整体较为平滑，变化不明显
G				高GR值，GR曲线呈微锯齿状；孔隙度曲线整体较为平滑，补偿密度曲线有较小的幅度变化	H				中GR值，GR曲线呈微锯齿状；孔隙度曲线中中子曲线与补偿密度曲线呈微锯齿状，有较小的幅度变化
I				中-高GR值，GR曲线与组合样式呈反向阶梯状；孔隙度曲线较为平滑，声波时差曲线与补偿密度曲线有比较小的幅度变化					

（微）亮晶砂屑灰岩　泥晶砂屑灰岩　砂屑泥晶灰岩　（微）亮晶藻砂屑灰岩　泥晶灰岩

白云岩　（含）云质泥晶砂屑灰岩　灰质白云岩　藻灰岩　（含）云质泥晶砂屑灰岩

图 6-2　塔中北坡顺南—古隆地区中-下奥陶统岩石类型组合

通常出现在研究区一间房组地层顶部及鹰山组上段地层当中。该组合由 3 个沉积正旋回组成，中下部旋回的主要岩性都为（微）亮晶藻砂屑灰岩，中部旋回底部可见薄层（微）亮晶砂屑灰岩，而上部旋回主要为砂屑泥晶灰岩。在该组合中颗粒含量整体中等，磨圆程度中等，分选程度中等，在电性上表现为中-高自然伽马值，自然伽马曲线与组合样式呈反向阶梯状，孔隙度曲线整体较为平滑，补偿密度曲线呈微锯齿状，反映了该组合沉积时水体能量中等，代表了碳酸盐台地沉积体系中的中-低能量滩相沉积。

（3）泥晶砂屑灰岩 +（微）亮晶砂屑灰岩（薄层）→砂屑泥晶灰岩 +（微）亮晶砂屑灰岩（薄层）。该组合通常出现在鹰山组上段地层中，在部分井段的一间房组地层中也有发育。该组合由两个沉积反旋回组成，下部旋回主要岩性为泥晶砂屑灰岩向薄层的（微）亮晶砂屑灰岩转变，上部旋回主要岩性为砂屑泥晶灰岩向薄层的（微）亮晶砂屑灰岩转变。在该组合中颗粒含量整体为低-中等，主要表现为灰泥支撑，颗粒的磨圆一般，分选一般，在电性上表现为中自然伽马值，自然伽马曲线与组合样式呈正向阶梯状，孔隙度曲线较为平滑，变化不明显。整体上反映了该组合沉积时水体能量较低，代表了碳酸盐台地沉积体系中的滩间海（台坪）沉积。

（4）白云岩→白云岩。该组合通常出现在鹰山组下段地层中，薄片及岩心观察可以发现，这种组合内的岩性变化具有由下而上白云石晶粒增大的趋势，不同于后期成岩流体改造后的白云岩，该类组合中白云石晶体多数以粉晶及少量的细晶白云石为主，代表了一种早成岩阶段的产物。在国内外地质工作者的研究中，早成岩阶段的白云石化模式对应了不同的沉积环境，如萨布哈模式主要发生在蒸发潮坪带、渗透回流模式主要发生在相对封闭的潮坪环境中，并且，部分层位可见白云石化后的原始岩性残影。因此，对该组合中的白云石化进行研究也可以清楚地反映原始岩性的沉积环境。根据成岩作用的研究及研究区内并未发现与蒸发环境密切相关的特殊构造（如鸟眼或干裂）及蒸发盐夹层，因而该组合反映的沉积环境可能为相对封闭的潮坪环境，属于碳酸盐台地沉积体系中的滩间海（台坪）沉积。

（5）泥晶砂屑灰岩 +（微）亮晶藻砂屑灰岩 +（微）亮晶砂屑灰岩→泥晶灰岩 +（微）亮晶藻砂屑灰岩 +（微）亮晶砂屑灰岩。该组合通常出现在鹰山组上段地层中。该组合由两个沉积反旋回组成，岩性上都表现为由下部的灰泥支撑向上部的颗粒支撑转变，在地质剖面上表现为稳定层状的退积式沉积，受台地古地貌影响，易分布在台内微隆区域形成延伸范围较广的台内滩，在电性上表现为中自然伽马值，自然伽马曲线幅度较小，旋回交替处具有明显的高自然伽马值，孔隙度曲线整体较为平滑，补偿密度曲线有较小的幅度变化，代表了碳酸盐台地沉积体系中的中等能量的滩相沉积。

（6）（微）亮晶砂屑灰岩（薄层）→泥晶砂屑灰岩 + 砂屑泥晶灰岩 + 泥晶灰岩→（微）亮晶砂屑灰岩（薄层）→泥晶砂屑灰岩（薄层）+ 砂屑泥晶灰岩。该组合通常出现在鹰山组上段地层中。该组合由 4 个沉积正旋回组成，在底部的第一个正旋回和中部的第三个正旋回中，大部分岩性表现为薄层的微亮晶砂屑灰岩，少量可见亮晶砂屑灰岩。而第二个正旋回和顶部的第四个正旋回中，岩性上都表现为由下部的薄层颗粒支撑向上部的灰泥支撑转变。该组合内颗粒含量整体为低，属于非滩区，反映了沉积时水体能量低，在电性上表现为高-中自然伽马值，自然伽马曲线与组合样式呈反向阶梯状，局部呈尖峰状，孔隙度曲线整体较为平滑，变化不明显。整体上代表了碳酸盐台地沉积体系中的滩间海（台坪）沉积。

（7）灰质白云岩→（含）云质泥晶砂屑灰岩→灰质白云岩。该组合通常出现在鹰山组下段地层中，云化程度中等。该组合由 3 个沉积正旋回组成，顶底两个旋回岩性主要为灰质白云岩，大部分灰质结构为泥晶，可见少量砂屑结构；中部旋回岩性主要为（含）云质泥晶砂屑灰岩，颗粒含量中等，磨圆程度中等，分选程度中等，在电性上表现为高自然伽马值，自然伽马曲线呈微锯齿状，孔隙度曲线整体较为平滑，补偿密度曲线有较小的幅度变化。整体而言，该组合反映了沉积时水体能量低，代表了碳酸盐台地沉积体系中的滩间海（台坪）沉积。

（8）（微）亮晶砂屑灰岩 +（含）云质泥晶砂屑灰岩→藻灰岩→（微）亮晶砂屑灰岩 +（含）云质泥晶砂屑灰岩。该组合通常出现在鹰山组下段地层中，云化程度中等。该组合由 3 个沉积正旋回组成，顶底两个旋回岩性主要为（微）亮晶砂屑灰岩向（含）云质泥晶砂屑灰岩转变，颗粒较小且含量中等，磨圆程度中等，分选程度中等；中部旋回主要为藻灰岩，一般为藻黏结砂屑灰岩或隐藻凝块灰岩，是中-低能环境的产物。在电性上表现为中自然伽马值，自然伽马曲线呈微锯齿状，中子曲线与补偿密度曲线呈微锯齿状，有较小的幅度变化。整体而言，该组合反映了沉积时水体能量低，代表了碳酸盐台地沉积体系中的滩间海（台坪）沉积。

（9）泥晶砂屑灰岩＋（含）云质泥晶砂屑灰岩/（含）云质砂屑泥晶灰岩→泥晶砂屑灰岩＋（含）云质泥晶砂屑灰岩/（含）云质砂屑泥晶灰岩。该组合通常出现在鹰山组下段地层中，云化程度中等。该组合由两个沉积正旋回组成，顶底两个旋回岩性主要为泥晶砂屑灰岩向（含）云质泥晶砂屑灰岩或（含）云质砂屑泥晶灰岩转变，原始灰岩中颗粒较小，泥质含量较高，反映了沉积时水体能量低，在电性上表现为中-高自然伽马值，自然伽马曲线与组合样式呈反向阶梯状，孔隙度曲线较为平滑，声波时差曲线与补偿密度曲线有较小的幅度变化，代表了碳酸盐台地沉积体系中的滩间海（台坪）沉积。

二、典型成岩作用

（一）早期方解石的胶结和充填作用

胶结作用可以发生在成岩作用的各个阶段，但以早期成岩阶段规模最大，可以说是海水潜流带和淡水潜流带环境中最重要的成岩作用，也是造成碳酸盐岩原生孔隙减少的首要因素。在顺南—古隆地区常见的早期方解石胶结分为粒间方解石胶结物、柱状方解石胶结物和溶孔充填的粒状方解石充填物（第一期粗晶方解石）。

粒间方解石胶结物普遍发育于顺南和古隆地区奥陶系碳酸盐岩当中，呈半自形-他形晶体充填在灰岩颗粒之间的空间中，晶体普遍小于 $100\mu m$，ARS 和 PF 试剂染色呈粉红色［图 6-3（a）］，阴极发光下不发光。顺南 7 井中奥陶统一间房组的取心段中，颗粒呈漂浮状或点接触，显示粒间方解石胶结物形成于沉积物固结成岩之前。顺南和古隆地区灰岩中存在大量的孔洞，以顺南 7 井中奥陶统一间房组最为发育。顺南 7 井的孔洞边界切割了原灰岩颗粒和粒间方解石胶结物［图 6-3（a）］，被认为是溶蚀作用晚于粒间方解石胶结物的证据。

柱状方解石主要发育在顺南地区一间房组地层中，呈半自形-自形柱状晶体充填在孔洞中，晶体大小通常为数十微米至数厘米，ARS 和 PF 试剂染色呈粉红色［图 6-3（b）和图 6-3（c）］，部分较大的晶体呈波状消光［图 6-3（c）］，阴极发光下不发光。柱状方解石往往是孔洞中的第一期胶结物，并将大部分溶蚀孔洞、粒间孔完全充填，是堵塞早期孔隙的主要充填物类型，在孔洞充填物中占到 50% 以上。部分样品中可见柱状方解石被埋藏缝合线切割［图 6-3（c）］。

孔洞中充填的粒状方解石（第一期粗晶方解石）呈半自形-他形充填在中晶直面白云石之后［图 6-3（b）］，晶体大小为 $200\mu m$ 至数厘米，ARS 和 PF 试剂染色呈粉红色［图 6-3（a）、图 6-3（b）和图 6-3（e）］，阴极发光下呈均匀的亮橘黄色［图 6-3（d）］，无环带发育。第一期粗晶方解石在孔洞充填物中所占比例为 5%～10%，在顺南地区的顺南 1 井、顺南 4 井和顺南 7 井一间房组和鹰山组上段碳酸盐岩中均有发育。

古隆地区同样可见溶孔溶洞充填的块状方解石胶结物（第一期粗晶方解石），呈半自形-他形充填在孔洞中，晶体大小为 $200\mu m$ 至数厘米，ARS 和 PF 试剂染色呈粉红色，阴极发光下呈均匀的暗色，无环带发育，在古隆 2 井的样品中可见第一期粗晶方解石被缝合线切割［图 6-3（f）］。

（二）硅化作用

在顺南—古隆地区可观察到两期硅化作用。早期硅化现象包括了隐晶质硅质矿物和微晶石英，主要见于顺南 7 井和古隆 1 井 O_2yj 硅质团块和靠近硅质团块的灰岩中。这种早期硅化与稍后的硅化现象的主要区别有两点：①岩心上早期硅化可识别出含隐晶硅质矿物的硅质团块；②早期硅化主要发育在中奥陶统一间房组（O_2yj）中。

晚期硅化作用被分为交代作用和胶结作用。交代石英呈自形-半自形，晶体大小为 0.1mm 至数毫米［图 6-4（a）～图 6-4（c）］，阴极发光下呈暗蓝色。交代石英主要发育于顺南 1 井、顺南 2 井、顺南 4 井和顺南 401 井的轻微硅化的灰岩及顺南 4 井和顺南 401 井的严重硅化的灰岩中［图 6-4（a）和图 6-4（b）］。顺南 4 井严重硅化的灰岩中有部分样品被完全硅化，无灰质残留，样品中可见缝合线分布于交代石英中［图 6-4（b）］。由于压溶现象（缝合线）并不是发育于交代石英晶粒之间，因此认为这些缝合线更可能形成于硅化之前，硅化过程中被保留下来。在一些样品中，交代石英松散堆积形成了大量晶间孔，这些孔隙中填充了部分沥青［图 6-4（c）］。

石英胶结物主要发育在顺南 4 井和顺南 401 井的强烈硅化灰岩中，充填于裂缝和孔洞中，阴极发光呈暗蓝色，石英胶结物充填的裂缝切割了缝合线［图 6-4（d）］。从裂缝/孔洞壁到中心，根据晶体形态和流体包裹体岩石学，将石英胶结物分为 3 类：粒状石英、柱状石英的核部和柱状石英的边缘。

粒状石英呈粒状分布于裂缝或孔洞边缘，呈自形-半自形，晶体大小为数十至数百微米［图 6-4（e）］。柱状石英呈自形-半自形充填于粒状石英之后［图 6-4（e）］，呈明显的伸长-块状结构［图 6-4（e）］，晶体大小从数十微米到数厘米［图 6-4（e）］。

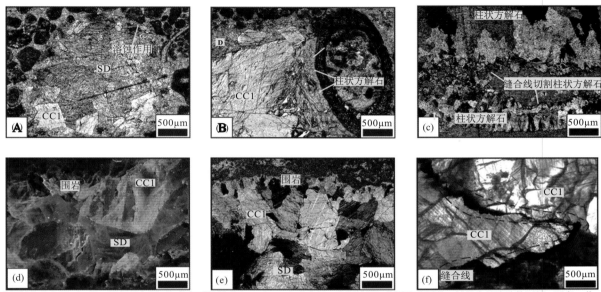

(a) 孔洞被块状方解石（第一期粗晶方解石）和之后的鞍形白云石（SD）全充填，孔洞边界切割原灰岩颗粒，被认为是溶蚀的证据，顺南 7 井，O_2yj，6487.40m（−）；(b) 孔洞被柱状方解石、中晶直面白云石和第一期粗晶方解石全充填，顺南 7 井，O_2yj，6487.40m（−）；(c) 可见柱状方解石被缝合线切割，顺南 7 井，O_2yj，6491.80m（+）；(d) 孔洞被块状方解石（第一期粗晶方解石）和之后的鞍形白云石（SD）全充填，第一期粗晶方解石呈均匀的亮橙黄色，鞍形白云石呈红色，顺南 7 井，O_2yj，6489.80m，包裹体片，阴极光照片；(e) 孔洞被第一期粗晶方解石和鞍形白云石全充填，顺南 7 井，O_2yj，6489.80m（+）；(f) 第一期粗晶方解石被缝合线切割，古隆 2 井，$O_{1-2}y$，5982.10m（−），包裹体片

图 6-3　顺南—古隆地区早期方解石的胶结和充填作用特征

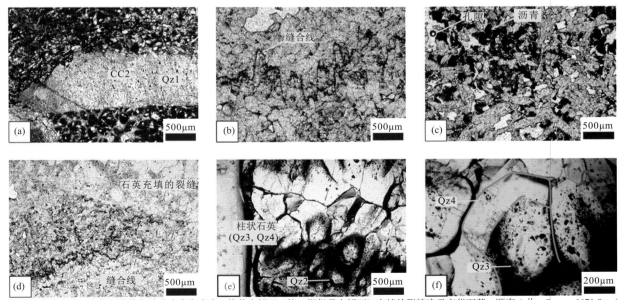

(a) 轻微硅化的灰岩，交代石英均匀地分布在灰岩中，块状方解石（第二期粗晶方解石）充填的裂缝晚于交代石英，顺南 4 井，$O_{1-2}y$，6671.8m（−）；(b) 严重硅化的灰岩，该样品已完全被硅化，无灰质残留，缝合线保留在交代石英中，顺南 4 井，$O_{1-2}y$，6670.4m（−）；(c) 严重硅化的灰岩，该样品已完全被硅化，无灰质残留，交代石英松散堆积，形成大量晶间孔，晶间孔中有部分沥青充填，顺南 4 井，$O_{1-2}y$，6670.5m（−）；(d) 严重硅化的灰岩，该样品已完全被硅化，无灰质残留，石英胶结物充填的裂缝切割了缝合线，顺南 4 井，$O_{1-2}y$，6670.4m（−）；(e) 严重硅化的灰岩，从裂缝壁到中心，依次为粒状石英（粒状石英）和柱状石英，柱状石英呈伸长-块状结构，顺南 4 井，$O_{1-2}y$，6670.4m（−），包裹体片；(f) 严重硅化的灰岩，柱状石英被一个明显的流体包裹体富集的生长环带分为核心和边缘，顺南 4 井，$O_{1-2}y$，6670.4m（−），包裹体片

图 6-4　顺南—古隆地区硅化作用特征

柱状石英核部和边缘有相同的消光位，但两者被一个明显的流体包裹体密集分布的生长环带分开，柱状石英核部因含有大量的流体包裹体而显得晶面较污浊，柱状石英边缘包裹体含量较少 [图 6-4（f）]。另外，古隆 1 井 $O_{1-2}y$ 下段白云岩中，有极少量（岩心可见两处）孔洞被粒状石英胶结物充填。

（三）晚期方解石充填作用

在顺南地区，晚成岩阶段的所有方解石胶结物均为粒状他形-半自形晶体，并主要充填于裂缝、孔洞中 [图 6-5（a）]，晶体大小为 250μm 至数毫米，ARS 和 PF 试剂染色呈粉红色，阴极发光照射下均呈均匀的亮黄色，无环带发育 [图 6-5（b）]。

在顺南地区晚期方解石充填物按不同的产状及与其他成岩矿物的先后关系分为 4 类，其具体特征如下。

（1）第二期粗晶方解石充填于灰岩和轻微硅化灰岩的裂缝中 [图 6-4（a）、图 6-5（a）和图 6-5（c）]，第二期粗晶方解石切割缝合线 [图 6-5（c）]。在轻微硅化的灰岩中，交代石英分布于第二期粗晶方解石两侧 [图 6-4（a）、图 6-5（a）]，因此认为第二期粗晶方解石可能晚于交代石英。其中，一个样品（顺南 2 井，6554.9m）的裂缝中，除充填第二期粗晶方解石外，还充填一类细晶、ARS 和 PF 溶液染色呈深蓝色的方解石晶体，这类方解石在其他样品中均不可见。

（2）第三期粗晶方解石充填于交代石英形成的晶间孔中，认为第三期粗晶方解石可能晚于交代石英。值得注意的是，由于存在方解石胶结物形成于石英交代之前的可能性 [图 6-5（b）、图 6-5（d）和图 6-5（e）]，显微镜下观察的第三期粗晶方解石可能是多类方解石胶结物（硅化之前和硅化之后的方解石）的集合。另外，第三期粗晶方解石与石英胶结物的关系不明确。

（3）第四期粗晶方解石充填于严重硅化的灰岩的裂缝中，这类裂缝被石英充填的裂缝切割，因此认为第四期粗晶方解石早于石英胶结物。另外，在某些样品中第四期粗晶方解石与第三期粗晶方解石相连 [图 6-5（d）]，推测第四期粗晶方解石与第三期粗晶方解石可能为同期方解石胶结物。

（4）第五期粗晶方解石充填于裂缝、孔洞被石英胶结物充填后留下的残余空间中 [图 6-5（f）]，认为第五期粗晶方解石可能晚于石英胶结物。

在古隆地区，晚成岩阶段的方解石胶结物可以大致分为两类。

（1）在古隆 1 井和古隆 2 井中奥陶统的灰岩中，存在大量块状方解石胶结物充填于高角度裂缝中，晶体大小为 250μm 至数毫米 [图 6-5（g）]，ARS 和 PF 试剂染色呈粉红色，阴极发光照射下均呈均匀的暗色，且有大量发亮橘黄色光的裂缝 [图 6-5（h）]。这些裂缝切割了埋藏缝合线，类比于顺南地区方解石胶结物的命名，将这类方解石胶结物命名为第二期粗晶方解石。

（2）在古隆 1 井和古隆 3 井的白云岩中，裂缝和孔洞中存在大量呈块状他形-半自形晶体充填于鞍形白云石之后的方解石胶结物，晶体大小为 250μm 至数毫米 [图 6-5（i）]，ARS 和 PF 试剂染色呈粉红色，阴极发光下均呈橘黄色，类比顺南地区早期方解石胶结物的命名，将这类方解石胶结物命名为 CC6-gl。

（四）白云石化作用

在顺南—古隆地区，白云石化作用在一间房组和鹰山组上段碳酸盐岩中主要表现为两类不同白云石的充填作用。

细-中晶直面白云石在孔洞中呈半自形-自形晶体充填于柱状方解石之后，晶体大小为 100～500μm [图 6-3（b）]，ARS 和 PF 试剂不染色，阴极发光下呈红-紫色。中晶直面白云石在孔洞充填物中所占比例较小，不足 1%，主要发育在顺南 7 井一间房组中。

粗晶鞍形白云石胶结物（SD）以他形-半自形晶体充填于顺南 7 井一间房组灰岩的孔洞中，晶体大小为 500μm 至数毫米，波状消光，ARS 和 PF 试剂不染色 [图 6-3（a）]，阴极发光照射下呈红色 [图 6-3（d）] 或紫色。顺南 7 井的 SD 充填在第一期粗晶方解石之后 [图 6-3（a）和图 6-3（e）]，将早期溶蚀形成的孔洞完全堵塞，但与缝合线无明显的切割关系。

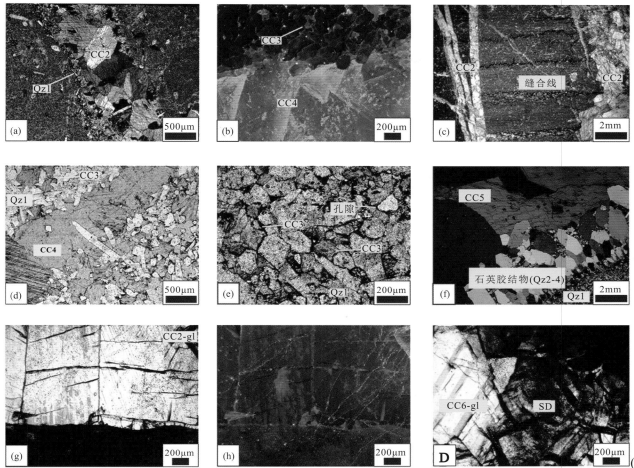

(a) 轻微硅化的灰岩，交代石英分布于第二期粗晶方解石两侧，顺南 2 井，6874.3m（+），O$_{1-2}$y；(b) 严重硅化的灰岩，第三期粗晶方解石和第四期粗晶方解石发亮黄色阴极光，顺南 4 井，6673.3m，O$_{1-2}$y，阴极光照片；(c) 轻微硅化的灰岩，第二期粗晶方解石充填的裂缝切割了缝合线，顺南 2 井，O$_{1-2}$y，6870.5m（−）；(d) 严重硅化的灰岩，该样品已完全被硅化，第三期粗晶方解石充填于交代石英形成的晶间孔中，第三期粗晶方解石和第四期粗晶方解石相连，疑似同类型方解石胶结物，顺南 4 井，O$_{1-2}$y，6668.8m（−）；(e) 严重硅化的灰岩，该样品已完全被硅化，第三期粗晶方解石充填于交代石英形成的晶间孔中，部分晶间孔未被充填，顺南 4 井，O$_{1-2}$y，6668.8m（−）；(f) 严重硅化的灰岩，第五期粗晶方解石充填于石英胶结物之后，顺南 401 井，O$_{1-2}$y，6634.5m（−）；(g) 第二期粗晶方解石充填于裂缝中，古隆 2 井，5687.8m（−），O$_2$yj，包裹体片；(h) 第二期粗晶方解石充填于裂缝中，阴极发光照射下均呈均匀的暗色，且有大量发亮橘黄色光的裂缝，古隆 2 井，O$_2$yj，5687.8m，包裹体片，阴极发光照片；(i) 裂缝中 CC6-gl 充填于 SD 之后，古隆 3 井，O$_{1-2}$y，6236.3m（−），包裹体片

图 6-5　顺南—古隆地区晚期方解石充填作用特征

在鹰山组下段碳酸盐岩中，多期白云石化作用的改造较为明显。古隆 1 井在鹰山组下部揭示了一套纯白云岩地层，白云岩主要类型有泥-粉晶白云岩、细晶白云岩、中-粗晶白云岩及处于过渡阶段的灰质云岩和云质灰岩，它们的产状主要见以下 3 种：①分布于白云岩中的基质白云岩，如纹层状泥-粉晶白云岩［图 6-6（a）］、块状的细晶白云岩［图 6-6（b）］和中-粗晶白云岩［图 6-6（c）］；②沿缝合线发育的条带状或斑块状白云石［图 6-6（d）］；③充填于溶蚀孔、洞及构造裂缝中的白云石［图 6-6（e）和图 6-6（f）］。这些不同产状、不同晶体结构的白云岩应该是多期白云石化作用的产物：斑块状粉-细晶白云岩及纹层状粉-细晶白云岩，主要是准同生期渗透回流白云石化作用的产物；沿缝合线分布细-中晶白云岩，是成岩早期浅埋藏环境下白云石化作用的产物；成层整体白云石化形成的结晶白云石是成岩期埋藏环境下白云石化作用的产物；孔、洞、缝中充填细-中晶自形白云石及鞍形白云石是构造-热液白云石化作用的产物。

(a) 纹层状泥-粉晶白云岩，古隆 3 井，$O_{1-2}y$，6237.20m（－）；(b) 细晶白云岩，晶体呈自形-半自形，晶间充填有机质，古隆 1 井，$O_{1-2}y$，6454.78m（－）；(c) 中-粗晶白云岩，节理清晰，晶面弯曲，晶体呈镶嵌接触，岩性致密，古城 7 井，$O_{1-2}y$，6161.00m（－）；(d) 沿缝合线的白云石化，白云石呈细晶自形，顺南 5-1 井，$O_{1-2}y$，7011.07m（－）；(e) 细-中晶自形白云石充填孔洞，相比基质白云岩，充填白云石干净明亮，古隆 1 井，$O_{1-2}y$，6456.75m（－）；(f) 鞍形白云石充填裂缝，具有明显的波状消光特征，古隆 1 井，$O_{1-2}y$，6533.34m（－）

图 6-6 顺南—古隆地区白云石化作用特征

（五）溶蚀作用

溶蚀作用是指不稳定矿物的淋滤和溶解形成次生孔隙、溶孔或溶洞，是顺南—古隆地区奥陶系碳酸盐岩最重要的建设性成岩作用。岩心及薄片观察分析，该区块内碳酸盐岩发育多期溶蚀作用，溶蚀孔洞和溶蚀缝较为发育，但后期多被亮晶方解石充填，基质中少见有效孔隙，仅古隆 1 井鹰山组下段、顺南 4 井鹰山组上段的硅质岩段和顺南 7 井一间房组灰岩段可见部分未被完全充填的有效孔隙。

顺南 7 井一间房组灰岩段中的溶蚀孔洞应该是准同生期大气水溶蚀作用的产物，其较为鲜明的标志是粒内溶孔的发育 [图 6-7（a）]，这种孔隙类型的形成主要是由于成岩早期部分颗粒的组分为亚稳定态的文石或高镁方解石，易受到大气淡水选择性溶蚀。此外，示底构造的存在也很好地体现了大气淡水渗流带的特征 [图 6-7（b）]。

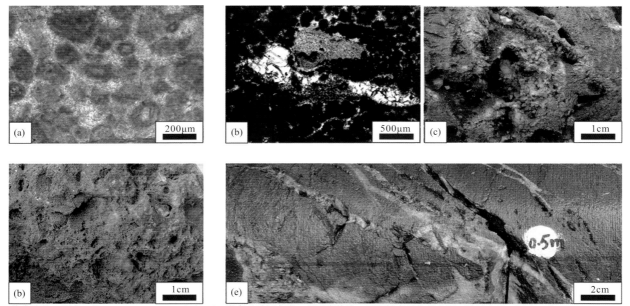

(a) 粒内溶孔，顺南 7 井，O_2yj，6487.36m（－）；(b) 微亮晶砂屑灰岩，见示底构造，后期被亮晶粒状方解石胶结充填，顺南 3 井，$O_{1-2}y$，7559.60m（－）；(c) 非组构选择性溶蚀孔洞，具有大小不一、形态不规则的特征，顺南 4 井，O_2y，6690.80m；(d) 硅质灰岩，发育蜂窝状溶孔，结构疏松，存在明显的热液蚀变的白化现象，顺南 4 井，$O_{1-2}y$，6670.66m；(e) 沿高角度裂缝有明显的扩溶现象，顺南 4 井，$O_{1-2}y$，6672.03m

图 6-7 顺南—古隆地区溶蚀作用特征

相对而言，热液溶蚀作用以大量非组构选择性溶蚀孔洞的形式表现在顺南—古隆地区鹰山组下段碳酸盐岩地层中，在埋藏的背景下作用于基质围岩之上，表现形式为大小不一、形态不规则的溶蚀孔洞 [图 6-7（c）]。古隆 1 井鹰山组下段白云岩和顺南 4 井鹰山组上段的硅质岩段中溶蚀孔洞就是明显的热液溶蚀的产物。例如，顺南 4 井取心段中发现有结构疏松的硅质灰岩，对样品进行手工研磨时，凡是受热液改造后的灰岩与常规灰岩相比硬度明显降低，呈疏松结构且极易碾磨，并具有褪色现象，这与热液作用下形成的白化灰岩特征十分相似 [图 6-7（d）]。此外，溶蚀孔洞通常与裂缝密切相关［图6-7（e）］，也说明了热液流体是沿裂缝系统由深部进入地层中的。

三、成岩作用发育规律及序列

基于典型成岩作用的观察，将顺南和古隆地区的主要成岩事件及其特征列于表6-1中。古隆地区由于井位较少且取心覆盖的层位较多，观察到的成岩矿物类型较少。顺南地区取心相对较多，且大多数成岩矿物之间的切割关系比较清晰，图6-8是成岩现象在顺南1井、顺南7井、顺南4井和顺南2井的分布素描图。其中，广泛发育的裂缝多被第二期粗晶方解石充填，而顺南7井一间房组和顺南4井鹰山组上段的溶蚀孔洞较为发育，且充填的矿物类型多样。

对比顺南—古隆两个地区的成岩现象，发现它们有一定的相似性：①灰岩中均发育孔洞充填块状方解石（第一期粗晶方解石），这种方解石都被埋藏缝合线切割；②灰岩（和轻微硅化的灰岩）中大量纵向裂缝发育，且多被块状方解石（第二期粗晶方解石）全充填。

但是两个地区的差异性也非常明显：①顺南地区顺南7井一间房组和顺南4井鹰山组发育大量未被完全充填的孔洞和裂缝，古隆地区所有的裂缝和孔洞均被完全充填；②顺南地区全充填和半充填的孔洞发育规模远远大于古隆地区；③顺南地区发育一套硅化岩（严重硅化的灰岩），区域上显示受断裂控制，硅化岩裂缝中全/半充填了石英和方解石，而古隆地区灰岩和白云岩的裂缝被白云石和方解石全充填。综上所述，顺南地区早成岩作用比古隆地区更强烈，两个地区均经历了强烈的断裂活动及伴随断裂活动的古流体活动。根据上文所述的各成岩矿物之间的相互切割关系，建立了顺南地区的成岩序次（图6-9）。

图6-9中虚线方框表示成岩事件的相对顺序不太清楚。其中，早期硅化现象发生早于埋藏缝合线开始形成，但是与其他早成岩事件的关系不明确；SD只能观察到晚于第一期粗晶方解石，与其他事件的关系不明确；第二期粗晶方解石在轻微硅化的灰岩中晚于交代石英，与其他事件的关系不明确；第三期粗晶方解石可能晚于交代石英，与石英胶结物的关系不明确；第四期粗晶方解石可能早于石英胶结物，但与交代石英、第二期粗晶方解石的关系不明确。图中红色充填的方框表示该成岩矿物主要发育在严重硅化的灰岩中，包括第三期粗晶方解石、第四期粗晶方解石、石英胶结物和第五期粗晶方解石；蓝色方框表示成岩矿物主要发育在灰岩或者轻微硅化的灰岩中，第二期粗晶方解石仅发育在灰岩或者轻微硅化的灰岩中，早期硅化、柱状方解石和第一期粗晶方解石仅在灰岩中发育；绿色方框表示成岩矿物发育在多种岩性中，埋藏缝合线在所有岩性中均有发育，交代石英在轻微硅化和严重硅化的灰岩中发育；而未充填的方框表示不确定，如早期的溶蚀作用主要在灰岩中观察到，但其他岩性中的孔洞不确定是否由早期溶蚀作用形成。

表6-1　顺南和古隆地区主要成岩矿物及特征列表

地区	成岩事件/矿物	特征	分布	切割关系
顺南	柱状方解石	长柱状，0.1mm至数毫米，部分粗晶矿物显波状消光	主要分布在顺南7井中	被埋藏缝合线切割
	孔洞充填块状方解石（第一期粗晶方解石）	250μm以上，阴极发光呈均匀的亮橙色	灰岩和轻微硅化的灰岩中	早于SD，被埋藏缝合线切割
	鞍形白云石（SD）	250μm以上，波状消光	仅顺南7井的两个孔洞中可见	晚于第一期粗晶方解石，与缝合线关系不明
	交代石英	50μm以上，自形	轻微硅化的灰岩和严重硅化的灰岩中	晚于缝合线
	裂缝充填块状方解石（第二期粗晶方解石）	250μm以上，阴极发光呈均匀的亮橙色	灰岩和轻微硅化的灰岩中	晚于交代石英
	交代石英晶间孔中块状方解石（第三期粗晶方解石）	250μm以上，阴极发光呈均匀的亮橙色	严重硅化的灰岩中，顺南4井和顺南401井	晚于交代石英
	裂缝充填块状方解石（第四期粗晶方解石）	250μm以上，阴极发光呈均匀的亮橙色	严重硅化的灰岩中，顺南4井和顺南401井	晚于交代石英，与第三期粗晶方解石同时或晚于第三期粗晶方解石，被石英胶结物切割
	石英胶结物	粒状或长柱状，100μm以上	严重硅化的灰岩中，顺南4井和顺南401井	切割第四期粗晶方解石和缝合线，早于第五期粗晶方解石
	石英胶结物之后的块状方解石（第五期粗晶方解石）	250μm以上，阴极发光呈均匀的亮橙色	严重硅化的灰岩中，顺南4井和顺南401井	晚于第五期粗晶方解石

续表

地区	成岩事件/矿物	特征	分布	切割关系
古隆	孔洞充填块状方解石（第一期粗晶方解石）	250μm 以上，暗色阴极光	古隆地区灰岩	被缝合线切割
	裂缝充填块状方解石（第二期粗晶方解石）	250μm 以上，暗色阴极光，阴极光下亮橙色裂纹发育	古隆地区灰岩	切割缝合线
	鞍形白云石（SD）	250μm 以上，波状消光	古隆地区白云岩	
	SD 之后的块状方解石（CC6-gl）	250μm 以上，阴极发光呈均匀的亮橙色	古隆地区白云岩	晚于 SD

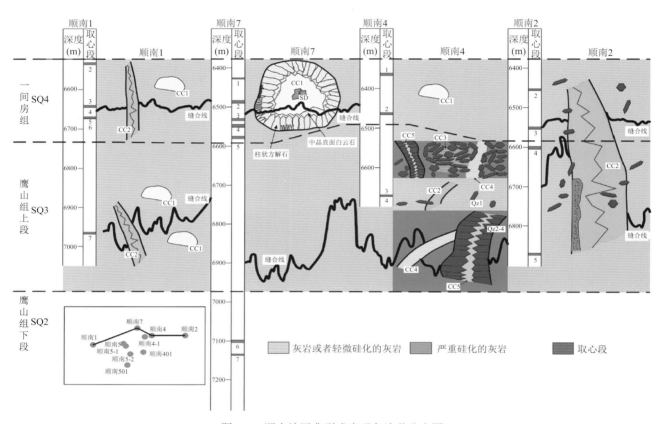

图 6-8　顺南地区典型成岩现象连井分布图

　　另外，在切割了石英胶结物的鞍形白云石之后还有块状方解石胶结（CC6），但由于该方解石胶结物的分布远离硅化储集体，在成岩序列中并未列出。

第二节　成岩流体地球化学特征

一、大气淡水溶蚀存在的地球化学证据

　　顺南和古隆地区灰岩孔洞中的块状方解石胶结物（第一期粗晶方解石）的 $\delta^{18}O_{VPDB}$ 值（顺南为 $-8.31‰\sim$ $-4.60‰$，古隆为 $-7.66‰\sim-6.39‰$）与顺南地区奥陶系泥晶灰岩（$-6.58‰$）、古隆地区奥陶系泥晶灰岩（$-7.5‰$，马庆佑等，2013）、塔里木盆地奥陶系灰岩（$-7.6‰\sim-4.7‰$，图 6-10，金之钧等，2013）和全球奥陶系海相方解石的 $\delta^{18}O_{VPDB}$ 值（大于 $-10‰$，Veizer et al.，1999；Qing and Veizer，1994）相似，支持第一期粗晶方解石可能形成于海水或者轻微改造的海水。同时，第一期粗晶方解石被缝合线切割的岩石学现象也支持第一期粗晶方解石可能形成于埋深较浅的成岩阶段。然而，根据顺南地区第一期粗晶方解石的 $\delta^{18}O_{VPDB}$ 值和随机分布流体包裹体的 T_h 值计算的第一期粗晶方解石亲缘流体的 $\delta^{18}O_{V-SMOW}$ 值（$+6‰\sim$ $+10‰$）远高于奥陶纪海水（$-9‰\sim-3‰$，Veizer et al.，1997；Qing and Veizer，1994）和现代

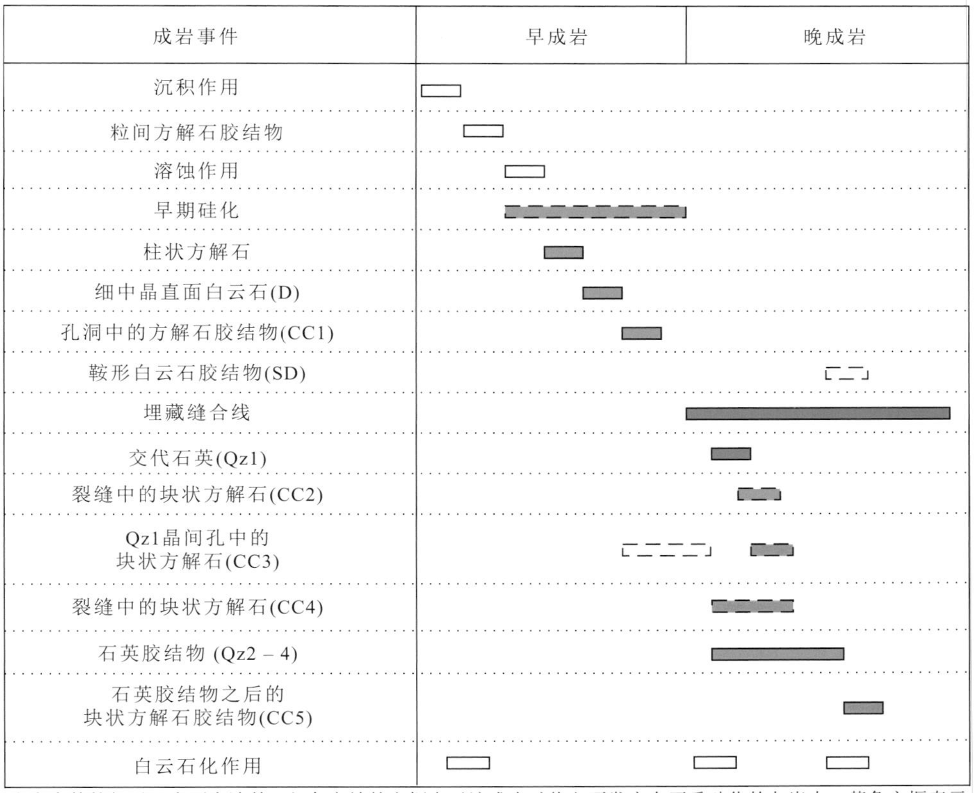

成岩事件	早成岩	晚成岩
沉积作用		
粒间方解石胶结物		
溶蚀作用		
早期硅化		
柱状方解石		
细中晶直面白云石(D)		
孔洞中的方解石胶结物(CC1)		
鞍形白云石胶结物(SD)		
埋藏缝合线		
交代石英(Qz1)		
裂缝中的块状方解石(CC2)		
Qz1晶间孔中的块状方解石(CC3)		
裂缝中的块状方解石(CC4)		
石英胶结物 (Qz2 – 4)		
石英胶结物之后的块状方解石胶结物(CC5)		
白云石化作用		

注：虚线方框表示成岩事件的相对顺序不太清楚；红色充填的方框表示该成岩矿物主要发育在严重硅化的灰岩中；蓝色方框表示成岩矿物主要发育在灰岩或者轻微硅化的灰岩中；绿色方框表示成岩矿物发育在多种岩性中；未充填的方框表示分布范围不确定

图 6-9　顺南地区成岩序次

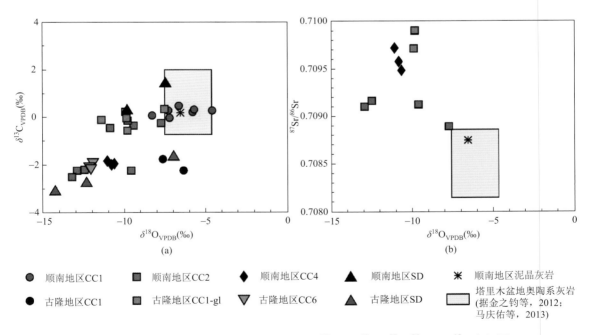

| ● 顺南地区CC1 | ■ 顺南地区CC2 | ◆ 顺南地区CC4 | ▲ 顺南地区SD | ✳ 顺南地区泥晶灰岩 |
| ● 古隆地区CC1 | ■ 古隆地区CC1-gl | ▽ 古隆地区CC6 | ▲ 古隆地区SD | ▢ 塔里木盆地奥陶系灰岩（据金之钧等，2012；马庆佑等，2013） |

图 6-10　顺南和古隆地区方解石和白云石的 $\delta^{13}C$ 和 $\delta^{18}O$、$^{87}Sr/^{86}Sr$ 和 $\delta^{18}O$ 交汇图

海水（0）的 $\delta^{18}O_{V\text{-}SMOW}$ 值，与"形成于海水或轻微改造海水"的结论矛盾。由于第一期粗晶方解石中随机分布的流体包裹体的成因未知，且第一期粗晶方解石的分布与其他几类块状方解石胶结物不在同一层位，成因难以互相约束，因此，一个可能的解释是第一期粗晶方解石中随机分布的流体包裹体为次生成因，使用这些包裹体的 T_h 值计算第一期粗晶方解石亲缘流体的 $\delta^{18}O_{V\text{-}SMOW}$ 值会造成 $\delta^{18}O_{V\text{-}SMOW}$ 值明显偏高。

综上所述，柱状方解石记录了顺南地区尤其是顺南 7 井 O_2yj 的大规模海水活动，可能形成于（准）同生期；顺南和古隆地区的第一期粗晶方解石记录了海水或轻微改造海水的活动，形成稍晚于柱状方解石，但是早于储集体埋深达到 500～1500m 之前。研究区内大气淡水的活动缺乏直接的矿物学、流体包裹体和地球化学的证据，但通过成岩现象推测可能存在大气淡水的活动。如前所述，顺南和古隆地区灰岩中存在大量溶蚀孔洞，尤其以顺南 7 井 O_2yj 最为发育。这些孔洞多数被柱状方解石或者第一期粗晶方解石充填［图 6-3（a）、图 6-3（b）和图 6-3（e）］，如前所讨论的，这些充填物是海水或轻微改造海水作用的产物，由此可以推断，这些被充填的溶蚀孔洞形成于海水或轻微改造海水作用之前。由于顺南地区缺乏大规模抬升暴露的条件，因此这些溶蚀孔洞可能形成于（准）同生期，因而大气淡水溶蚀作用确实存在对顺南和古隆地区灰岩的改造。

二、富硅热液流体的地球化学特征

不同来源的硅质具有不同的氧同位素特征，因而对比不同成因的硅质（化）岩及硅质矿物氧同位素特征有助于探索研究区硅质充填物的成因。从石英的氧同位素特征看（图 6-11），顺南 4 井基质部分石英与裂缝石英较为相似，与西加盆地热液成因的交代微晶石英的氧同位素较为接近，明显区别于柯坪剖面阿瓦塔格组顺层面分布燧石结核的氧同位素（李庆等，2010）。温度是造成石英氧同位素分馏的重要因素，可见顺南 4 井石英的结晶温度显著高于沉积成因的燧石结核，暗示了顺南 4 井石英的热液成因。

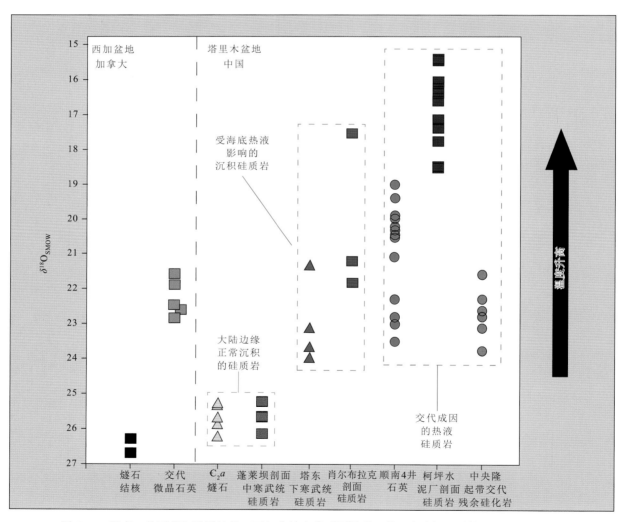

图 6-11　顺南 4 井石英与硅质结核、西加盆地交代成因微晶石英及灰岩燧石结核的氧同位素对比

此外，还可以通过 T_h/U 值来判断成岩时期的氧化还原环境及物质来源（McLennan and Taylor，1991，1990，1980），缺氧环境下 T_h/U 值为 0～2，强氧化环境下为 8，本区样品 T_h/U 值的范围为 0.21～2.88，平均值为 1.03，同样指示硅质岩的成岩环境为缺氧的埋藏环境。海相沉积硅质岩的 T_h/U 值很高，但如果硅质流体来自地壳，则其 T_h/U 值会很低，亦说明硅质流体来自地壳，与前述稀土元素分析所反映的

结果相符。正常海相沉积的硅质岩与热液成因的硅质岩（硅化岩）在 T_h/U—Y/H_o 交汇图中分布区域完全不同（图 6-12），可以看出顺南 4 井样品投点完整地落在热液成因区域。

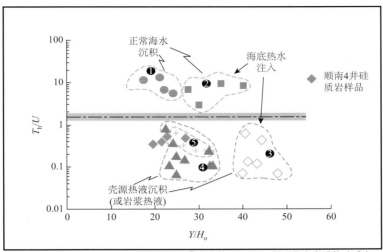

①陈永权等（2006），塔东下寒武统层状硅质岩，成因：正常海水沉积；②李庆等（2010），塔西北中寒武统硅质岩，成因：正常海水沉积/有海底热水注入；③于炳松等（2004），肖尔布拉克剖面下寒武统硅质岩，成因：深部热源/热水注入；④陈永权等（2006），塔东上寒武统交代残余结构硅化岩，成因：地壳内部热液/岩浆热液；⑤陈永权等（2006），塔东上寒武统放射状硅化岩，成因：地壳内部热液/岩浆热液

图 6-12　顺南 4 井硅质岩样品 T_h/U—Y/H_o 交汇图

另外，认为顺南地区严重硅化的灰岩裂缝中的方解石胶结物（第四期粗晶方解石）和交代石英晶间孔中的方解石胶结物（第三期粗晶方解石）的形成与深部流体有关，主要证据如下：①第四期粗晶方解石的 $^{87}Sr/^{86}Sr$ 值（0.709489～0.709721）高于顺南地区泥晶灰岩（0.70875），塔里木盆地泥晶灰岩（0.708150～0.708869，金之钧等，2013），奥陶纪海水（小于 0.7090，McArthur et al.，2012；Qing et al.，1998），以及寒武纪海水的 $^{87}Sr/^{86}Sr$ 值（小于 0.7094，McArthur et al.，2012；Montañez et al.，2000；Veizer et al.，1999）；②较低的 $\delta^{18}O_{PDB}$ 值（-11.09‰～-10.66‰）和流体包裹体 T_h 值（151～161℃）证实第四期粗晶方解石可能形成于较高的温度，从而排除了大气淡水影响的可能；③第三期粗晶方解石的 T_{m-ice} 和 T_h 值（-22.0～-17.8℃，148～158℃）与第四期粗晶方解石（-21.1～-14.6℃，151～161℃）相似，考虑到两者在岩相学上的关联性，认为第三期粗晶方解石和第四期粗晶方解石形成于同一流体活动。值得说明的是，在以上的论述中将第四期粗晶方解石中随机分布的流体包裹体解释为原生流体包裹体，主要依据如下：①如前所述，在部分样品中第二期粗晶方解石和第三期粗晶方解石、第四期粗晶方解石分布相距不足 10cm，但在第二期粗晶方解石中未检测到与第四期粗晶方解石中随机分布的流体包裹体 T_h、T_{m-ice} 值相近的次生或未知流体包裹体；②第四期粗晶方解石中典型的次生流体包裹体的 T_h 和 T_{m-ice} 值（183～186℃和 179～185℃，-1.3℃）与随机分布的流体包裹体有明显的差别（图 6-13）。

顺南地区石英胶结物和交代石英同样被认为形成于深部流体，主要证据如下：①与塔里木盆地其他地区的硅化相比较（Dong et al.，2013；陈永权等，2010；朱东亚和孟庆强，2010；朱东亚等，2010，2005），顺南地区硅化规模较大，奥陶系和寒武系碳酸盐岩不足以提供这种规模的硅的来源；②粒状石英和柱状石英核部中捕获的原生流体包裹体的均一温度（T_h）、冰点温度（T_{m-ice}）和水石盐熔化温度（T_{m-HH}）（143～159℃和 154～166℃，-22.3～-15.0℃和-16.8～-10.7℃，-23.4～-21.8℃）与第四期粗晶方解石中的原生流体包裹体（151～161℃，-21.1～-14.6℃，-21.6℃）非常相似；③第三期粗晶方解石和第四期粗晶方解石与硅化的分布有强烈的相关性，第三期粗晶方解石和第四期粗晶方解石均只分布于严重硅化的灰岩中。因此，认为硅化与第三期粗晶方解石、第四期粗晶方解石形成于同期深部流体活动。

据报道，一套热液系统既可以导致热液白云石化作用的发生，也能导致硅化作用的发生（Packard et al.，2001），并且对白云石和方解石具有变化饱和度的混合热卤水在涉及冷却的组分时会有大量的石英沉淀（Leach et al.，1991）。古隆 1 井的钻井取心揭露顺南—古隆地区鹰山组下段白云岩发生了较为明显的热液白云石化作用 [图 6-6（f）]。因此，顺南 4 井区鹰山组上段的硅化作用可能是热液沿断裂所形成的，这套热液系统在下部白云岩地层中导致热液白云石化，而在上部灰岩地层中形成了热液硅质（化）岩。

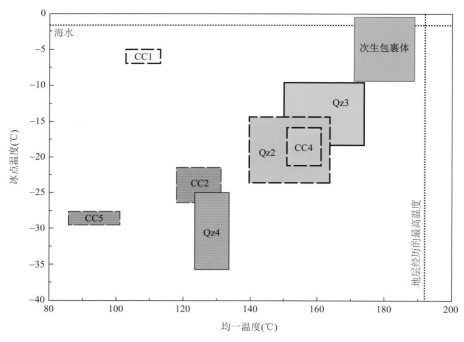

图 6-13　顺南地区各类方解石及石英的均一温度与冰点温度交汇图

第三节　储集体特征

一、储集体物性

（一）中下奥陶统鹰山组下段

根据顺南地区 5 口单井鹰山组下段中 61 个样品的常规物性实测数据分析：渗透率主要分布在（0.01～0.5）×10⁻³μm² 及（0.1～0.5）×10⁻³μm² 两个区间内，占了总样品的 55%，超过 68% 的样品渗透率小于 0.5×10⁻³μm²，且平均渗透率为 1.34×10⁻³μm²［图 6-14（a）］。

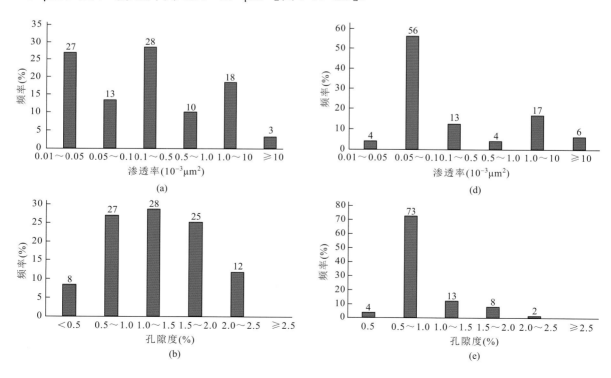

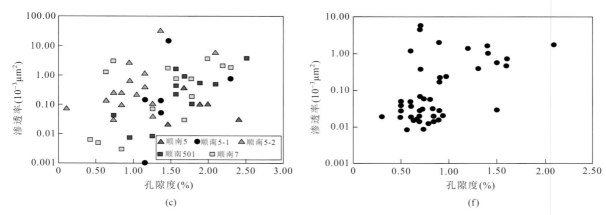

(a) 顺南地区鹰山组下段实测渗透率频率分布直方图；(b) 顺南地区鹰山组下段实测孔隙度频率分布直方图；(c) 顺南地区鹰山组下段实测孔渗交汇图；(d) 古隆地区鹰山组下段实测渗透率频率分布直方图；(e) 古隆地区鹰山组下段实测孔隙度频率分布直方图；(f) 古隆地区鹰山组下段实测孔渗交汇图

图 6-14 顺南—古隆地区鹰山组下段实测物性特征

孔隙度主要分布在 0.5%～2.0% 区间内，35% 以上的样品孔隙度小于 1%，无孔隙度高于 2.5% 的样品，平均孔隙度为 1.23%［图 6-14（b）］。基质岩样孔隙度和渗透率低，储集体物性较差，孔渗相关性总体一般［图 6-14（c）］，一些孔隙度较低的样品对应了相对较高的渗透率，是由于岩心样品上微裂缝较多而引起渗透率相对较高。

古隆地区鹰山组下段 48 个样品的实测物性显示：古隆地区实测渗透率的主要分布范围为（0.05～0.1）$\times 10^{-3} \mu m^2$，占全部样品的 56%，平均渗透率为 $1.45 \times 10^{-3} \mu m^2$，若摒弃某些样品裂缝发育的影响，则渗透率平均仅为 $0.79 \times 10^{-3} \mu m^2$，且有超过 60% 的样品实测渗透率低于 $0.1 \times 10^{-3} \mu m^2$［图 6-14（d）］。孔隙度的主要分布范围为 0.5%～1%，77% 以上的样品孔隙度都小于 1%，仅有 2% 的样品孔隙度高于 2.0%，平均孔隙度为 0.88%［图 6-14（e）］。基质岩样品孔渗相关性极差［图 6-14（f）］，相关系数仅为 0.2108，表明该段储集体的渗透率并未受到孔隙结构的控制。

（二）中-下奥陶统鹰山组上段

根据顺南地区 6 口单井鹰山组上段中 84 个样品的常规物性实测数据分析：超过 65% 的样品渗透率高于 $0.1 \times 10^{-3} \mu m^2$，7% 的样品渗透率高于 $10 \times 10^{-3} \mu m^2$，平均渗透率为 $1.69 \times 10^{-3} \mu m^2$［图 6-15（a）］。孔隙度主要分布在 0.5%～1.5% 及小于 0.5% 两个区间内，59% 以上的样品孔隙度低于 1%，孔隙度高于 2.5% 的样品仅占总样品的 10%［图 6-15（b）］，平均孔隙度为 0.94%。孔渗关系方面呈现出的线性关系较差，孔隙度普遍偏低，但渗透率值总体较高［图 6-15（c）］。

古隆地区鹰山组上段 32 个样品的实测物性显示：样品渗透率主要分布在（0.01～0.05）$\times 10^{-3} \mu m^2$ 及（0.5～1.0）$\times 10^{-3} \mu m^2$ 两个区间内，分别占全部样品的 34% 和 34%，超过 50% 的样品实测渗透率高于（0.5～1.0）$\times 10^{-3} \mu m^2$［图 6-15（d）］，平均渗透率为 $0.86 \times 10^{-3} \mu m^2$。孔隙度主要分布在 0.5%～1.5% 区间内，72% 以上的样品孔隙度都低于 1%，孔隙度高于 2.0% 的样品仅占总样品的 3%［图 6-15（e）］，平均孔隙度为 0.83%，结合渗透率特征认为基质样品为低孔低渗储集体，储集体物性较差。孔渗关系方面，古隆 2 井与古隆 3 井的孔渗交汇投点线性关系较差［图 6-15（f）］，与这两口井取心段孔洞发育情况统计相结合对比，可以发现古隆 3 井取心段无孔洞发育，仅发育裂缝，因而体现出相对高的渗透率和较低的孔隙度，而古隆 2 井取心段发育相对较多的孔洞和裂缝，因而孔隙度也相对高于古隆 3 井，甚至在图中有孔隙度高于 2% 的样品，其渗透率仅为 $0.01 \times 10^{-3} \mu m^2$。

（三）中奥陶统一间房组

根据顺南地区一间房组 8 口单井中 71 个样品的常规物性实测数据分析：有超过 64% 的样品实测渗透率高于 $0.1 \times 10^{-3} \mu m^2$，其中（0.1～0.5）$\times 10^{-3} \mu m^2$ 占 21%，（0.5～1）$\times 10^{-3} \mu m^2$ 占 23%，$1.0 \times 10^{-3} \mu m^2$ 占 20%［图 6-16（a）］，平均渗透率为 $0.85 \times 10^{-3} \mu m^2$。实测孔隙度主要分布在大于 2.0% 的区间内，有 78% 以

上的样品孔隙度都高于 1%，32% 的样品孔隙度高于 2.5% ［图 6-16（b）］，平均孔隙度为 1.9%。孔渗关系散点图显示两者线性关系总体不佳 ［图 6-16（c）］，但与其他层位相比（含顺南地区和古隆地区），顺南地区一间房组孔隙度和渗透率都表现出了相对较高的实测值，这可能与多口单井（如顺南 7 井、顺托 1 井等）发育孔洞和裂缝有关。

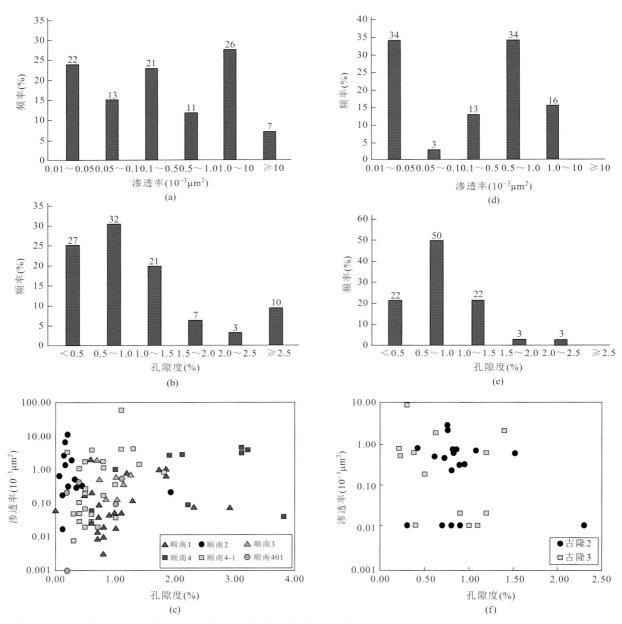

(a) 顺南地区鹰山组上段实测渗透率频率分布直方图；(b) 顺南地区鹰山组上段实测孔隙度频率分布直方图；(c) 顺南地区鹰山组上段实测孔渗交汇图；(d) 古隆地区鹰山组上段实测渗透率频率分布直方图；(e) 古隆地区鹰山组上段实测孔隙度频率分布直方图；(f) 古隆地区鹰山组上段实测孔渗交汇图

图 6-15　顺南—古隆地区鹰山组上段实测物性特征

根据顺南地区一间房组 2 口单井中 36 个样品常规物性实测数据分析：古隆地区一间房组样品渗透率主要分布在（1.0～10）×10^{-3}μm^2 范围内，占全部样品的 39%，有超过 56% 的样品实测渗透率高于 0.5×10^{-3}μm^2 ［图 6-16（d）］，平均渗透率为 0.83×10^{-3}μm^2。孔隙度主要分布在 0.5%～1.5% 及小于 0.5% 两个区间内，72% 以上的样品孔隙度都低于 1%，孔隙度高于 2.5% 的样品仅占总样品的 3%，平均孔隙度为 1.17% ［图 6-16（e）］，结合渗透率特征认为古隆地区一间房组基质样品为中低渗低孔储集体，储集体物性不佳。孔渗关系投点反映线性关系总体较差 ［图 6-16（f）］，体现了孔隙度整体偏低，渗透率较高的特征，说明了裂缝对物性改造的意义。

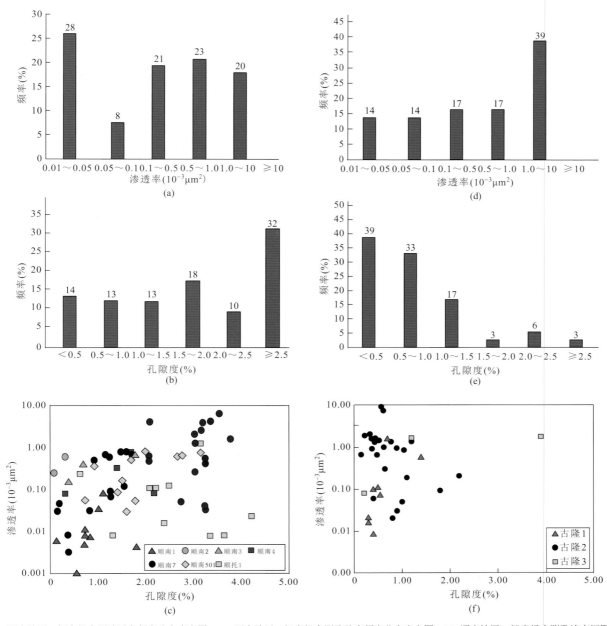

(a) 顺南地区一间房组实测渗透率频率分布直方图；(b) 顺南地区一间房组实测孔隙度频率分布直方图；(c) 顺南地区一间房组实测孔渗交汇图；
(d) 古隆地区一间房组实测渗透率频率分布直方图；(e) 古隆地区一间房组实测孔隙度频率分布直方图；(f) 古隆地区一间房组实测孔渗交汇图

图 6-16　顺南—古隆地区一间房组实测物性特征

二、储集体类型

顺南地区和古城地区鹰山组碳酸盐岩储集层以裂缝型、裂缝-孔洞型和孔洞型为主。

（一）裂缝型

裂缝型储集体在顺南 1 井、古隆 2 井和顺南 5 井区的一间房组—鹰山组上段较为发育。这类储集体在平面上一般发育在断裂带间，且非均质性很强，局部很发育，局部很不发育；纵向上，裂缝的发育可能受岩性、厚度、岩石物理参数的影响；在钻进过程中基本无放空和漏失情况。若有油气充注，则一般油气显示与裂缝发育程度有较好的相关性。其测井响应表现如下（图 6-17）：自然伽马值一般较低；双侧向视电阻率大幅降低，一般呈正差异；三孔隙度曲线变化很小。裂缝发育段在成像上表现为成组系的正弦线特征。取心特征上一般表现为纯构造裂缝的特征，沿裂缝无溶蚀现象。

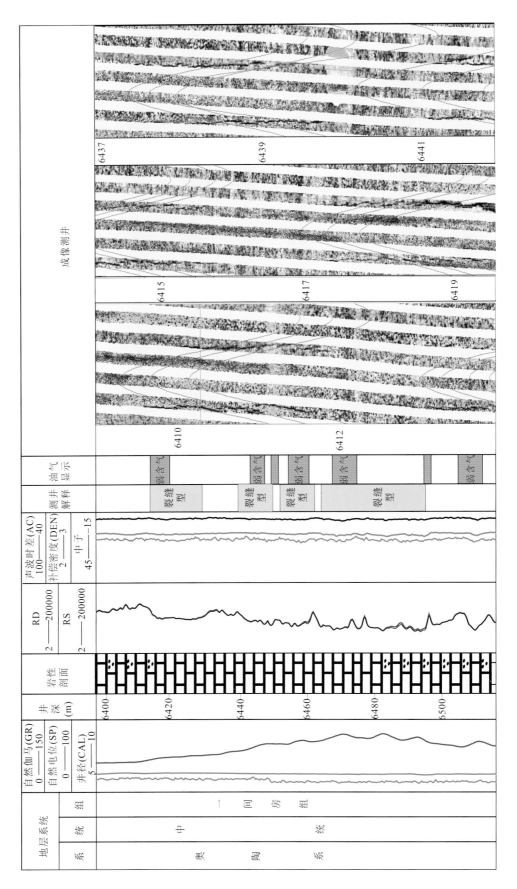

图 6-17 顺南 5-1 井裂缝型储集体特征

（二）裂缝-孔洞型

裂缝-孔洞型储集体的测井响应特征一般表现如下（图6-18）：①自然伽马曲线呈低值（5～30API），变化平缓；②井径曲线表现为扩径；③双侧向视电阻率大幅降低，局部重合，呈正差异；④三孔隙度曲线表现为声波时差增大及补偿密度测井值降低，补偿密度测井值为2.63～2.71g/cm³，声波时差为48～54μs/ft，而中子孔隙度在1%～4%之间变化，其储集空间在FMI成像图中显示为较均匀的暗褐色条带，局部有斑点状特征。

顺南4井在鹰山组上段也揭露了该类储集体，但储集体的岩性载体较为特殊，主要为灰色含硅质灰岩、硅质岩及泥晶砂屑灰岩，主要储集空间为（扩溶）裂缝及溶蚀孔洞，局部发育石英晶间孔隙。按岩性可分为含灰质硅质岩段（图6-19）、含硅质泥晶灰岩夹砂屑灰岩硅质岩段、白化硅质灰岩段、疏松硅质岩段及含硅质角砾灰岩段，整体主要发育裂缝-孔洞型储集体。

（三）孔洞型

孔洞型储集体主要见于一间房组和鹰山组上段，古隆2井、顺南1井、顺南5井和顺南7井中均识别出此类储集体，其中以顺南7井最为发育，从微观储集空间看，主要有粒内孔、粒内残余孔、铸模孔等（图6-20）。这类储集体的测井响应特征表现如下：自然伽马曲线在溶洞处呈"反弓"形，值较围岩增大；双侧向视电阻率值明显减小，呈小的正差异；成像测井显示为黑色斑块，直径为10～100mm（图6-21）。

三、储集体地震响应

基于非均匀介质正演模拟技术建立了奥陶系顶部（一间房组）及内幕（鹰山组、蓬莱坝组）缝洞型储集体与地震波场特征之间的关系，结合正演模拟结果及实际地震剖面，归纳总结了顺南区块不同层系、不同类型储集体的地震响应特征及地震识别模式（图6-22），以此来分别考虑中下奥陶统碳酸盐岩不同层系的顶部、中部、底部的储集体发育情况。同时考虑不同储集体类型（裂缝-孔洞型、裂缝型）、不同空间发育尺度（小尺度、中尺度、大尺度）及不同储集体发育厚度，来研究中下奥陶统碳酸盐岩裂缝-孔洞型储集体的地震波场特征，进而指导实际地震资料中缝洞型储集体的地震波场特征认识。

一间房组中部及底部缝洞型储集体对应为T_7^4界面下强波谷-波峰反射特征，碳酸盐岩内幕缝洞型储集体比较发育时，缝洞与周围介质存在较大的波阻抗差异，在地震剖面上会形成短同相轴板状或串珠状强振幅异常，平面上呈现片状或点状振幅异常。断裂带发育区域表现出从上到下的中强振幅异常。中下奥陶统内幕发育尺度较大的缝洞体对应强串珠状反射特征，小尺度缝洞体对应杂乱背景下局部中强振幅异常反射特征，杂乱反射及串珠状振幅强弱与缝洞体发育程度有关，储集体越发育对应杂乱反射振幅异常越明显。

此外，顺南地区储集体的发育与断裂密切相关。例如，鹰山组上段裂缝-孔洞型储集体的典型特征之一是以顺南4井为代表的强串珠、板状反射特征，主要沿NE向断裂带分布；顺南5井、顺南6井、顺南7井实钻则证实了鹰山组下串珠状振幅异常反射为裂缝-孔洞型储集体可能的有利发育区域，串珠状反射数量较多，与小断裂、隐藏断裂关系密切，储集体发育规模较大。因此，建立有效的不同尺度断裂地震识别模式有助于了解该区储集体的分布规律。

（1）大尺度（断裂带）：地震响应特征表现为T_7^4顶面同相轴错段或较大变形（垂直断距大于40m、水平断距大于50m），内幕杂乱串珠状反射条带，一般构造作用强，宽度大，强振幅反射异常；检测方法为高精度相干、趋势面。

（2）中尺度（褶曲、断裂）：T_7^4顶面明显褶曲（垂直断距为10～40m，水平断距为30～50m），内幕杂乱反射，杂乱反射的强弱与裂缝的发育密度、发育尺度及充填速度密切相关，随着裂缝密度的增加，裂缝尺度的增大及裂缝充填速度和裂缝发育角度的变小，杂乱反射能量逐渐增强，局部表现为强串珠状反射特征；倾角、曲率能较好地检测褶曲断裂。

另外，结合本区小尺度裂缝型储集体及断裂带的地震响应特征，在前期研究成果的基础上，对顺南区块缝洞型储集体地震识别模式进行进一步完善和补充，在前期不同层系地震识别模式的基础上，增加小尺度裂缝型储集体及断裂系统地震响应特征（图6-23）。

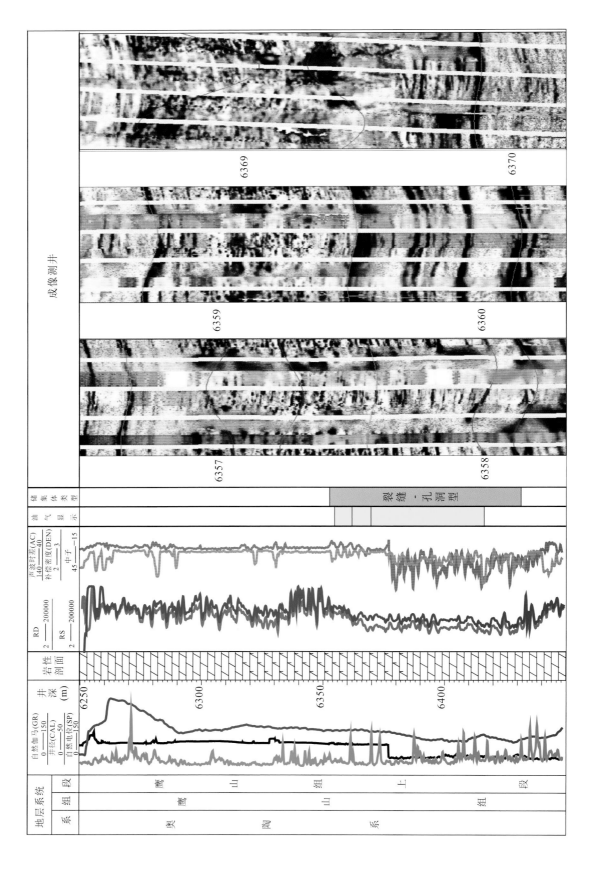

图 6-18 古隆 1 井裂缝—孔洞型储集体特征

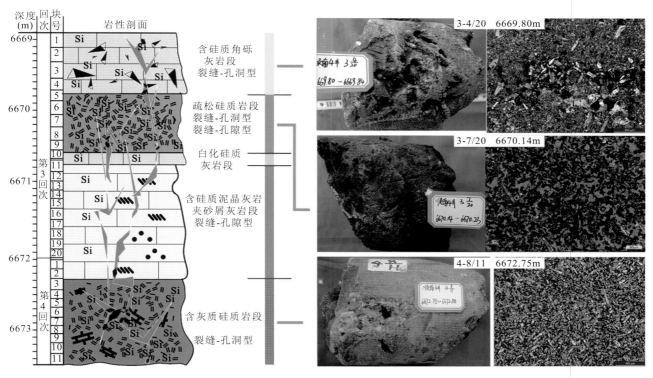

图 6-19 顺南 4 井第 3、4 回次取心段综合柱状图（裂缝-孔洞型）

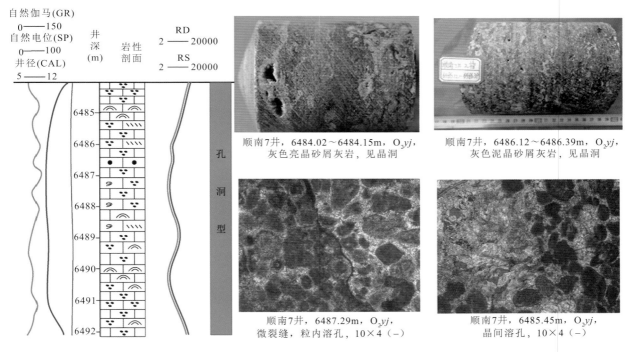

图 6-20 顺南 7 井第 2 回次取心段综合柱状图（孔洞型）

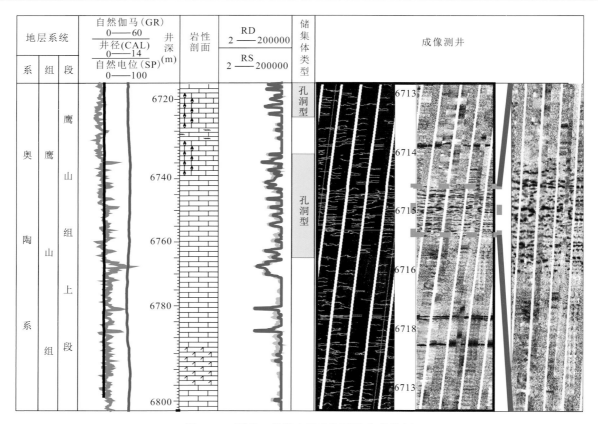

图 6-21 顺南 1 井鹰山组孔洞型储集体特征

储层发育位置	响应特征	缝洞型储层模型	正演模拟结果	实际地震剖面	地震识别模式
一间房组上部	能量变弱	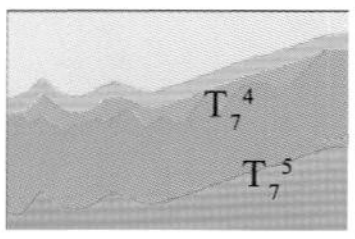 一间房组顶部储层	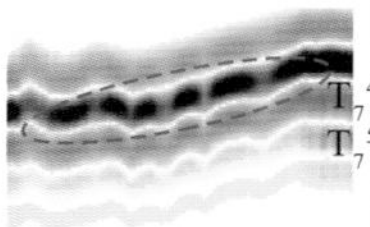 波谷能量变弱	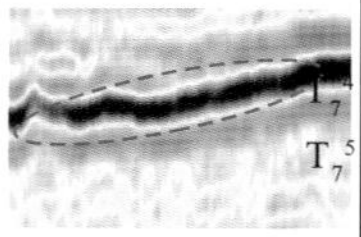 波峰-波谷能量变弱	T_7^4界面波峰-波谷能量变弱，储层越发育对应反射能量越弱
一间房组底或鹰山组顶	上部波谷"下拉"或下部出现持续波峰	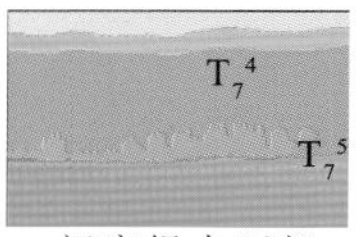 一间房组中下部储层	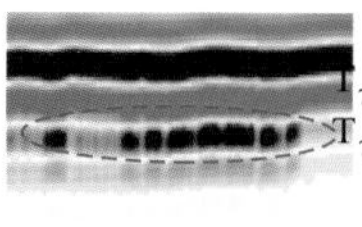 波谷-波峰能量增强	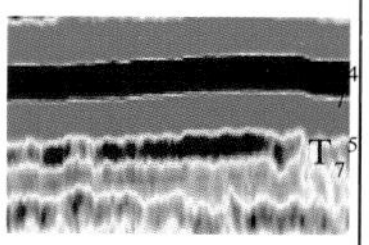 波谷-波峰能量增强	T_7^4界面下波谷-波峰能量增强，储层越发育对应反射能量越强
中下奥陶统内幕	小规模溶洞	杂乱	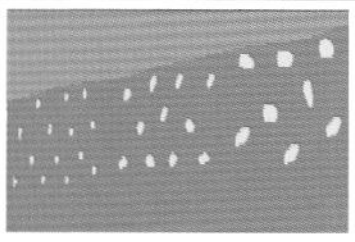 鹰山组小规模溶洞	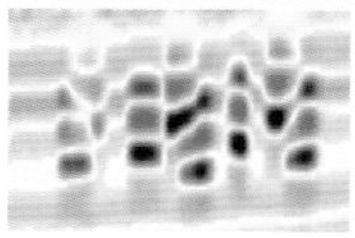 小串珠状反射	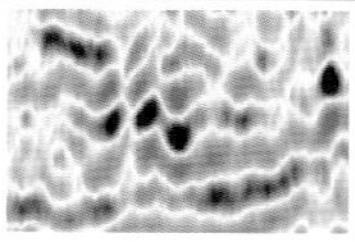 小串珠状反射	杂乱中强短板块或小串珠状反射，储层越发育能量越强
	大规模溶洞	串珠状	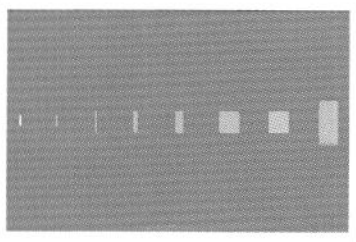 奥陶系内幕缝洞单元	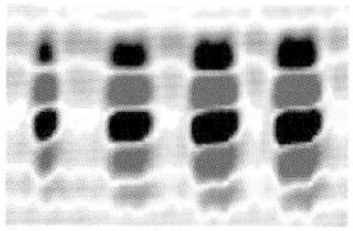 串珠状反射	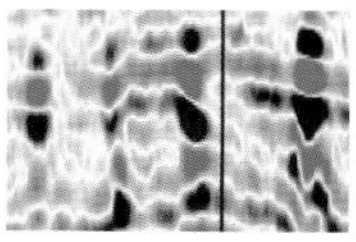 串珠状反射	串珠状反射，储层越发育、发育规模越大，串珠状能量越强
	缝洞系统	连续串珠	奥陶系内幕缝洞系统	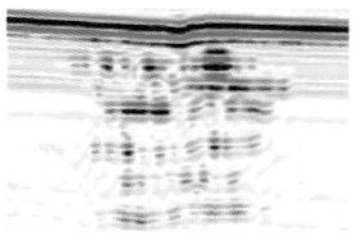 杂乱中强反射异常	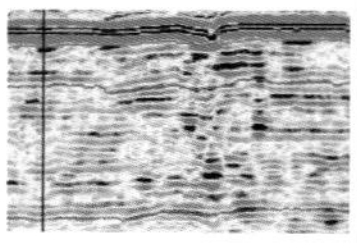 杂乱中强反射异常	杂乱中强短同相轴反射，片状分布，缝洞群发育规模越大异常越明显

图 6-22 塔中顺南区块奥陶系不同层系缝洞型储集体识别模式

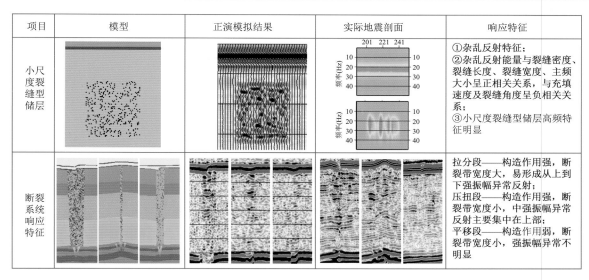

项目	模型	正演模拟结果	实际地震剖面	响应特征
小尺度裂缝型储层				①杂乱反射特征； ②杂乱反射能量与裂缝密度、裂缝长度、裂缝宽度、主频大小呈正相关关系，与充填速度及裂缝角度呈负相关关系； ③小尺度裂缝型储层高频特征明显
断裂系统响应特征				拉分段——构造作用强，断裂带宽度大，易形成从上到下强振幅异常反射； 压扭段——构造作用强，断裂带宽度小，中强振幅异常反射主要集中在上部； 平移段——构造作用弱，断裂带宽度小，强振幅异常不明显

图 6-23　塔中顺南区块奥陶系小尺度裂缝型储集体及断裂系统响应特征识别模式

振幅变化率只与振幅的横向变化有关，与振幅的绝对值无关。在碳酸盐岩储层中，当存在裂缝和溶洞时，振幅会发生横向变化，所以振幅变化率大的地方很可能是裂缝和溶洞的发育带。因此，在地震资料保幅处理的基础上，利用振幅变化率即可预测奥陶系顶面附近及其内部的溶孔裂缝发育带。依据上述地震响应特征及地震识别模式，在提取顺南区块奥陶系内幕层间振幅变化率属性的基础上进行综合分析，具有以下特征。

（1）一间房组强振幅变化率主要集中在顺南 1 号断裂带以东 [图 6-24（a）]，一间房组厚度减薄区对应强振幅变化率，断裂带发育区强振幅异常，绕断裂带及减薄区为储集体发育有利区域。

（2）鹰山组上段强振幅集中于 NE 向、NEE 向断裂发育区及其两者断裂发育之间的部分区域 [图 6-24（b）和图 6-24（c）]，强振幅变化率主要集中于断裂发育区及靠近 I 号带区域，顺南 1 号断裂带以东，为储集体发育有利区域。而下段 [图 6-24（d）] 串珠沿 NE 向、NEE 向断裂发育带较发育，部分位于断裂带之间，基本全区发育。

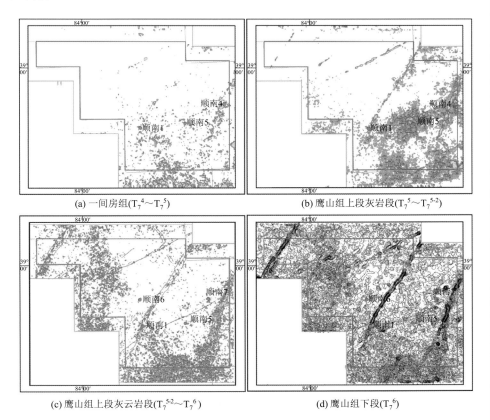

(a) 一间房组($T_7^4 \sim T_7^5$)　　　　　　　　　　(b) 鹰山组上段灰岩段($T_7^5 \sim T_7^{5-2}$)

(c) 鹰山组上段灰云岩段($T_7^{5-2} \sim T_7^6$)　　　　　　　(d) 鹰山组下段(T_7^6)

图 6-24　顺南 1 井三维地震工区奥陶系各层系振幅变化率属性平面图

四、储集体平面展布特征

通过对顺南—古隆区块内典型成岩事件的认识、储集体类型划分及储集体地震响应的认识，结合区域的沉积及构造背景，对顺南—古隆地区中-下奥陶统储集空间组合平面分布做了归纳，其储集空间组合和储集体类型在不同井区不同层位表现各有不同（图6-25）。

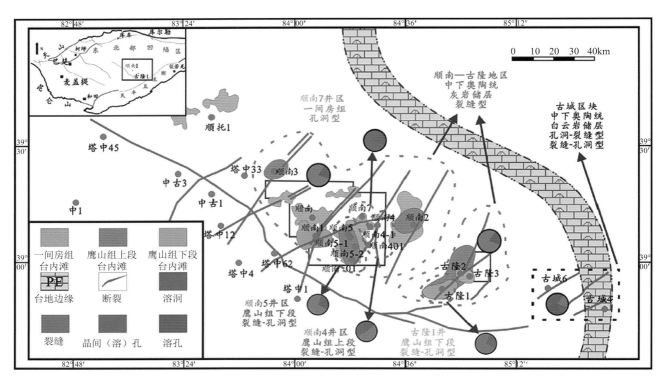

图6-25　顺南地区中下奥陶统储集空间组合分布图

（1）在顺南区块，中-下奥陶统的主要储集空间为裂缝-溶孔（粒内溶孔、粒间溶孔及铸镆孔）组合，而在不同井区的不同层位略有不同：在顺南7井区一间房组可见大量溶蚀孔洞，孔洞分布不均一，孔洞发育层为灰白色亮晶藻砂-砾屑灰岩中发育组构选择性的粒内溶孔，因而该井区主要发育孔洞型储集体，其次为裂缝型储集体；在顺南4井区鹰山组上段地层主要发育裂缝-孔洞型储集体，局部发育石英晶间孔隙，岩石类型主要以硅质岩或硅化岩为主，暗示其受到了深部侵蚀性流体的改造，该井区主要发育裂缝-孔洞型储集体；顺南地区鹰山组下段广泛发育准层状分布的串珠状反射，以顺南5井为代表。该井实钻揭示鹰山组下段以灰岩、云质灰岩夹白云岩、灰质白云岩为主。此外，顺南5井在鹰山组下段串珠状异常反射见良好油气显示，并且该井岩心上均可见较多的裂缝及溶蚀孔洞，成像测井也表明该区发育裂缝-溶蚀孔隙（洞）组合，表明其主要发育裂缝-孔隙（洞）型储集体。

（2）在古隆地区，古隆1井鹰山组下段地层底部发育大量的裂缝，在成像测井上可观察到溶蚀孔洞沿裂缝发育，在岩心及镜下薄片中也可见到晶间孔及晶间溶孔发育，因而该段地层主要发育裂缝-孔隙（洞）型储层，而古隆2井及古隆3井一间房组—鹰山组上段地层的岩心及铸体薄片均显示其基质孔隙发育程度较差，主要储集空间为微裂缝及少量的粒内溶孔或粒间溶孔，因此这两口井井区的主要储层类型应为裂缝型。

（3）根据中石油的勘探资料显示，在古城区块，鹰山组及蓬莱坝组地层中发育大量的中-厚层白云岩，其广泛受到热流体及同生期大气淡水的改造，主要储集空间组合为裂缝-溶孔（粒内溶孔、粒间溶孔及铸模孔）-溶洞-晶间孔-晶间溶孔，主要的储层类型为孔洞-裂缝型及裂缝-孔洞型。

第四节　储集性影响因素分析

一、大气淡水对储集体的贡献

　　顺南—古隆地区一间房组—鹰山组上段储集体与卡塔克隆起存在差异，卡塔克隆起受加里东中期Ⅰ幕岩溶影响，主体一间房组剥蚀殆尽，鹰山组顶面也遭受不同程度剥蚀；而顺南—古隆主体加里东岩溶作用不发育，并且在地震剖面上一间房组顶界面呈高连续、强反射特征，未见明显的不整合特征，该区一间房组—鹰山组上段碳酸盐岩仅发育受准同生暴露溶蚀作用控制的半充填-全充填溶蚀孔洞。傅恒等（2017）依据地震解释、钻井解释和岩心薄片的观察在顺南地区识别出多个三级层序界面，并认为这些溶蚀孔洞是受到三级层序界面控制的大气淡水溶蚀形成的。成岩观察提供这类溶蚀孔洞形成于（准）同生期的证据[图6-7（a）和图6-7（b）]，并认为三级层序界面控制的大气淡水溶蚀可能产生了这些溶蚀孔洞，这些孔洞除部分原生孔外（尤东华等，2017），还有部分组构选择性的粒内溶孔、铸模孔等（李映涛，2016）和部分非组构选择性的溶蚀孔洞可能是由早期大气淡水活动形成的。研究区内大气淡水的活动可能受到三级层序界面的控制（傅恒等，2017；陈红汉等，2016）。

　　通过顺南地区一条近EW向（顺南1井—顺南7井—顺南4井—顺南2井）和两条近SN向（顺南1井—顺南5井—顺南5-1井—顺南5-2井—顺南501井和顺南4井—顺南401井—顺南4-1井）的储集体连井剖面对比（图6-26、图6-27和图6-28），并将钻井过程中的漏失和放空、录井油气显示、试油情况、取心段及取心段的孔洞统计情况标注在图中。

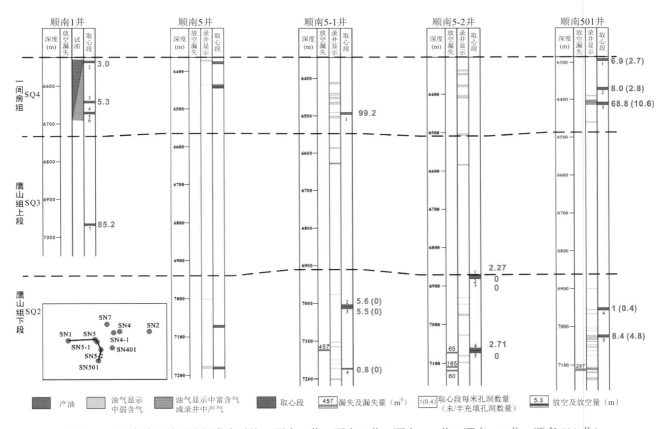

图6-26　顺南地区储层孔洞发育对比（顺南1井—顺南5井—顺南5-1井—顺南5-2井—顺南501井）

注：SN代表顺南，下同。

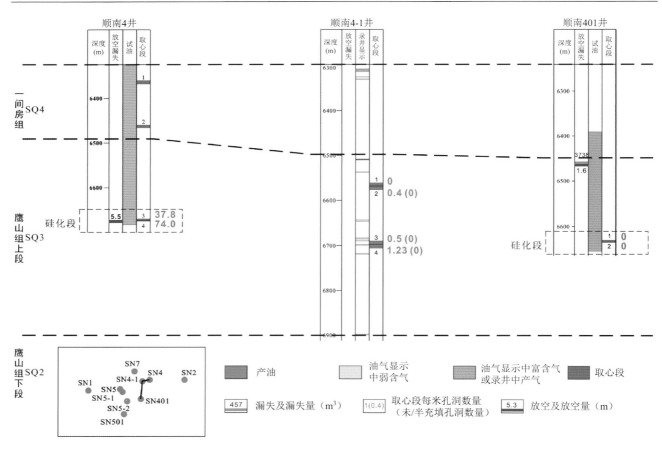

图 6-27　顺南地区储层孔洞发育对比（顺南 1 井—顺南 5 井—顺南 5-1 井—顺南 5-2 井—顺南 501 井）

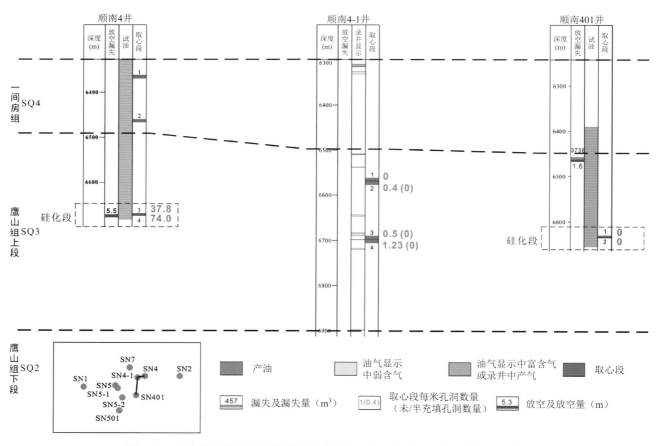

图 6-28　顺南地区储层孔洞发育对比（顺南 4 井—顺南 4-1 井—顺南 401 井）

　　取心段孔洞统计显示，孔洞（包括全充填和未完全充填的孔洞）主要分布在一间房组，尤其是顺南 7 井一间房组，如顺南 7 井一间房组孔洞可达到 202.8 个/m。鹰山组上段除顺南 1 井和顺南 4 井硅化段外，其余井的孔洞都在 1.23 个/m 以下。鹰山组下段所有井的孔洞统计都在 8.4 个/m 以下。如前所述，一间房组的孔洞大多数形成时间非常早，可能与大气淡水有关。另外，顺南地区现今取心段实测孔隙度一间房组（42%的样品孔隙度大于 2%）明显好于下伏鹰山组上段（13%的样品孔隙度大于 2%，鹰山组上段排除了顺南 4 井硅化段样品），推测鹰山组上段早期形成的孔隙空间要比一间房组差。

　　因此，根据取心段的情况来看，大气淡水形成的溶蚀作用可能主要发育在一间房组，而鹰山组上段发育较弱，虽然大部分同生期溶蚀形成的孔洞已被多期次方解石全充填，但顺南 7 井一间房组还保留有部分未被完全充填的同生期溶蚀孔洞并形成了有效储层。此外，顺南地区一间房组钻井过程中没有发生漏失和放空现象，鹰山组下段出现大量漏失现象，鹰山组上段在顺南 4 井和顺南 401 井两口存在硅化流体活动的井中出现放空、漏失，说明一间房组大气淡水的活动没有形成大型的溶洞体系，符合三级层序控制的大气淡水溶蚀的特点（Loucks，1999）。

　　海侵体系域时期，海平面上升速率开始较为缓慢而后期稳步加快，相对的新增可容纳空间呈现类似的增生模式。在海侵体系域早期，海平面上升速率较缓慢，海岸线与台内微地貌较高的区域或台地边缘之间形成浅水沉积区，有利于碳酸盐岩的生长，但这时发育的准层序一般较薄，在顶部可能发育轻微的大气淡水溶蚀作用。随着海侵速度及可容纳空间增生速率的加快，沉积环境能量较低，沉积物泥质含量大幅增加，准层序变厚，海水成岩作用占据主导地位，溶蚀孔隙（孔洞）层的发育较为缺乏。

　　在高水位体系域早期，准层序较厚，海水成岩作用依旧占据主导地位，溶蚀孔隙（孔洞）发育较差，而在高水位体系域晚期，海平面上升速率趋缓，新增可容纳空间的速率下降，沉积环境水体变浅能量增高，滩体发育规模明显增大，此时准层序变薄，准层序顶部开始暴露，这种机制限定了同生期大气水溶蚀作用将主要在滩相碳酸盐岩沉积物三级层序上部发育。此外，在三级层序高位体系域时期，次级海平面相对下降形成四级、五级等高频层序界面，这些界面导致高水位体系域沉积物剖面上发育多个暴露间断面，从而形成多套大气淡水溶蚀孔洞层，但在高频旋回当中，海平面下降幅度有限，因而相比三级层序界面附近的溶蚀作用强度较弱，导致形成的溶蚀孔洞层具有厚度小，横向上不够连续的特征。总体而言，在研究区同生大气水溶蚀作用较为明显，三级海平面海退背景下四级海退半旋回控制了该作用的发育，但形成的溶蚀孔洞多被浅埋藏时期形成的方解石或少量白云石充填，残余的孔隙形成了最终的储集空间类型之一。

　　综上所述，成岩作用的观察证实了顺南和古隆地区一间房组和鹰山组的孔洞形成时间非常早，部分次生溶蚀孔洞的形成可能与大气淡水活动有关。此外，根据顺南地区取心段的孔洞发育情况来看，大气淡水的活动主要集中在一间房组，鹰山组上段受三级层序高位体系域大气淡水溶蚀不明显。

二、深部热液流体对储集体的贡献

　　古隆地区记录了深部流体活动的成岩矿物主要为灰岩裂缝中的方解石胶结物（第二期粗晶方解石），第二期粗晶方解石充填了古隆地区古隆 2 井一间房组和鹰山组的大量纵向裂缝，且没有证据显示与第二期粗晶方解石相关的流体对储集体具有溶蚀作用。

　　顺南地区记录了深部流体活动的成岩现象主要为硅化现象、石英晶间孔中的方解石胶结物（第三期粗晶方解石）和严重硅化的灰岩裂缝中的方解石胶结物（第四期粗晶方解石），如前所述，这几种现象被认为是同期深部热液流体的产物。第三期粗晶方解石及第四期粗晶方解石和石英胶结物客观上堵塞了部分石英晶间（溶）孔和断裂活动形成裂缝，对储集体起到了破坏性作用。从岩石学观察和取心段实测孔隙度来看，石英交代灰岩的过程中形成了大量的石英晶间（溶）孔，增加了储集体的孔隙空间；深部（热液）流体造成的溶蚀作用和断裂活动形成的部分张开裂缝也增加了储集体的孔隙空间。严重硅化的灰岩取心段实测孔隙度可以达到 17.5%～20.5%，且这类高孔隙度储集体仅在顺南 4 井硅化段中发育，因此认为顺南地区深部（热液）流体的活动对储集体起到了建造性作用。

　　部分学者认为受三级层序界面控制的大气淡水溶蚀形成的成层的孔洞是深部（热液）硅化流体横向运移的重要通道，且深部（热液）流体对储集体孔隙的提高继承了部分早期的孔隙空间（Zhu et al.，2017；朱秀等，2016）。然而，实际资料表明深部（热液）流体对储集体孔隙的继承不明显，张裂缝、硅质交代形成的晶间孔和深部（热液）流体形成的溶蚀孔是主要的储集空间，且深部（热液）流体活动受断裂的控制，未发现明显的横向运移，证据如下。

（1）从空间上看，顺南 4 井和顺南 401 井的硅化段发育在鹰山组上段，如上文所述，大气淡水的活动主要集中在一间房组，鹰山组上段早期孔隙发育较少。与顺南 4 井相邻的顺南 4-1 井和顺南 401 井取心段孔洞发育情况都非常差，顺南 401 井硅化段内也无孔洞发育。因此，深部（热液）硅化能够继承的孔隙空间本身就很少。

（2）从时间上看，顺南地区热液硅化可能发生在晚奥陶世到石炭纪之间，此时储集体的埋深已达到 3000m（甚至 4000m）以上，温度达到 100～120°C 以上，研究区内最主要的储集体孔隙破坏作用（海水和轻微改造的海水）发生在储集体埋深达到 500～1500m 之前。同时，前人通过对世界范围内孔隙度与深度和地层温度的关系的统计，认为在埋深到 3000m（或 100℃）的过程中早期孔隙会受到严重的破坏（图 6-29，Ehrenberg et al.，2012；Ehrenberg and Nadeau，2005）。因此，原本较少的孔隙空间在埋深过程中进一步受到严重的破坏，而现今在顺南 4 井硅化段中观察到的未充填的溶蚀孔洞更有可能是深部（热液）流体对围岩溶蚀形成的。

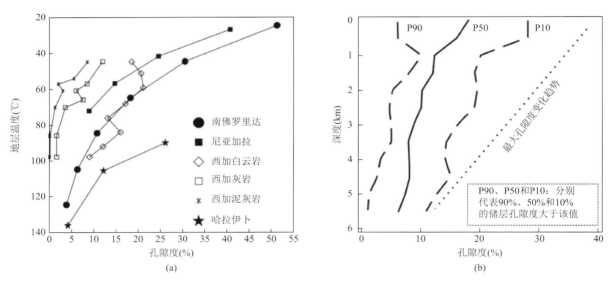

图 6-29　碳酸盐岩储集体孔隙度与地层温度和深度的关系（Ehrenberg et al.，2012；Ehrenberg and Nadeau，2005）

（3）研究区内强烈硅化灰岩仅发育在同一 NE 向走滑断裂上的顺南 4 井和顺南 401 井的鹰山组上段。此外，在另一条 NE 向走滑断裂上的顺南 2 井仅出现少量的交代石英，没有强烈的硅化现象，储集体也不发育。而距离顺南 4 井不足 5km 的顺南 4-1 井取心段孔洞和硅化均不发育，钻井过程中也没有放空和漏失现象（图 6-28），更远的顺南 7 井和顺南 5 井（距离顺南 4 井 10～15km）等也未见热液硅化现象，说明热液硅化流体被限制在断裂带内，未发现明显的横向运移迹象。顺南 4 井断裂中的深部流体没有发生明显的沿地层的横向运移的主要原因可能是深部流体就位较晚（埋深达到 3000m 以后），地层中早期的储集空间破坏严重，深部流体缺乏横向运移的通道。以加拿大西加盆地 Parkland 泥盆系热液硅化储集体为例，热液流体就位被认为发生在储集体埋深在 500m 以内，储集体早期形成的储集空间尚未受到胶结、压实作用的强烈破坏，热液硅化流体有明显横向运移的现象（Packard et al.，2001）。

三、走滑断裂的控储作用

顺南地区发育多组以共轭形式出现的 NNE 向与 NE 向走滑断裂，前者多断穿整个鹰山组，直至一间房组顶面（T_7^4），后者多断至石炭系底面（T_6^0），早期为压扭走滑断裂，晚期多为张扭走滑断裂，断裂活动期次较多，因而与之相关的富硅热液流体对顺南地区储层的改造更为强烈。顺南 1 井、顺南 5 井、古隆 2 井一间房组—鹰山组上段裂缝走向与 NE 向断裂关系密切，呈平行或近似平行关系（图 6-30），表明受到 SSE～NW、SE～NW 向地质应力的作用，形成单向或共轭裂缝，可见构造破裂作用对缝洞型储层的形成起积极作用。

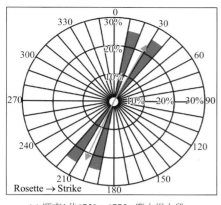
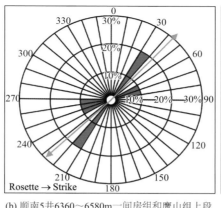
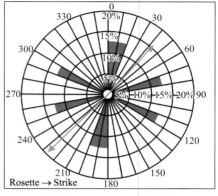

(a) 顺南1井6750~6775m鹰山组上段　　　　(b) 顺南5井6360~6580m一间房组和鹰山组上段　　　　(c) 古隆2井5790~5880m一间房组

图6-30　顺南1井、顺南5井、古隆2井一间房组—鹰山组上段裂缝走向特征

　　另外，顺南地区走滑断层沿走向分段性较强，造成断裂分段性的原因主要是沿断裂走向局部应力差异与多期断裂叠加，走滑断裂分段性与本地区优质缝洞型储层发育关系密切。

　　断裂及其伴生的裂缝体系是构造控制的热液溶蚀型储层发育的前提，主干走滑断裂及次级断裂控制储层平面分布。第二章中已经阐明塔中北坡发育加里东早-中期 NW 向及加里东中期—海西期 NE 向、NEE 向通源走滑断裂体系，其中加里东早-中期 NW 向断裂在中寒武世末期停止活动。

　　对研究区鹰山组储层改造有控制作用的断裂系统可按期次分为三大断裂系统：①中奥陶世末—晚奥陶世（加里东中期）压扭走滑断裂系统，断裂为 NE 向、NEE 向，剖面表现为直立断层和正花状构造；②晚泥盆世—早石炭世（海西早期）张扭走滑断裂系统，沿 NE 向走滑断裂带发育，剖面表现为负花状构造；③晚二叠世末（海西晚期）挤压/压扭断裂系统，主要发育继承性压扭性断裂，部分逆冲断裂与火成岩作用相关。此外，在上述三大主干断裂之间，还发育着较多的次级小断裂，在地震剖面上，这些次级断裂识别难度大，但可以通过属性提取、底部含膏盐岩层的变形反映其存在。

　　断裂伴生了构造裂缝的发育，增大了地层水岩比，对促进溶蚀作用（如地表水的下渗和深部热液的上涌）、改造碳酸盐岩储层起到积极作用的同时，还成为了沟通储层孔、洞和油气充注渗流的主要通道（姜华等，2013；黄思静等，2008；Rezaee and Sun，2007）。从发育裂缝的角度分析，显然只有晚于鹰山组沉积期的加里东中期—海西期 NE 向、NEE 向走滑断裂能够促进储层裂缝发育。其中，NE 向走滑断裂断入基底，成为流体运移的有效通道，对鹰山组上段岩溶缝洞型储层发育意义重大。而加里东早-中期 NW 向断裂只能为深部流体运移提供通道，而对鹰山组储层裂缝发育没有贡献。根据顺南 1 井三维区 T_7^4 界面方位角属性（黑色）与鹰山组准层状串珠（红绿黄）叠合图（图6-31），串珠在 NE 向、NEE 向主干断裂交汇区最为发育，串珠与次级断裂分布对应好，说明主干走滑断裂及次级断裂共同控制储层的平面分布。

　　此外，由于断裂带内不同构造部位所受的应力差异，形成了局部构造挤压和局部构造拉张，造成顺南 4 井断裂带分段，而不同期次断裂叠加，又造成顺南 4 井断裂带沿 T_7^4 界面分段（图6-32）。这种断裂分段的性质控制了优质储层的发育，断裂局部拉张部位，有利于断裂开启，为沉积盆地下伏岩石中对碳酸盐岩不饱和的深部流体的向上运移提供了良好的通道。

　　前人对塔里木盆地走滑断裂带分段性的研究表明，拉分段的裂缝密度最高，而压隆段或平移段裂缝密度较低或基本不发育（图6-33）（邓尚等，2018；张继标等，2018；韩俊等，2016），说明裂缝发育程度与断裂分段性关系密切。此外，在各段连接处，尤其是拉分桥接处具有泵吸流体的动能，更有利于流体运移与聚集（张继标等，2018）。顺南 4 井、顺南 2 井均处于走滑断裂拉张部位，为串珠状异常反射，实钻证实为优质储层响应。

　　整体而言，与顺北地区相比，顺南地区走滑断裂具有一定的增容作用（形成了不同密度的裂缝体系），但该区的断裂-裂缝系统作为热液流体通道的作用更为明显。深大断裂的形成和活动沟通了震旦系碎屑岩和基底，为沉积盆地下伏岩石中对碳酸盐岩不饱和的深部流体的向上运移提供了良好的通道，断裂向上断穿地表，形成了流体运移的开放体系，使得储层中被溶蚀的组分能够被向上搬运而不是就地沉淀。例如，顺南 4 井的硅化段储层中，后期沉淀的方解石并未大规模堵塞热液硅化过程中形成的孔隙空间，但与热液就位之前致密化的围岩相比，依旧有相当一部分储集空间保留，说明热液作用的确有效地改造了储集体，是储集体最终定型的关键。

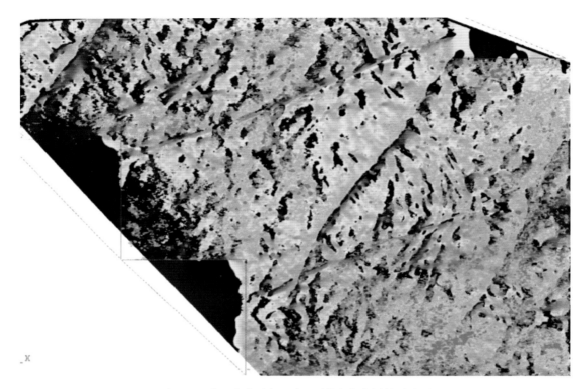

图 6-31　准层状串珠与 T_7^4 界面的方位角属性叠合图

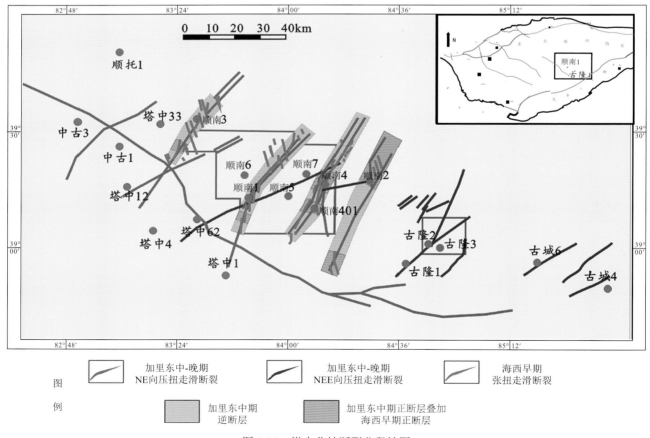

图 6-32　塔中北坡断裂分段性图

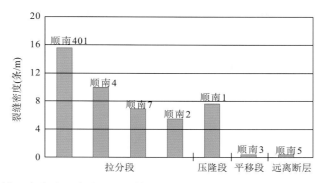

图 6-33　塔里木盆地顺南地区不同构造位置裂缝密度分布（据张继标等，2018）

第七章　塔河地区寒武系—奥陶系储集体发育特征

塔河油田位于沙雅隆起南翼阿克库勒凸起的次级构造单元中（黄臣军，2010；苏永辉等，2010）。阿克库勒凸起位于新疆塔里木盆地沙雅隆起中段南翼，西邻哈拉哈塘凹陷，东靠草湖凹陷，南接满加尔拗陷及顺托果勒低隆（张水昌等，2011；云露和翟晓先，2008），是一个以寒武系—奥陶系为主体的、长期发育的大型古凸起。阿克库勒凸起自加里东中期开始发育，表现为向西南倾伏的鼻状凸起。海西早期运动演化为 NE 走向的大型鼻凸，凸起大部分缺失志留系—泥盆系、中上奥陶统及部分下奥陶统，并在此基础上超覆沉积了下石炭统海相泥岩盖层。凸起北部受轮台断裂影响下沉。海西晚期运动使该凸起进一步抬升出露水面，并发生断裂褶皱，将阿克库勒凸起截成 3 段，中段垒堑相间、南段和北段为断鼻，早期大型圈闭形成并有油气聚集。印支-燕山运动表现平稳。喜马拉雅期由于库车前陆盆地急剧沉降，盆地基底由南向北下倾，沙雅隆起轴部南移定型，由此得出阿克库勒凸起是长期发育的沙雅隆起的主体部位，具有形成大型油气田的地质背景。该构造单元包含震旦系—泥盆系海相沉积、石炭系—二叠系海陆交互相沉积、三叠系—第四系陆相沉积。塔河油田大规模油气勘探开发始于 20 世纪 80 年代，90 年代为突破期，塔河油田是大型古生代海相碳酸盐岩油田，含油气层位包括三叠系、石炭系和奥陶系，油气主要存在于奥陶系碳酸盐岩地层中。

1997 年塔河油田的发现证实了塔里木盆地克拉通领域具有巨大的勘探潜力，也为塔里木盆地克拉通类型的油气勘探指明了方向，证明了中深层油气勘探具有巨大的前景和经济价值。

关于塔河地区寒武系—奥陶系碳酸盐岩储集体发育特征及成因的研究，从 20 世纪末期至今许多地质工作者做了大量的科研论证，具体的认识包括：①早期采用"沿断裂、找残丘、打高点"的"潜山＋岩溶残丘"勘探思路取得了较为良好的效果，随后向构造低部位探索时，发现油气分布不受局部构造和残丘的控制，逐步提出"塔河奥陶系碳酸盐岩油藏是缝洞型非常规油藏"的观点，从而彻底地摆脱构造圈闭或潜山油气藏的束缚（焦方正，2019；漆立新，2014），勘探呈现出向深部、向浅层和向外围拓展的态势（金之钧和蔡立国，2006），就现阶段实际勘探程度而言，大多数学者普遍赞同塔河地区主要的油气产层为非均质性极强的缝洞型碳酸盐岩储集体（马永生等，2016；李阳，2013；罗平等，2008；翟晓先和云露，2008；康玉柱，2007；鲁新变，2003）；②认为岩溶作用是塔河地区大型储集体形成的关键，尤其是与加里东中期—海西早期有关的多期岩溶作用对储集体的形成意义重大（赵文智等，2013，2012；朱东亚等，2012；何治亮等，2010；李会军等，2010；漆立新和云露，2010；吕海涛等，2009）；③埋藏溶蚀作用及热液溶蚀作用对储集体的巨大影响逐渐受到重视，对其溶蚀机理的研究也在逐步深入（Zhu et al.，2015；Xing et al.，2011；孟祥豪等，2011；潘文庆等，2009；朱东亚等，2009；金之钧等，2006；吕修祥等，2005）；④认为区域内储集体的发育与构造演化、古地理环境、岩溶作用、断裂-裂缝体系分布及后期埋藏溶蚀等众多因素有关（赵文智等，2013；周文等，2011；何治亮等，2010；漆立新和云露，2010；焦方正和翟晓先，2008；康玉柱，2005）；⑤认为岩溶作用形成的储集体可分别根据岩性、不整合面类型、断裂控制程度、岩溶成熟度和构造地质演化等因素进行分类（沈安江，2016；马晓强等，2013；罗平等，2008；徐国强，2007），现阶段被大量学者所认可的岩溶储集体主要分为潜山岩溶储集体和内幕岩溶储集体两个大类（表 7-1）。其中，潜山岩溶储集体包括灰岩潜山岩溶储集体和白云岩风化壳储集体；内幕岩溶储集体包括层间岩溶储集体、顺层岩溶储集体及断控岩溶储集体。这些分类实质上就是潜山风化壳岩溶、层间岩溶、顺层岩溶及断控岩溶 4 种不同类型的岩溶作用所对应形成的储集体。

本章节将在前人研究的基础上，结合最新的实际勘探情况，遵循前述章节的研究思路，以岩石学特征为基本立足点，利用同位素地球化学约束成岩流体，对该区域储集体发育特征和控制因素进行介绍。

表 7-1　岩溶储集体的分类（据沈安江，2016 修编）

岩溶储集体亚类		塔里木盆地	识别标志
潜山区	潜山风化壳岩溶储集体 灰岩潜山岩溶储集体	主要见于塔河主体区	洞穴充填物为异源的碎屑岩或围岩垮塌的产物，主要位于不整合面之下 0~200m，岩溶垂向分带较为明显，可识别多个岩溶旋回
	潜山风化壳岩溶储集体 白云岩风化壳储集体	主要见于牙哈—英买力地区寒武系断隆区	
内幕区	层间岩溶储集体	主要见于塔中北坡鹰山组	洞穴充填物往往为同期的碳酸盐岩角砾或围岩垮塌角砾，顺层分布（距层面 0~50m），与断裂相关的洞穴可以更深
	顺层岩溶储集体	主要见于塔北南缘斜坡区一间房组及鹰山组	洞穴充填物为异源的碎屑岩，或围岩垮塌的产物，由潜山浅部位向斜坡深部位，岩溶作用程度逐渐减弱，呈平面分带，与断裂相关的洞穴可以更深
	断裂控制岩溶储集体	主要见于英买 1-2 井区一间房组及鹰山组	受断裂控制的洞穴，串珠状或栅状分布，不受深度控制，亮晶方解石等矿物充填

第一节　岩石组合类型及典型成岩作用

一、岩石组合类型

塔河地区寒武系—奥陶系碳酸盐岩主要经历了加里东中期—海西早期—海西晚期多期构造运动，多次暴露地表，接受大气淡水的风化和淋滤，发育多期古岩溶作用，形成了规模庞大的岩溶缝洞系统（何治亮等，2010；吕海涛等，2009）。奥陶系古岩溶现象丰富，类型多样，多期叠加，基本涵盖了幼年期、中年期和老年期等各个岩溶作用阶段。此外，白云石化和热液等成岩作用对深层碳酸盐岩也有一定的改造作用（Zhu et al.，2015；孟祥豪等，2011），从而造成了该区储集体类型的多样性和复杂性。根据区内钻井取心和录井的实际情况，将区内碳酸盐岩的岩石组合类型归纳在图 7-1 中，不同层系的岩石组合类型存在一定的差异。因此，从控制岩溶作用的角度，将区内奥陶系潜山由上而下分为 5 层，分别论述它们的岩石组合类型和岩溶改造的可能性。

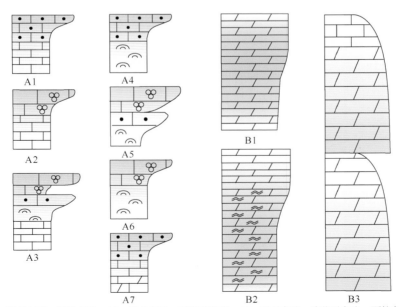

A1：微晶灰岩→颗粒灰岩；A2：微晶灰岩→藻黏结灰岩；A3：微晶灰岩→生物丘灰岩→颗粒灰岩→藻黏结灰岩；A4：生物丘灰岩→颗粒灰岩；A5：生物丘灰岩→颗粒灰岩→藻黏结灰岩；A6：生物丘灰岩→藻黏结灰岩；A7：云质微晶灰岩→微晶灰岩→（含）颗粒灰岩；B1：泥微晶白云岩→粉细晶白云岩；B2：纹层状泥微晶白云岩→粉细晶白云岩；B3：中粗晶白云岩→泥微晶白云岩→中粗晶白云岩→灰岩

图 7-1　塔河地区寒武系—奥陶系碳酸盐岩岩石组合类型

（一）层Ⅰ：桑塔木组泥灰岩-泥岩层

该层厚度可从几米至 600 余米，岩性主要为泥岩、泥灰岩以及（含生屑）微晶泥灰岩和石英粉-细砂岩。这套地层中泥质、陆源石英粉砂及砂等非碳酸盐岩组分含量高，阻止了溶蚀及岩溶作用的广泛发育，是奥陶系潜山中的不易受溶层，但是可以作为良好的盖层。

（二）层Ⅱ：良里塔格组及恰尔巴克组泥灰岩-灰岩层

该层厚度可从几米至 130 余米，良里塔格组岩性上主要为微晶灰岩→颗粒灰岩（图 7-1 中 A1）或微晶灰岩→藻黏结灰岩（图 7-1 中 A2）的旋回式发育，而恰尔巴克组局部及近底部夹有瘤状泥灰岩或泥岩层；岩石普遍含有一定量的黏土，对溶蚀及岩溶作用的广泛强烈发生有一定的抑制作用，是奥陶系潜山中的较易受溶层。

（三）层Ⅲ：一间房组上部孔隙性灰岩层

该段厚度可从几米至 40 余米，岩性上表现为微晶灰岩→生物丘灰岩→颗粒灰岩→藻黏结灰岩（图 7-1 中 A3）的旋回式发育，岩性较为纯净。在部分区域中，颗粒灰岩内往往有粒内溶孔和铸模孔的发育，构成富有特色的孔隙性碳酸盐岩层，是塔河地区奥陶系潜山中的易溶层。

（四）层Ⅳ：一间房组下部及鹰山组致密纯净碳酸盐岩（灰岩）层

该段厚度可达 700 余米，一间房组下部岩石类型组合具体可分为 4 种类型：①微晶灰岩→颗粒灰岩（图 7-1 中 A1）；②生物丘灰岩→颗粒灰岩（图 7-1 中 A4）；③生物丘灰岩→颗粒灰岩→藻黏结灰岩（图 7-1 中 A5）；④生物丘灰岩→藻黏结灰岩（图 7-1 中 A6）。4 种类型呈旋回发育，旋回中颗粒灰岩、藻黏结灰岩占优势为其主要特征。在鹰山组底部通常为一套白云岩地层，主要表现为泥微晶白云岩-粉细晶白云岩岩石类型组合构成的旋回（图 7-1 中 B1），与前期对塔里木盆地该套地层的认识一致（翟晓先，2011），向上至鹰山组下段顶部云化程度逐渐降低，可观察到云质微晶灰岩→微晶灰岩→（含）颗粒灰岩（图 7-1 中 A7）的岩石类型组合构成的旋回。而在鹰山组上部地层，可观察到微晶灰岩→颗粒灰岩（图 7-1 中 A1）的岩石类型组合构成的旋回，但整体厚度较薄。对于这层碳酸盐岩，泥质含量极低、致密、纯净是其最显著的特征，它是塔河地区奥陶系潜山中的最易受溶层。

（五）层Ⅴ：寒武系蓬莱坝组白云岩及白云岩-灰岩间互层

该段厚度至少大于 500m，其蓬莱坝组上亚段岩性以灰岩-白云岩旋回或间互发育为特征；蓬莱坝组下亚段主要为一套白云岩，寒武系白云岩具有中粗晶白云岩→泥微晶白云岩→中粗晶白云岩→灰岩（图 7-1 中 B3）为组合旋回发育的特征，而蓬莱坝组下亚段则表现为纹层状泥微晶白云岩→粉细晶白云岩（图 7-1 中 B2）为组合旋回发育的特征。该段地层总体显示出泥质含量低或极低、碳酸盐组分纯净及孔隙性白云岩不均匀发育的特征，是奥陶系潜山中的易溶层之一。但由于它往往处于潜山的深部，受潜山顶面大气水岩溶改造的可能性降低。事实上，现今的勘探表明该层段受大气水岩溶改造程度较弱，而大量的研究认为塔里木盆地深层白云岩的形成与热液作用有关（Zhu et al.，2015；Xing et al.，2011；孟祥豪等，2011；潘文庆等，2009；朱东亚等，2009；金之钧等，2006；吕修祥等，2005）。因此，该层段储集体的发育可能与深部流体有关。

总体而言，桑塔木组为巨厚泥岩层，可作为区域隔水层；良里塔格组为含泥灰岩，可溶性变差，但仍可作为较好的透水层；恰尔巴克组为薄层灰质泥岩，可作为隔水层，但封盖能力较差；一间房组和鹰山组主体为较纯灰岩，厚度大，缝隙发育，透水能力强，可岩溶发育的主要层系；寒武系—蓬莱坝组为一套较纯白云岩，可溶性较差，其顶面大致可作为奥陶系岩溶作用发育的下限，但是该套巨厚层白云岩可能是埋藏溶蚀作用发育的关键层位。

二、典型成岩作用

（一）溶蚀作用

对塔河油田寒武系—奥陶系而言，溶蚀作用主要表现为早期近地表淡水溶蚀、隆起区抬升的表生岩溶作用及埋藏期的热液溶蚀等。早期近地表淡水溶蚀以组构选择性溶解为特征，包括文石、高镁方解石、文石质鲕粒和生屑壳的溶解。根据铸体薄片显微镜下储渗空间发育状况观察，可见颗粒灰岩内部受溶的主要是颗粒组分，受溶的结果导致岩石中粒内溶孔和颗粒铸模孔优势发育［图 7-2（a）和图 7-2（b）］。此外，局部层段间颗粒边缘或胶结物受溶形成粒间溶孔。显示了溶蚀作用具有强烈的组构选择性。这类溶蚀作用主要见于区内一间房组上部地层，偶尔也能在良里塔格组中观察到，但在鹰山组中相对发育较少。

表生岩溶作用无疑是塔河地区碳酸盐岩储集体发育的主要成岩作用之一。由于加里东中期和海西早期构造运动的影响和波及，致使塔河地区奥陶系碳酸盐岩遭受多期次的沉积间断、侵蚀和不同程度的岩溶作用。表生岩溶作用通常表现为非组构选择性溶解作用，被溶解的主要是稳定的碳酸盐矿物，可以是已有孔隙的溶蚀扩大［图 7-2（c）］，也可以形成新的溶蚀孔洞［图 7-2（d）］。迄今为止，塔北隆起上在奥陶系碳酸盐岩中已发现含油气构造，其油气储集体绝大多数是与表生岩溶作用密切相关的，储集空间主要是溶蚀、淋滤形成的缝洞系统和地下大型洞穴系统。

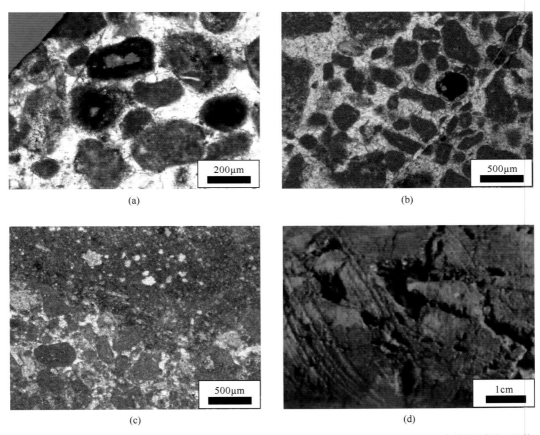

(a) 亮晶藻砂屑灰岩，铸模孔和粒内溶孔被褐色沥青半充填，艾丁 25 井，O_2yj，6556.78m（—）；(b) 亮晶砂屑灰岩，见粒内溶孔被沥青半充填，见两条断续状裂缝，大部分充填方解石，少部分未充填，托普 25 井，O_2yj，6538.21m（—）；(c) 见粒内溶孔及非组构选择性溶孔，孔隙分布不均匀，托普 25 井，O_2yj，6523.24m（—）；(d) 岩心上不规则溶蚀孔洞发育，塔深 3-1 井，$O_{1-2}y$，1 5/35

图 7-2　塔河地区大气水溶蚀作用特征

需要指出的是，塔河地区奥陶系碳酸盐岩具有多期岩溶作用改造的历史，但主要岩溶作用发生于海西早期，其次是加里东中期。海西早期运动是本区影响最大的构造运动，也是岩溶发育的最主要时期。海西早期剧烈的构造运动使隆起上下古生界受到强烈剥蚀，从南往北剥蚀强度逐渐变大，造成志留系—泥盆系、上奥陶统的普遍剥蚀、缺失，中下奥陶统顶部也受到部分剥蚀，形成区域性不整合面。因而该期岩溶作用异常强烈，是本区最主要的岩溶发育期。在塔河地区北部桑塔木组缺失区，由于加里东晚期岩溶与海西早期岩溶重叠，难以区分，这并不意味着桑塔木组缺失区加里东中期岩溶作用不重要，而是该区由于海西早期岩溶作用的发育，而使加里东中期岩溶被改造或被掩盖。而在桑塔木组覆盖区，由于海西早期岩溶作用不发育，因而加里东中期岩溶作用更突出。此外，在桑塔木组覆盖区，由于桑塔木组厚度向南急剧增大，加里东晚期岩溶对中下奥陶统及上奥陶统良里塔格组碳酸盐岩基本不起作用。

海西早期及加里东中期岩溶在本区的分布具有一定的规律，前已述及，桑塔木尖灭线控制了海西早期岩溶的分布，因此，桑塔木组覆盖区是加里东中期岩溶的分布区，而桑塔木组缺失区是海西早期岩溶的分布区及加里东中期岩溶的改造区（图7-3）。

除与不整合面有关的岩溶作用以外，未受风化淋滤影响的深层寒武系白云岩中也有一定规模的储集体存在，特别是塔深1井在埋深大于8000m时依然有大量溶蚀孔洞的发育，打破了我们早期对深层碳酸盐岩勘探的禁锢，因此对于这种深埋藏白云岩的热液溶蚀作用也应该给予足够的重视。

寒武系岩石的热液溶蚀现象的发育程度具有一定的规律性，塔深1井寒武系实际取心资料显示，其规律性主要表现在纵向上由下往上溶蚀孔洞总体上由大逐渐变小（图7-4），如塔深1井钻井岩心的变化情况非常明显，深部取心，溶蚀孔洞非常发育，而上部则主要发育溶蚀的针孔，于奇6井也具有类似的特点。溶蚀孔洞的外形变化较大，形状不一，充填程度和充填物也不一样。下部溶蚀孔洞充填物质比较复杂，有热液白云石（图版10A）、自生的石英（图版10B）、萤石（图版16B、图版16C）及方解石等；而上部的溶蚀孔洞中则是方解石充填程度高一些，石英的充填作用相对要弱一些。

这些现象说明在裂缝发育之后，热液既不是从上面倒灌下来，也不是从旁边运移过来，而是从深部向上运移而来。因此，使得埋藏比较深的部位溶蚀作用比较强，而埋藏较浅的部位溶蚀作用相对较弱。由于具有溶蚀作用的流体从下向上流动，也使得流体的溶蚀能力在向上运移的过程中逐渐减弱。在于奇6井，从岩心的特征看，似乎深部裂缝或者溶蚀孔洞的充填作用程度也比上部地层高，也说明流体是从下向上流动的。

（二）充填作用

奥陶系灰岩地层中后期沉积物充填作用非常明显，充填物类型多样，但绝大多数的充填物与表生岩溶作用相关。受表生期风化作用的影响，大气淡水沿风化裂隙发生扩溶，上覆沉积物不断倒灌到这些溶缝中，使裂缝内充填灰绿色泥质［图7-5（a）］和亮晶方解石等，部分区域甚至能观察到泥质与碳酸盐岩形成的角砾［图7-5（b）］。

大型洞穴是识别表生岩溶作用的重要标志之一，也是储集体评价的重要标志，其形成和发育是垂直渗流带—水平潜流带溶蚀作用的结果。在塔河地区一间房组—鹰山组灰岩中的大型洞穴较发育，洞径一般为0.5～5m，最大可达10余米，但常常被泥质、碳酸盐岩角砾、方解石和陆源碎屑充填或半充填。例如，在塔904井一间房组地层中发育一个大型洞穴，洞高约为4.8m，洞的顶部为微晶砂屑灰岩，洞穴上部被巨晶方解石充填，部分可见角砾；中部为溶塌角砾岩，角砾为微晶砂屑灰岩或砾屑灰岩，砾间为巨晶方解石充填，可见岩心上有少量沥青；下部被巨晶方解石充填［图7-5（c）］。此外，大型洞穴层在塔河地区一般具有旋回式的发育特征，但不同区域充填程度也有所差异。例如，在于奇西2井鹰山组地层发育两个相邻的洞穴，分别高约1m和3m，但洞内被棕褐色、灰褐色粉砂质泥岩完全充填［图7-5（d）］。

相对于奥陶系灰岩地层，寒武系—奥陶系白云岩地层的充填物也具有多样性（包括白云石充填物、萤石、方解石和石英），可是相对丰度略低。例如，在塔河地区寒武系粗晶和极粗晶白云岩的晶间孔隙中见萤石呈单个矿物充填状态产出（图版16B、图版16C）。但遗憾的是，在塔河寒武系岩石中萤石矿物量比较少，或许是取心偏少及薄片样品的选取所限，并没有发现萤石特别集中的岩石类型。

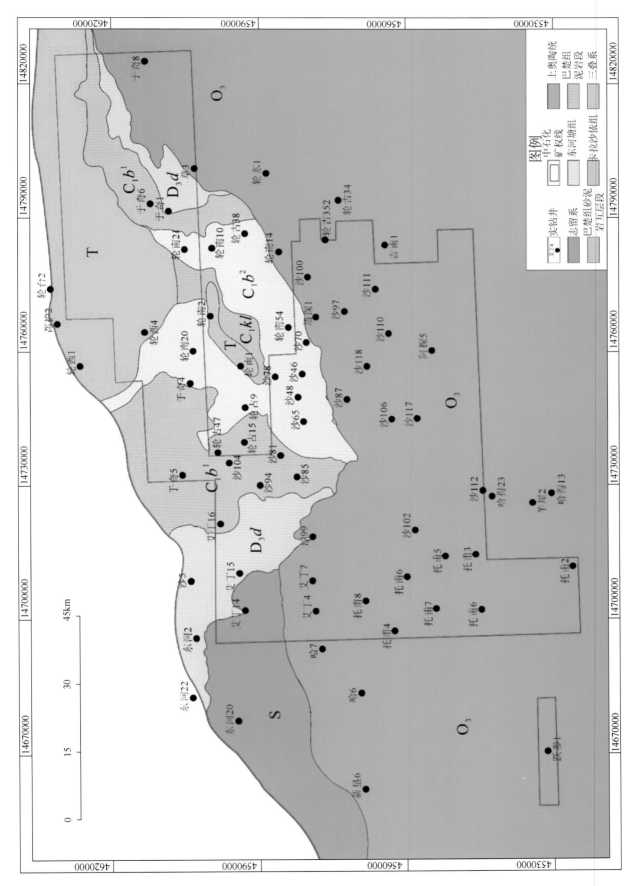

图 7-3　塔河地区奥陶系中下统上覆地层分布图

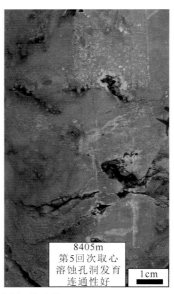

注：孔洞体积随深度增大，从针孔状溶孔（第1回次）变化为溶蚀孔洞（第5回次）。

图 7-4　塔深 1 井寒武系白云岩热液溶蚀作用程度变化图

(a) 灰色微晶灰岩，部分风化裂隙被绿色泥质充填，塔753井，O_3l，2 23/64；(b) 可见岩心呈角砾状，角砾分为灰色微晶砂屑灰岩与灰绿色泥粒，塔738井，O_3l，4 29/60；(c) 结晶方解石充填溶洞，厚达4.8m，塔904井，O_2yj，5894.4～5899.2m；(d) 岩心上为大型溶洞充填特征，被棕褐色、灰褐色粉砂质泥岩完全充填，于奇西2井，$O_{1-2}y$，第2回次岩心

图 7-5　塔河地区奥陶系充填作用特征

（三）白云石化作用

在塔河地区白云石化作用主要发育在寒武系鹰山组下段地层，主要可识别到同生/准同生期白云石化、浅埋藏白云石化、中-深埋藏白云石化和热液白云石化 4 期云化作用。其中，同生/准同生期白云石化作用与高度过饱和的白云石化流体有关，多形成晶粒较细小的泥微晶白云岩，具有拟态交代的特征，从而有助于原岩组构的保存，在区内主要可见纹层状沉积构造的保留［图 7-6（a）］。

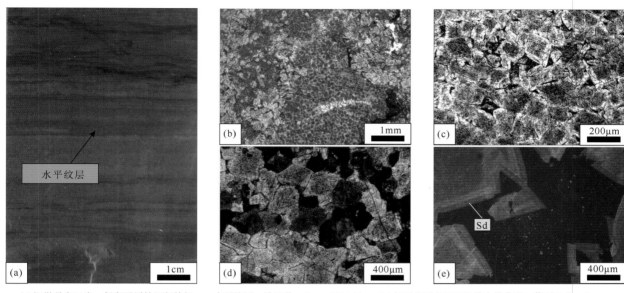

(a) 泥微晶白云岩，保留了原始沉积特征——水平纹层，沙88井，O_1p，6454.44m；(b) 细晶自形白云石沿缝合线发育，艾丁11井，$O_{1-2}y$，6945.50m（−）；(c) 自形白云石受压实微弱变形，注意压实作用发生的部位往往不发育亮边或环带，塔深2井，Є，6743.4m（−）；(d) 中粗晶它形白云岩，晶体之间呈现出凹凸镶嵌状的精密接触，晶间孔隙也不发育，塔深2井，O_1p，6643.40m（+）；(e) 阴极发光下，鞍形白云石多呈现暗红色，边缘可见较薄的亮红环带，塔深1井，Є，7461.69m

图 7-6　塔河地区寒武系—奥陶系白云石化作用特征

埋藏白云石化作用多发生在下奥陶统和上寒武统块状白云岩中，大部分岩石原始组构被破坏，多形成细晶自形/半自形白云石，晶体大小主要分布在 60～250μm 之间，晶体自形程度高，以自形-半自形为主，分布在缝合线周围［图 7-6（b）］及漂浮在泥微晶基质中。较大的晶体多发育雾心亮边或环带结构，部分晶间孔隙发育［图 7-6（c）］。中-深埋藏阶段较高的温度使许多早期形成的白云石发生重结晶，从而形成大量中粗晶它形白云石，晶体自形程度差，晶体边界不明显，晶面弯曲，晶体之间呈现出凹凸镶嵌状的精密接触，晶间孔隙也不发育［图 7-6（d）］。

热液活动阶段，热液流体对埋藏阶段的白云石进行调整改造，并在缝洞中形成鞍形白云石充填物，其晶面弯曲或极不规则，呈镰刀状或阶梯状生长。此类白云石充填物的阴极发光性较弱，且颜色多呈现暗红色，样品边缘可见非常薄的亮红环带［图 7-6（e）］。

（四）破裂作用

塔河地区寒武系—奥陶系碳酸盐岩在多期构造运动影响下破裂作用发育，至少能观察到 3 期裂缝的形成。第 I 期微裂缝以切割砂屑颗粒，充填的方解石胶结物在阴极发光下不具发光性为主要特征，代表了早期裂缝的特征［图 7-7（a）和图 7-7（b）］；第 II 期裂缝以切割缝合线为主要特征，表明该期裂缝的形成晚于缝合线的形成［图 7-7（c）］；第III期裂缝一般为张性裂缝，在白云岩地层中较为常见，宽度多为几百微米到几毫米，缝壁不规则，延伸不远，长度多为数十厘米，组系分明，常被方解石或白云石充填物充填或半充填。此外，该期裂缝多与溶蚀孔洞相伴生，形成有效的缝洞系统［7-7（d）］。

三、成岩演化序列

（一）寒武系—中下奥陶统白云岩

在同生期，作用于沉积物的主要是盆地的沉积水体，因此海水的地球化学性质将直接影响同生期的成岩作用类型。从区域上看，在塔河地区的西部，其沉积环境主要是蒸发作用比较强的碳酸盐局限台地，在盐度差的驱动下，海水在大范围内循环交流，使得塔河地区的海水盐度增大，Mg^{2+}过饱和，从而逐渐拟态交代沉积于底床上的灰泥，这就是纹层状泥微晶白云岩的形成时期。对于颗粒碳酸盐岩而言，在颗粒沉积之后，海水同样对方解石过饱和，而快速析晶出第一世代纤维状胶结物，对颗粒进行胶结。在藻类繁盛的地方，可能会形成较强的还原环境，海水的铁离子在这种环境下形成莓状黄铁矿。

早期成岩作用阶段的主要成岩作用如下：对颗粒沉积物主要为胶结作用、压实作用及白云石化作用；对晶粒沉积物而言，主要是白云石化作用和重结晶作用。胶结作用主要表现在第二世代粒状胶结物的沉淀，同时由于上覆沉积物对下伏沉积物产生压实作用，使颗粒接触紧密。但是，因胶结作用发生得比较早，压实作用在整体上表现比较弱。沉积物的白云石化作用在这一阶段是比较强的成岩作用，由于细菌的作用及孔隙水中流体的盐度比较高，使得在同生期没有白云石化的沉积物全部白云石化；同生期已白云石化的沉积物发生重结晶作用，黄铁矿在这一时期可以因封闭的成岩条件、还原的水体，而形成黄铁矿沉淀于白云石的晶间，一些二氧化硅很可能也是在这一阶段逐渐聚集，形成微晶石英。白云石的重结晶作用和埋藏白云石化作用可能形成了比较好的孔隙空间，早期成岩作用阶段的晚期可能有有机质向石油转变，并运移到储集体中或赋存于晶间空隙中，只是早期运移来的原油后来演化成了沥青质。

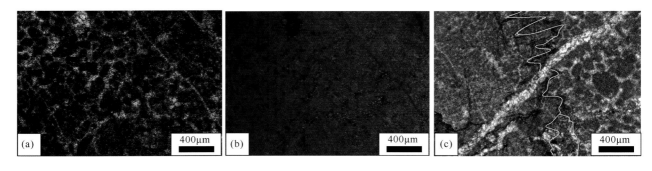

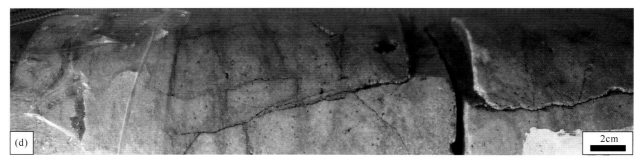

(a)、(b) 早期切割颗粒的微裂缝（Ⅰ期），在阴极射线下不具发光性，塔河12374CX井，$O_{1-2}y$，6284.06m，(a)为普通薄片的正交偏光照片，(b)为阴极发光照片；(c) 被方解石充填的微裂缝（Ⅱ期）切割缝合线，塔河12374CX井，$O_{1-2}y$，6284.06m（—）；(d) 张性高角度裂缝与溶蚀孔洞相伴生，多数孔洞及裂缝被次生白云石或方解石晶体半充填，少数无充填，塔深1井，C，1 4/35

图 7-7　塔河地区寒武系—奥陶系破裂作用特征

在晚期成岩作用阶段，主要的成岩作用是由于构造活动造成岩石的破裂，形成大量的裂缝系统，深部热液流体进入成岩体系中，使原岩发生大量的溶蚀作用，形成大小不等的孔洞，代表着热液流体对碳酸盐岩不饱和，随着溶蚀作用的进行，流体性质发生了变化，热液白云石从流体中快速沉淀下来，一些白云石的晶间孔隙由于热液作用发生重结晶，在原来晶体的边部次生加大，也有人称之为白云石的胶结作用（Sibley，1982；Choquette and Hiatt，2008），这也是晶粒白云岩中孔隙不是特别发育的原因。在白云石沉淀之后，流体中的二氧化硅以及原岩中的泥质物质开始沉淀，形成了自生石英或者玉髓充填溶蚀孔洞，以及在白云石晶间孔隙中结晶，而且在白云石晶间孔隙中常常与黏土矿物一起沉淀下来，最后一期的充填作用是方解石的晶出，充填在裂缝中、晶间孔隙中及溶蚀孔洞中。这一期成岩作用与区域构造的强烈活动期相互结合，由于断裂和裂缝系统的发育，不但为热液活动提供了活动场所，也为油气演化生成的液态烃提供了良好的油气运移通道，油气可在这一时期向储集体中运移。这也是在裂缝及溶蚀孔洞中见到油气显示的主要原因。塔河地区寒武系—中下奥陶统岩石的成岩作用演化序列总结在图 7-8 中。

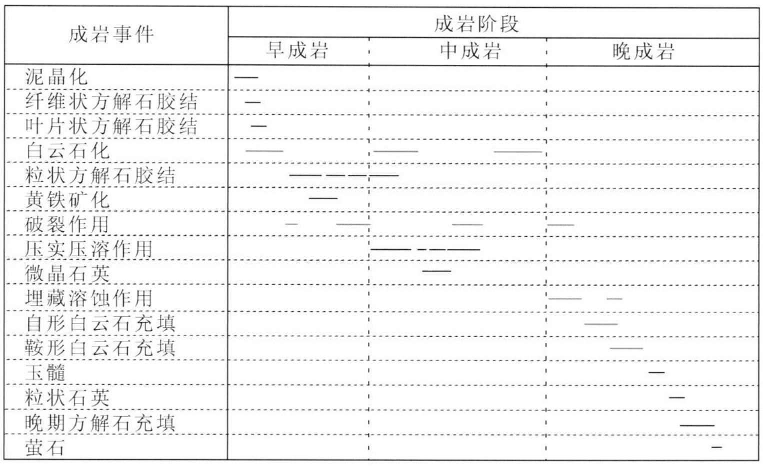

成岩事件	成岩阶段		
	早成岩	中成岩	晚成岩
泥晶化	—		
纤维状方解石胶结	—		
叶片状方解石胶结	—		
白云石化			
粒状方解石胶结	———		
黄铁矿化	—		
破裂作用	—		
压实压溶作用			
微晶石英			
埋藏溶蚀作用			
自形白云石充填			
鞍形白云石充填			
玉髓			
粒状石英			
晚期方解石充填		—	
萤石			

图 7-8　塔河地区寒武系—中下奥陶统白云岩成岩序列图

（二）中下奥陶统灰岩

综合前述对各种典型成岩作用的分析，结合沉积演化背景，建立了塔河地区中下奥陶统灰岩的成岩序列（图 7-9）：区内浅水碳酸盐沉积物，其成岩历史均从海底成岩环境开始，海底胶结作用导致原生孔隙

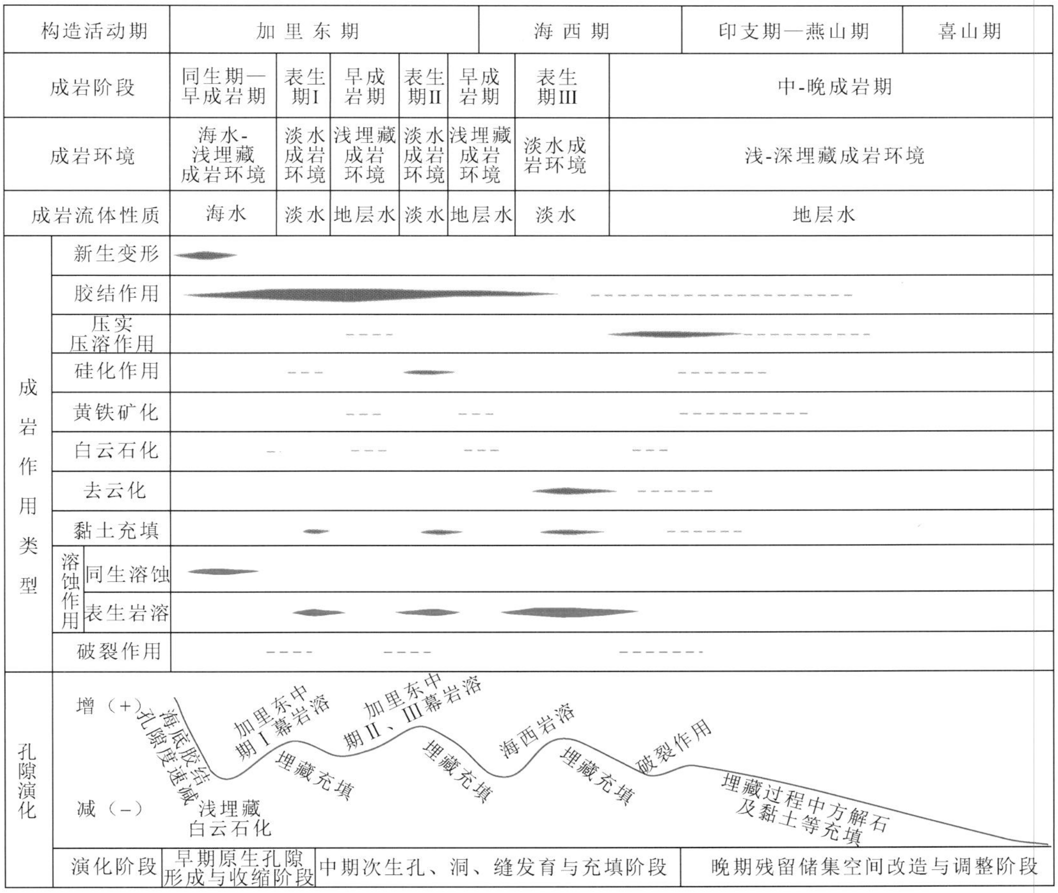

图 7-9　塔河地区奥陶系灰岩成岩序列图

快速减少，部分礁滩沉积物可能经历了大气淡水成岩环境，在海平面发生多次短暂升降变化的情况下，海底、大气淡水成岩环境可以多次重复交替出现，但这两种成岩环境的深度范围比埋藏成岩环境小得多，持续时间也短得多。这个时期的大气水溶蚀作用形成了一定量的铸模孔、粒间溶孔，但是这类溶孔分布范围有限，仅见于塔河南部一间房组滩相地层中，鹰山组中未见该类孔隙。对于较深水碳酸盐沉积物，仅经历了短暂的海底成岩环境之后，便直接进入埋藏成岩环境，以未遭受准同生大气淡水的成岩作用为特征。

浅埋藏成岩环境中，发生沿缝合线的白云石化、压实和早期方解石充填等作用。在加里东中晚期—海西期，中下奥陶统灰岩地层经历了数次抬升剥蚀，发生了多期表生岩溶作用，不整合面之下一定深度范围内形成大规模的溶蚀缝、孔、洞，同时构造裂隙及风化裂隙发育；在该时期内，尽管化学充填和机械充填作用都非常强烈，但仍保留了相当数量的孔、洞、缝，构成了现今中下奥陶统规模最大的有效储集体。随后的沉降和沉积物在其上继续堆积，可以导致它们再次进入埋藏成岩环境。海西期—印支期的埋藏成岩环境中，充填和胶结作用非常强烈，先期形成的孔、洞、缝被粗晶方解石充填。

第二节　成岩流体地球化学特征

一、岩溶期次识别

由于不同时期地质背景和构造作用特征的差异可导致各个岩溶时期流体活动和作用机制的差异，同时也影响着储集体的分布规律，因此有必要对不同期次的岩溶进行有效的识别，以便更好地把握各期岩溶作用对储集体的改造程度。分析与岩溶作用伴生的缝洞充填物地球化学特征，无疑是最直观地了解岩溶期次的手段。加里东中期岩溶及海西早期岩溶充填物在碳氧同位素、锶同位素等地球化学标志方面存在明显的差别。

（一）锶同位素

海洋中锶同位素组成受控于海底扩张速率变化引起的大洋中脊热流活动、造山运动和气候变化、海底沉积物的成岩作用、海平面变化等多种因素及其相互之间的影响（Banner，2004；黄思静等，2004）。在一个特定的时期，海水的锶同位素组成主要取决于 3 个来源的锶同位素组成及由它们所提供的锶在海水中所占的比重：①通过大洋中脊热液或海底火山作用提供的幔源锶，初始值较低，一般为 0.704 左右（黄思静，2010）；②大陆地壳古老硅铝质岩石化学风化提供的壳源锶，初始值较高，一般为 0.720 左右（Zhu et al.，2015）；③海相碳酸盐岩化学风化提供的重溶锶，初始值为 0.708 左右（Chen et al.，2004；Qing et al，1998；Mountjoy et al.，1992）。岩溶缝洞或风化裂隙中充填方解石的锶同位素值主要受流经硅质岩石地下水和碳酸盐岩重溶两个锶来源影响比例的控制。加里东中期与海西期岩溶缝洞充填物的地球化学特征的明显区别在于前者锶同位素组成范围较小（0.70873～0.70993），与早奥陶世海洋的锶同位素组成范围相近，后者则明显偏大（0.71018～0.71827）（图 7-10）。

造成这种差异的主要原因如下：早奥陶世，包括塔河油田在内的塔里木广大地区是一个规模巨大的浅水碳酸盐台地，早奥陶世末是加里东中期 I 幕岩溶作用发生的时期，塔北地区地表直接出露的是一套岩性非常纯的正常海相碳酸盐岩，在此种背景下，岩溶水介质及岩溶缝洞方解石中的锶同位素组成将主要受下奥陶统海相碳酸盐岩重溶锶来源的控制，与下奥陶统海相碳酸盐岩的锶同位素组成相近，应显相对低值特征；海西早期的褶皱运动和剥蚀，使得陆源碎屑岩和奥陶系碳酸盐岩同处暴露环境，渗滤通过大陆硅铝质岩石区或岩层的地下水可进一步进入奥陶系或下奥陶统碳酸盐岩中并对它们的岩溶作用及岩溶缝洞方解石的沉淀作用产生影响，并由此造成岩溶缝洞方解石可能具有明显高于下奥陶统碳酸盐岩的锶同位素组成。

该区的特殊地质背景、锶同位素值特征，可以为塔河地区奥陶系岩溶期次划分提供重要的微观依据。

（二）碳氧同位素

海相碳酸盐的 $\delta^{13}C_{PDB}$ 值变化范围小，在 $-1‰$ ～ $+2‰$，生物成因（有机）碳则以强烈亏损 ^{13}C 为特征。

海水的 $\delta^{18}O$ 组成较为均一，而大气水的 $\delta^{18}O$ 变化范围较大，且较海水贫 ^{18}O。

据李会军等（2010）的研究显示，海西早期岩溶缝洞方解石的 $\delta^{13}C_{PDB}$ 值在 $-11.65‰\sim+3.831‰$，但主要为负值，反映岩溶作用发生时期大气水富含有机成因 CO_2，或成岩过程中受有机碳（分散有机质、油气）影响较大，即与这一时期满加尔拗陷及其斜坡地区的寒武系—奥陶系烃源岩进入生油高峰期、油气来源充沛有关；$\delta^{18}O_{PDB}$ 值在 $-14.5‰\sim-9‰$，负向偏移明显，说明被大气水改造比较彻底。

加里东中期岩溶缝洞中充填的方解石 $\delta^{13}C_{PDB}$ 值均为正值，主要分布在 $+0.66‰\sim+1.74‰$，个别可高至 $+3.969‰$，反映较少受到有机碳的影响；$\delta^{18}O_{PDB}$ 值明显偏负，主要分布在 $-13.05‰\sim-6.28‰$，与早奥陶世海水的范围有较大的重叠，说明形成这些方解石流体可能混合了大气水和当时地层中封存的海水。

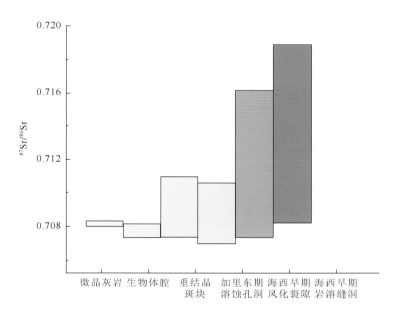

图 7-10　塔河地区奥陶系碳酸盐岩及岩溶充填物锶同位素值分布直方图

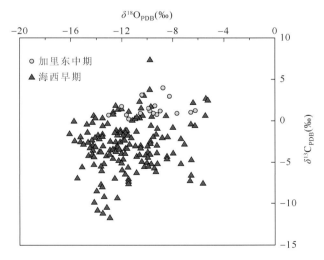

图 7-11　塔河油田奥陶系海西早期、加里东中期岩溶充填物碳氧同位素分布图

（三）桑塔木覆盖区海西早期岩溶作用的影响

塔河油田南部地区处于阿克库勒凸起南部的南东围翼地带，从地层纪录看，区内保存有较完整的奥陶系，在盐下的南区（志留系—泥盆系尖灭线以南地区）还残留 60～450m 的下志留统地层，表明发生于早泥盆世末的海西早期运动对该区域的影响程度可能远低于凸起轴部地区。除这一因素影响海西早期的岩溶作用之外，更主要的影响因素来自区内上奥陶统桑塔木组，该组为一套以泥质岩为主夹

灰岩薄层或透镜体的地层，厚 200～560m，它似一厚大的致密盖层阻止了大气淡水向下部地层渗流，使其下伏碳酸盐岩的岩溶作用受到极大限制。

但是，在部分桑塔木组覆盖区的单井中，充填大型洞穴的巨晶方解石锶同位素值既有低值，又有高值（如塔904井5892～5900m段大型洞穴中的巨晶方解石），或是明显高于塔河地区中下奥陶统重溶锶范围（如塔深3井6100～6110m段大型洞穴中的巨晶方解石），表明巨晶方解石形成时，地层流体中存在古老硅铝质岩层的剥蚀和壳源锶的混入。此外，塔深3井鹰山组内幕洞穴充填巨晶方解石氧同位素数据明显偏负（−15.32‰～−14.12‰），与海西早期岩溶充填物的氧同位素值类似。上述这些现象都说明它们可能是海西早期岩溶的产物或是多期充填的岩溶产物（图7-12）。

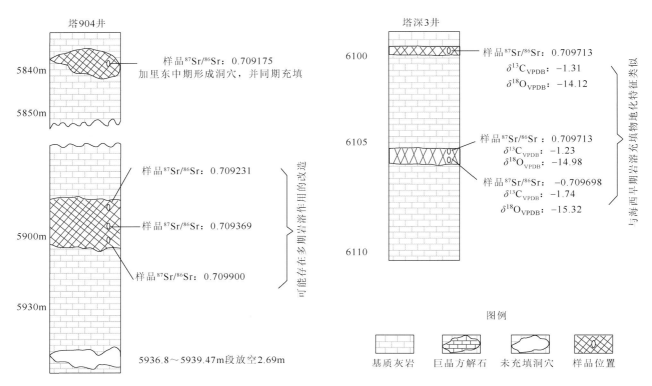

图7-12　塔河地区塔904井及塔深3井岩溶充填物形成时期分析图

此外，岩溶缝洞充填物的孢粉分析也可以说明在桑塔木组覆盖区发生过海西期岩溶作用。例如，沙81井、塔克427井、沙70井、沙75井、塔314井、沙86井等6口井分别位于塔河油田南部上奥陶统覆盖区（沙86）、中部中下奥陶统出露于海西早期不整合面的地区（沙70井、塔314井）和北部（沙81井、塔克427井、沙75井），缝洞充填物古生物样品检测出泥盆纪孢子。从已检测出泥盆纪孢子的样品的产状来看，沙86井、沙70井为地表残积带的角砾岩，沙75井、塔克427井为地表残积带的钙屑泥岩，沙81井、塔314井为下奥陶统碳酸盐岩岩溶缝洞中填积的砂泥质，而加里东中晚期岩溶缝洞充填物中不会含有泥盆纪孢子。由此可判断该区奥陶系碳酸盐岩溶蚀有明显的海西早期岩溶作用发生。

二、热液流体的地球化学特征

（一）碳氧同位素特征

研究区基质白云岩和白云石充填物的 $\delta^{13}C_{PDB}$ 值基本均分布于同时期海相灰岩的碳同位素（−2.5‰～＋0.5‰）范围内（Veizer et al.，1999），说明白云石化流体中大部分的碳均继承自原始灰岩。对于氧同位素而言，研究区各类白云石主要分为3个区间：绝大部分基质白云岩全部落在−8.0‰～−4‰区间内（图7-13蓝色虚线框中），说明这些基质白云岩的形成有很强烈的继承性，几乎都保留了同期海水的氧同位素性质；而部分基质白云石总体上具有负向漂移的趋势，分布在绿色虚线框中，且主要为中粗晶白云岩，说明这类白云岩是在更高的温度下形成的，应该是埋藏白云石化的产物。

白云石充填物的氧同位素组成（–13.01‰～–7.4‰，平均为–8.8‰）具有两种特征：一种是与基质白云岩特别是基质白云岩的 $\delta^{18}O_{PDB}$ 值明显重叠的样品，说明两者的成岩流体相似或具有很强的继承性，在蓝色和绿色区间中均有分布；另一种是明显低于基质白云岩 $\delta^{18}O_{PDB}$ 值的样品，说明这部分白云石充填物与基质白云岩具有截然不同的云化流体性质或具有更高的形成温度，应该是热液的产物。

方解石的碳氧同位素表现为各个样品均向偏负的方向偏移。由于在没有有机碳参与的条件下，碳同位素的分馏一般不会发生，所以碳同位素的变化不大，而随着温度的升高，氧同位素的分馏效应明显（黄思静，2010；Land，1985）。因此，在方解石中随着温度的升高，氧同位素逐渐变轻，向负值方向发展，即氧同位素的值越小，形成温度越高。缝洞中充填的方解石往往出现在鞍形白云石之后发育，暗示了它的形成温度可能也比较高，这和氧同位素的分布特征一致，证明了方解石是在热液后期高温条件下形成的。

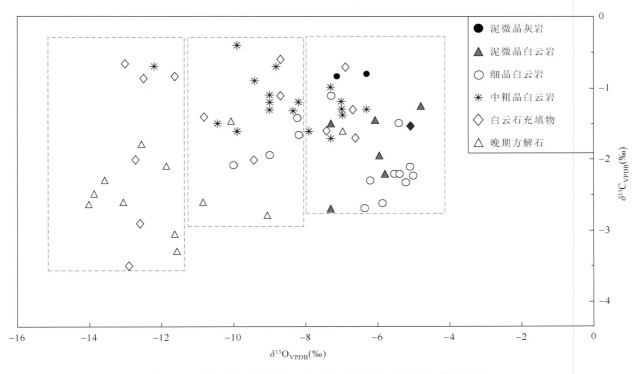

图 7-13　塔河地区各类白云岩/石及方解石的碳氧同位素交汇图

（二）锶同位素特征

大部分基质白云岩的锶同位素组成与同时期海水的 $^{87}Sr/^{86}Sr$ 值极为相近（图 7-14），说明形成这几类白云岩的成岩流体与海水密切相关，其他流体的参与不明显。白云石充填物具有较高 $^{87}Sr/^{86}Sr$ 值的样品则预示着富 ^{87}Sr 流体的混入。尽管埋藏过程中的成岩蚀变，如成岩过程中钾长石、钠长石和斜长石的溶解及蒙脱石向伊利石转化可能导致孔隙流体 $^{87}Sr/^{86}Sr$ 值增大，但是，对于塔河地区而言，白云岩发育的层段（寒武系—下奥陶统）均为碳酸盐岩沉积，缺乏大量的铝硅酸盐矿物，仅在溶蚀孔洞中有少量伊利石发育，因此单纯依靠埋藏过程中黏土矿物的成岩蚀变而没有大量富 ^{87}Sr 流体的注入很难导致白云岩 $^{87}Sr/^{86}Sr$ 值的大幅升高。此外，充填孔洞的方解石锶同位素值比绝大多数白云岩（石）的锶同位素值高，即使是最低的方解石的锶同位素也远远高于寒武纪—奥陶纪海水的锶同位素，说明形成白云石充填物和方解石的流体不是残余在岩石孔隙中的封存海水，而是外来的富含锶的流体，也就是深部热液流体。因此，与缝洞方解石或鞍形白云石相伴生的溶蚀孔洞不是由于沉积期或者沉积期后的淡水淋滤所造成的，更不是由于有机质的热演化而产生的有机酸溶蚀所造成的，而是在断裂活动的构造背景下，由于深部断裂沟通了深部的热液流体，热液流体在进入白云岩地层后，沿多孔介质或者微裂缝进入岩石的内部，形成大小不等的溶蚀孔洞。

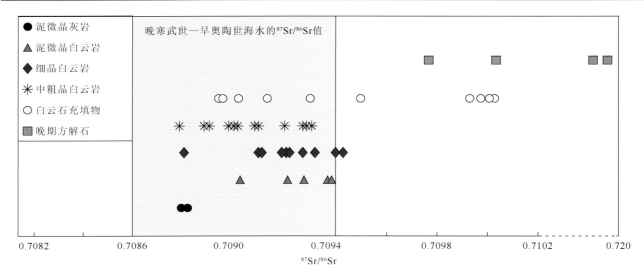

图 7-14　塔河地区各类碳酸盐岩的锶同位素分布图

（三）地球化学特征与深度的关系

为了更好地研究热液流体在不同深度范围的差异及变化趋势，选取了塔深 1 井为主要研究对象，对该井不同深度缝洞充填物中包裹体的均一温度进行了分析。通常情况下，包裹体的均一温度一般来讲应该随着深度的增加而升高，但是在温度与深度的关系图中并没有出现这样明显的趋势［图 7-15（a）］。这一特征表明，这些含包裹体矿物的形成与深度的关系不明显，并不受埋藏深度的控制，从另外一个方面佐证了缝洞中充填的方解石和白云石的形成与热液的关系密切。热液作用不受深度影响，而只与热液运移的断裂通道有关，因此不反映温度随深度增加而升高的现象。

对于正常沉积和正常埋藏的岩石而言，随着沉积物埋藏深度的增加，尽管不同地区地温梯度不一样，但是在埋藏条件下形成的物质的同位素，尤其是氧同位素应该也随之增加。然而，对于经历特殊事件的岩石，这种规律就被打破，不能用包裹体的温度和同位素来反映岩石的埋藏深度，只能使用这些分析数据来分析岩石所经历的特殊成岩作用事件。塔河地区寒武系白云岩就是这样一种特殊的情况。这里以塔深 1 井的同位素分析结果为例，如图 7-15（b）～图 7-15（d）所示。对同位素与深度之间的关系进行分析，白云石的碳同位素与深度没有任何关系［图 7-15（b）］；白云石的氧同位素在塔深 1 井 7900m 之上，同位素值比较分散，没有显示出随深度的增加而增加或者减少的趋势，同位素值和深度之间不存在非常明显的相关关系。但是，在 8400m 附近，氧同位有向负值方向偏移的趋势［图 7-15（c）］；白云石的锶同位素在 8400m 也明显向重同位素方向偏移［图 7-15（d）］。这样的趋势反映了热液流体是从下向上运移，也就是说，在塔深 1 井附近就有热液运移的通道，如果热液是从远离塔深 1 井的方向运移过来，则岩石的同位素应该是相同的，不会出现纵向上的明显差异。

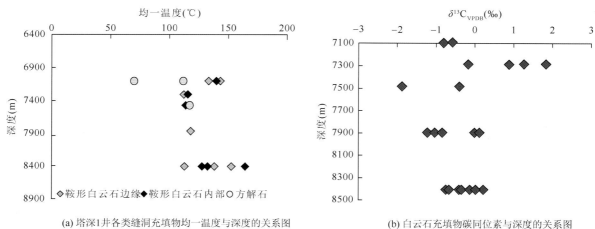

(a) 塔深1井各类缝洞充填物均一温度与深度的关系图　　　　(b) 白云石充填物碳同位素与深度的关系图

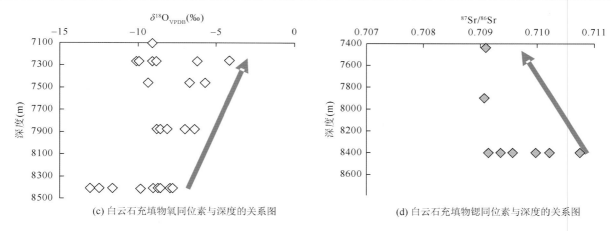

(c) 白云石充填物氧同位素与深度的关系图　　　　(d) 白云石充填物锶同位素与深度的关系图

图 7-15　塔深 1 井各类充填物地球化学特征与深度的关系图

第三节　储集体发育特征

一、储集物性

（一）寒武系

根据塔河地区寒武系 12 个单井样品常规物性实测数据统计：渗透率主要分布在大于 $0.1 \times 10^{-3} \mu m^2$ 的范围内，超过 33%的样品实测渗透率高于 $1.0 \times 10^{-3} \mu m^2$，平均渗透率高达 $3.89 \times 10^{-3} \mu m^2$，摒弃裂缝的影响后样品的实测平均渗透率低于 $1.0 \times 10^{-3} \mu m^2$ ［图 7-16（a）］。孔隙度主要分布在 0.5%～5.0%区间内，67%以上的样品孔隙度都高于 1%，孔隙度高于 5%的样品仅占总样品的 8%，平均孔隙度为 2.27%［图 7-16（b）］，为典型的低渗-特低渗型储集体，基岩储集物性较差，孔渗相关性总体一般 ［图 7-16（c）］。

（二）下奥陶统蓬莱坝组

根据塔河地区下奥陶统蓬莱坝组 43 个单井样品常规物性实测数据统计：渗透率分布比较均衡，59%的样品实测渗透率高于 $0.1 \times 10^{-3} \mu m^2$，其中 21%的样品渗透率介于（0.1～0.5）$\times 10^{-3} \mu m^2$ 之间，介于（0.5～1.0）$\times 10^{-3} \mu m^2$ 和大于 $1.0 \times 10^{-3} \mu m^2$ 两个区间内的样品各占 19%，平均渗透率为 $0.504 \times 10^{-3} \mu m^2$［图 7-16（d）］。孔隙度主要分布在 0.5%～1.0%区间内，孔隙度高于 2.0%的样品仅占总样品的 2%，74%以上的样品孔隙度都低于 1%，平均孔隙度为 0.81% ［图 7-16（e）］。孔渗关系散点图显示孔渗相关性极差，相关系数仅为 0.1422 ［图 7-16（f）］，表明该段储集体的渗透率并未受到孔隙结构的控制。整体而言，基质岩样反映了特低渗低孔的特征。

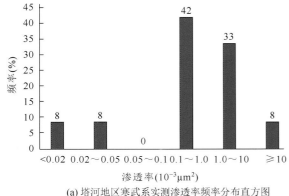

(a) 塔河地区寒武系实测渗透率频率分布直方图

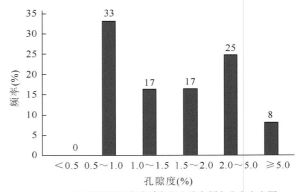

(b) 塔河地区寒武系实测孔隙度频率分布直方图

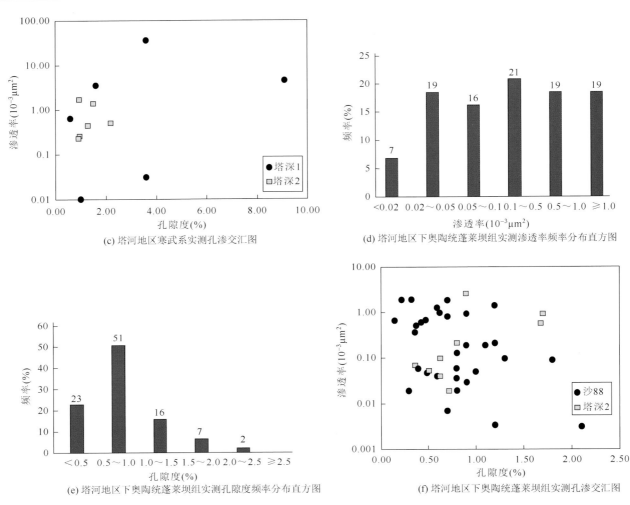

图 7-16 塔河地区寒武系—下奥陶统蓬莱坝组实测物性特征

（三）中上奥陶统

根据塔河油田奥陶系 185 口钻井 2833 个全直径物性分析结果的统计：奥陶系平均有效孔隙度为 1.95%，平均渗透率为 $1.1 \times 10^{-3} \mu m^2$，中下奥陶统平均有效孔隙度为 2.23%（表 7-2），说明塔河油田奥陶系碳酸盐岩储集体基质部分具有低孔低渗特征，对储集体物性的贡献有限，储集空间主要依赖于与表生岩溶作用有关的次生溶蚀孔、洞和裂缝，尤其依赖于大型洞穴和大型裂缝提高其储集性能。

表 7-2 塔河油田奥陶系不同层系全直径物性平均值分布表

层系	颗粒密度	岩石相对密度	岩心长度	岩心直径	有效孔隙度（%）	渗透率($10^{-3}\mu m^2$)				样品数/井数
						K 垂直	K_{max} 水平	K 水平 90°	平均渗透率	
$O_{1-2}y$	1.0	0.3	0.7	0.8	2.15	2.4	1.8	4.1	2.78	757/68
O_2yj	1.7	0.4	0.9	0.8	2.31	2.1	1.8	0.5	1.47	1458/64
O_3q	1.3	0.5	0.8	0.6	1.29	0.4	0.2	0.3	0.29	173/21
O_3l	0.9	0.7	0.8	0.6	2.13	0.9	0.6	0.3	0.60	295/24
O_3s	0.7	0.5	1.7	1.3	1.87	0.7	0.3	0.1	0.37	150/8
合计	1.1	0.6	0.9	0.8	1.95	1.3	1.0	1.0	1.10	2833/185

从塔河油田奥陶系不同层系储集体全直径物性分布对比来看（图 7-17 和图 7-18），中下奥陶统有效孔隙度和平均渗透率明显高于上奥陶统，说明受沉积相和岩性的影响，纯净的碳酸盐岩基质孔隙度更高，后期也更易于溶解。

从一间房组全直径有效孔隙度分布（图 7-17）来看，塔河地区一间房组总体上相对其他层系孔隙度略高。而根据产能系数法计算储集体物性参数下限，在没有裂缝影响的情况下，浅滩相形成有效储集体的孔隙度下限为 9.5%～15.8%，在有后期成岩改造影响的情况下，储集体孔隙度下限降为 2.0%～2.84%。而一间房组孔隙度大于 2%的分布区主要位于沙（S）76 井区、托甫（TP）15X 井区、AT16 井区和塔（T）914 井区。

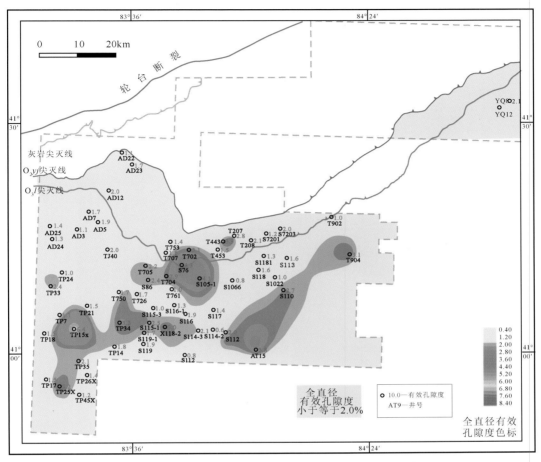

图 7-17 塔河地区一间房组全直径有效孔隙度分布图

从良里塔格组全直径有效孔隙度分布来看（图 7-19），全直径物性孔隙度大于 3%的井主要分布在阿克库勒凸起的轴部（沙 79 井、沙 87 井、塔 706 井、塔 759 井、塔 704 井、塔 726 井、塔 701 井）。全直径孔隙度为 2%～3%的井主要分布在托甫台北部（艾丁 4 井、托甫 8 井）和东南部 9 区、良里塔格组台缘部位（塔 705 井、沙 110 井、塔 901 井、沙 116 井、塔 616 井、沙 100 井、塔 914 井、沙 101 井、塔 453 井）。其余大部分孔隙度低于 2%，说明良里塔格组物性分布受沉积相和岩溶作用控制明显，岩溶作用有利于物性变好，局部的高值与岩溶发育有利部位也较为一致。

二、储集体类型

（一）洞穴型

洞穴型储集体在钻进过程中常发生放空、泥浆漏失、井涌等现象，却因岩心破碎或取不到岩心而缺乏实测物性数据，但是测试动态资料、测井解释说明大型裂缝、洞穴型储集体是极好的储集层，多口井钻遇放空、泥浆漏失井段测试后获得高-较高油气产能。塔河油田有奥陶系钻井 2700 多口，37.8%直接钻遇缝洞体，发生放空、井漏，56%改造后沟通缝洞体。

在测井图像上洞穴型储集体表现如下（表 7-3）：井径曲线异常增大，扩径小的由 6.0in 扩大至 7.0in，大的扩大至 15.3in；自然伽马值根据砂泥质充填程度的不同由低值到高值，自然伽马值有一定幅度的增大，增大 6～12API；高声波时差、高中子孔隙度、低补偿密度，三孔隙度曲线指示储集体孔隙度高，中子孔隙度测井值普遍大于10%；深、浅侧向视电阻率为低值，普遍小于100Ω·m，多为正差异。电测成像资料显示明显的洞穴特征，且顶底部破碎带一般有较多裂缝特征。从塔河油田主体区大量未充填-少量充填洞穴型储集体测井计算的孔隙度范围为21%～99%，平均为75%；部分充填洞穴测井计算的孔隙度范围为5%～43%，平均为16%。

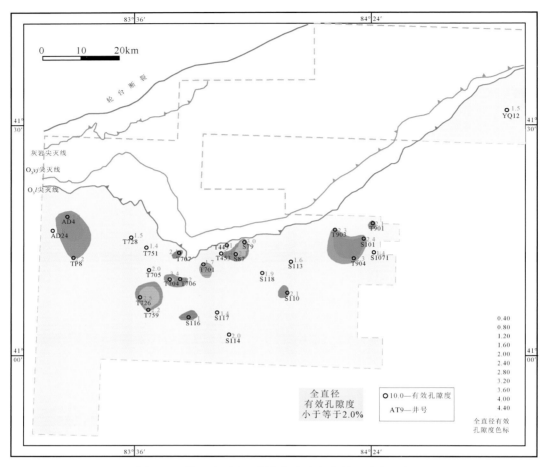

图7-18　塔河地区良里塔格组全直径有效孔隙度分布

岩心特征：由于未充填洞穴不能取心，而充填洞穴和溶蚀裂缝也很难完整地取心，因此一般通过观察洞穴充填物了解洞穴的部分特征。塔河主体区的洞穴一般可见到垮塌角砾充填、砂泥岩充填、方解石充填等。裂缝在岩心上可见到明显沿裂缝壁溶蚀扩大的特征。

塔河油田放空、漏失井在塔河地区轴部及塔河油田主体区块集中发育，表明这些地区该类储集体非常发育。在艾丁西北部和于奇西地区也发育该类储集体，但充填严重。在托甫台地区和盐下地区，这类储集体则主要沿断裂带呈条带状展布。层位上这类储集体主要发育在一间房组和鹰山组。

（二）复合型

复合型储集体包括裂缝-孔洞型和孔洞-裂缝型储集体，其孔、洞、缝均较为发育。它在测井图像上的特征表现如下：深、浅侧向视电阻率曲线显示较低值（一般小于 400.0Ω·m，且出现正、负幅度差或无幅度差）；当裂缝、洞有少量泥质充填时，将会导致自然伽马值比纯灰岩段的略高（钾、钍、铀曲线均有所上升）；声波时差和中子孔隙度增大，补偿密度降低（图7-19）。

这类储集体在岩心上能观察到明显的缝洞储集空间。此外，通过FMI资料可以识别出次生溶蚀孔、洞的特征。溶洞、溶孔是由溶蚀作用形成的，FMI图像上表现为斑块边缘暗黑、中间白亮的特征，若在钻井过程中被泥浆充填，则FMI图像上表现为颜色暗黑。FMI图像上的溶洞、溶孔形状呈不规则、近等轴暗色高导或斑点显示，多成群成带分布，形态不一，随机排列，多为星点状或串珠状，也可呈孤立状出现。层位上，这类储集体在塔河寒武系—奥陶系碳酸盐岩中均有发育，但成因不同。

表 7-3　塔河地区奥陶系洞穴层的测井响应特征

项目	未充填洞穴层	部分充填洞穴层		严重充填洞穴层	
		砂泥质或纯砂岩沉积物充填	巨晶方解石断续充填（水层）	巨晶方解石、角砾岩	钙质砂岩、砂泥岩
钻、录井特征	钻速加快、钻具放空、大量泥浆漏失	钻速加快或少量泥浆漏失	钻速加快或略加快及放空	钻速正常	钻速加快或略加快
测井曲线特征	①自然伽马值接近纯灰岩基线，井径扩大；②视电阻率可低至10Ω•m以下；③声波时差明显增大，补偿密度异常降低	①自然伽马值明显增大，井径可扩大或不明显；②视电阻率降低，纯砂岩为0.2~20Ω•m，砂泥岩段为20~200Ω•m；③声波时差、中子孔隙度明显降低，补偿密度降低；④铀、钍、钾异常	①自然伽马值接近纯灰岩基线，井径缩小，声波时差明显增大，为60~140μs/ft，中子孔隙度为3%~21%；②补偿密度下降；③视电阻率下降，RD为4~200Ω•m，RS为0.2~20Ω•m，显正差异	测井曲线特征与纯灰岩段几乎没有差别，主要靠录井及钻井取心识别	①自然伽马值明显增大，电位无变化；②视电阻率可低至4Ω•m以下；③声波时差增大，补偿密度降低明显（测井解释：泥质含量高）
实例	沙 61 井	塔 615 井	沙 85 井	沙 75 井、沙 69 井	塔 403 井

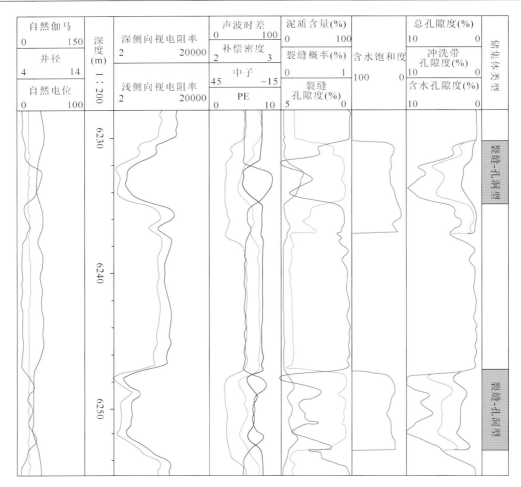

图 7-19　塔河地区沙 110 井奥陶系一间房组复合型储集体测井特征

（三）裂缝型储集体

塔河地区寒武系—奥陶系地层发育的裂缝基本是中-高角度裂缝，多数裂缝为充填-半充填，该类储集体的基质孔隙度及渗透率极低，而裂缝发育。裂缝型储集体在测井响应上的主要特征是深、浅侧向视电阻率呈中-较高值（一般 $400.0\Omega\cdot m<R_t<1000.0\Omega\cdot m$，且深、浅侧向视电阻率曲线呈正、负或无幅度差；钻井中岩石破碎，钻时快，局部略有扩径；自然伽马特征与致密灰岩段相近；3 条孔隙度测井曲线与致密灰岩差异不大。常见的裂缝有直劈缝（高角度裂缝）、斜交缝及水平缝。其中，以直劈缝（高角度裂缝）为值得关注的有效裂缝，在 FMI 图像中这类裂缝型储集体特征更为明显，表现为近垂直的深色（黑色）线条或条带（图 7-21）。

裂缝型储集体在研究区较为常见，以塔深 2 井蓬莱坝组为例，该井的 3 个回次取心裂缝统计显示（图 7-22），共识别到 45 条裂缝，其裂缝密度分别为 3.29 条/m、6.04 条/m、7.50 条/m，整体来看，裂缝以小缝为主，大中缝和高角度裂缝都发育较少。对裂缝充填程度而言，整体仍以半充填-未充填的裂缝为主（约占全部裂缝的 56%），说明裂缝是该井蓬莱坝组主要的储集空间之一。对应的成像测井也显示 6730～6744m 为主要的中-高角度裂缝发育段。

三、储集体地震响应特征

塔河油田的洞穴型储集体在地震反射特征上分为 3 类。第一类为 T_7^4 连续强反射，其下有一平的或略下凹的较强反射同相轴；或者 T_7^4 较连续强反射，其下有一短、平的弱反射同相轴，但与周围横向比较较强。第二类为 T_7^4 反射弱或反射破碎或缺失，中间反射缺失（与两边相比），下部出现下凹不连续的强反射。第三类为 T_7^4 不连续强或弱反射，其下为串珠状短同相轴强反射（图 7-23）。

串珠状由储集体顶底之间的多次波及绕射波经偏移归位后形成的较强短反射组成，串珠状特征明显的程度受储集体的高度、宽度、形态、内部孔洞的分散程度、孔内充填物性质等因素影响。通常在地震记录

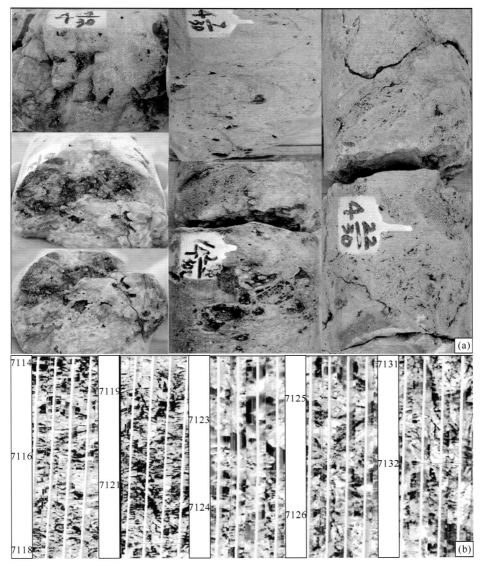

图 7-20　于奇 6 井第 4 回次岩心照片及对应成像测井图

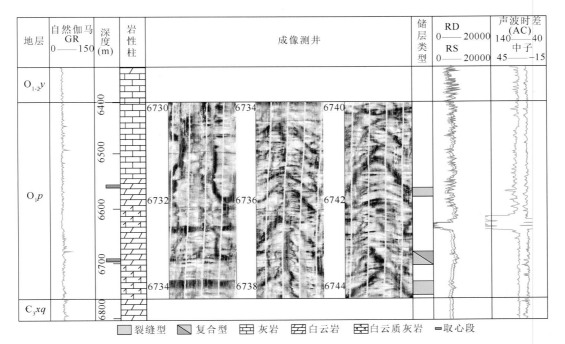

图 7-21　塔深 2 井蓬莱坝组裂缝型储集体柱状图

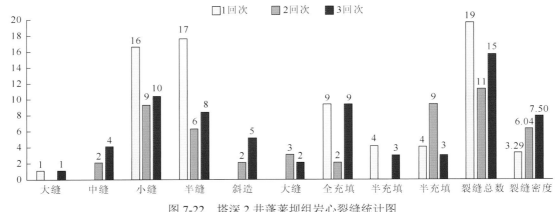

图 7-22 塔深 2 井蓬莱坝组岩心裂缝统计图

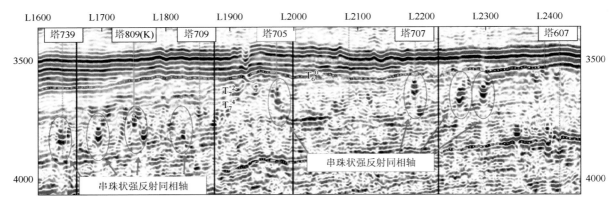

图 7-23 塔河油田溶洞地震响应（串珠状反射）典型剖面图

中至少占 3～4 道，在地震属性上表现为强振幅异常反射、强振幅变化率、弱到中等相干、低波阻抗、低速度等特征。该特征通常对应由洞穴高度大于 1/4 地震波长的单个溶洞或溶洞累计高度大于 1/4 波长的溶洞叠合组成的储集体。

随着勘探开发程度的不断深入，奥陶系油藏越来越趋于复杂化，有利优势目标点位逐步变少，使得现有的储集体地震预测技术无法更精细地指导老区开发井的加密部署、老井侧钻及北部于奇地区勘探开发井位的部署工作。考虑到塔河油田上奥陶统剥蚀区为海西早期喀斯特岩溶最为发育的区域，结合地质认识，引入分频混色及大时窗振幅技术将目前地震剖面上的串珠状反射特征赋予一定的地质背景，来寻找这类地区除风化壳、残丘串珠状反射特征地球物理预测储集体之外的可供开发上钻的有利目标点。

塔河地区北部奥陶系地层受多期构造运动影响，经历了多次抬升和下降，形成了保存至今的古溶洞系统。钻井揭示，纵向上分多套洞穴系统，而且具有上下连通，网状分布的特征。分析塔河地区喀斯特岩溶发育区地震时间偏移剖面，纵向上塔河地区上奥陶统剥蚀区岩溶发育段一般在 0～100ms（0～300m）以内。前期的振幅属性提取主要沿风化面以下 0～20ms、20～40ms、40～60ms 分段进行提取，无法评价溶洞系统在纵向上的连续性，即无法获取地震剖面内串珠状反射特征在空间内的展布形态。因此，采用大时窗沿奥陶系中下统顶面 T_7^4 以下 0～100ms 范围内提取地震数据体平均绝对振幅属性，来整体评价该类地区目的层段 0～300m 范围内古溶洞系统在平面上的展布特征，结合岩溶发育规律认识，寻找有利的溶洞发育段，如地下暗河，指导开发加密井及老井侧钻的部署。

利用提取的 0～100ms 平均绝对振幅与断裂叠合平面属性图（图 7-24），结合前述分频混色技术切片属性上所反映的河道影像，将平面上较强较连续的平均绝对振幅属性串联起来，就初步形成了塔河油田奥陶系喀斯特地貌岩溶区碳酸盐岩地下古溶洞系统（暗河系统）的平面分布图（图 7-25），建产井大多沿古溶洞系统和主干断裂带分布。因此，除残丘高部位的复合型储集体外，古暗河溶洞系统也是塔河油田重要的储集空间。

沿塔河油田奥陶系喀斯特地貌岩溶区碳酸盐岩地下古暗河溶洞系统，已部署完钻的勘探、开发井位较多，大都钻遇孔洞，储集体相对较发育，但由于碳酸盐岩裂缝-孔洞型储集体的非均质性特点和复杂的油水关系，其中高产井、水井及干井的分布规律性较差。塔河油田 4 区沿着地下古溶洞系统方向提取的时间地震剖面就具有长连续强反射特征的红黑两组相位，钻遇地下古溶洞系统的有塔克451井、塔克447井、沙65井、塔克488井、塔克487井、塔416井等，大都发生放空、漏失，其中最高的已累产油近20×10⁴t，最低的也达0.8×10⁴t。6～7区注水示踪剂检测显示，部署在塔615井区地下古暗河溶洞系统上的塔615井、塔克647井、塔克734CH井、塔克730井均显示检测到示踪剂，而附近的井并未检测到示踪剂，表明塔615井区的地下古暗河溶洞系统相对于附近溶蚀孔洞连通性更好，也进一步验证了碳酸盐岩地下古暗河溶洞系统刻画的准确性。

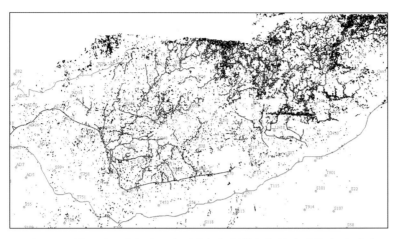

图7-24　塔河油田北部地区大时窗振幅拼接与勾绘水系叠合平面图

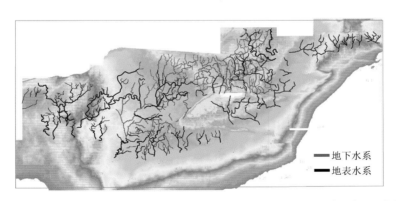

图7-25　塔河油田北部地区勾绘水系与现今中下奥陶统顶面地貌叠合平面图

　　此外，如何预测塔河地区充填程度较低和未充填的有效储集体也是指导下一步油气勘探的重要手段。以塔河于奇地区为例，于奇地区T₇⁴界面下鹰山组碳酸盐岩主要为洞穴型和裂缝-孔洞型储集体，洞穴发育规模较大，多被充填。钻井揭示，于奇地区洞穴充填物主要以砂泥质为主，部分井钻遇洞穴底部或洞穴砂泥质中间夹有少许早期垮塌的角砾岩。岩性主要为浅灰绿色钙质粉砂岩、石英粉砂岩和含泥质细-粉砂岩，多见纹层状构造，水平层理、平行层理、交错层理等均有发育，分析认为该类充填为搬运型砂泥岩相，主要为伏流河和地下暗河的沉积产物。对于奇地区洞穴型储集体充填性的探索研究主要采用两种地球物理方法。

（一）波阻抗反演技术预测储集体有效性

　　碳酸盐岩洞穴中充填碎屑沉积物，在地震波速度上会产生差异，从而也在地震剖面上反映波阻抗的差异。

　　分析已钻井充填段的波阻抗值，如于奇3井充填段波阻抗值为$0.8×10^7$（kg/m³）·（m/s），于奇7井充填段波阻抗值为$0.78×10^7$（kg/m³）·（m/s）。因此，用于奇地区钻井充填段波阻抗值作为门槛值，选取低于门槛值$[0.8×10^7$（kg/m³）·（m/s）]范围内的低阻抗区域作为有效储集体，即充填程度较低或未充填储集体的判别标准[灰岩波阻抗为$（1.5～1.8）×10^7$（kg/m³）·（m/s）]，而大于门槛值$0.8×10^7$（kg/m³）·（m/s）的地区为充填或储集体不发育的地区（图7-26）。

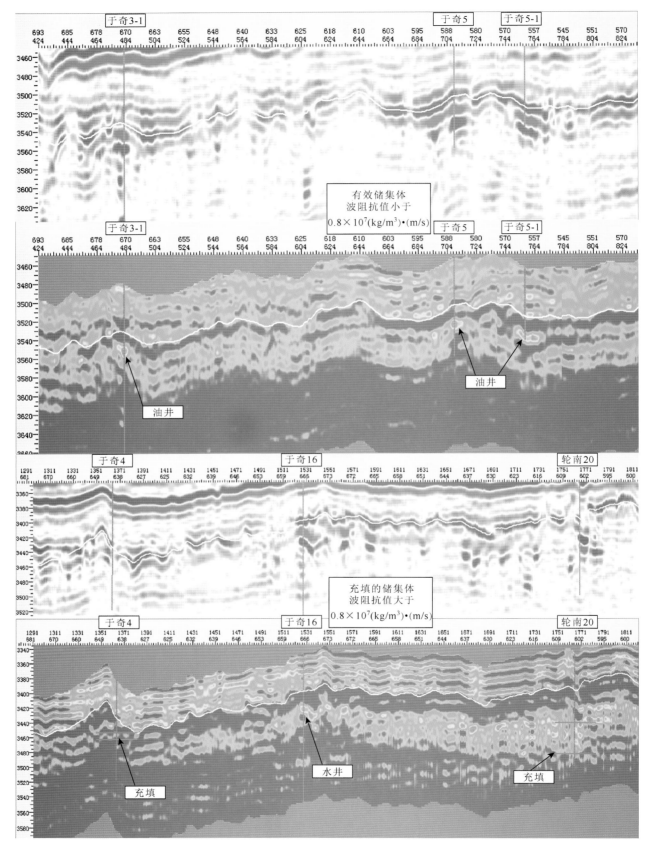

图 7-26 塔河油田于奇地区出油井和充填井的地震剖面与波阻抗剖面对比图

（二）地震反射强度预测储集体充填性

当孔洞内的充填物是流体或含流体疏松物（速度小于 2500m/s）时，串珠状反射特征比较明显；随着孔洞内的充填物从流体（1500m/s）变化到较致密的砂岩或泥质灰岩（速度大于 4000m/s 时（即孔洞内充填物的速度增大），或者储集体纵向厚度减小时，串珠状反射波振幅会减弱，连续性变差，逐渐过渡到弱振幅反射。例如，沿奥陶系中下统顶面以下 5 个相近大小的洞穴，分别具有不同程度的充填，如图 7-28 所示。

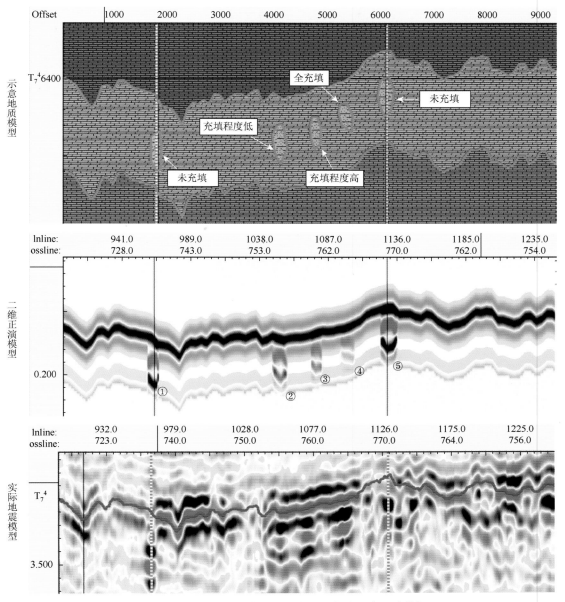

图 7-27　不同充填程度在相近大小洞穴的二维正演模拟

图 7-27 中，①号和⑤号为未充填洞穴，完全充填油气，地震波速度为 1500m/s；②号为充填程度较低的洞穴，含油气，地震波速度为 2500m/s；③号为充填程度较高的洞穴，含少量油气，地震波速度为 3500m/s；④号为完全充填洞穴，地震波速度为 4500m/s，制作二维正演模型。模拟结果显示，溶洞体在地震剖面上呈现串珠状强振幅反射，而且充填程度越低，地震反射能量越强。从模型上看，洞穴的大小对反射能量影响较大，因此，通过反射强度预测储集体充填性时，可以考虑在洞穴规模相近的背景下，比较能量的大小。

四、储集体发育分布规律

（一）中上奥陶系灰岩

1. 平面上

从放空、漏失录井方面来看，目前塔河奥陶系可以分为两个地区。第一个地区是上奥陶统尖灭线以北的海西早期岩溶对加里东中期岩溶改造的地区，该地区岩溶缝洞发育，钻井多出现放空、漏失和充填现象，洞穴型储集体和孔洞-裂缝型储集体较为发育。第二个地区是上奥陶统尖灭线以南的加里东中期岩溶发育区，放空、漏失现象主要出现在 NE 向、NW 向和近 SN 向的断裂带上，充填现象相对北部地区较少，洞穴型储集体和孔洞-裂缝型储集体主要发育在断裂带上，断裂带之间或规模小、活动性差的断裂带发育裂缝型储集体。

　　一间房组最有利储集体主要分布在其尖灭线以南和桑塔木组尖灭线以北所包围的环带区域内，这一区域又以阿克库勒轴部最为发育，洞穴型储集体发育显著优于其他区域。而在桑塔木组尖灭线以南，储集体发育受主干断裂带控制明显，塔河南盐下地区呈受断裂带分割的条带状（沙 112 条带和沙 106 条带）。另外，古地貌的差异对储集体的分布也有一定的控制作用，表现在托甫台地区，储集体由于受加里东中期古地貌"北高南低"的影响，呈现明显的"北强南弱"特征。

　　鹰山组在桑塔木组尖灭线以北阿克库勒凸起轴部部位以洞穴型或复合型储集体为主，储集体厚度也较大，西北翼部由于海西晚期处于岩溶斜坡低部位，于奇西由于处于岩溶高地受到强烈的充填改造，储集体发育相对较差，以裂缝型储集体为主，也有少量复合型储集体发育。在桑塔木组尖灭线以南，鹰山组有利储集体的展布与主干断裂带关系密切，且储集体以裂缝型和复合型为主，洞穴型储集体相对较少（可能与外围地区钻井钻进深度有关，多数钻井在一间房组完钻）。

2. 纵向上

　　托甫台地区中下奥陶统储集体发育段主要集中在一间房组中上部，T_7^4 以下 60m 内（图 7-28）。而北部艾丁地区岩溶发育较深，T_7^4 以下 80m 内，如艾丁（AD）16 井 T_7^4 之下 201m 仍发育岩溶缝洞型储集体。这是由于托甫台地区主要受加里东中期岩溶作用控制，大气水活动和岩溶作用相对较弱；而北部艾丁地区除受加里东中期岩溶作用外，还受后期海西期岩溶叠加改造，故岩溶作用深度大。

　　盐下地区、沙（S）69 井—沙 97 井区和 9 区奥陶系岩溶缝洞发育，复合型储集体多沿 NE 向、NW 向和近 SN 向断裂带发育，明显受断裂带的控制；同时储集体存在分段、分地区发育的特征（图 7-29），盐下地区和 9 区一间房组中上部储集体最为发育，其次是鹰山组上部储集体发育，而沙 69 井—沙 97 井区则表现为一间房组—鹰山组上部储集体均发育的特征。

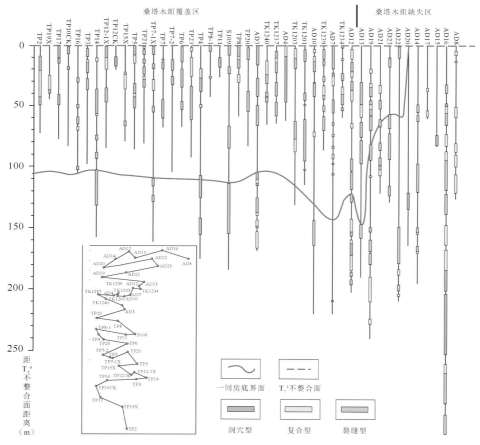

图 7-28　塔河油田托甫（TP）台—艾丁地区中下奥陶统储集体类型纵向分布特征

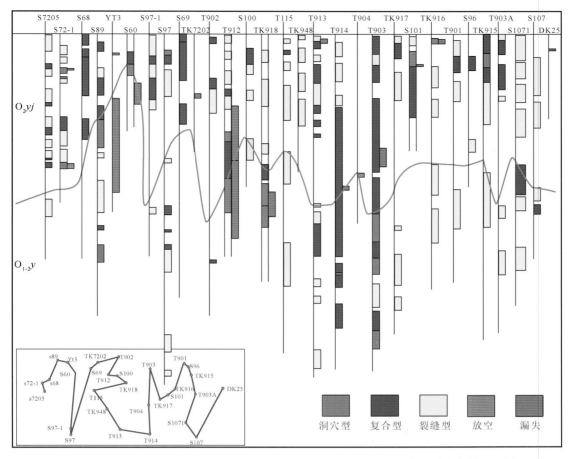

图 7-29 塔河地区沙 69 井—沙 97 井区和 9 区沙 72-1 井—DK25 井奥陶系储集体对比图

在塔深 3 井区内多口井在钻进过程中在鹰山组内幕发生放空、泥浆漏失、井涌等现象，塔深 3 井、塔深 3-1 井、塔深 3-2x 井、塔河 12374CX 井、塔河 12315CH 井和塔深 4 井在鹰山组上段下亚段或鹰山组下段直接钻遇放空、井漏（图 7-32）。实钻表明鹰山组内部以发育洞穴型储集体为主，而从剖面上来看，储集体主要集中发育在鹰山组上段地层的下部（上段下亚段），尤其是洞穴型储集体多发育于距中下奥陶统 270m 左右，具有一定的准层状特征。此外，下亚段中裂缝-孔隙（洞）型储集体也较为发育，而该区域内鹰山组顶部地层中少量发育复合型或裂缝型储集体，储集体发育程度较中下部差。

（二）寒武系—中下奥陶统白云岩

目前，塔河地区钻遇寒武系—中下奥陶统白云岩的单井包括塔深 1 井、塔深 2 井、沙 88 井及于奇 6 井。通过对这些井储集体的对比（图 7-31），可以发现寒武系储集体整体发育程度好于蓬莱坝组，且储集体多发育在白云岩当中。

塔深 2 井下丘里塔格组共发育 4 套储集体，主要发育复合型储集体，最主要的储集空间以孔隙为主（镜下常见晶间孔、晶间溶孔），其次为裂缝，在成像测井中多见高角度裂缝，但裂缝发育密度较低。塔深 1 井下丘里塔格组共发育 6 套储集体，下部地层以复合型储集体为主，上部地层主要发育裂缝型储集体，而于奇 6 井发育 13 套储集体，中上部地层储集体发育程度较下部高，多以复合型储集体为主，下部地层多发育裂缝型储集体。而蓬莱坝组地层中塔深 2 井及沙 88 井主要以裂缝型储集体为主，少量发育复合型储集体，且从岩心及薄片上观察孔洞多呈孤立发育，相互连通性较差，而塔深 1 井及于奇 6 井蓬莱坝组多发育裂缝型储集体，从成像测井上可见裂缝发育程度高，储集体的整体发育程度优于塔深 2 井及沙 88 井。塔深 1 井寒武系和塔深 2 井蓬莱坝组岩心见鞍形白云石和石英及巨晶方解石充填等，薄片上还可观察到萤石等矿物，表明塔河地区深层经历了一定规模的后期深部流体的溶蚀作用，形成了一定规模的溶蚀孔洞，同时，也对前期形成的溶蚀空间进行改造。这类储集体的形成主要与断控热液作用有关。

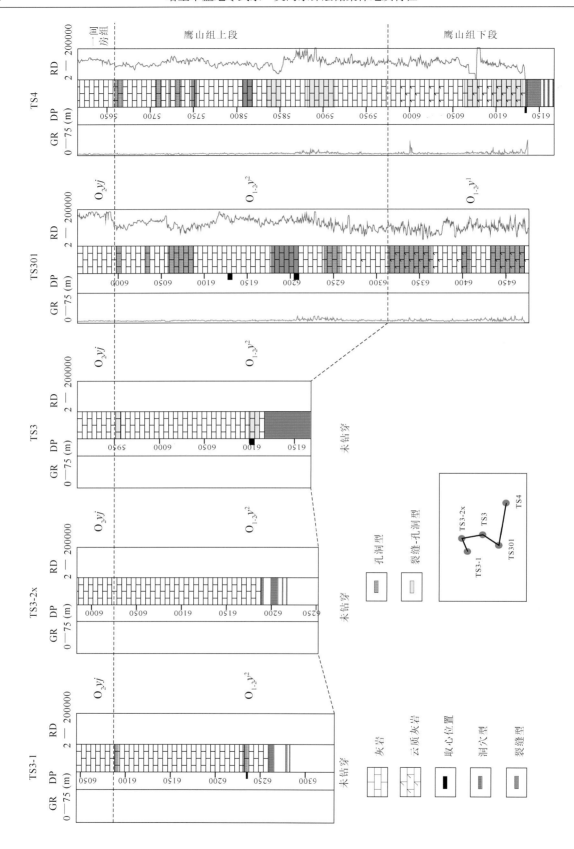

图 7-30 塔河地区塔深（TS）3 井区奥陶系鹰山组储集体对比图

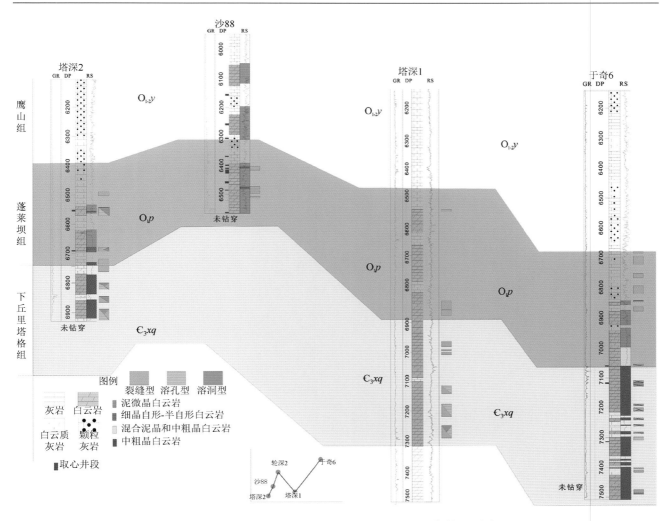

图 7-31　塔河地区寒武系—中下奥陶统白云岩储集体对比图

第四节　储集体发育主控因素

一、溶蚀作用的影响

（一）不同期次岩溶作用的影响

加里东中期Ⅰ幕岩溶：中奥陶世末在近南北构造主应力作用下，形成 NE 向和 NW 向两组 X 形共轭走滑断裂，断裂带附近发育一些次级小断裂，中下奥陶统碳酸盐岩裸露地表，岩溶作用主要沿着 NE 向和 NW 向两组断裂发育，形成了与之相匹配的缝洞系统条带。托甫台地区中、北部处于岩溶斜坡的相对高部位，发育了一些规模较大的缝洞系统。南部处于岩溶斜坡低部位，岩溶发育程度相对减弱，缝洞系统仅发育于断裂带附近，断裂带间欠发育。储集体主要沿 NE 向和 NW 向走滑断裂分布，两组断裂相交的区域储集体最为发育，向南缝洞体总体规模较小，非均质性较强。

加里东中期Ⅱ幕岩溶：大气水主要在表层和顺着断裂进行溶蚀改造，良里塔格组后期形成的裂缝和溶蚀孔洞难以保存下来，基本上被灰绿色泥质和方解石充填。此外，在良里塔格组残留区，加里东中期Ⅱ幕岩溶作用对中下奥陶统储集体的发育依然形成制约，其影响的重点范围应在当时塔北隆起的西北部高部位，但可能已经更接近塔河主体区，如塔河 6 区、艾丁、于奇西等地区。

加里东中期Ⅲ幕岩溶作用：艾丁地区西部，志留系直接覆盖在上奥陶统良里塔格组之上，缺失上奥陶统桑塔木组，并可能是影响艾丁、于奇等当时高部位中下奥陶统储集体发育的一期主要岩溶作用；托甫台地区中、北部处于岩溶斜坡的相对高部位，发育了一些规模较大的缝洞系统，南部处于岩溶斜坡低部位，岩溶发育程度相对减弱，缝洞系统仅发育于断裂带附近，断裂带间欠发育。储集体主要沿

NE 向和 NW 向走滑断裂分布，两组断裂相交的区域储集体最为发育，向南缝洞体总体规模较小，非均质性较强。

海西早期岩溶作用：海西早期构造运动表现为强烈的抬升、褶皱和断裂活动，造成志留系—泥盆系、上奥陶统的普遍剥蚀、缺失，中下奥陶统顶部也受到部分剥蚀，形成区域性不整合面，因而该期岩溶作用异常强烈，是本区最主要的岩溶发育期。在大的构造抬升背景下，有多个次级构造活动相对停滞期，致使岩溶形成多套洞穴层（闫相宾等，2005）。

此外，前期的认识认为本区岩溶作用及岩溶储集体控制因素具 4 个特征：①较纯岩性是岩溶发育的物质基础，中下奥陶统碳酸盐岩岩性及恰尔巴克组下部、良里塔格组底部灰岩成分单一，具有较强的被溶解能力；②海西早期和加里东中期（3 个构造幕）不整合面展布形态控制了岩溶发育的总体格局；③与阿克库勒凸起轴向平行的纵张裂隙（海西早期）是裂隙的优势方向，它们是岩溶地下水下渗的主要通道，控制了绝大多数洞穴层或洞穴系统的形成；④海西早期，塔河地区特定的古地貌特征控制了古水系的发展演化，不但控制了岩溶储集空间的类型，也限制了岩溶洞穴系统的发育和充填范围。

（二）热液溶蚀作用的影响

热液溶蚀作用在塔河地区寒武系岩石中非常发育，在岩心中可以见到大小不等，形状各异的溶蚀孔洞，而且在岩石表面似乎仅为一个小溶蚀孔，但是揭开就发现在岩石内部溶蚀作用非常发育，就像蚁穴一样，而在这些溶蚀孔洞中充填了大量的鞍形白云石、自生石英晶簇及巨晶方解石。在岩石薄片中发现了热液矿物的存在，如萤石（图版 16B、图版 16C）。因此，热液溶蚀作用显然在寒武系岩石中非常发育，而且对储集体的发育起着重要的控制作用。

通常热液是矿化度比较高的流体，在断裂作用和裂缝系统条件下，由压力高向压力低的方向流动，因压力梯度比较大，热液流体的流动速度相当快，因此，在一些微小的裂缝中没有见到溶蚀作用或者说溶蚀作用非常微弱。然而，在寒武系岩石中发育有大量的溶蚀现象，说明了以下几个热液溶蚀问题。

首先，溶蚀作用的发生需要一定的时间来完成，这就要求外来的流体不能快速地通过岩石，必须在岩石中停留相当长的时间，使得溶蚀作用进行得比较彻底。如果这个前提必须存在，则表明在断裂的上方应该存在一个相对封闭的岩层，或者说，在热液流体通过寒武系岩石时，由于岩石的孔隙比较发育，热液流体在垂向运移的同时，向地层中做横向运移，否则就不会在岩石中有大量的溶蚀现象。因此，也说明寒武系岩石在热液流体进入前孔隙比较发育。

其次，同断层和裂缝系统运移来的热液流体对白云石不饱和，如果对白云石饱和，则不会出现白云石的溶蚀作用，而应该出现的是白云石的重结晶或者大量的白云石在裂缝中充填；本区寒武系热液白云石化的机理应该是，伴随断裂活动，张性断裂沟通了深部的热液流体，沿断层运移，因为研究区的断层以直立断层为主，热液流体进入寒武系岩石中孔隙性比较好的层位，由于热液本身对白云石不饱和，在寒武系白云岩中发生强烈的溶蚀作用，形成大小不等的溶蚀孔洞，在一些微裂缝中，热液同样经微裂缝进入岩石的内部发生溶蚀作用，随着溶蚀作用的进行，热液流体和原来地层中的孔隙水混合，逐渐达到白云石的饱和度，热液白云石开始沉淀，同时热液流体对原有的白云石进行改造，发生白云石的重结晶作用。在白云石沉淀过后，残余的热液流体根据所含的物质逐渐沉淀萤石、黄铁矿和石英，最后发生大量方解石的沉淀，充填溶蚀孔洞，交代热液白云石，由于方解石形成量比较少，不能充填满已有的孔洞，保留了大量的溶蚀空间，而在此期热液活动时，并没有油气的充注，因而无论是方解石，还是热液白云石，碳同位素基本上保持不变，没有有机碳的参与，所以碳同位素偏重。

再次，根据热液沉淀的矿物成分分析，热液的来源似乎不太深，推测可能来源于壳源或前寒武系岩石中。如果是来源于深大断裂（幔源），则应该在岩石中见到一些更代表深大断裂的矿物组合，如一些铅锌矿床或者硫化矿床，但是在岩石薄片中仅见到热液白云石、黄铁矿和极少量的萤石。因为黄铁矿和石英在多种环境中都可形成，因此不是热液活动的标志矿物；一般伴随着热液活动，总有代表热液活动的矿物组合形成，而在岩石中没有发现，反映了这期热液活动的流体不是成矿流体，或者流体的矿化度不高，一方面，没有重晶石、天青石和铅锌矿的沉淀，另一方面，岩石的溶蚀作用非常强，这些都说明本区热液流体矿化度低，因而溶蚀作用强。

最后，地球化学方面，鞍形白云石和缝洞方解石的同位素组成与基质白云岩（主要是中-粗晶他形白云石）既有相似性又有差异性。例如，部分缝洞充填物的 $\delta^{18}O_{PDB}$ 值具有明显的负向漂移、$^{87}Sr/^{86}Sr$ 值显著高于基质白云石化流体的值，而部分样品则与基质白云岩具有相似的数值。与基质白云岩具有明显差的鞍形白云石的存在，说明热液流体的地球化学特性是完全不同的，特别是 $^{87}Sr/^{86}Sr$ 值变化幅度较大，说明深部富 ^{87}Sr 流体大量混入。在垂向上，溶蚀作用发育的特征表现为下部溶蚀孔洞比上部溶蚀孔洞发育；地球化学特征与深度的关系（图 7-15）也反映了流体的运移方向是由下向上，而在多孔段可能为横向运移。因而结合热液沉淀的矿物和流体地化特征可以推断，本区的断裂可能不是幔源断裂，幔源断裂常常伴随着热液成矿，典型的就是密西西比型铅锌矿，起码应该有反映幔源断裂的矿物组合，由此推断，本区的断裂类型可能为壳源断裂。

综合以上特征和分析，可以认为热液来源并不太深，且对白云石不饱和。由此可以分析热液在孔隙比较发育的岩石中溶蚀了原岩，形成了大量溶蚀孔洞。由于溶蚀作用在发生过程中，热液流体的性质（离子浓度、成分、温度）也逐渐发生改变，最后流体对白云石变为过饱和，使得异型白云石沉淀在溶蚀孔洞中，原岩中随着微晶方解石沉积的一些泥质在热液的作用下重新结晶形成坡缕石和埃洛石（图版 17C），然后是黄铁矿的沉淀；石英的结晶也应该是在热液活动的晚期，代表着酸性流体的存在。在这些矿物沉淀后，方解石对已形成的异型白云石进行溶蚀和交代，并充填一些孔洞。或许热液活动的期次并非一期，可能存在多期活动，这样更容易解释为何在岩石中存在白云石被方解石交代，石英大部分存在于溶蚀的孔洞中或者充填在小的溶蚀孔洞中。

在地层中流动的热液流体，同样造成了白云石的重结晶作用，这是由于溶蚀了白云石的流体在地层中流动增加了白云石的饱和度，因此出现原来的白云石具有次生加大的特征，而重结晶的白云石和具有次生加大的白云石一般孔隙不发育的原因也在于此。

不管怎样，热液流体的进入是寒武系岩石溶蚀作用发生的原因，也正是由于热液的活动，造就了寒武系岩石现今储集体发育的结果。

二、断裂对储集体的控制作用

（一）断裂-裂缝体系分布特征

从成像测井和岩心反映的裂缝特征统计分析可以看出（图 7-32～图 7-34），塔河地区裂缝分布与断裂的发育密切相关，尤其是在两组断裂的交叉处，裂缝更为发育。

从一间房组岩心裂缝产状（图 7-32）可以看出，塔河地区一间房组以立缝、斜缝为主，平缝相对较少。但在塔河东南部 9 区平缝相对发育，少数也发育有较多的斜缝和立缝。裂缝的产状和不同区域的分布状况主要与断裂的方向、活动的强弱有关。

从一间房组岩心裂缝大小分布图（图 7-33）可以看出，塔河地区一间房组裂缝以中缝和小缝为主，大的断裂带上中缝相对发育，而断裂带之间为小缝分布区。

良里塔格组也是以中、小缝为主，大缝不发育。但良里塔格组裂缝充填程度明显高于一间房组，以全充填为主，少数为全充填-半充填程度，充填物主要为泥质和方解石。全区裂缝线密度在 2～50 条/m 之间，沙 112 井区近南北向断裂带裂缝发育区和 9 区裂缝最为发育，前者裂缝呈 NNW 向条带状展布，后者沿沙 7202 井—塔 114 井—塔 115 井—塔 912 井一线附近呈 NE 向条带状展布（图 7-34）。

塔河地区构造演化主要经历了早古生代加里东运动，晚泥盆世早海西运动，早二叠世晚海西运动，中生代印支、燕山运动，以及新生代喜山运动。两次最大的构造应力作用是发生在海西早期的 SE～NW 向的构造挤压和海西晚期的 SN 向构造挤压运动，加里东中晚期为 SN 向挤压应力场，作用不太强烈。奥陶系碳酸盐岩受多期构造应力作用，塔河地区主要发育 NNW 向和 NNE 向两组纵张断裂，断裂带附近及其之间发育一些次级小断裂。成像测井反映塔河地区裂缝走向主要有 NNW 向、NNE 向和近 SN 向 3 组（前两组为优势方向），在主体区还有近 EW 向裂缝展布；裂缝的倾向分布复杂，主要有 SE 向、N 向（或 NNW 向）、NW 向、W 向（或 SSW 向）、S 向、E 向（或 SSE 向）等；裂缝倾角普遍较大，以中、高角度裂缝

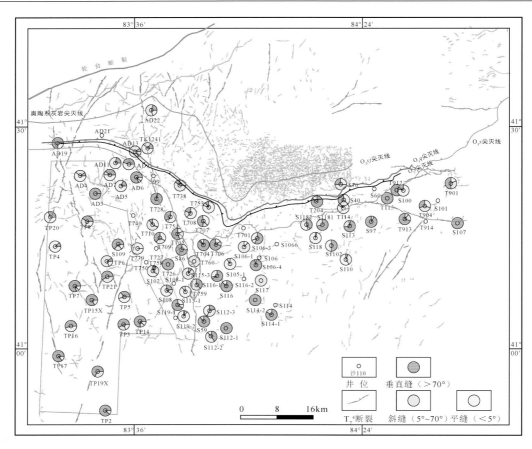

图 7-32　塔河油田奥陶系一间房组岩心裂缝产状分布图

注：TP 为托甫，S 为深，AD 为艾丁，T 为塔，TK 为塔克，下同

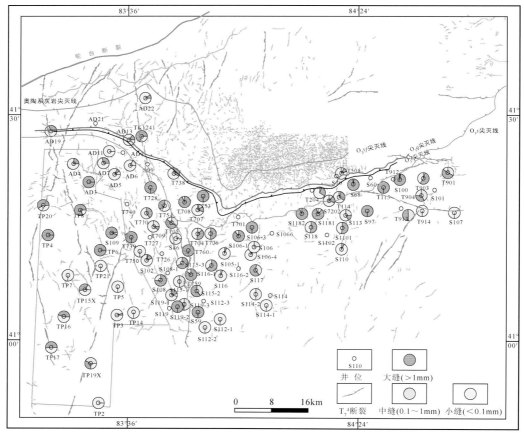

图 7-33　塔河油田奥陶系一间房组岩心裂缝大小分布图

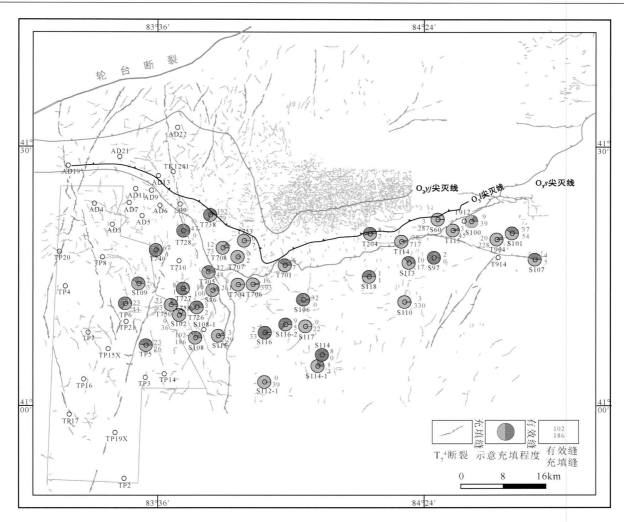

图 7-34　塔河地区奥陶系良里塔格组有效缝与充填缝、有效缝密度分布图

为主。裂缝的方向和区域断裂的展布方向高度一致，与加里东中晚期、海西晚期 SN 向、海西早期 NW～SE 向应力场格局能较好地对应。

（二）断裂-裂缝对岩溶储集体的影响

断层及其伴生裂缝带的发育是有利岩溶储集体形成的关键。录井放空、漏失情况、储集体类型分布、油气显示、油气产能等多种指标统计，都反映了断裂对储集体的重要控制作用。这是由于断裂带及其附近岩石强烈破碎或破裂程度高，从而大大地改善了岩石的透水性能，地表淡水沿裂隙向下渗透形成地表及淋滤带岩溶，并在到达潜水面深度时向断裂两侧水平扩散流动，在碳酸盐岩内部形成一个可代谢的淡水溶蚀系统，从根本上为空间范围内大规模的碳酸盐岩溶蚀作用提供了条件。

由于塔河桑塔木组覆盖区整体处于加里东中期岩溶斜坡背景，因此，构造变形及岩溶作用相对主体区弱，在这种背景下断裂、局部构造及褶曲带对岩溶作用的控制就更为凸显。通过对塔河 115 口放空、漏失井进行统计表明，放空、漏失 91%在断裂带附近，并且地震剖面上其对串珠状反射特征与断裂走向及洞穴发育走向具有一致性（焦方正和翟晓先，2008；翟晓先，2006）。而近年来在塔深 3 井区部署的多口钻井鹰山组上段下亚段的缝洞型储集体也主要沿次级断裂和断裂带间分布。但不同的地区次级断裂分布、密度有所差异，塔深 3 井区次级断裂非常发育，以北西向次级断裂为主，北东向次之，被数条近 EW 向或 NWW 向断裂截切；断裂向下终止于奥陶系内部，未断至寒武系。

塔深 3 井区鹰山组上段下亚段缝洞型储集体平面分布具有一定的差异性，该区南部和塔深 302 井区主要沿 NWW 向断裂发育，而塔深 3 井区北部主要沿 NW 向次级断裂发育（图 7-35）。塔河地区鹰山组下段缝洞型储集体基本严格沿 NE 向和 NW 向断裂分布（图 7-36）。另外，在桑东塔河一号油田南部存在一组加里东中期形成的近 SN 向断裂，断裂分布于沙 51 井区、塔 114 井区、沙 118 井区、沙 113 井区、沙 110 井区，呈近 SN 向条带分布，可见沿断裂方向发育 3 组近 SN 向岩溶水系。这些现象都说明断裂增加了地表水和地下水与碳酸盐岩的接触面积，并在一定程度上扩大了岩溶的发育范围。

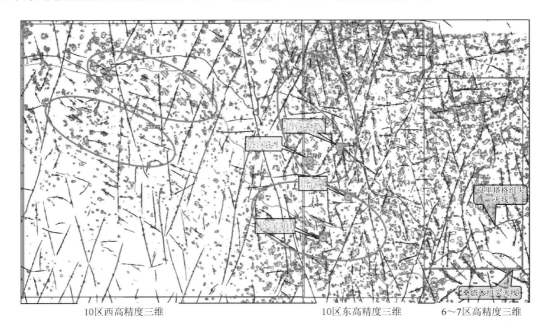

图 7-35 塔河中西部地区鹰山组上段下亚段振幅变化率属性与断裂叠合图

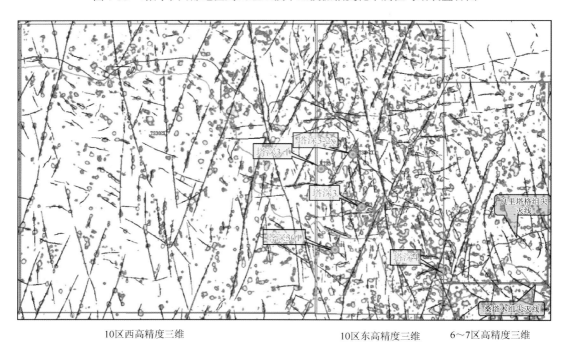

图 7-36 塔河中西部地区鹰山组下段振幅变化率属性与断裂叠合图

多条断裂控制的背斜残丘高点也是裂缝发育区。断裂控制的背斜高点是构造应力集中部位，因此在背斜高点容易形成与断裂在同一应力场的构造裂缝。沙 74 井处于两条断裂控制的高点，其在 5556.84～5564.07m 井段出现井涌，原油涌出喇叭口。沙 65 井同样处在两条断裂控制的断块高点，在进入鹰山组后槽面出现油花，漏失泥浆 3.3m³。沙 94 井为两条断裂夹持的高点，在 5891.95～5892.78m 井段钻遇一溶洞，溶洞内充填浅灰色泥质粉砂岩、含粉砂质泥岩。沙 99 井位于艾丁地区两条 NNW 向断裂控制的断块高点，尽管奥陶系岩心上裂缝后期充填严重，但表明早期构造裂缝也发育。

地层褶曲部位发育断层，由于断层上盘是应力集中部位，裂缝带常常在这些部位发育。沙 112 井位于断层上盘，进入良里塔格组 57m 钻至 6173m 时发生井漏，共漏失泥浆 206.82m³，表明其钻遇裂缝发育带。沙 101 井位于地层褶曲的断层上盘，其在良里塔格组和一间房组都钻遇裂缝发育带，同时出现放空和漏失现象，共漏失泥浆 2136m³。沙 77 井也是处于这种位置，鹰山组 5451.32～5459.37m 和 5710.51～5717.51m 井段为良好的裂缝油气层，该井完井测试获高产工业油气流。位于断裂上盘的沙 90 井在鹰山组 5377～5398m 井段同样发育良好的裂缝带，完井测试获得高产油气流。

另外，裂缝发育和溶孔多相伴而生，尤其是在 T_7^4 不整合面下，高角度裂缝较发育部位，溶蚀孔洞也较发育，充分说明裂缝发育对岩溶作用的控制作用。这是因为，不整合面形成时期碳酸盐岩暴露后，接受大气淡水淋滤、风化作用，促进了其下伏地层中岩溶作用的发育，高角度裂缝的存在，为大气淡水的下渗提供了通道，从而扩大了溶蚀孔洞发育带的厚度，同时也增强了岩溶作用发生的强度，因此在 T_7^4 不整合面下高角度裂缝较发育的地区，岩溶储集体发育较好。

由于加里东中期和海西早期岩溶作用的构造背景和介质条件的差异及前面所述的断裂对岩溶作用的影响，两期岩溶对于断裂的依赖性或者断裂对于两期岩溶的重要性明显不同：加里东中期岩溶的发育在很大程度上取决于或依赖于断裂（裂缝），断裂对于这一时期的岩溶具有决定意义；而海西早期岩溶作用在一定程度上具有相对的"自主"性，断裂对其具有促进作用（碳酸盐岩暴露区），只是在桑塔木组覆盖区岩溶作用才依赖于断裂。这可能是加里东中期与海西早期岩溶作用的根本区别，也是在塔河南部钻遇岩溶都位于断裂附近的主要原因。

（三）断裂-裂缝对白云岩储集体的影响

塔河地区寒武系—奥陶系白云岩地层内部的渗透层应该是与裂缝系统密切相关的，前述的物性分析表明基质白云岩本身不具备较好的孔隙度和渗透性。只有存在裂缝的情况下，裂缝沟通少量孤立状的晶间孔隙才可能成为渗透层。由于白云岩的脆性，裂缝系统通常是塔河地区寒武系—奥陶系白云岩储集体渗透性网络的重要组成部分。裂缝的扩溶现象［图 7-7（d）］意味着它们输送了能够溶解白云岩的成岩流体。由此可见，裂缝对于深层白云岩储集体是至关重要的。

由于热液作用必须要以断裂-裂缝体系作为通道向上运移深部流体，故很难形成大规模平面分布的储集体，而是呈花朵状沿断裂垂向分布的。但是断裂-裂缝体系的增容作用本身就能为储集体提供一定的储集空间。进一步，在断裂活动较为强烈的区域，会导致裂缝纵向上的广泛发育，热液可能沿断裂-裂缝系统进入上部致密地层，从而进行有效的改造。

综上所述，塔里木盆地多期活动的断裂及其裂缝体系对寒武系—奥陶系碳酸盐岩储集体的改造有重要影响，一方面显著地提高了储集体的渗透率，另一方面断裂由基底向上断穿多套地层，形成了深部流体运移的开放体系。但在实际勘探中更应当加强对断裂性质、活动强度及分段性的研究，以便结合实物资料很好地了解断裂与储集体的关系。

第八章 寒武系—奥陶系储集体发育模式

寒武系—奥陶系海相碳酸盐岩主要位于塔里木叠合盆地深层的古生界下部，经历了多旋回构造运动的叠加改造，因而具有沉积类型多样，时间跨度长，埋深大，以及成岩历史相对复杂的特征，同时导致该区寒武系—奥陶系储集体具有类型多样、规模储集体发育条件和分布均较为复杂的特点。

本章以前述各区域内储集体成岩作用特征、储集体发育特征和储集体控制因素为基础，系统地建立了不同成因机理下储集体的发育模式。这些模式的建立基于实际勘探中的基础地质认识，并综合考虑各区域之间储集体发育的共性和差异性。最终，通过模式的建立明确各层系储集体在塔里木盆地的发育规律，并为有利区带评价提供依据。

第一节 准同生期大气淡水溶蚀的储集体模式

一、发育标志及特征

碳酸盐台地短暂暴露，其孔隙发育位置、类型及程度取决于气候条件（湿热与否）、台地暴露程度、岩性及海平面变化速率。只要台地露出水面就可能会有溶蚀作用发生，这种溶蚀作用的发生非常迅速，甚至在沉积作用还在持续时就可形成，这就是（准）同生期溶蚀作用。准同生期溶蚀作用具有强烈的组构选择性和层位控制性，在塔河油田南部、顺托果勒及顺南等地区中奥陶统一间房组上部和上奥陶统良里塔格组，中-下奥陶统鹰山组部分层位的颗粒灰岩中识别出此类溶蚀作用，总结此类溶蚀作用的标志和特征如下。

（一）溶蚀孔隙的发育与特定层位的颗粒灰岩相联系

塔里木盆地奥陶系各个层位均有颗粒灰岩发育，但铸体薄片及有关岩心上溶蚀孔隙发育状况显示，溶蚀孔隙并非在所有的颗粒灰岩内发育，而是主要在一间房组上部的颗粒灰岩内发育，在沙 112 井、沙 102 井、顺南 7 井、顺南 12 井等 30 余口井相应层位岩心上识别出来，涉及岩性主要为生屑灰岩、砂屑灰岩及鲕粒灰岩等；在沙 108 井、塔 708 井、顺 2 井、顺 6 井等 20 余口井的良里塔格组上部颗粒灰岩中有溶蚀孔隙发育，而在鹰山组中则发育较少。

（二）溶蚀作用主要在颗粒内部进行，并以粒内溶孔和铸模孔发育为特征

同生期的溶蚀作用主要选择在颗粒内部进行，孔隙一般出现在砂屑、鲕粒和生屑颗粒中，孔隙的存在方式主要有两种：一是颗粒全部被溶，形成铸模孔，铸模孔外围主要为纤状、叶片状或粒状亮晶方解石胶结物；二是颗粒部分被溶，仍残余少量碎屑而形成粒内溶孔。铸模孔和粒内溶孔的形成主要是大气淡水选择性溶蚀的结果：在礁滩相颗粒灰岩沉积之后不久，礁滩中的砂屑、鲕粒和生屑主要由文石和高镁方解石组成，它们在海底环境中是稳定矿物，但在大气环境中是不稳定矿物，受次级沉积旋回和海平面变化的影响，这些沉积物极易暴露出水面，从而导致大气淡水对这些不稳定矿物发生选择性溶蚀。而且在溶蚀作用发育期间，沉积物尚未完全固结，存在大量原生孔隙空间，使得流体流动不受限制，大气水可以较容易地渗入碳酸盐颗粒内部进行溶蚀。因此，这类溶蚀孔隙一般形成较早，是同生阶段的产物。此外，局部层段颗粒边缘或胶结物受溶蚀作用形成粒间溶孔，显示了溶蚀作用具有强烈的组构选择性。

（三）渗流粉砂和大气淡水胶结物的存在

镜下观察发现粒间溶孔常切割原生粒间孔中的第一期纤状环边方解石胶结物，渗流粉砂充填溶孔下部，这种示底现象是大气渗流带的典型识别标志之一。通常，大气渗流带中重要的成岩指示性标志是发育

悬垂型及新月型方解石胶结物，由于受到表面张力和重力作用，当流体中 $CaCO_3$ 饱和时，就容易在颗粒之间形成这两类胶结物；大气潜流带胶结物多为等厚环边的叶片状、细柱状和马牙状方解石胶结物，这几种胶结物在塔里木盆地奥陶系碳酸盐岩中都十分常见。棘屑的共轴生长是大气成岩环境中另一种常见的胶结物类型，它既可偏离颗粒的中心发育或出现于颗粒一侧，也可在棘屑颗粒的周围呈略等厚的环边分布，前一种情况发育于大气渗流带环境中，而后一种情况则出现于大气潜流环境中。

（四）溶蚀孔隙发育于准层序或高频层序的中上部

由前所述，溶蚀孔隙的发育主要与一间房组上部的颗粒灰岩、良里塔格组上部和鹰山组部分层位的颗粒灰岩相联系，这类现象揭示了此类溶蚀作用可能与层序高水位体系域密切相关。以顺南地区奥陶系碳酸盐岩为例，通过连井对比（图8-1），可以发现同生大气淡水溶蚀作用主要发育在一间房组中上部、鹰山组顶部，个别单井表现为整个一间房组和鹰山组上段顶部发育，如顺南1井，整体而言，该大气淡水溶蚀作用主要还是发生在基准面下降半旋回时的沉积物当中，考虑一间房组通常划分为一个三级层序，鹰山组上段顶部也处于三级层序的高水位体系域，可以认为此类现象的发育与三级层序高水位体系域及其高频层序有着密切的关系。

（五）储集空间类型与储集体类型

岩心及铸体薄片观察揭示，储集体储渗空间发育具有如下特征：①局部层段溶蚀孔隙在颗粒灰岩中均匀密集发育和斑状密集发育；②粒内溶孔、颗粒铸模孔是此类储集体的主要储集空间，据铸体薄片的观察统计结果，粒内溶孔、颗粒铸模孔发育在基质孔隙中占优势；③粒间溶孔在部分井剖面有发育，是次要储集空间；④铸体薄片观察显示，碳酸盐岩基质比较致密，孔隙多被方解石等胶结，基质一般无孔，反映了同生期溶蚀作用只发育于特定层段。后期的微裂隙可作为储集空间，并起输导作用。因此储集空间主要为溶蚀作用形成的粒内溶孔、铸模孔和少量粒间溶孔等，微裂隙主要起输导作用，它们构成裂隙-孔洞（隙）型储集体。

二、同生期溶蚀作用的机制及发育模式

层序发展的高水位体系域时期，海平面上升速率趋缓，有利于碳酸盐岩的高速或较高速生长，从而导致三级海平面变化背景下的四级海平面下降时期，局部礁滩相沉积物很容易暴露出海水面，接受大气水的溶蚀改造，并由此限定了同生期大气水溶蚀作用将主要在一间房组、良里塔格组三级层序的上部碳酸盐岩沉积物中发育。

三级层序高水位体系域时期发育多个四级海平面变化旋回的叠置，存在多个四级海平面下降的过程，决定三级层序高水位体系域沉积物剖面上将发育多个大气水作用面，而由于此类海平面下降幅度很小，由此建立的大气水水动力系统的能量将较弱，大气水向下渗透溶蚀的深度和强度将非常有限，溶蚀作用及溶蚀孔隙发育的厚度小、多呈小段性是重要特征，此类四级海平面下降幅度小，横向上连续的四级准层序不整合界面恐难形成，导致同生期大气水溶蚀改造在总体的层位控制背景下，平面上或横向上的非均质性将较明显。同生期大气水溶蚀作用在垂向上也可以分为3个带，自上而下分别为大气渗流带、淡水潜流带和埋藏成岩带（图8-2）。

在大气渗流带，台地边缘的沉积物及海底胶结物主要由文石和高镁方解石组成，它们在海水中属稳定矿物，但在大气环境中是不稳定的。在空气与沉积物界面接触处，可见由淋滤、溶解作用形成的溶缝、不规则溶孔和伴随渗流粉砂充填物。在渗流带下部，随着流体中 $CaCO_3$ 饱和度的增加，可能有方解石的胶结作用出现。

淡水潜流带位于大气渗流带之下到海水与淡水混合带之上的中间地带，这个带内的孔隙空间充满着具有不同碳酸盐溶解度的淡水，广泛而快速的胶结作用及形成大量孔隙的溶蚀作用并存，使得淡水潜流带在陆棚边缘相中成为重要的成岩环境。潜水面之下淡水带厚度一般在十几至几十米之间。

其中，近潜水面附近为溶解带，有利于孔隙的大规模形成。因为在潜水面附近，大气水常常未被 $CaCO_3$ 饱和，因而产生广泛的溶解作用，形成粒间溶孔、粒内溶孔和铸模孔，该带受潜水面波动的控制。越向深部，水体逐渐达到饱和，从而有利于胶结作用的进行，颗粒之间常见二世代胶结，首先是颗粒边缘生成马牙状方解石，随后的孔隙中心沉淀等轴粒状方解石胶结物，导致孔隙度降低。

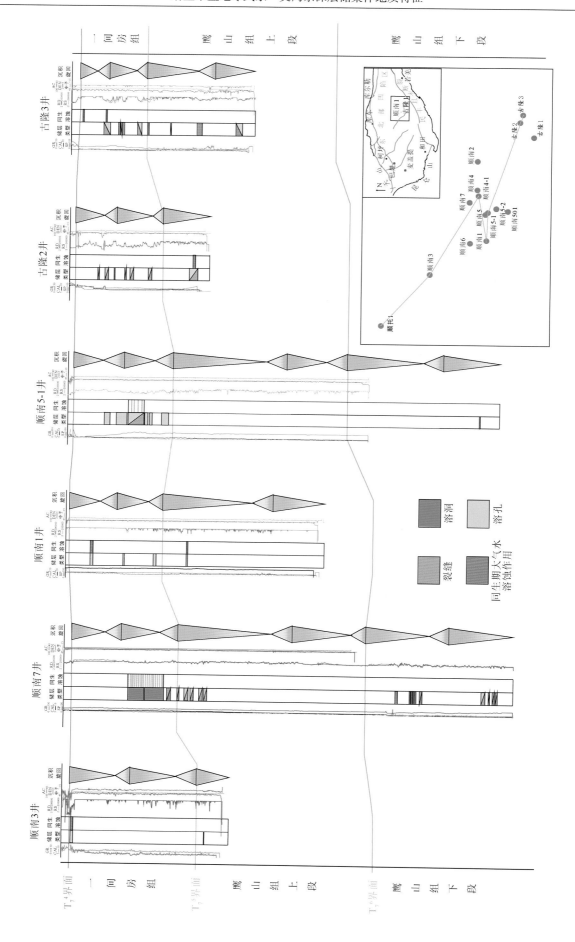

图 8-1 准同生期大气水溶蚀作用发育层位横向对比图

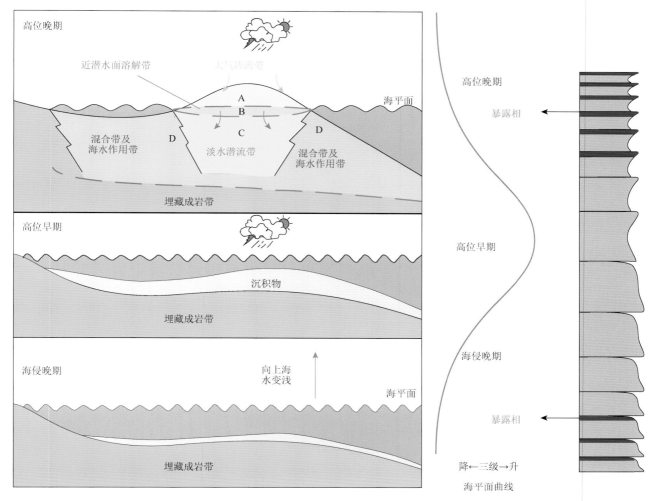

图 8-2 同生期大气水溶蚀作用模式

第二节 风化壳岩溶作用的储集体模式

一、区域上岩溶作用的差异性

（一）岩溶发育期次

塔里木盆地奥陶系碳酸盐岩沉积之后又经历了多期岩溶作用的改造，主要有加里东中期、海西早期、海西晚期和印支期—燕山期的岩溶作用（表 8-1）。其中，对奥陶系储集体影响最为深刻的是加里东中期和海西早期的岩溶作用。由于加里东中期的构造运动在塔里木盆地呈现出明显的 3 幕次旋回性，分别为中期 Ⅰ、Ⅱ和Ⅲ幕，因此与加里东中期构造活动有关的岩溶作用也可分为 3 期：与中下奥陶统顶部区域性不整合面（T_7^4）有关的加里东中期Ⅰ幕岩溶作用；与上奥陶统良里塔格组和桑塔木组之间的局域性不整合面（T_7^2）有关的加里东中期Ⅱ幕岩溶作用；与上奥陶统顶面区域性不整合面（T_7^0）有关的加里东中期Ⅲ幕岩溶作用。而海西早期的构造作用主要发育在晚泥盆世—早石炭世初期，形成了石炭系与中下奥陶统之间的不整合面，而且与该不整合面有关的海西早期岩溶作用很可能叠加了加里东中晚期岩溶作用的影响。

表 8-1 塔里木盆地奥陶系碳酸盐岩岩溶发育期次表

岩溶发育期次		塔中		巴麦		塔北	
		分布	表现	分布	表现	分布	表现
印支期—燕山期	J、K/O$_{1+2}$	不发育		不发育		沙西北部局部地区	J、K/O$_1$ 呈角度不整合
海西晚期	T/O$_{1+2}$	不发育		不发育		雅克拉断凸、沙西凸起	

岩溶发育期次		塔中		巴麦		塔北	
		分布	表现	分布	表现	分布	表现
海西早期	C/O_{1+2}	塔中东南部（中3井、中4井附近）	C/O_{1+2}角度不整合	玛扎塔格断裂以南，麦盖提斜坡中南部	C/O_{1+2}角度不整合	阿克库勒凸起	C/O_{1+2}角度不整合
加里东中期	加里东中期III幕（S/O）	塔中东部及塔中II号断裂带（中央隆起带）附近强烈	S/O_3、O_{1+2}角度不整合	巴楚隆起西部（古董山断裂以西）及麦盖提斜坡西北部最为明显	S/O_{1+2}角度不整合	沙西凸起中部	S/O_3、O_{1+2}角度不整合
	加里东中期II幕（O_{3s}/O_{3l}）	主要分布在良里塔格组沉积区，特别是塔中I号断裂带附近较明显	上奥陶统内部O_{3s}/O_{3l}不整合	巴楚隆起中东部，古董山断裂以南	发育程度弱，O_{3s}/O_{3l}平行不整合	良里塔格组发育区	上奥陶统内部O_{3s}/O_{3l}不整合
	加里东中期I幕（O_3/O_{1+2}）	遍布全区，以塔中北坡最为强烈，其次为古城墟隆起	O_3/O_{1+2}平行不整合，上超	巴楚隆起西部，古董山断裂以西、玛扎塔格断裂以北	O_3/O_{1+2}平行不整合	桑塔木组覆盖区	O_3/O_{1+2}平行不整合

关于塔里木盆地不同地区奥陶系碳酸盐岩的岩溶作用的分布，主要有以下特征（图8-3）：

（1）受海西早期岩溶影响的地层主要分布在塔北、塔中和麦盖提斜坡3个区域，其中塔北地区主要分布在阿克库勒凸起上桑塔木组剥蚀线以北（即塔河主体区）的地区；塔中地区分布范围较小，主要出现在卡塔克隆起东南部塔中I号断裂带和中3井断裂夹持的区域内，即中石化探区的卡3区块东部和卡4区块西部；麦盖提斜坡上该期岩溶的分布范围也较广，鸟山-玛扎塔格断裂及其南部的广大地区均有发育，而且越向南部出露的地层可能越古老，预示着向塔西南凹陷部位的岩溶作用更为强烈。

（2）加里东中期III幕岩溶在塔北、塔中和巴麦地区也均有分布，其中以巴麦地区的分布最为广阔，包含了麦盖提斜坡西北部、巴楚隆起西部（古董山断裂以西的）广大地区；塔中地区主要分布在塔中II号断裂带东南部，范围有限；塔北地区则主要出现在沙西凸起区。

（3）加里东中期II幕岩溶是发生在上奥陶统内部的一次岩溶作用，分布范围有限，仅仅影响良里塔格组碳酸盐岩地层，该期次岩溶在塔中地区表现较明显，特别是塔中I号断裂带控制的区域内，但是其他地区表现不强烈。

（4）加里东中期I幕岩溶作用影响范围最为广泛，几乎遍布全区，但是不同区域的岩溶强度差异较大，其中塔中隆起区和塔河油田南部及西南部中上奥陶统覆盖区的岩溶作用表现较为明显。

（二）岩溶发育层位

塔河油田奥陶系碳酸盐岩的岩溶储集体主要有下奥陶统（鹰山组）、中奥陶统（鹰山组、一间房组）和上奥陶统的灰岩段（良里塔格组），其中中奥陶统一间房组灰岩是塔河的重要产层之一。而塔中主体部位缺失了中奥陶统的全部地层及下奥陶统上部灰岩段，其主要产层为下奥陶统中、下部的白云岩段及灰岩段与灰岩的互层段，以及上奥陶统良里塔格组生物礁滩相灰岩。同样地，在巴楚及麦盖提玉北地区缺失了中奥陶统一间房组和鹰山组及下奥陶统鹰山组上部灰岩段。

众所周知，在地表条件下，大气淡水对灰岩的溶蚀作用程度要比对白云岩的溶蚀作用程度强烈。由于塔河油田奥陶系一间房组及鹰山组以灰岩为主，在地表条件下，对大气淡水溶蚀作用程度强烈；而塔中主体部位缺失了中奥陶统的全部地层及下奥陶统上部灰岩段，下奥陶统中、下部的白云岩段及灰岩段与灰岩的互层段对大气淡水溶蚀作用程度弱，同时上奥陶统良里塔格组灰岩含泥质较重，对大气淡水溶蚀作用程度也较弱。因而塔中地区岩溶作用总体较弱；对于巴楚和麦盖提玉北地区，就现有资料表明整个巴麦地区缺失了中奥陶统一间房组和鹰山组，在巴楚地区下奥陶统鹰山组保留了部分上部的灰岩段，以含砂屑泥晶灰岩为主，而玉北地区地层主要岩性为泥晶灰岩、含砂屑泥晶灰岩及云灰岩。就整体而言，巴麦地区奥陶系碳酸盐岩地层含泥质较重，对大气淡水溶蚀作用程度较弱，但玉北地区岩溶发育程度又明显好于巴楚地区，这可能与遭受岩溶期次的改造程度不同有关。另外，在玉北地区保留了部分上奥陶统良里塔格组地层，但岩溶作用在区域内并不发育，因此巴麦地区岩溶作用主要发育的层位还是在下奥陶统鹰山组。

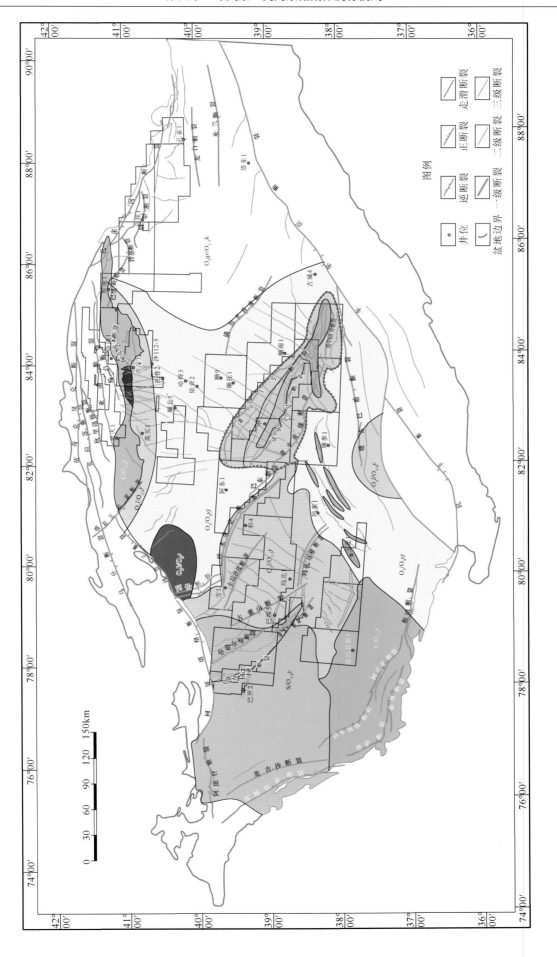

图 8-3　塔里木盆地奥陶系顶面多期岩溶分布图

（三）多期次岩溶作用与储集空间特征

在整个塔里木地区，奥陶系碳酸盐岩遭受多期次岩溶改造后，所表现出的岩溶储集体储集空间的纵向特征不同（图 8-4），本次研究工作，在结合前人研究的基础上，对塔河、塔中及玉北地区的岩溶作用与储集空间特征进行了对比。

1. 塔河地区

对于加里东中期岩溶所形成的岩溶储集体，在塔河地区中-下奥陶统碳酸盐岩纵向上大致可划分出 3～4 套洞穴层。由上至下，第三套洞穴层相对较发育，普遍可见，第一、二套次之，第四套洞穴层仅在少量单井中可以见到，如塔 808K 井。值得注意的是，这几套岩溶洞穴层以半充填或者未充填为特征，这种洞穴层的发育使得塔河地区中-下奥陶统碳酸盐岩成为较为典型的洞穴型储集体，特别是桑塔木组覆盖区。但这并不意味着桑塔木组缺失区该期岩溶作用不重要，而是该区由于海西早期岩溶作用的发育，使加里东中期岩溶作用被改造或被掩盖。在桑塔木组覆盖区，由于海西早期岩溶作用不发育，因而加里东中期岩溶作用突出。

海西早期 3 套洞穴层发育分布具区域性规律。由上而下，把这 3 套洞穴层命名为洞穴层Ⅰ、洞穴层Ⅱ、洞穴层Ⅲ。洞穴层Ⅰ和洞穴层Ⅱ发育保存状况相对较好，洞穴层Ⅲ发育相对较差。洞穴层的间距在 50～100m 范围内变化。洞穴层的展布符合海西期古地貌背景下潜水面梯降水流的变化，结合相当部分井岩心上见到洞穴层为地下暗河沉积物充填，可以认为 3 套洞穴层应是潜水面附近岩溶作用的产物，即上述洞穴属于"水面洞"。因此认定塔河油田奥陶系碳酸盐岩在海西早期不整合面控制下至少受到 3 个岩溶旋回的改造，即岩溶旋回Ⅰ、Ⅱ、Ⅲ的改造。不同岩溶旋回影响的区域可用中下奥陶统与上覆地层的接触关系来推测：桑塔木组缺失区，由于加里东晚期岩溶与海西早期岩溶重叠，难以区分；而桑塔木组覆盖区，由于桑塔木组厚度向南急剧增大，加里东晚期岩溶对中-下奥陶统及上奥陶统良里塔格组碳酸盐岩基本不起作用。海西早期及加里东中期岩溶在本区的分布具有一定的规律，桑塔木尖灭线控制了海西早期岩溶的分布，因此，桑塔木组覆盖区是加里东中期岩溶的分布区，而桑塔木组缺失区是海西早期岩溶的分布区及加里东中期岩溶的改造区。此外，除了洞穴型储集体，塔河奥陶系碳酸盐岩中裂缝-孔洞型储集体也较为发育，这与岩溶发育程度及断裂控制密切相关。

2. 塔中地区

塔中地区与塔河油田岩溶对比表明，塔中与塔河地区岩溶作用强度存在较大差异，塔河地区奥陶系岩溶总体发育程度要大大高于塔中地区。但是不同层位情况有所不同：塔中地区良里塔格组岩溶发育优于塔河地区；塔中地区中下奥陶统岩溶发育则大大差于塔河地区，并且在塔中绝大部分地区缺失一间房组储集体。

加里东中期Ⅰ幕岩溶作用较弱，大型洞穴层段（强岩溶段）发育程度较差。从测井曲线形态判断，在鹰山组—良里塔格组之间，都存在一段 5～15m 的高自然伽马、低视电阻率的几个异常峰值，结合地层微电阻率扫描成像（formetion microsconner image，FMI）图像特征，应是溶蚀最强烈、局部角砾化或发育较大岩溶洞穴的层段，可能充填了上覆良里塔格组灰泥。但多数探井剖面上的岩溶现象不发育。同时，与塔河地区 2～3 套以洞穴为特征的岩溶旋回完全不同，在钻井、录井、测井、试井和地震等方面，岩溶作用分带及岩溶识别标志不明显。在储集体类型上整体以裂缝-溶孔型储集体为主。T_7^4 构造界面导致塔中地区整体抬升，形成一个宽缓的大背斜构造。剥蚀和风化壳岩溶作用遍布全区，不存在东西或南北向的差异，鹰山组上部发育的古岩溶带，基本为面状均匀展布的喀斯特面。当然，塔中Ⅱ号断裂带因为断裂的存在和构造裂缝的相对发育，T_7^4 界面之下的岩溶储集体可能要优于其他区域。

在塔中地区加里东中期Ⅱ幕岩溶的特征主要表现如下：①此期岩溶作用相对于加里东中期Ⅰ幕更强烈，主要影响改造上奥陶统良里塔格组，在有关 16 口井的钻井剖面中，有 10 口井良里塔格组上段顶部出现此期岩溶现象，塔中地区绝大多数放空、漏失等具强岩溶特征的钻井均与此期岩溶有关；②此期岩溶作用以溶蚀孔洞或溶蚀孔洞层的发育为特征；③此期岩溶作用多为单旋回，少量为两旋回；④依据岩心、测井、录井资料进行识别，此期岩溶作用的出现深度在 14.0～306.0m 范围内，主要集中在 100m 范围内。

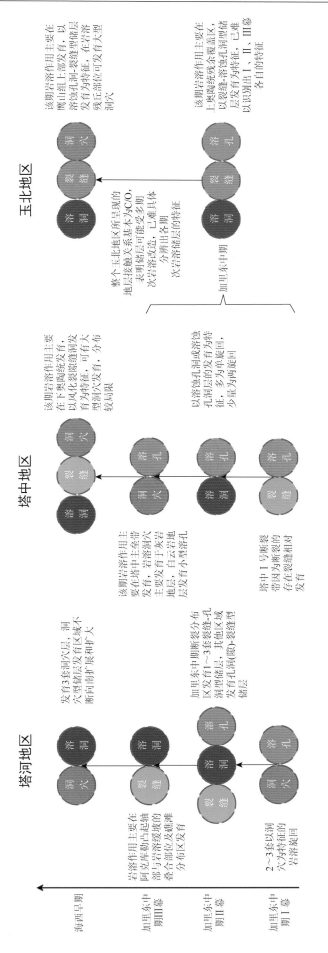

图 8-4　塔里木盆地奥陶系碳酸盐岩岩溶储集体集空间对比图

加里东中期III幕岩溶作用的特征主要表现如下：①加里东中期III幕岩溶作用较为普遍且强烈，在有条件发育III幕岩溶作用的 18 口井剖面，有 10 口井识别出有加里东中期III幕岩溶作用，揭示了岩溶作用具有普遍性，其中 3 口井发育岩溶洞穴层，2 口井发育强烈岩溶孔层，岩溶作用改造强烈；②岩溶作用影响深度较小，主要出现于不整合面以下 30m 的深度范围内，仅有个别井（塔中 4 井）可超过 30m，达到 102.77m；③潜山带上不同岩性的岩溶表现特征有一定差异，岩溶洞穴层仅见于塔中 4 井、塔中 6 井、塔中 16 井等井中，其中塔中 4 井、塔中 6 井、塔中 16 井潜山顶部洞穴层主要发育于出露下奥陶统的灰岩中，而塔中 17 井、塔中 18 井潜山顶部的白云岩与灰岩互层段中大型洞穴层欠发育，而小型溶蚀孔洞普遍发育。

海西早期岩溶作用特征主要表现如下：有关钻井综合解剖揭示，塔中地区单井剖面上在海西早期不整合面下可发育 1～3 套洞穴层，如塔中 403 井、塘古 1 井、塔中 5 井、塔中 25 井剖面发育 1 套洞穴层，塔中 48 井剖面可能发育 3 套洞穴层，塔中 4 井剖面见到 1 套洞穴层和 2 套强溶蚀带，表明海西早期岩溶在该区存在多旋回性，但整体以风化裂隙隧洞为主。

3. 玉北地区

该区整体缺失中奥陶统一间房组，岩溶发育层位主要为中-下奥陶统鹰山组，且分布具有特殊性。在上奥陶统覆盖区，钻井、录井、测井及地震等方面，鹰山组岩溶作用分带及岩溶识别标志不明显，而在石炭系巴楚组覆盖区，岩溶相对发育，具有一定的识别标志，但整体发育程度弱于塔中地区，更远远弱于塔河地区。

在上奥陶统覆盖区，由于残余的良里塔格组和桑塔木组地层厚度在 200m 左右，因此海西早期的岩溶对鹰山组碳酸盐岩基本不起作用，主要还是加里东中期I幕岩溶改造鹰山组地层，但以现有资料显示，上奥陶统覆盖区鹰山组岩溶发育并不明显，主要还是以裂缝-孔洞型和裂缝型储集体为主。值得注意的是，虽然岩溶特征并不明显，但不能否定加里东中期I幕岩溶作用不够强烈，一间房组缺失就目前的研究并未表明该组地层在玉北地区无沉积，因此若一间房组地层是被剥蚀，则造成其缺失的加里东中期I幕岩溶作用必然强烈。

加里东中期II幕岩溶在本区同样不够发育，在良里塔格组残存区，就岩心、测井及地震资料分析表明，该区良里塔格组主要以 1 套较为致密的砂屑灰岩为主，并无明显的岩溶识别标志。加里东中期III幕岩溶作用在本区已难以识别出其岩溶特征。

在石炭系巴楚组覆盖区，部分区域可以发现较为典型的岩溶识别标志，鹰山组不整合面下 100m 内发育溶洞-裂缝型储集体或者溶孔-裂缝型储集体，个别单井可识别出 1 套洞穴层，如玉北 1 井、玉北 1-2x 井。但现有的研究表明，该区洞穴型储集体与塔河地区差别较大：玉北地区洞穴型储集体并不连通，往往以孤立的形式发育，且整体发育程度偏低。在麦盖提地区已有钻井（皮山北 2 井）显示志留系在麦盖提地区存在，因此本次研究认为志留系和泥盆系是在沉积后遭受后期剥蚀，因此海西早期岩溶作用在玉北地区应该较为强烈，在地层暴露时期剥蚀泥盆系和志留系之后，叠加加里东中期岩溶，在一定程度上多期次改造了鹰山组。整体而言，玉北地区岩溶储集体的发育程度主要受控于古地貌，分布较局限。

由以上对比做了一个归纳，见表 8-2。

表 8-2 塔里木盆地奥陶系岩溶储集体特征综合对比

项目	玉北地区	塔中地区	塔河地区
主要发育层位	鹰山组	良里塔格组、鹰山组	一间房组—鹰山组
构造运动主岩溶期	加里东中期中等海西早期为主	加里东中晚期为主，夷平式低隆起；海西早期，较强，但分布较局限；有冲断构造继承性活动	海西早期为主加里东中期中等
岩溶地貌	断裂及其相关背斜形成的冲断潜山构造岩溶发育	可溶地层出露区分散并呈窄条带状分布，岩溶斜坡发育局限	NE 向高，向 SE、SW、NW 3 个方向降低的岩溶古地貌特征，可溶地层大面积出露，岩溶斜坡发育
地层岩性	鹰山组上部云灰岩较易溶蚀	鹰山组下部以云灰岩、白云岩为主，不易溶蚀	一间房组—鹰山组上部微晶灰岩、颗粒灰岩易溶蚀
岩溶储集体发育特征	裂缝-孔洞型储集体为主，大型洞穴系统欠发育	以原始孔隙溶蚀扩大和均匀整体溶蚀为主，大型洞穴系统欠发育	有利于大规模岩溶孔洞缝储集体发育，形成大型洞穴系统

二、岩溶结构带与古地貌

通常，碳酸盐岩沉积区，因地壳的构造抬升和断裂活动，溶蚀作用会随着潜水面的不断下降而向碳酸盐岩深部转移，并在局部，如裂隙发育带或一定的岩相、岩性层位侧向发育，形成一系列的溶蚀或洞穴（带）；因基准面的幕式不均匀抬升，垂向上会形成多期次的岩溶发育带相互叠置的态势，同一期次的岩溶带在垂向上依据岩溶作用的方式和强弱可以分为上部的渗流带和下部的潜流带（图 8-5）。Estebar 和 Klappa（1983）详细分析了岩溶（喀斯特）剖面特征：渗流带位于潜水面之上，其孔洞和裂缝空间未被地下水饱和，这些降落到地表的大气水在重力的作用下主要向下做垂直渗流或流动，水的活动既可以溶解岩石的 $CaCO_3$，也可以沉淀 $CaCO_3$，渗流带可进一步划分为渗透带和渗滤带两个次级带；潜流带位于潜水面之下，该带内的地下水仍属重力水而非承压水，但水流方向以水平方向为主，在无隔水层的情况下，该带下部通过混合带与基岩深卤水过渡，在潜流带的最上部，即在潜水面之下，由于溶解作用和机械侵蚀作用，$CaCO_3$ 既可以溶解再移动，也可以沉淀，潜流带也可划分为两个次级带［即透镜带和下部带（停滞潜流带）］，在活动性的潜流透镜带之下，水和周围岩石或沉积物达到平衡，并且变成一个停滞环境，即下部停滞潜流带。

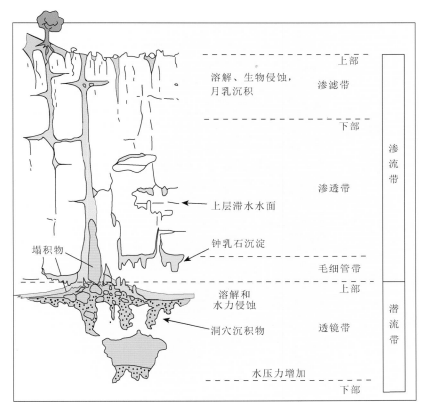

图 8-5 完整和理想发育的喀斯特剖面（据 Estebar and Klappa，1983）

构造部位和岩溶地貌与储集体发育关系密切，通常来说，古地貌条件在岩溶发育中的作用和地位已为地质科研工作者所公认。不同的地貌单元是控制岩溶发育的重要背景条件（图 8-6）。一般而言，岩溶高地相带是岩溶大气水的区域补给区，地下水动力以垂直渗流带为主，水平潜流带发育程度一般，决定了储渗空间以溶蚀裂隙、孤立孔洞发育为特征；岩溶高地的岩溶发育强度大，同时剥蚀及充填都比较严重，故对岩溶储集体的形成并不十分有利。其中，充填物多为方解石及后期的沉积物，如渗流粉砂、黏土等。

岩溶斜坡和斜坡上的丘陵地带，既有较发育的渗流带，同时潜流带的流动条件也好，地下径流区发育，决定了水平洞穴层或洞穴型储层非常发育，是岩溶储集体发育的最有利区带。岩溶斜坡带垂直分带明显、岩溶作用发育，特别是坡度较缓的岩溶斜坡及其上的岩溶残丘最好。阿克库勒凸起南倾斜坡上，坡度较缓，古岩溶及岩溶残丘十分发育，同时，NE 向、NW 向共轭剪切裂缝，有利于构造裂缝发育。但塔中地区整体上为受塔中Ⅰ号断裂带和塔中南缘断裂控制的"垒式"或"花式"背冲型背斜构造，南北两侧分别以断裂带与塘古巴斯拗陷和满加尔拗陷相邻，落差较大，岩溶作用较为发育的岩溶斜坡展布空间有限。主要沿构造断裂带附近和加里东中-晚期的削截-抬升与剥蚀面发育，主要呈线性分布和似层状分布；麦盖提地区西部为斜坡区，中部为平台区，东部（即玉北地区）为断褶区，断裂及其相关背斜形成的冲断潜山构造岩溶发育，但整体受控有限；而在巴楚地区，中下奥陶统可岩溶地层仅在巴楚冲断-褶皱构造的顶部出露地表，带状或线状分布特征非常明显，古地形地貌通常为褶皱潜山地貌，正地形（残丘）与背斜构造一致。潜山地层可有较好的裂隙系统发育，整体上岩溶发育较弱。

　　岩溶洼地溶蚀程度较弱，偶尔可在一些孤峰发育少量的缝洞，但充填作用严重，故对发育岩溶储集体也不利。但大气淡水从潜山顶部的补给区由高向低部位泄水区流动的过程中，可能会在该区域中发生顺层岩溶的改造，形成一些顺层岩溶储集体。此外，该区域中也可能有一些层间岩溶储集体的发育。

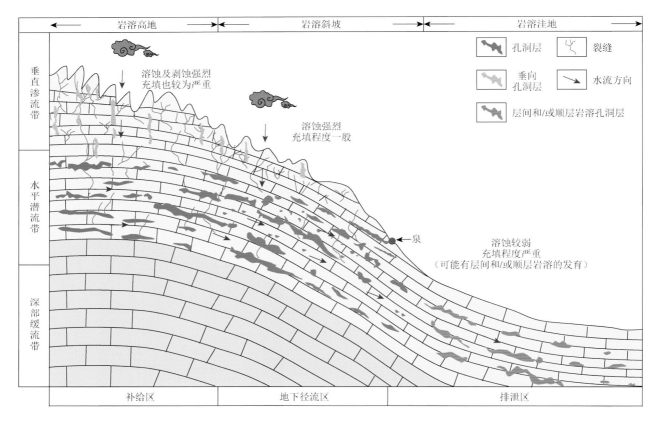

图 8-6　不同古地貌下岩溶发育模式图

三、岩溶作用的储集体模式

　　上述的讨论表明岩溶储集体规模发育的条件主要如下：①受多旋回构造运动控制的多期次表生岩溶作用；②古地貌条件，主要分布于古隆起高部位及宽缓的岩溶斜坡区。在塔里木盆地最符合这两点条件的无疑是塔河油田中-下奥陶统碳酸盐岩，因此，以塔河油田为例，探讨岩溶作用的储集体模式。

（一）古地貌/古水系控制下的岩溶发育

　　塔河地区海西早期岩溶地貌地形起伏大，总体具明显的北高南低的特征，北侧为岩溶高地，南侧及东西两侧均为岩溶洼地，其间为岩溶斜坡。

　　岩溶斜坡分布于岩溶高地与岩溶谷地之间的过渡地带，在岩溶斜坡上坡度较小、比较平缓的地区（岩溶缓坡），地表及地下水系较为发育，岩溶作用较强且纵向上分带特征明显，岩溶垂向序列发育完整，如深 47 井、塔 301 井、塔 302 井等。同时次级潜流改造带也较发育，如 LN15 井、塔 301 井、塔 302 井等。近地表渗入岩溶带的发育明显受古岩溶地貌及地表水系发育程度的控制，其发育部位及展布方向与古岩溶地貌及地表水系相匹配；地表径流的流速较慢，渗透量大；受区域潜水面的控制，垂直渗流岩溶带厚度相对较小；水平潜流岩溶带极为发育，厚度为 150～250m，其发育部位及展布方向与海西早期断裂系统及古水系有关。受早期断裂系统及岩性特征、水文地质条件等因素控制，潜流岩溶发育深度存在差异。由于东南斜坡区早期断裂系统发育程度明显低于其 NE 向轴部区，从而造成岩溶作用发育的程度、规模，NE 向轴部区明显好于两翼斜坡区。

岩溶斜坡上近地表渗入岩溶带、水平潜流岩溶带及次级潜流改造带发育的水平溶洞或落水洞也多被地下暗河充填物等充填，但保留的机会较岩溶高地多，目前在塔河地区钻遇放空及漏失的井中，大多数位于岩溶斜坡，特别是岩溶斜坡上的次级岩溶残丘，如深 48 井、深 47 井等（图 8-7）。

岩溶洼地是岩溶地貌中的低洼地区，主要分布于东侧、西侧及南侧，其南部为桑塔木组覆盖区。而靠近岩溶斜坡区的部位，岩溶发育特征与岩溶斜坡相似，但其垂直渗流岩溶带的厚度减小，水平潜流岩溶带及次级潜流改造岩溶带中的水平溶洞多数被地下暗河沉积物充填，如深 14 井、深 17 井等（图 8-7）。而靠近非岩溶发育区一侧，岩溶不发育，垂向序列不完整，垂直渗流岩溶带及水平潜流岩溶带厚度均薄或不发育，在地表甚至可形成积水区，可发育一些小型溶蚀孔洞和溶缝。

因此，岩溶斜坡的缝洞系统最为发育，且保留概率较高，特别是缓坡及其上次级岩溶残丘为寻找岩溶缝洞型储层的有利地区，其次是岩溶高地及岩溶谷地近岩溶斜坡一侧。

（二）成因演化模式

加里东中期 I 幕，即中奥陶统沉积末期，塔北地区整体抬升，间断 1～2Ma，可在本区形成下奥陶统内第一套洞穴层，之后恰尔巴克组、良里塔格组沉积覆盖，加里东中期 II 幕（良里塔格沉积末期）再次抬升，在良里塔格组内形成古表生岩溶；中晚泥盆纪，海西早期运动使塔河地区强烈抬升，泥盆系、志留系、上奥陶系及部分中下奥陶统遭受快速剥蚀，在多个构造运动相对停滞期或缓慢阶段发生较为广泛的岩溶作用，造成潜水面周期性变动，岩溶发育具有成层性，形成并保存多旋回岩溶洞穴层，岩溶发育具有成层性和区域对比性，在古地貌背景上可以进行岩溶洞穴层的对比。晚泥盆纪末期的第一次大规模海侵，在塔河外围沉积一套东河砂岩，之后在海平面上升过程中，由于潜水面的变化，使得原有岩溶垂向结构遭受叠加改造，巴楚组泥岩覆盖于巴楚组底砾砂岩上，古表生岩溶作用基本结束，进入压释水岩溶及埋藏岩溶阶段，与之同期伴随充填胶结作用。

（三）岩溶作用发生范围探讨

古地貌的恢复主要是以石炭系双峰灰岩为标志层，用其下的石炭系厚度来反映古地貌起伏，圈出了岩溶高地、岩溶斜坡和岩溶洼地，认为岩溶斜坡是岩溶发育最好的地区。实际上用该方法恢复出的古地貌是巴楚组沉积时或沉积前很短时期的状况，即海西早期本区岩溶作用的发育快要结束时的古地貌和岩溶作用范围，而古地貌是一个动态概念，晚期的岩溶盆地在早期也可能是岩溶斜坡，因此实际岩溶作用发育范围要更大（图 8-8）。

从演化时间序列看，东河塘组（D_3d）和砂砾岩段（C_1b^1）是塔里木盆地下古生界在经历海西早期运动构造变形、长期遭受剥蚀、夷平之后，晚泥盆世及早石炭世海侵形成的海岸超覆沉积。塔河油田范围内，东河塘组由西南向东、向北不整合超覆在其下不同地层之上，砂砾岩段沉积时海侵范围和规模扩大，超覆在东河塘组或更老地层之上，其上为巴楚组下泥岩段超覆。在阿克库勒凸起，志留系和泥盆系属于剥蚀尖灭，在东河砂岩（晚泥盆世末期）沉积前隆起剥蚀区的范围应大于目前该地层保留的范围。所以，该时期的古岩溶区范围明显大于以石炭系双峰灰岩沉积时的古岩溶发育范围，古隆起-古岩溶影响范围最大的时期应该是东河砂岩沉积前的中-晚泥盆世。考虑到古地貌和不渗透层的厚度，海西早期岩溶发育的范围应在桑塔木组尖灭线附近，部分地区中上奥陶统岩溶也可在志留系尖灭线附近发育。加里东期岩溶在塔河地区主体被剥蚀殆尽，而在中上奥陶统覆盖区仍有可能被保存。

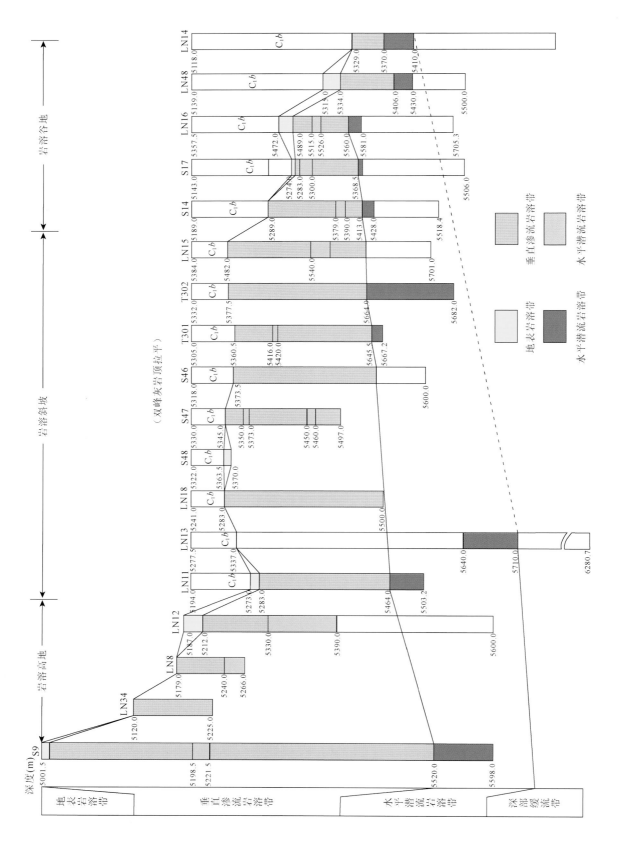

图 8-7　岩溶地貌与岩溶发育程度的关系

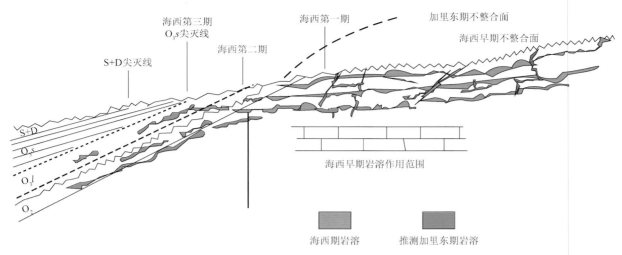

图 8-8　塔河地区奥陶系岩溶储集体纵向分布模式及岩溶发育范围示意图

第三节　断裂控制下的储集体模式

一、断控深缓流储集体发育模式

在现代侵蚀基准面以下存在承压水流。这些缓慢运动的水流溶蚀石灰岩而形成洞穴。根据计算，山地或高原地区的地下水自补给区到排泄区之间的高差可达 3500～4000m 或更大，如此大水头压力的地下水无疑具有承压作用。承压水体在洞穴内流路的变化取决于接连不断的运动和重力作用。承压水从钻孔中取出的水样温度相当低（接近于当地年平均气温），矿化度也较低（200～400mg/L），证明承压水不受地热影响，也不是高矿化度的长期滞留水，而是在很深的地方水有交替、流动过程。

承压水流一般受构造条件影响很大，在向斜轴部的承压水可以穿越轴部，洞穴内可以形成砾石和沙等堆积。在断裂带内由于水流的汇集，水头压力可能很大，洞穴埋深也可以极深。断裂带内的承压水形成的洞穴，往往呈串珠状向下延伸。

在某些封闭的石灰岩地层中流出的承压水所形成的洞穴，多具有网状形态，它主要是由缓慢移动的承压水溶蚀形成的。由于覆盖在石灰岩上多节理薄层的砂页岩的均匀渗透作用，难以确定主流水道，因而形成的洞穴呈网状支岔，完全受到上覆地层渗流特点和灰岩裂隙发育密度的影响。

塔河南部具备发育承压水洞穴的条件，其上部大气淡水可沿断裂带下渗改造。具体演化过程简单总结如下。

蓬莱坝组沉积末期、鹰山组下段沉积末期和中奥陶世末期（加里东中期 I 幕），碳酸盐岩整体暴露，均遭受大气淡水的淋滤和溶蚀作用，在一定深度上（包括表层和内幕）形成了一定规模的岩溶缝洞体。加里东中期 I 幕岩溶作用具有同生期岩溶性质，中下奥陶统机械压实作用较弱，被抬升地表遭受大气水淋滤改造。北部处于岩溶斜坡相对高部位，发育一些规模较大的缝洞系统。南部处于岩溶斜坡低部位，岩溶发育程度相对减弱，向南缝洞体总体规模较小，非均质性较强，缝洞系统仅发育于断裂带附近，断裂带间欠发育。岩溶作用多发育于不整合面以下 0～50m，托甫台地区和南部盐下地区，局部断裂带发育深度较大，可达 300m 以上。但由于岩溶作用持续时间较短，也相应制约了该幕岩溶的发育程度。

加里东中期 II 幕运动，古构造格局大致继承 I 幕，但抬升幅度和地形高差均较 I 幕大。北部地势较高，导致北部良里塔格组和恰尔巴克组遭受不均衡抬升剥蚀。自南向北由托甫 39 井到托甫 16 井再到托甫 7 井，地形坡度为 0.8°，即平面上向北 100km，纵向上地形升高 1400m。良里塔格组未经历压实作用，直接暴露于大气水成岩环境中，同样具有同生期层间岩溶的性质。其后，桑塔木组泥岩超覆于加里东中期 II 幕不整合面上，自北向南依次为 O_3s/O_{1-2}、O_3s/O_3q 和 O_3s/O_3l 的地层接触关系，如塔深 3-3 井，位于 O_3s/O_{1-2} 地层接触区。桑塔木组沉积后的加里东中期 III 幕构造运动，强度进一步加剧，桑塔木组上部亦遭受剥蚀，发育南北向古水系，北部高部位中下奥陶统鹰山组和蓬莱坝组，甚至寒武系不同程度出露，表层岩溶作用发生的同时，一部分岩溶水在鹰山组及其以下地层沿层入渗，逐步进入缓流带。而桑塔木组的沉积厚度自北向南逐渐增厚，托甫 2 井桑塔木组厚 657m，北部沉积厚度有限。

加里东中期 III 幕运动，古地形高差比加里东中期 I 幕和 II 幕大，自南向北由托甫 39 井到艾丁 24 井，地形坡度为 1.35°，即平面上向北 100km，纵向上地形升高 2350m。水力梯度大，有利于缓流带地下水向南部流动和溶蚀，在断裂带薄弱部位以上升泉的形式向地表排泄，沿断裂带对中下奥陶统进行叠加改造作用。北部古老地层出露最早时期为桑塔木组沉积后的加里东中期 III 幕构造运动。加里东中期 III 幕北部雅克拉—桥古地区抬升幅度较大，地层剥蚀强烈，局部基底石英岩出露，为志留纪早期的物源区之一。

加里东晚期—海西早期，阿克库勒凸起基本形成，北部抬升幅度较大，为 C_1b/O_2yj 和 $C_1b/O_{1-2}y$ 区，大部分上奥陶统和志留系地层剥蚀殆尽，中下奥陶统暴露于地表，岩溶地貌特征突出，发育大规模的岩溶缝洞系统，以洞穴型储集体为主。中部为 $C_1b/O_3l/O_3q/O_2yj$ 区，平面宽度为 6.1km，为塔河地区良里塔格组出露宽度最大，地层产状最缓的地区，且自南向北上奥陶统（$O_3l + O_3q$）出露厚度逐渐减薄，厚度为 120～0m，主要集中在 40～50m。恰尔巴克组（O_3q）岩性为红棕色泥岩、泥质灰岩，具有一定的隔水条件，但厚度小于 20m，在地表条件下，隔水能力有限；良里塔格组（O_3l）岩性为微晶灰岩，局部含泥质，不具备隔水条件。因此，海西早期，恰尔巴克组 + 良里塔格组覆盖区为浅埋藏区，北部裸露区地表岩溶水大部分在上奥陶统尖灭线附近排泄至地表，一部分下渗至潜水面以下，进入深部缓流带，自北向南流动，在 $O_3l + O_3q$ 封隔条件薄弱区，沿着前期形成的 NE 向和 NW 向走滑断裂带，以上升泉的形式向地表排泄。岩溶水上升过程中，形成了一定规模的承压洞穴，和前期中下奥陶统顶部形成的洞穴连通，同时也形成了一些较为孤立的洞穴。南部为 $C_1b/O_3s/O_3l/O_3q/O_2yj$ 区，由于桑塔木组为厚层状泥岩，为可靠的隔水层，海西早期岩溶作用影响相对较弱，故为岩溶作用顶板。因此，顶底板的确定限制了碳酸盐岩岩溶的主要发育层位及大致分布位置。结合地质背景与实钻资料，建立了塔河南部—跃进地区断控深缓流储集体发育模式（图 8-9）。

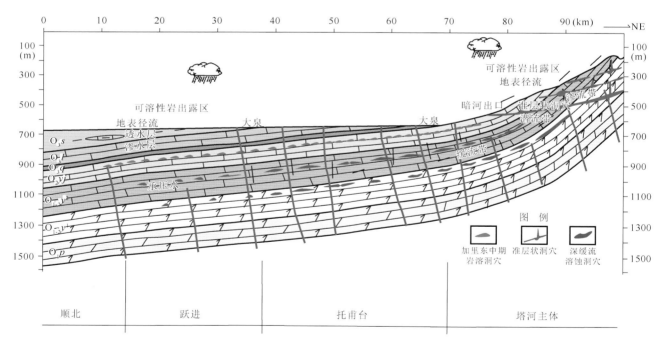

图 8-9　塔河南部—跃进地区断控深缓流储集体发育模式

二、断控热液型储集体发育模式

对于热液的溶蚀作用，很早就有人提出过，但是对于热液溶蚀作用对储集体的贡献，应该是 2006 年才在 AAPG 发表的特刊集中反映了 20 世纪末到 21 世纪初地质学家对热液白云石化或热液硅化的认识及其对油气储集体的贡献。首先确定了热液的定义并形成共识，即热液是指温度大于围岩 5℃以上的外来流体。因此，过去国内地质人员常认为热液是由于大断裂引起的地壳或者上地幔物质沿断裂向上运移，形成大量的固体矿产，并对围岩进行热液蚀变作用，残余的热液对沉积岩石进行改造，主要是一些高温矿物的沉淀（对于沉积岩而言）。在北美大陆，已经发现与热液溶蚀作用有关的油气田，在 AAPG（2006）特刊集的文章中，对热液溶蚀作用进行了较为详细的研究，主要是对热液白云石的形成机理及储集体特征和地震识别标志进行了详细的总结，建立了相应的储集体形成模式。

对于塔里木盆地寒武系—奥陶系碳酸盐岩而言，虽然理论上由构造控制的热液白云岩应该具有良好的储集性能，国外丰富的勘探经验也显示出构造-热液白云石的勘探价值（Davies and Smith，2006），但经过多年的勘探，并未发现以热液白云石为主体的油气藏。造成如此困境的原因固然与油气成藏或受限于复杂的地质条件等因素有关，但更为明显的是与国外典型热液白云石相比，塔里木盆地寒武系—奥陶系碳酸盐岩中所观察到的热液白云石有显著的不同（表 8-3）。

表 8-3　研究区热液白云石与西加盆地典型热液白云石的对比

对比项	西加盆地	塔里木盆地
热液白云石化作用特征	交代灰岩、改造早期基质白云岩	改造早期基质白云岩，不交代灰岩
热源	构造热异常	火山热异常/构造热液
流体系统	开放-相对富流体系统（热少-液多）	半封闭-相对贫流体（或富岩）系统（热多-液少）
地球化学性质	鞍形白云石与海水（或围岩）差别很大	鞍形白云石与宿主白云岩相似
鞍形白云石丰度	高	局部
空间分布	沿区域输导体系（包括生物礁链）和断裂系统线状分布	沿断裂系统线状分布
热液改造	强	中-弱
深部油气勘探意义	热液白云石储集体与区域输导体系，包括生物礁链（沙体）横向输导和（张性、扭张）断裂系统纵向输导，勘探较易	热液白云石主要沿张性断裂分布，所以热液白云石分布局限，且埋藏深，勘探更困难

尽管如此，塔深 1 井、顺南 4 井和玉北 5 井等多口实钻井的发现均表明塔里木盆地寒武系—奥陶系碳酸盐岩地层中确实存在受断裂-热液改造而形成的有效储集体，说明这种模式对于该区的勘探可能是较为重要的。前述章节已从时间上探讨了热液溶蚀形成储集体的可能性，而在空间上热液如何形成储集体？进一步地，热液作用、储集体及断裂之间的关系到底如何，笔者认为可以从 3 个方面探讨。

（一）热液流体横向迁移的可能性

热液溶蚀作用的关键在于构建开放成岩体系，使反应产物能够被带出成岩体系，从而形成有效储集体空间。断裂活动可能沟通沉积盆地内的含水层，形成开放体系，使得流体在一定范围内完成循环（Qing and Mountjoy，1992）。在研究区，断裂-裂缝系统无疑是热液最有效的通道，而中-下奥陶统中致密的灰岩和泥微晶白云岩地层可能是封闭层，这个推论可能在玉北 5 井中得到证实。

玉北 5 井处于玉北 7 井断裂带与玉北 1 井断裂带之间，在该井蓬莱坝组的取心段中（7～10 回次，其中 9 回次未成功取心）可以发现，岩心段下部（10 回次）中的孔洞呈不规则状，而岩心段上部（7～8 回次）中的孔洞近似水平状或沿裂缝扩溶（图 8-10）。

部分学者认为近似水平状孔洞是由沉积暴露时期的准同生溶蚀作用形成的（刘红光等，2018；蔡习尧等，2016）。但笔者认为，这种孔洞应该与准同生溶蚀作用无关，如果是准同生溶蚀作用形成的，那么组构选择性溶蚀应该更为普遍。尽管埋藏白云石化已导致原始结构消失，但类似铸模孔或粒内溶孔（充填或未充填）等标志应该在灰岩或未被完全云化的灰岩地层中观察到。然而实际情况却是，大部分灰岩颗粒在成岩早期已经被泥微晶白云岩交代。因此，近似水平状孔洞可能是热液被上覆致密层封闭后横向迁移的结果。

图 8-10　塔里木盆地玉北 5 井蓬莱坝组第 7～10 回次取心

从玉北 5 井的储集体类型综合柱状图（图 8-11）上可以看出，裂缝的发育主要集中在地层的白云岩地层中部（6650～6750m），底部第 10 回次取心段裂缝发育较少；而地层上部，岩性主要为泥微晶白云岩及灰岩，且裂缝发育较少。由于蓬莱坝组上部的灰岩或泥微晶白云岩地层较为致密，大量热液流体在这些地层之下的渗透层进行横向运移；而少量热液可能会沿断裂上涌到致密层中并沉淀充填物，这点可从一些单井中致密的泥微晶白云岩中发育少量的鞍形白云石得到证实。

（二）断裂对储集体和流体迁移的影响

上述的讨论表明热液可能发生了横向运移，但横向运移的距离有限。以盆地内部典型的热液溶蚀增强储集体有效性的顺南 4 井为例，距顺南 4 井约 5km 的顺南 4-1 井中热液作用不明显，且后者的储集体发育情况差，热液的横向运移不明显。因此，热液就位前，断裂活动导致的裂缝系统可能控制了热液的横向运移通道。

由于白云岩的脆性，裂缝系统通常是白云岩储集体渗透性网络的重要组成部分。盆地内不同区块的物性分析表明，裂缝的存在显著地提高了部分基质样品的渗透性。裂缝的扩溶现象意味着它们输送了能够溶解白云岩的成岩流体。由此可见，在研究区裂缝对于储集体是至关重要的。然而，从实际勘探情况上看，尽管在盆地内部各级断裂带上部署了大量钻井，但实际情况表明存在裂缝型储集体或复合型储集体的单井有限。

构造裂缝的发育受构造位置、岩性、结构、层厚及温度、围压等因素的影响。塔里木盆地寒武系—奥陶系碳酸盐岩中绝大多数裂缝为构造成因缝，控制构造裂缝形成的本质是构造应力的作用。控制裂缝发育的主要因素包括：①断裂活动强度越大，断控裂缝发育密度、规模及范围越大；②距断层距离越大，裂缝发育密度越小；③分段性控制了裂缝发育类型、规模及强度差异，拉分、压隆段裂缝发育密度高于平移段，压隆段类型多，拉分段裂缝开度大。因此，断裂-裂缝系统作为热液的运移通道是断控热液储集体发育的先决条件，有效的断裂-裂缝系统识别是找寻该类储集体的关键。

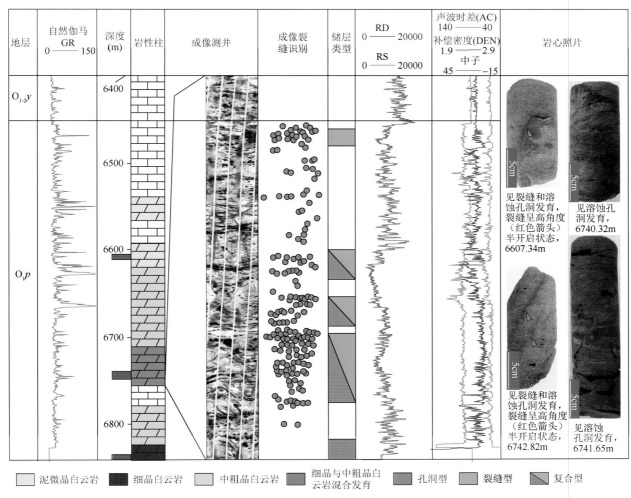

图 8-11　玉北 5 井储集体类型综合柱状图

（三）储集体模型的建立

基于上述观察及推论，结合地球化学对不同阶段热液产物的成因解释，笔者尝试建立了寒武系—奥陶系碳酸盐岩与断裂相关的热液蚀变概念模型。该模型的建立基于以下几点。

1. 热液流体的性质

如前所述，热液活动与早二叠世岩浆活动密切相关，暗示岩浆房可能作为流体的热源；热液先通过溶蚀围岩富集镁离子，然后发生鞍形白云石沉淀，说明热液流体对白云岩是不饱和的，因而深部来源的热液应该为酸性流体。此外，溶蚀孔洞中广泛发育的硅质充填物，表明流体中富含硅质。因此，塔里木盆地的热液流体性质为富硅型酸性流体，与北美形成密西西比河谷型（Mississippi-Valley-type，MVT）矿床的热液流体有显著区别。

2. 封闭性隔水层

Davies 和 Smith（2006）认为热液沿断裂进入宿主碳酸盐岩地层后会被地层顶部具有一定厚度的页岩地层封闭，并且局部区域内热液也可能被地层内部的页岩隔水层阻挡。塔里木盆地下丘里塔格组—鹰山组下段为一套海相碳酸盐岩沉积物，不存在页岩或碎屑岩沉积物，而地层上部主要为鹰山组上段碳酸盐岩沉积物，因此，该组地层中封闭性隔水层可能来自地层本身。前述章节已经论述了热液就位前基质围岩的致密化，作为区域内分布最为广泛的泥微晶白云岩，具有数十米到上百米的厚度，并且几乎总是有一套该类白云岩发育在白云岩段的顶部。因此，致密的泥微晶白云岩和白云岩段之上的灰岩可作为封闭性隔水层阻挡热液的上涌。

3. 裂缝系统与渗透层

寒武系—奥陶系白云岩地层内部的渗透层应该与裂缝系统密切相关，不同区块的物性分析均表明基质岩石本身不具备较好的孔隙度和渗透性。只有存在裂缝的情况下，裂缝沟通少量孤立状的晶间孔隙才可能成为渗透层。进一步地，在断裂活动较为强烈的区域（如走滑断裂带的拉分段），会导致裂缝纵向上的广泛发育，热液可能沿断裂-裂缝系统进入上部致密地层，如进入泥微晶白云岩地层中形成少量与裂缝相连的孔洞并沉淀鞍形白云石，或进入上部（蓬莱坝组和/或鹰山组）灰岩地层，形成类似于顺南4井的热液交代型储集体（陈红汉等，2016；李映涛，2016）。

基于上述3点，建立了与断裂相关的热液蚀变概念模型（图8-12）。岩浆房可能提供了一个热源，使热液温度高于地层环境温度。当热液沿断裂向上流动，突破下部固结的地层，进入含有少量晶间孔隙的埋藏白云岩（中粗晶和/或细晶自形-半自形白云石）地层中后，开始沿原有的孤立孔隙溶蚀扩大；流体的高压导致水力压裂及现有裂缝的扩大（Davies and Smith，2006）。致密的灰岩和泥微晶白云岩地层作为封闭层阻挡了热液的上涌，致使逐渐冷却的热液流体从侧面流入孔隙度和渗透性更高的地层（如断裂活动增加了裂缝孔隙度的地层），从而远离断裂带，并形成一系列近水平状的孔洞。在这个以流体为主的开放系统中，溶液中的离子随着热液的扩散和其他流体（如上覆碎屑岩地层中的孔隙水或抬升时沿断裂下渗的大气水）的参与而迁移（Norton and Taylor，1979）。温度梯度和密度差引起的循环驱动的酸性流体导致溶蚀作用可能连续发生（Du et al.，2018）。

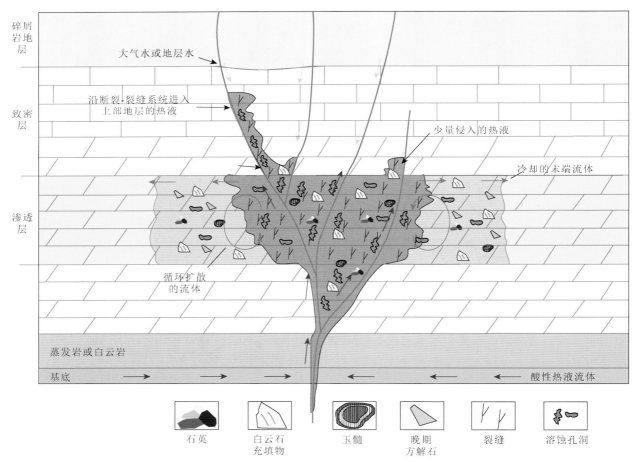

注：图中横向或纵向地层厚度非实际宽度或厚度。

图8-12　塔里木盆地寒武系-奥陶系碳酸盐岩与断裂相关的热液蚀变概念模型

此外，在裂缝发育的区域（如走滑断裂带的拉分段等），热液可能沿断裂-裂缝系统进入上部致密的灰岩和泥微晶白云岩地层。随着时间的推移，流体饱和度发生较大的变化时，硅质矿物将快速沉淀析出，初期以无定形硅（玉髓）、微晶石英的形态为主。岩心和薄片上所见到的无定形硅/微晶石英条带实际上代表了热液流体沿断裂/裂缝上侵过程中流体温度（pH）快速降低与围岩达到平衡的过程。而原岩自身原始孔隙结构的差异和裂缝的分布会导致热液对原岩的差异性溶蚀，如果原岩物性较差，则热液的溶蚀范围将受到限制，只能沿裂缝形成蜂窝状的溶蚀孔洞，并在与围岩的相互作用过程中对围岩进行溶解—再沉淀。而物性较好的地层，则可以最大限度地拓展热液的溶蚀范围和能力，造成区域性溶蚀，形成先溶蚀再交代最后胶结充填的演化序列，岩心上表现为沿缝壁或溶洞内壁先沉淀石英随后沉淀方解石。

三、断裂增容型储集体发育模式

在第五章已详细介绍了断裂的增容作用对储集体的改造，其主要影响体现在裂缝体系及断裂空腔的形成，主要的模式则分为核-带模式（图5-30）和脱空模式（图5-31）。对于塔里木盆地而言，断裂增容型储集体发育模式就是在这两个模式的基础上进一步总结的。由于受走滑断裂分段性控制，拉分和压隆段较平移段，断控增容型储集体规模更大，但不同断裂分段对应的模式是有差别的。其中，拉分段规模储集体发育以脱空模式为主，压隆段以核-带模式为主。

根据脱空模式，拉分段内部主要有3种储集空间：破裂空腔、断层角砾带与诱导裂缝带［（图8-13（a）和图8-13（d）］。根据断裂精细内部结构地球物理雕刻、物理及数值模拟表明，走滑断裂拉分段内部结构较简单，内部次级断裂、裂缝与主断面以近平行为主。野外及岩心、成像测井证据表明，走滑断裂拉分段裂缝发育密度大，且局部拉张导致在内部又以张性裂缝发育为主，裂缝开度大，更易于碳酸盐岩储集体裂缝发育和流体活动，是裂缝-洞穴型储集体发育和流体聚集的有利部位（图8-14）。再者，若在走滑断层活动期同时有油气活动，则拉分段出现的张应力会抵消一部分围岩压力，流体势能在拉分段区域较低，促使油气向拉分区域运移、成藏。整体上，拉分段规模裂缝型储集体主要沿主断裂及次级断裂附近发育，储集体规模大、连通性好，储集体非均质性弱，因此更容易钻遇高产井和稳产井，是首选的勘探目标。

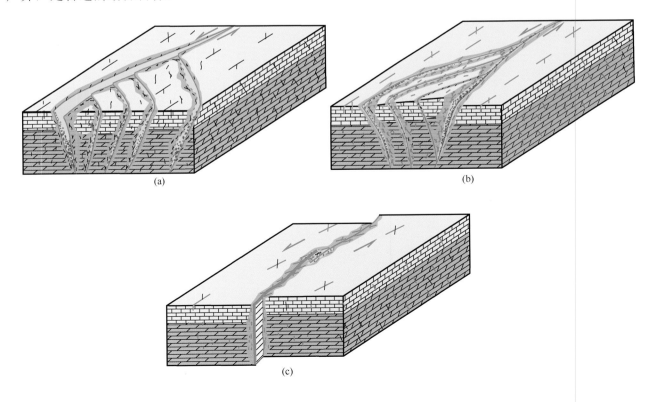

(a)　　　　(b)　　　　(c)

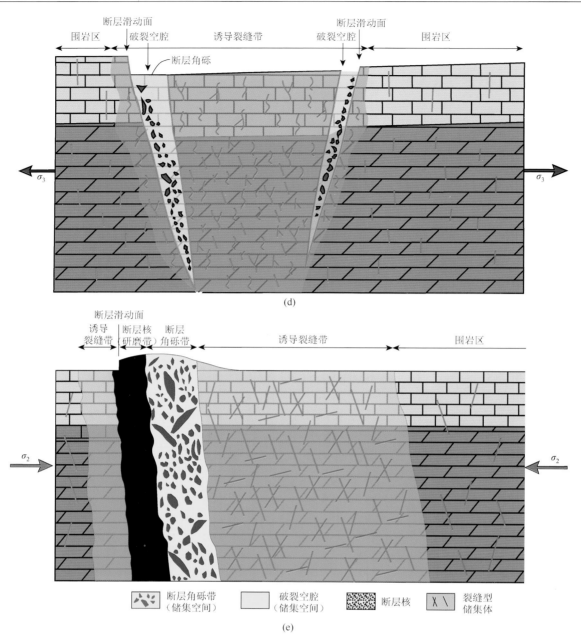

图 8-13　断裂增容型储集体发育模式

　　根据断控裂缝型储集体发育的核-带模式，压隆段内部主要有两种储集空间：断层角砾带与诱导裂缝带［（图 8-13（b）和图 8-13（e）］。走滑断裂压隆段内部结构复杂，次级断裂、裂缝与主断面高角度相交，裂缝类型多、密度大，但其内部的应力状态决定其逆断层和裂缝以压应力为主，其对流体的疏导能力与渗透性略逊色于拉分段。若在走滑断层活动期同时有油气活动，则压隆段压应力集中，流体势能在压隆段较高，阻碍流体向压隆区域聚集成藏。但在多期活动的作用下，局部应力不会一成不变，因此，压隆段的疏导能力与渗透性会出现变化。整体上，压隆段裂缝型储集体主要沿次级断裂端部、交汇部位裂缝发育，虽然也易于形成规模较大的储集空间，但是断裂内部储集体非均质性强，钻遇到规模储集体难，连通性较差，稳产难度较大。根据走滑断裂平移段断裂活动的性质与强度等的差异，平移段裂缝型储集体可能发育多种模式。纯走滑状态下，断裂活动以平移为主［（图 8-13（c）］，裂缝发育以平移作用派生的剪切破裂（R 与 R′）为主，裂缝化作用影响的范围较小，密集程度不如拉分段和压隆段，储集空间主要是断裂派生的诱导裂缝发育区［（图 8-13（c）］，但当断裂活动强度较大时，也可能出现断裂核与断层角砾带，此时，储集空间可能包括断层角砾带与诱导裂缝带两种；走滑＋挤压应力状态下，裂缝型储集体可能发育核-带模式；走滑＋拉张应力状态下，裂缝型储集体可能发育脱空模式。但无论在哪种条件下，其控制的裂缝型储集体规模一般小于拉分段与压隆段。

图 8-14　野外剪切节理与溶蚀孔洞照片图

第四节　储集体发育规律与有利区带评价

一、三端元解释模型

本书第四章到第七章对不同地区寒武系—奥陶系的储集体类型、发育机理、控制因素及展布特征进行了系统性的讨论和总结。而本章节的前三节则对不同成因的储集体进行了较为深入的讨论并建立了碳酸盐岩储集体的基本理论模式。总体而言，多数模式其实都是断裂-裂缝-流体三者之间的耦合所产生的。这里笔者提出一种三端元解释模型作为后续整个塔里木寒武系—奥陶系储集体发育规律与有利区带评价的基础。

三端元是指断溶型、岩溶型及热溶型储集体 3 个端元，其中每一个端元都具有其内涵和外延两个方面（图 8-15）。

断溶型储集体端元内涵：发育在巨厚致密碳酸盐岩内部，单纯由走滑断裂的构造增容作用所形成的裂缝和断裂空腔型洞穴储集体。外延：一切发育于断裂带内部，由裂缝和断裂空腔型洞穴所构成的储集体，岩性可以为碳酸盐岩、碎屑岩、火成岩或变质岩。

岩溶型储集体端元内涵：是指碳酸盐岩在地表或近地表条件下，在区域潜水面控制下，主要由表生大气水（少数情况下包括同生期大气水）化学溶蚀、机械侵蚀及物理风化作用所形成的具有一定规模的缝洞型储集体。外延：包括饱和 CO_2 的地层水在温度、压力驱动下对可溶岩体进行溶蚀扩大并形成一定规模的缝洞型储集体，如断控深缓流模式。

热溶型储集体端元内涵：地层深部高温热液流体沿断裂带向上运移的过程中，对碳酸盐岩溶蚀扩大并形成一定规模的溶蚀缝洞型储集体。外延：一切高于地层温度（大于 5℃）的地层流体，沿断裂带对基岩进行溶蚀扩大、交代增容、结晶增孔等形成一定规模的储集体，如顺南 4 井。

这个三端元模型实质上就是深化了"断溶缝洞体"概念的内涵和外延，它可以同时具有 3 种端元类型，也可以只有其中的一种，还可以是其中两种类型的组合。根据这个模型，实质上塔里木盆地寒武系—奥陶系主要发育 4 种储集体类型：岩溶缝洞型、断溶缝洞型、裂缝-孔洞（隙）型及裂缝型，每一种类型的储集体发育规律在不同地区都存在差异，下文会分层位进行评价。

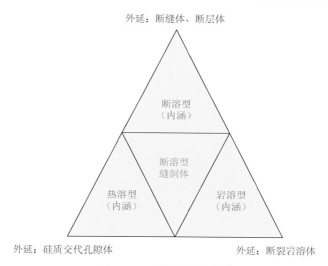

图 8-15　三端元解释模型

二、一间房组—鹰山组上段

一间房组—鹰山组上段是塔里木盆地油气勘探的主要层系，主要受岩溶和断裂控制，在塔北地区、顺北地区、卡塔克隆起和玉北地区均有发育，不同地区储集体特征存在明显差异（图 8-16）。

（一）岩溶缝洞型储集体

岩溶缝洞型储集体主要发育在沙雅隆起、卡塔克隆起、巴楚隆起和玉北地区，以塔河地区最为典型。塔北地区中北部上奥陶统缺失区（中下奥陶统碳酸盐岩直接与泥盆系东河塘组、石炭系巴楚组或卡拉沙依组接触）至北部的三叠系和侏罗系—白垩系覆盖区，依次发育加里东期岩溶、海西早期岩溶作用和海西晚期—印支期岩溶作用。海西早期奥陶系再次暴露地表，经历时间长，岩溶发育深度大，区域上形成 2～3 套洞穴层系统，为洞穴型储集体发育区。根据区内海西早期古地貌、岩溶发育程度，以及上覆地层情况，尤其是下石炭统巴楚组砂泥岩互层段为沉积尖灭，未沉积区基本与岩溶高地区相对应，沉积区分别为西北岩溶斜坡和东南岩溶斜坡。北部的三叠系和侏罗系—白垩系覆盖区，主要反映了海西晚期和印支期岩溶作用，以夷平作用为主，前期形成的岩溶缝洞体多被破坏。发育小型残丘和溶沟，地下缝洞体规模有限。南北向地震剖面上，中-下奥陶统顶面为典型的角度不整合特征，缝洞体的异常反射向北明显减少，甚至空白。因此，本区北部不利于大型洞穴系统的保存和发育，南部石炭系尖灭线附近保留条件相对较好，但被后期三叠系砂泥质充填破坏的可能性较大。巴楚西部为志留系—泥盆系覆盖在鹰山组之上，普遍缺失中奥陶统一间房组和上奥陶统恰尔巴克组，鹰山组具备表生岩溶发育条件，巴探 5 井、巴探 7 井、和田 1 井、玉北 2 井等井实钻也证实该地区储集体发育，储集空间类型以裂缝为主，少量溶蚀孔洞型储集体。但储集体充填严重（如巴探 4 井、巴探 6 井等），多为方解石、黄铁矿等充填，受侵入岩影响局部热液改造（热蚀变）强烈。

受西昆仑造山运动影响，玉北西部斜坡区和中部平台区位于古隆起主体偏北部位，整体处于一个大型背斜构造一翼，具备发育加里东中期 I 幕岩溶的条件，玉北中西部一间房组—鹰山组顶部遭受剥蚀，其中一间房组剥蚀殆尽，岩溶相对发育。东部断垒带发育加里东期—海西早期的潜山构造带，钻井揭示中-下奥陶统储集体发育。玉北东部断裂带发育溶洞、裂缝及孔隙 3 类储集空间，以裂缝为主。东部潜山构造带中下奥陶统储集体发育的控制因素主要为构造破裂作用与加里东晚期—海西早期岩溶作用。

受西昆仑造山运动影响，加里东中期 I 幕构造应力由伸展变为挤压，在北东向构造挤压应力下，塔中 I 号断裂带和吐木休克—巴东深部断裂带开始活动，作为西昆仑前陆逆冲系统的锋缘断裂发育。塔中 I 号断裂带活动奠定了卡塔克隆起的北西向构造格局，同时，塔中 II 号断裂带、塔中 10 号断裂带、塔中南缘断裂带也开始活动，共同控制了卡塔克隆起大型复式背斜式冲起构造的形成，出现卡塔克隆起的雏形。卡塔克隆起西高东低，西宽东窄，中奥陶统一间房组、鹰山组顶部遭受不同程度的剥蚀，其中卡塔克隆起区

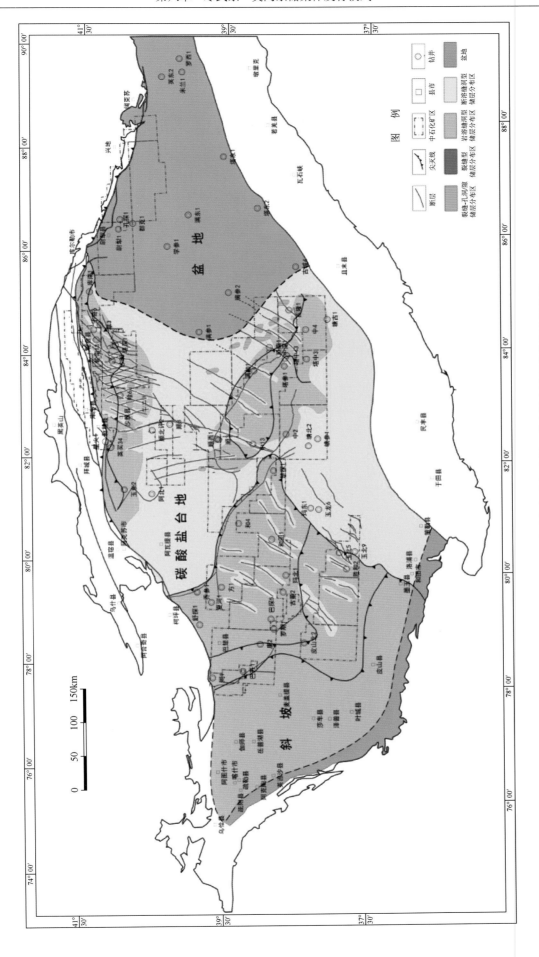

图 8-16　塔里木盆地奥陶系-同房组—鹰山组上段储集体综合评价图

中东部一间房组被剥蚀殆尽。在卡塔克隆起大部分地区，发育广泛的加里东中期Ⅰ幕岩溶作用，而塔中北坡在塔中Ⅰ号断裂下降盘，在围绕卡塔克隆起周缘局部一间房组顶部可能存在一定程度剥蚀而短暂暴露相关岩溶储集体，其余大部分地区其加里东中期Ⅰ幕岩溶可能欠发育。卡 1—顺西地区受加里东中期Ⅰ幕构造运动导致一间房组及鹰山组上部遭受不同程度的剥蚀，其中顺西地区鹰山组剥蚀程度较低，鹰山组上段地层保留较多，储集体主要发育在鹰山组上部，鹰山组现存有效储集空间主要为溶蚀孔洞及裂缝，成像测井亦见明显较大规模孔洞、扩溶缝。溶蚀孔洞在顺 7 井鹰山组第 7~8 回次岩心溶蚀孔洞（2~5mm）较为发育，主要为针状溶孔（0.5~1mm）、溶蚀孔洞（2~5mm）。卡 1—顺西地区钻井及成像资料揭示其鹰山组构造缝较发育，平缝、立缝及斜缝均有，立缝及斜缝居多，多以半充填为主，是主要的储集空间类型。

（二）断溶缝洞型储集体

断溶缝洞型储集体主要发育在塔北地区南部、顺托果勒低隆、玉北东部和塘古巴斯拗陷上奥陶统覆盖区。

塔北地区主要位于塔河南部上奥陶统覆盖区，为加里东中期岩溶储集体发育区，分布范围较大。但由于此次岩溶发育时间短，属于幼年型岩溶阶段。该区在加里东中期构造运动后一直处于埋藏条件下，海西早期岩溶作用对该区影响较小。哈拉哈塘地区、艾丁地区西南部、托甫台地区、跃参地区和盐下兰尕断裂以西地区主要受控于加里东中期古构造及 NE 向和 NW 向两组 X 形共轭走滑断裂。主断裂带区溶蚀深度和强度大，局部发育大型洞穴，缝洞体深度可达 100m 以下。单井钻遇放空和井漏多沿断裂带分布，NE 向和 NW 向主干断裂带和次级断裂带为缝洞型储集体集中发育区。

盐下兰尕断裂以东—于奇东上奥陶统覆盖区，主干断裂带附近受到加里东中期大气水岩溶作用和海西早期承压水岩溶作用的双重影响，局部形成洞穴型储集体，规模较大，可达 100m 以下。主干断裂带间，水动力作用减弱，缝洞体发育规模逐渐变差，沿裂缝形成小尺度溶蚀孔洞，空间分布上较为孤立，主要表现为溶蚀孔洞型储集体和裂缝型储集体，试油多供液不足，或直接不出液。塔北地区西南部的沙西凸起，主要为北东向断裂发育区。中下奥陶统碳酸盐岩储集体的发育和展布，主要受加里东期形成的 NE 向断裂控制。

顺北地区一间房组—鹰山组储集体发育与断裂带相关的储集体，主要受 NE 向、NW 向断裂带控制，储集体纵向发育位置有明显差异。取心显示基质物性较差，孔隙欠发育，揭示的储集空间类型以裂缝、溶孔、孔隙为主，不能反映该类型储集体的主要储集空间类型，主要储集体类型以裂缝-洞穴型为主。本区发育 4 期裂缝，第 1 期为早期成岩裂缝，第 2、3 期为高角度构造裂缝，第 4 期为晚期有效微裂缝，其中第 2、3 期是储集体裂缝主要的形成时期。

顺北地区洞穴与断裂关系密切，此类储集体部署直井一般难以直接钻遇放空或规模漏失，表明顺北地区洞穴宽度可能较小，从目前所有钻遇放空的斜井估算其洞穴宽度一般小于 3m，多数在数十厘米至 2m 之间，取心主要期次的裂缝多呈高角度-近垂直状，延伸远，缝壁较平直，溶蚀现象不明显，缝壁常被沥青直接充填，并伴随泥质条带或硅质、黄铁矿、角闪石、长石等次生矿物，表明埋藏流体对裂缝的溶蚀作用可能较弱。

顺北地区规模裂缝、洞穴的分布主要受断裂带内的断裂面控制，其中主断面更为发育，实钻多井在主断面钻遇放空或规模漏失，且放空或漏失段并不一定位于串珠中部，在串珠两侧或顶部弱反射均可能钻遇放空或规模漏失。

顺北地区一间房组—鹰山组上段主体以潮下带沉积为主，水体较深，且中-下奥陶统顶面岩溶作用不发育。研究表明，顺北地区裂缝、洞穴（垂向狭长）的发育主要受多期活动断裂与多类型流体（大气水、烃类、埋藏流体）的叠加改造有关，断缝-流体耦合是裂缝-洞穴型储集体形成的主要机制，其中走滑断裂多期活动为裂缝、洞穴的形成创造了前提条件，大气水沿断裂下渗与埋藏流体对储集体产生进一步改造，而烃类及时侵位有效抑制了方解石的胶结，为纵向厚层裂缝-洞穴型储集体的保存起到了重要的作用。

（三）裂缝-孔洞（隙）型储集体

顺南—古城地区顺南 7 井、顺托 1 井、古隆 2 井、顺南 1 井等在一间房组及鹰山组顶部钻遇储集体发育段。宏观及微观尺度上，该层段储集体发育多与沉积组构关系密切。构造破裂作用、准同生期大气淡水溶蚀作用及热流体溶蚀交代作用与储集体发育密切相关。

一间房组—鹰山组上段岩性以泥晶（极细或粗粉屑）砂屑灰岩、亮晶砂屑灰岩为主，缝合线发育，沿缝合线常见自形白云石，局部见弱硅化或自生柱状石英，微裂缝较发育，多被方解石充填。岩心、薄片及CT资料显示，储集空间多样，有溶蚀孔洞、孔隙（包括粒间溶孔、粒内溶孔、藻孔）、高角度裂缝、微裂缝等，其中高角度裂缝多被方解石全充填-半充填，少数未充填-半充填高角度裂缝、构造微裂缝及残余溶蚀孔洞是其主要储集空间。其中，位于主干断裂带附近的井的高角度构造裂缝的发育程度明显强于主干断裂带之间的井，如顺托1井、顺南1井和古隆2井，岩心上高角度裂缝的发育程度总体要强于主干断裂带之间的顺南7井。此外，微裂缝也是一间房组重要的储集空间类型，其中顺南7井（水平缝为主）、古隆2井、顺托1井均较发育，岩心上常见发育高角度裂缝的同时，伴生多组水平裂缝。除高角度裂缝外，还发育多期方解石-白云石半充填溶蚀孔洞和溶孔，以及粒内（间）溶蚀孔隙。

顺南地区一间房组中下部及鹰山组顶部储集体发育，顺南5井—顺南7井区一带既发育受台内丘滩与沉积间断控制的溶孔和孔洞，也发育受微生物作用及热机制改造形成的藻孔和方解石微孔隙，还发育以水平微裂缝为主的构造裂缝，主要储集空间为微裂缝和孔隙，主要储集体类型为孔隙-裂缝型，而该层系向东在顺南4井—顺南2井一带，储集体总体不发育，发育纹层状微生物岩，见斑块或纹层-条带状白云石化，基质孔隙欠发育，储集体总体较差，而往东至古城8井一带，发育礁滩体早期岩溶储集体，但铸模孔为沥青充填。

此外，顺南4井在鹰山组上段揭示了一套特殊的储集体类型，岩性主要为灰色含硅质灰岩、硅质岩及泥晶砂屑灰岩，主要储集空间为（扩溶）裂缝及溶蚀孔洞（洞穴，6673.52～6679.00m，放空5.48m），局部发育石英晶间孔隙。按岩性可分为致密硅质岩储集体和颗粒状硅质岩储集体，前者发育缝洞型储集体，后者为孔隙型储集体。致密硅质岩缝洞型储集体岩性为灰黑色硅质岩、含灰质残余硅质岩，发育高角度石英、方解石半充填及共轭的中角度方解石（部分含石英）充填-半充填缝，两者相交处形成V字形溶蚀孔洞。远离高角度裂缝灰质含量增加，沿缝合线有溶蚀现象，局部发育溶孔。颗粒状孔隙型硅质岩储集体岩性为灰色含灰质颗粒状硅质岩、含灰质硅质岩，与致密硅质岩缝洞型储集体逐渐过渡，孔隙性储集体物性较好。第3～4回次取心累计长4.64m，其中发育缝洞型储集体2.35m，孔隙型储集体0.82m，储集体发育较差的为1.47m。根据对顺南4井硅化岩样品的全直径物性分析，两个颗粒状疏松硅质岩样品孔隙度和渗透率明显较高，其孔隙度分别为17.5%、20.5%，渗透率分别为$23.5×10^{-3}\mu m^2$、$73.4×10^{-3}\mu m^2$，而灰岩样品孔隙度平均为3.8%，渗透率平均仅为$0.04×10^{-3}\mu m^2$。

三、鹰山组下段

鹰山组下段在卡塔克隆起、玉北地区、塔河地区、古城墟隆起周缘储集体较发育，白云岩更发育，玉东—塘古巴斯、塔中北坡断裂带上储集体可能也较发育，而其他地区储集体欠发育，储集体主要以岩溶缝洞型和断溶缝洞型为主，局部层间小断裂发育区有少量裂缝型储集体（图8-17）。

（一）岩溶缝洞型储集体

鹰山组下段岩溶缝洞型储集体在卡塔克隆起、玉北地区和塔河地区均有发育。卡塔克隆起鹰山组下段储集体岩性以白云质灰岩、灰质白云岩为主，以中1井、中12井、中17井等井的储集体为典型，由于鹰山组遭受了加里东中期Ⅰ幕岩溶不同程度的剥蚀，鹰山组下段也发育不同程度的风化壳岩溶储集体，与上段相比，其风化壳相关的溶蚀孔洞发育程度较弱，局部白云岩中还发育少量白云岩晶间孔隙，储集空间以裂缝、溶蚀孔洞和白云岩晶间孔隙为主，储集体类型以孔洞-裂缝型为主，局部发育少量孔隙型储集体。

（二）断溶缝洞型储集体

顺南—古城地区鹰山组下段，储集体发育可能与走滑断裂、次级断裂及相关的深部流体改造相关，NE～

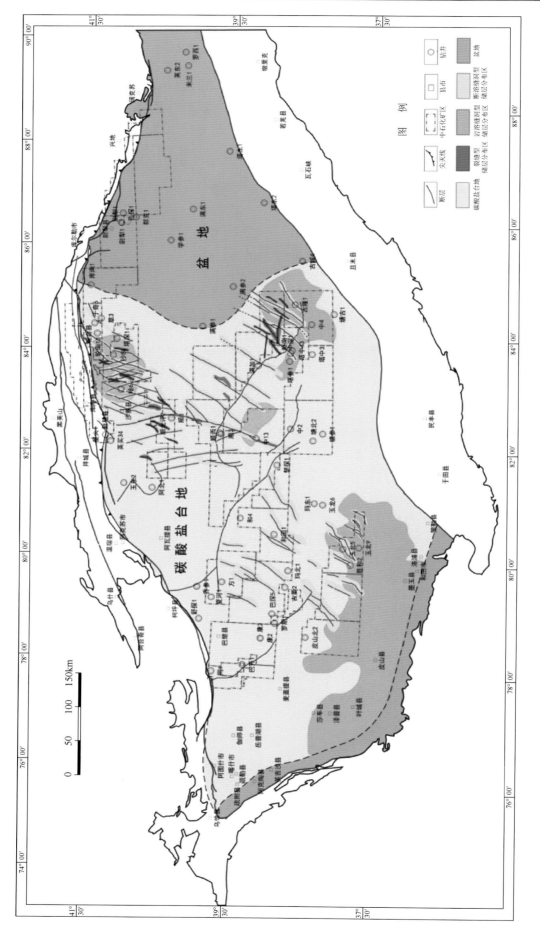

图 8-17　塔里木盆地奥陶系鹰山组Ⅱ段下段储集体综合评价图

NWW 向断裂是储集体发育的主要因素。顺南 5 井、顺南 6 井、顺南 7 井、古城 6 井、古城 7 井和古城 9 井揭示其储集体发育与断裂及热液活动有关。岩心及薄片反映微观储集空间主要有裂缝、孔洞及少量白云岩孔隙。前期古隆 1 井、古城 6 井鹰山组内幕出气段薄片显示鹰山组内幕白云岩发育少量白云石晶间微晶石英（溶）孔，多被黑色沥青质半充填-全充填，存在溶蚀硅化现象。顺南 5 井、顺南 6 井和顺南 7 井取心段储集体不发育，其岩心主要储集空间以微裂缝为主，发育少量晶间孔隙和孔洞。古城地区鹰山组白云岩取心储集体除发育裂缝外，还发育有孔洞和白云岩晶间孔隙，在成像测井上也发育溶蚀孔洞和裂缝，其白云石化及储集体发育程度总体要好于顺南地区。

顺南地区在奥陶系鹰山组下段实钻过程中多口井发生漏失，储集体以裂缝和小型孔洞为主，也可能发育白云岩孔隙型储集体。从油气显示来看，鹰山组下段顶部的灰岩显示较差，在四开套管鞋以下至串珠顶，其全烃和气测显示明显较低，也没有漏失和放空现象，表明储集体主要发育在白云岩中，而鹰山组下段顶部的灰岩储集体不发育。测试资料也表明，顺南 5 井、顺南 5-1 井、顺南 7 井等井均在鹰山组下段测试获数十万立方米工业气流。塔河地区鹰山组下段缝洞型储集体基本上沿 NE 向和 NW 向断裂分布，鹰山组下段缝洞型储集体发育程度和规模相对上段下亚段较低。

从玉北地区已钻遇奥陶系鹰山组下段储集体的钻井测井解释成果可以总结出，鹰山组下段储集空间以裂缝-孔洞型为主，断裂带上钻井均发育裂缝型储集空间。断洼区钻井以发育孔洞型储集空间为主，这与准同生期大气淡水溶蚀作用、埋藏溶蚀作用及热液作用等密切相关。岩心上可见多数溶蚀孔洞沿裂缝发育，且未被充填，镜下可见，白云石多呈自形-半自形晶，见大量的晶间孔溶蚀扩溶孔及沥青质充填孔隙的特征，成像测井上，见沿着裂缝发育溶蚀孔洞。

四、蓬莱坝组

蓬莱坝组储集体发育受不整合面、断裂或热液多种作用控制，形成岩溶缝洞型储集体、裂缝-孔洞型储集体和裂缝型储集体（图 8-18）。

蓬莱坝组储集体以巴楚西部—玉北地区、塔北北部地区较发育，古地貌高，有利于白云岩和岩溶作用发育，古城墟隆起区域也发育该类型储集体，而巴楚东部、玉东—塘古巴斯、塔中北坡断裂带上可能发育受断裂带改造的储集体，储集体发育程度较差。

（一）岩溶缝洞型储集体

塔里木盆地西北缘鹰山组北坡、柯坪水泥厂剖面蓬莱坝组顶面发育不整合相关的风化黏土层，古生物证实其存在一定程度的缺失（邓胜徽等，2008），表明加里东早幕局部具备发育大气水岩溶背景。

蓬莱坝组沉积期，塔里木盆地东西分异、东盆西台沉积格局已形成，玉北—塔中地区为整个克拉通碳酸盐台地相的一部分。盆地周缘伸展背景下塔南水下隆起进一步向南收缩，迁移至麦盖提斜坡—西南拗陷一带呈条带状分布，和田古隆起已见雏形，塔中地区处于克拉通内弱伸展构造背景，构造较为平缓，发育小型张性正断层，断距较小，延伸长度很短。

二维地震剖面特征表明，玉北地区蓬莱坝组顶面 T_7^8 界面表现为弱连续相位特征，呈平行-角度不整合，蓬莱坝组厚度整体呈东西两翼向西南减薄，表明玉北地区加里东早幕（蓬莱坝组沉积末期）存在削截不整合特征，其分布范围受和田古隆起控制，蓬莱坝组顶面角度不整合及局部平行不整合，可能在该组地层顶部发育与暴露相关的岩溶缝洞型储集体。塔中北坡蓬莱坝组顶面在三维地震剖面上未见明显的不整合接触关系。根据塔河地区沙 88 井古生物资料及过井地震剖面资料对比分析，认为塔中地区不整合的发育程度不如和田古隆起周缘，可能在卡塔克隆起—古城墟隆起周缘局部发育平行-角度不整合，主体可能以平行不整合-整合接触关系为主。根据蓬莱坝组储集体特征、蓬莱坝组构造、断裂演化及不整合发育特征，认为玉北地区在和田古隆起周缘可能局部发育与暴露相关的大气水岩溶作用，大气水岩溶作用的发育受和田古隆起背景控制，在玉北地区西南部可能最为发育。而塔中地区蓬莱坝组顶面与不整合相关的大气水岩溶发育背景相对较差。

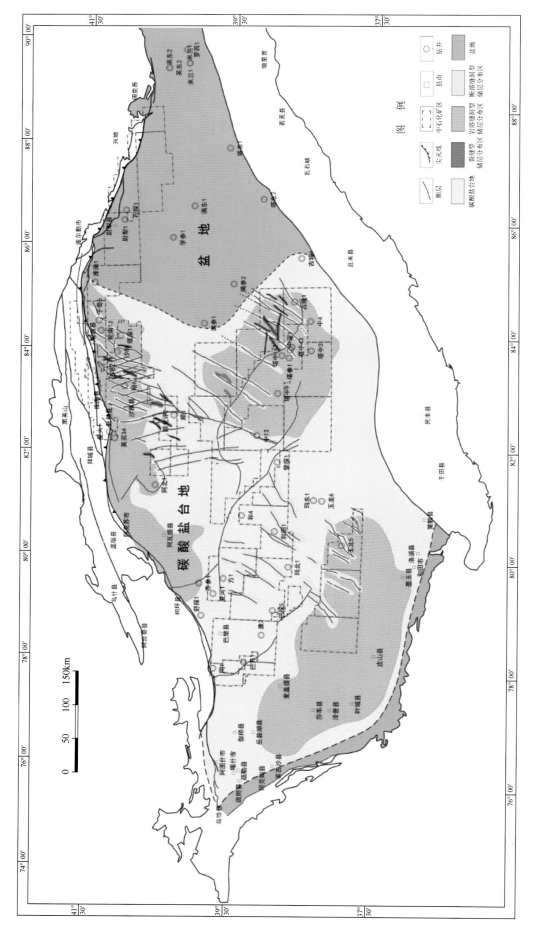

图 8-18　塔里木盆地奥陶系蓬莱坝组储集体综合评价图

塔河地区奥陶系深层伴随中-下奥陶统表层的地表大气淡水岩溶作用，经历了加里东中期—海西早期岩溶，岩溶作用较为强烈。北高南低的构造格局使古水系由北向南汇流。北部构造高部位地层剥蚀强度大，中-下奥陶统鹰山组和蓬莱坝组，甚至寒武系不同程度出露，大气淡水岩溶作用发育，表层岩溶作用发生的同时，一部分岩溶水在鹰山组及其以下地层沿层入渗，逐步进入缓流带，沿地层和走滑断裂向南缓慢汇流和溶蚀，在断裂带薄弱部位以上升泉的形式向地表排泄。该期岩溶作用最有利于地下缓流带水体流动。

卡塔克隆起塔中 162 井和塔参 1 井揭示蓬莱坝组岩石类型以泥晶白云质灰岩、灰质白云岩为主，储集空间类型主要为溶蚀孔洞、裂缝。塔深 1 井针对有利油气显示段连续取心 6 回次，岩性以灰黑色泥晶-粉晶白云岩为主，岩心较破碎，溶蚀孔洞和裂缝发育。其中，第 19 回次（5125.1～5131.2m）见典型溶洞角砾充填和网状裂缝发育，表明储集体遭受较强的岩溶和破裂改造作用。第 24 回次岩心上发育大量蜂窝状溶孔，以针状、豆状、三角形及不规则为特征，部分溶孔充填沥青，部分溶孔未充填，是有利的储集孔隙发育段。塔参 1 井油气显示段镜下见典型构造缝溶蚀扩宽现象，溶蚀孔、缝发育，多未充填或被沥青质部分充填。荧光薄片见油脂沥青和沥青质充填构造微裂缝。塔中 162 井蓬莱坝组第 17 回次（5982.78～5990.84m）取心，岩心裂缝发育，共见 0.5～1mm 宽的小缝 9 条，1～3mm 宽的中缝 2 条，5～15mm 宽的大缝 8 条，被方解石全充填，见直径为 1～5mm 的孔洞 210 个，被泥质半充填。

（二）断溶缝洞型储集体

顺南—古城蓬莱坝组发育断溶缝洞型储集体，取心及薄片反映微观储集空间主要有裂缝、孔洞及少量白云岩孔隙，成像测井也显示发育溶蚀孔洞和裂缝。从古城地区实钻情况看，蓬莱坝组储集空间以裂缝和沿缝孔洞为主，储集体成因与断裂-热液改造相关。古城 7 井蓬莱坝组底部取心揭示储集体主要储集空间为裂缝和沿缝扩溶孔洞，在缝洞壁可见微柱状石英（类似于顺南 4 井），表明白云岩中的储集体发育与断裂和热液流体相关。而在城探 1 井蓬莱坝组的灰岩或白云质灰岩中，岩性致密，储集体不发育。

古城地区蓬莱坝组岩性横向有明显变化，西部在蓬莱坝组上部和下部发育白云岩和灰质白云岩，中部为灰岩和白云质灰岩，而往东白云岩含量变化，至城探 1 井附近蓬莱坝组均为灰岩。从储集体发育的特征来看，蓬莱坝组测井解释储集体均发育在白云岩段中，具有明显的岩性选择性。从古城 7 井井壁取心的核磁孔隙度来看，其基质物性总体较差，核磁孔隙度为 1%～3%，基质孔隙不发育。

塔河地区蓬莱坝组以白云岩裂缝-孔洞型储集体为主，在地震剖面上主要表现为串珠状反射、层状强反射、塌陷等异常反射特征，与奥陶系碳酸盐岩表层储集体地震响应特征具有一定的相似性。通过对塔河地区沙 88 井、塔深 2 井等蓬莱坝组储集空间类型的微观（岩石薄片、铸体岩石薄片、电镜扫描等）和岩心观察分析，蓬莱坝组储集体现今保留的储集空间类型主要有裂缝、溶蚀孔（洞）、白云石晶间孔及风化裂隙等。其中，裂缝、溶蚀孔（洞）是主要的储集空间类型，相应地形成裂缝型、溶蚀孔洞型及裂缝-孔洞型储集体类型。塔深 6 井蓬莱坝组 7547～7607m 揭示了一套约 60m 厚的硅质储集体，而其上下的白云岩和角砾状硅质均不具备有效的储渗性能。硅质储集体以硅质晶间微溶孔为主，中孔低渗，孔隙度为 10%～17%，但渗透率较低。

在玉北地区，玉北 5 井蓬莱坝组第 7～10 回次岩心上发育大量的溶蚀孔洞及裂缝，累计厚度约为 143m。该井蓬莱坝组储集体集中发育在中下部，上覆其他奥陶系碳酸盐岩地层，储集体发育较差，岩溶作用不明显。因此，该区蓬莱坝组中下部储集体的发育应该与埋藏溶蚀作用有关，发育断溶缝洞型储集体。

（三）裂缝型储集体

蓬莱坝组裂缝型储集体较少见，以塔深 2 井为代表。该井在蓬莱坝组 3 个回次的取心裂缝统计显示，共识别到 45 条裂缝，且裂缝发育程度相似，3 个回次的裂缝密度分别为 3.29 条/m、6.04 条/m、7.50 条/m。整体来看，裂缝以小缝为主，产状以平缝为主，大中缝和高角度裂缝都发育较少。对裂缝充填程度而言，全充填的裂缝约占全部裂缝的 44%，整体仍以半充填-未充填裂缝为主，说明裂缝是该井蓬莱坝组主要的储集空间之一。对应的成像测井显示，裂缝主要发育在蓬莱坝组底部，6730～6734m 段发育高角度裂缝，6734～6744m 段发育中高角度裂缝。

五、上寒武统下丘里塔格组

上寒武统下丘里塔格组发育岩溶缝洞型储集体、断溶缝洞型储集体和裂缝-孔洞型储集体（图 8-19）。

（一）岩溶缝洞型储集体

野外露头揭示上寒武统下丘里塔格组广泛发育岩溶缝洞型储集体，主要储集空间为溶蚀孔洞和裂缝，溶蚀孔洞的发育受层序界面沉积相和岩溶作用的控制，储集体发育在进积型叠置的高频层序顶部，岩溶储集体发育在由薄层泥质云岩、中层云岩及藻黏结白云岩组成的高频层序的上部，藻云坪砾屑滩相是有利的溶蚀孔洞型储集体发育带。寒武系下丘里塔格组储集体整体较发育，其中以巴探 5 井为代表，储集体以溶蚀孔洞和裂缝为主，白云岩的晶间孔隙发育较差。

塔里木盆地西北缘柯坪水泥厂剖面寒武系顶面发育不整合，而塔河地区多年研究表明，寒武系顶面发育角度不整合特征，如于奇 6 井区寒武系顶面可见明显的角度不整合关系。在地震剖面上，塔河地区寒武系顶面不整合面呈杂乱反射特征，这与顺南地区三维工区内的杂乱反射具有相似的特征，说明顺南地区可能具备发育平行不整合的条件。更为重要的是，根据对顺南地区顺南 1 井三维工区内串珠异常反射和片状异常反射的统计，其优质储集体的地震响应特征串珠的分布，在寒武系顶面附近具有明显增加的趋势，但是其串珠较弱，与鹰山组下段主要受断裂体系及深部流体改造的强串珠明显不同，在寒武系顶面数量增加的趋势可能受寒武系顶面不整合的影响。

沿巴楚—方 1 井—巴探 5 井—玛北 1 井—和 4 井—塔中 1 井一线呈东西向展布的局限台地白云岩，发育与寒武系顶面不整合相关的白云岩岩溶缝洞型储集体。根据方 1 井、巴探 5 井、康 2 井、和 4 井和塔参 1 井等井揭示，储集体质量较好。

（二）断溶缝洞型储集体

断裂带及其伴生裂缝带既是流体输导的有利通道，也是热液溶蚀发生的有利部位，在早期孔隙层与裂缝的基础上，埋藏溶蚀作用多具有结构选择性，沿断裂带附近的缝洞体、孔洞层、裂缝带是发生溶蚀作用的集中部位，可以有效改善早期的储集空间。埋藏溶蚀作用不但期次多，而且分布较普遍，规模较大，所形成的各种串珠状溶蚀孔洞、扩溶缝，是油气有效的储集空间，控制储集体的发育，并使储集体的非均质性增强。塔中 Ⅰ 号断裂带附近的中深 1 井、巴楚地区康塔库木断裂带附近的巴探 5 井下丘里塔格群裂缝均较发育，并且多见埋藏期的方解石充填，表明断裂带是埋藏期大型缝洞体发育的主要部位，断裂带与流体的配置形成多种类型的埋藏期溶蚀作用。塔北的阿克苏—玉东 2 井—沙雅地区受到后期构造隆升暴露，发育断溶缝洞型储集体，如于奇 6、英买 6 井、牙哈 3 井和牙哈 7X-1 井。古城地区城探 1 井、古城 8 井揭示上寒武统白云岩为浅埋藏白云石化作用成因，热液的作用方式是后期改造，发育热液改造型白云岩储集体。

（三）裂缝-孔洞型储集体

寒武系台缘带受古地貌及海平面变化的影响，发育多期礁滩体。目前寒武系台缘带勘探主要集中在北部的轮南地区和南部的古城地区，上寒武统发育厚 300～900m 的台地边缘微生物礁滩储集体，造礁生物主要为蓝细菌。造礁形态有枝状骨架、凝块、核形石和层纹石等，储集空间主要为微生物格架孔、空腔孔基础上经溶蚀改造形成的溶蚀孔洞、铸模孔和粒内溶孔等，孔隙度一般介于 2%～9% 之间。满加尔拗陷西部轮南—古城一线上寒武统台缘带是发育裂缝-孔洞型储集体的有利区域。

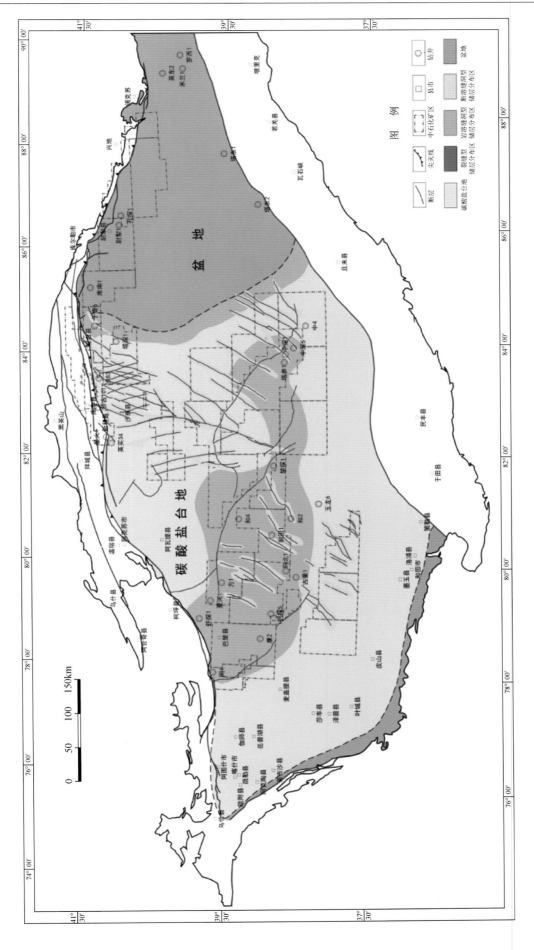

图 8-19　塔里木盆地寒武系下丘里塔格组储集体综合评价图

参 考 文 献

白国平，2006. 世界碳酸盐岩大油气田分布特征. 古地理学报，8（2）：241-250.

白晓亮，2012. 塔中地区鹰山组岩溶储层特征及形成机理研究. 成都：成都理工大学.

蔡春芳，李宏涛，2005. 沉积盆地热化学硫酸盐还原作用评述. 地球科学进展，20（10）：1100-1105.

蔡习尧，李慧莉，尤东华，等，2016. 塔里木盆地玉北 5 井下奥陶统蓬莱坝组沉积期的暴露标志及其意义. 岩石学报，32（03）：915-921.

陈汉林，杨树锋，董传万，等，1997. 塔里木盆地二叠纪基性岩带的确定及大地构造意义. 地球化学，26（6）：77-87.

陈红汉，鲁子野，曹自成，等，2016a. 塔里木盆地塔中地区北坡奥陶系热液蚀变作用. 石油学报，37（1）：43-63.

陈红汉，吴悠，丰勇，等，2014. 塔河油田奥陶系油气成藏期次及年代学. 石油与天然气地质，35（6）：806-819.

陈红汉，吴悠，朱红涛，等，2016b. 塔中地区北坡中-下奥陶统早成岩岩溶作用及储层形成模式. 石油学报，37（10）：1231-1246.

陈强路，杨鑫，储呈林，等，2015. 塔里木盆地寒武系烃源岩沉积环境再认识. 石油与天然气地质，36（6）：880-887.

陈永权，蒋少涌，周新源，等，2010. 塔里木盆地寒武系层状硅质岩与硅化岩的元素、$\delta^{30}Si$、$\delta^{18}O$ 地球化学研究. 地球化学，39（2）：159-170.

陈永权，周新源，杨文静，2009. 塔里木盆地寒武系白云岩的主要成因类型及其储层评价. 海相油气地质，14（4）：10-18.

池国祥，卢焕章，2008. 流体包裹体组合对测温数据有效性的制约及数据表达方法. 岩石学报，24（9）：1945-1953.

池国祥，薛春纪，2011. 成矿流体动力学的原理、研究方法及应用. 地学前缘，18（5）：1-18.

崔欢，关平，简星，2012. 塔北西部岩浆热液-地层水流体系统及碳酸盐岩储层的成岩作用响应. 北京大学学报：自然科学版，48（3）：433-443.

邓尚，李慧莉，张仲培，等，2018. 塔里木盆地顺北及邻区主干走滑断裂带差异活动特征及其与油气富集的关系. 石油与天然气地质，39（5）：878-888.

邓胜徽，黄智斌，景秀春，等，2008. 塔里木盆地西部奥陶系内部不整合. 地质论评，54（06）：741-747.

丁文龙，漆立新，云露，等，2012. 塔里木盆地巴楚-麦盖提地区古构造演化及其对奥陶系储层发育的控制作用. 岩石学报，28（8）：2542-2556.

董治斌，2015. 南海北部深水区生物礁滩发育规律及成藏条件分析. 西安：西北大学.

樊太亮，于炳松，高志前，2007. 塔里木盆地碳酸盐岩层序地层特征及其控油作用. 现代地质，21（1）：57-65.

范嘉松，1996. 中国生物礁与油气. 北京：海洋出版社.

冯增昭，鲍志东，吴茂炳，等，2007. 塔里木地区奥陶纪岩相古地理. 古地理学报，9（5）：447-460.

傅恒，韩建辉，孟万斌，等，2017. 塔里木盆地塔中北坡奥陶系碳酸盐岩岩溶储层的形成机理. 天然气工业，37（3）：25-36.

葛瑞全，2004. 济阳拗陷新生界海绿石的存在及其地质意义. 沉积学报，22（2）：276-280.

韩俊，曹自成，邱华标，等，2016. 塔中北斜坡奥陶系走滑断裂带与岩溶储集体发育模式. 新疆石油地质，37（2）：145-151.

何治亮，等，2001. 塔里木盆地多旋回盆地与复式油气系统. 北京：中国地质大学出版社.

何治亮，彭守涛，张涛，2010. 塔里木盆地塔河地区奥陶系储层形成的控制因素与复合-联合成因机制. 石油与天然气地质，31（6）：743-752.

贺振华，黄德济，文晓涛，2007. 裂缝油气藏地球物理预测. 成都：四川科学技术出版社.

黄臣军. 2010. 阿克库勒凸起海相油气成藏规律研究. 北京：中国地质科学院.

黄擎宇，刘迪，叶宁，等，2013. 塔里木盆地寒武系白云岩储层特征及成岩作用. 东北石油大学学报，06：63-74.

黄思静，2010. 碳酸盐岩的成岩作用. 北京：地质出版社.

黄思静，石和，张萌，等，2004. 锶同位素地层学在奥陶系海相地层定年中的应用——以塔里木盆地塔中 12 井为例. 沉积学报，22（1）：1-5.

黄思静，王春梅，黄培培，等，2008. 碳酸盐成岩作用的研究前沿和值得思考的问题. 成都理工大学学报，1：1-11.

黄太柱，2014. 塔里木盆地塔中北坡构造解析与油气勘探方向. 石油实验地质，36（3）：257-267.

贾承造，1997. 中国塔里木盆地构造特征与油气. 北京：石油工业出版社.

贾承造，1999. 塔里木盆地构造特征与油气聚集规律. 新疆石油地质，20（3）：177-183.

姜华，张艳秋，潘文庆，等，2013. 塔北隆起英买 2 井区碳酸盐岩储层特征及岩溶模式. 石油学报，2：232-238.

焦方正，2017. 塔里木盆地顺托果勒地区北东向走滑断裂带的油气勘探意义. 石油与天然气地质，38（5）：831-839.

焦方正，2018. 塔里木盆地顺北特深碳酸盐岩断溶体油气藏发现意义与前景. 石油与天然气地质，39（2）：207-216.

焦方正，2019. 塔里木盆地深层碳酸盐岩缝洞型油藏体积开发实践与认识. 石油勘探与开发，46（3）：552-558.

焦方正，窦之林，2008. 塔河碳酸盐岩缝洞型油藏开发研究与实践. 北京：石油工业出版社.

焦方正，翟晓先，2008. 海相碳酸盐岩非常规大油气田：塔河油田勘探研究与实践. 北京：石油工业出版社.

金之钧，蔡立国，2006. 中国海相油气勘探前景、主要问题与对策. 石油与天然气地质，27（6）：722-730.

金之钧，朱东亚，胡文瑄，等，2006. 塔里木盆地热液活动地质地球化学特征及其对储层影响. 地质学报，80（2）：245-253.

金之钧，朱东亚，孟庆强，等，2013. 塔里木盆地热液流体活动及其对油气运移的影响. 岩石学报，29（3）：1048-1058.

康玉柱，2005. 塔里木盆地寒武-奥陶系古岩溶特征与油气分布. 新疆石油地质，26（5）：472-480.

康玉柱，2007. 中国古生代海相油气田发现的回顾与启示. 石油与天然气地质，28（5）：570-575.

李春荣，潘继平，刘占红，2007. 世界大油气田形成的构造背景及其对勘探的启示. 海洋石油，3：34-40.

李会军，丁勇，周新桂，等，2010. 塔河油田奥陶系海西早期、加里东中期岩溶对比研究. 地质论评，56（3）：413-425.

李梅，2012. 四川盆地 JG 地区二叠系生物礁储层地震预测研究. 成都：成都理工大学.

李培军，陈红汉，唐大卿，等，2017. 塔里木盆地顺南地区中-下奥陶统 NE 向走滑断裂及其与深成岩溶作用的耦合关系. 地球科学，42（1）：93-104.

李丕龙，等，2010. 塔里木盆地构造沉积与成藏. 北京：地质出版社.

李庆，胡文瑄，张军涛，等，2010. 塔里木盆地西北缘中寒武统硅质岩特征与形成环境. 矿物学报，30（3）：293-302.

李阳，2013. 塔河油田碳酸盐岩缝洞型油藏开发理论及方法. 石油学报，34（1）：115-121.

李阳，康志江，薛兆杰，等，2018. 中国碳酸盐岩油气藏开发理论与实践. 石油勘探与开发，45（4）：669-678.

李映涛，2016. 塔中北坡中-下奥陶统碳酸盐岩储层特征及形成机理研究. 成都：成都理工大学.

李映涛，叶宁，袁晓宇，等，2015. 塔里木盆地顺南 4 井中硅化热液的地质与地球化学特征. 石油与天然气地质，36（6）：934-944.

李映涛，袁晓宁，叶宁，等，2014. 塔里木盆地玉北地区鹰山组储层特征及主控因素. 海相油气地质，19（4）：9-18.

李曰俊，宋文杰，买光荣，等，2001. 库车和北塔里木前陆盆地与南天山造山带的耦合关系. 新疆石油地质，22（5）：376-381+1.

李曰俊，杨海军，赵岩，等，2009. 南天山区域大地构造与演化. 大地构造与成矿学，33（1）：94-104.

李曰俊，张洪安，钱一雄，等，2010. 关于南天山碰撞造山时代的讨论. 地质科学，45（1）：57-65.

厉子龙，杨树锋，陈汉林，等，2008. 塔西南玄武岩年代学和地球化学特征及其对二叠纪地幔柱岩浆演化的制约. 岩石学报，24（5）：959-970.

林新，龚伟，余腾孝，等，2018. 塔里木盆地玉北地区奥陶系储层成因及分布. 海相油气地质，23（3）：11-21.

刘宝和，2008. 中国石油勘探开发百科全书. 北京：石油工业出版社.

刘宝珺，1980. 沉积岩石学，北京：地质出版社.

刘宝珺，张锦泉，1992. 沉积成岩作用. 北京：科学出版社.

刘存革，李国蓉，张一伟，等，2007. 锶同位素在古岩溶研究中的应用——以塔河油田奥陶系为例. 地质学报，81（10）：1398-1406.

刘存革，张珺，吕海涛，2008. 塔河油田中-下奥陶统古岩溶洞穴巨晶方解石成因及演化. 地质科技情报，27（4）：33-38.

刘红光，刘波，曹鉴华，等，2018. 塔里木盆地玉北地区中-下奥陶统储层发育特征及控制因素. 石油与天然气地质，39（1）：107-118.

刘伟，黄擎宇，王坤等，2016. 塔里木盆地热液特点及其对碳酸盐岩储层的改造作用. 天然气工业，36（3）：14-21.

刘忠宝，高山林，岳勇，等，2014. 塔里木盆地麦盖提斜坡奥陶系储层成因与分布. 石油学报，35（4）：654-663.

刘忠宝，吴仕强，刘士林，等，2013. 塔里木盆地玉北地区奥陶系储层类型及主控因素. 石油学报，34（4）：638-646.

鲁新变，2003. 塔里木盆地塔河油田奥陶系碳酸盐岩油藏开发地质研究中的若干问题. 石油实验地质，25（5）：508-512.

陆朋朋，2012. 柯坪断裂寒武-奥陶系硅质岩的岩石学特征及沉积储层分析. 成都：成都理工大学.

罗平，王石，李朋威，等，2013. 微生物碳酸盐岩油气储层研究现状与展望. 沉积学报，31（5）：807-823.

罗平，张静，刘伟，等，2008. 中国海相碳酸盐岩油气储层基本特征. 地学前缘，15（1）：36-50.

吕海涛，张达景，杨迎春，2009. 塔河油田奥陶系油藏古岩溶表生作用期次划分. 地质科技情报，28（6）：71-75.

吕海涛，张哨楠，马庆佑，2017. 塔里木盆地中北部断裂体系划分及形成机制探讨. 石油实验地质，39（4）：444-452.

吕俏凤，2012. 生物礁油气藏近源成藏模式及其对勘探的启示. 海相油气地质，17（1）：41-48.

吕修祥，杨宁，解启来，等，2005. 塔中地区深部流体对碳酸盐岩储层的改造作用. 石油与天然气地质，26（3）：284-296.

马锋，许怀先，顾家裕，等，2009. 塔东寒武系白云岩成因及储集层演化特征. 石油勘探与开发，36（2）：144-155.

马庆佑，沙旭光，李宗杰，等，2013. 塔里木盆地塔中北围斜中下奥陶统顶部暴露剥蚀的证据探讨. 石油实验地质，35（5）：500-504.

马晓强，侯加根，胡向阳，等，2013. 塔里木盆地塔河油田奥陶系断控型大气水岩溶储层结构研究. 地质论评，59（3）：521-532.

马永生，张建宁，赵培荣，等，2016. 物探技术需求分析及攻关方向思考——以中国石化油气勘探为例. 石油物探，55（1）：1-9.

孟祥豪，张哨楠，蔺军，等，2011. 中国陆上最深井塔深 1 井寒武系优质储集空间主控因素分析. 断块油气田，18（1）：1-5.

聂杞连，2016. 川西地区茅口组滩相古地貌恢复与储层地震预测. 成都：成都理工大学.

潘文庆，刘永福，Dickson，J A D，等，2009. 塔里木盆地下古生界碳酸盐岩热液岩溶的特征及地质模型. 沉积学报，05：983-994.

潘赟，潘懋，田伟，等，2013. 塔里木中部二叠纪玄武岩分布的重新厘定：基于测井数据的新认识. 地质学报，87（10）：1542-1550.

漆立新，2014. 塔里木盆地下古生界碳酸盐岩大油气田勘探实践与展望. 石油与天然气地质，35（6）：771-779.

漆立新，2016. 塔里木盆地顺托果勒隆起奥陶系碳酸盐岩超深层油气突破及其意义. 中国石油勘探，21（3）：38-51.

漆立新，李宗杰，2018. 岩溶缝洞型储集体地震预测与目标评价——以塔河油田为例. 北京：石油工业出版社.

漆立新，云露，2010. 塔河油田奥陶系碳酸盐岩岩溶发育特征与主控因素. 石油与天然气地质，31（1）：1-12.

钱一雄，Conxita Taberner，邹森林，等，2007. 碳酸盐岩表生岩溶与埋藏溶蚀比较——以塔北和塔中地区为例. 海相油气地质，12（2）：1-7.

乔桂林，钱一雄，曹自成，等，2014. 塔里木盆地玉北地区奥陶系鹰山组储层特征及岩溶模式. 石油实验地质，36（4）：421-428.

沈安江，寿建峰，张宝民，等，2016a. 中国海相碳酸盐岩储层特征、成因和分布. 北京：石油工业出版社.

沈安江，郑剑锋，陈永权，等，2016b. 塔里木盆地中下寒武统白云岩储集层特征、成因及分布. 石油勘探与开发，43（3）：340-349.

史基安，1993. 塔里木盆地西北缘震旦系和古生代白云岩成因及其储集性. 沉积学报，11（2）：43-50.

宋芊，金之钧，2000. 大油气田统计特征. 石油大学学报（自然科学版），24（4）：11-14.

苏永辉，赵锡奎，李坤，等. 2010. 阿克库勒凸起构造演化与油气成藏期. 断块油气田，17（2）：156-160.

孙龙德，李曰俊，宋文杰，等，2002. 塔里木盆地北部构造与油气分布规律. 地质科学，37（S1）：1-13.

谭广辉，邱华标，余腾孝，等，2014. 塔里木盆地玉北地区奥陶系鹰山组油藏成藏特征及主控因素. 石油与天然气地质，35（1）：26-32.

谭秀成，罗冰，李卓沛，等，2011. 川中地区磨溪气田嘉二段砂屑云岩储集层成因. 石油勘探与开发，38（3）：268-274.

汤良杰，金之钧，1999. 负反转断裂主反转期和反转强度分析. 石油大学学报（自然科学版），23（6）：1-5，115.

汤良杰，金之钧，张一伟，等，1999. 塔里木盆地北部隆起负反转构造及其地质意义. 现代地质，13（1）：93-98.

汤良杰，漆立新，邱海峻，等，2012. 塔里木盆地断裂构造分期差异活动及其变形机理. 岩石学报，28（8）：2569-2583.

田煦，郑自立，易发成，1996. 中国坡缕石矿石特征及物化性能研究. 矿产综合利用，6：1-4.

王才良，2000. 世界石油工业百年风云. 国际石油经济，8（1）：51-53.

王坤，胡素云，刘伟，等，2017. 塔里木盆地古城地区上寒武统热液改造型储层形成机制与分布预测. 天然气地球科学，28（06）：939-951.

王嗣敏，金之钧，解启来，2004. 塔里木盆地塔中 45 井区碳酸盐岩储层的深部流体改造作用. 地质论评，50（5）：543-547.

王小林，胡文瑄，2010. 塔里木盆地柯坪地区上震旦统藻白云岩特征及其成因机理. 地质学报，84（10）：1479-1494.

王小林，金之钧，胡文瑄，等，2009. 塔里木盆地下古生界白云石微区 REE 配分特征及其成因研究. 中国科学（D 辑：地球科学），39（06）：721-733.

王兴志，张帆，马青，等，2002. 四川盆地东部晚二叠世-早三叠世飞仙关期礁、滩特征与海平面变化. 沉积学报，20（2）：249-254.

王振宇，吴丽，张云峰，等，2009. 塔中上奥陶统方解石胶结物类型及其形成环境. 地球科学与环境学报，3：265-271.

魏国齐，贾承造，施央申，等，2001. 塔北隆起北部中新生界张扭性断裂系统特征. 石油学报，22（1）：19-24，7.

文晓涛，黄德济，2014. 礁滩储层地震识别. 北京：科学出版社.

吴茂炳，王毅，郑孟林，等，2007. 塔中地区奥陶纪碳酸盐岩热液岩溶及其对储层的影响. 中国科学（D 辑：地球科学），37（A01）：83-92.

谢锦龙，黄冲，王晓星，2009. 中国碳酸盐岩油气藏探明储量分布特征. 海相油气地质，14（2）：24-30.

熊冉，周进高，倪新锋，等，2015. 塔里木盆地下寒武统玉尔吐斯组烃源岩分布预测及油气勘探的意义. 天然气工业，35（10）：49-56.

徐国强，2007. 塔里木盆地早海西期风化壳岩溶洞穴层研究. 成都：成都理工大学.

许杨阳，刘邓，于娜，等，2018. 微生物（有机）白云石成因模式研究进展与思考. 地球科学，A01：63-70.

闫磊，李明，潘文，2014. 塔里木盆地二叠纪火成岩分布特征——基于高精度航磁资料. 地球物理学进展，29（4）：1843-1848.

闫相宾，李铁军，张涛，等. 2005. 塔中与塔河地区奥陶系岩溶储层形成条件的差异. 石油与天然气地质，26（2）：202-207.

杨圣彬，刘军，李慧莉，等，2013. 塔中北围斜区北东向走滑断裂特征及其控油作用. 石油与天然气地质，34（6）：797-802.

杨树锋，陈汉林，冀登武，等，2005. 塔里木盆地早-中二叠世岩浆作用过程及地球动力学意义. 高校地质学报，11（4）：504-511.

叶德胜, 1992. 塔里木盆地东北地区震旦——奥陶系白云岩的储集性. 石油实验地质, 14 (2): 125-134.

尹观, 倪师军, 2009. 同位素地球化学. 北京: 地质出版社.

尤东华, 韩俊, 胡文瑄, 等, 2017. 超深层灰岩孔隙-微孔隙特征与成因——以塔里木盆地顺南 7 井和顺托 1 井一间房组灰岩为例. 石油与天然气地质, 38 (4): 693-702.

于炳松, 陈建强, 李兴武, 等, 2004. 塔里木盆地肖尔布拉克剖面下寒武统底部硅质岩微量元素和稀土元素地球化学及其沉积背景. 沉积学报, 22 (1): 59-66.

余新亚, 李平平, 邹华耀, 等, 2015. 川北元坝气田二叠系长兴组白云岩稀土元素地球化学特征及其指示意义. 古地理学报, 17 (3): 309-320.

余星, 陈汉林, 杨树锋, 等, 2009. 塔里木盆地二叠纪玄武岩的地球化学特征及其与峨眉山大火成岩省的对比. 岩石学报, 25 (6): 1492-1498.

云露, 翟晓先. 2008. 塔里木盆地塔深 1 井寒武系储层与成藏特征探讨. 石油与天然气地质, 29 (6): 726-732.

曾允孚, 夏文杰, 1986. 沉积岩石学. 北京: 地质出版社.

翟晓先, 2006. 塔河大油田新领域的勘探实践. 石油与天然气地质, 27 (6): 751-761.

翟晓先, 云露, 2008. 塔里木盆地塔河大型油田地质特征及勘探思路回顾. 石油与天然气地质, 29 (5): 565-573.

张兵, 2010. 川东-渝北地区长兴组礁滩相储层综合研究. 成都: 成都理工大学.

张春林, 2013. 鄂尔多斯盆地西部奥陶系岩溶储层形成机理及勘探目标评价. 北京: 中国地质大学 (北京).

张继标, 张仲培, 汪必峰, 等, 2018. 塔里木盆地顺南地区走滑断裂派生裂缝发育规律及预测. 石油与天然气地质, 39 (5): 955-963.

张鹏德, 黄太柱, 丁勇, 1999. 塔里木盆地沙雅隆起北部主要负反转断裂及其控油作用. 河南石油, 13 (06): 7-13, 59.

张水昌, 张宝民, 李本亮, 等, 2011. 中国海相盆地跨重大构造期油气成藏历史——以塔里木盆地为例. 石油勘探与开发, 38 (1): 1-15.

张文淮, 陈紫英, 1993. 流体包裹体地质学. 武汉: 中国地质大学出版社.

赵邦六, 杜小弟, 2009. 生物礁地质特征与地球物理识别. 北京: 石油工业出版社.

赵明, 2009. 巴楚-麦盖提地区构造叠合改造过程分析及其对层序和沉积充填的控制作用. 武汉: 中国地质大学.

赵文智, 沈安江, 胡素云, 等, 2012. 中国碳酸盐岩储集层大型化发育的地质条件与分布特征. 石油勘探与开发, 39 (1): 1-12.

赵文智, 沈安江, 潘文庆, 等, 2013. 碳酸盐岩岩溶储层类型研究及对勘探的指导意义——以塔里木盆地岩溶储层为例. 岩石学报, 29 (9): 3213-3222.

赵岩, 李曰俊, 孙龙德, 等, 2012. 塔里木盆地塔北隆起中-新生界伸展构造及其成因探讨. 岩石学报, 28 (8): 2557-2568.

赵宗举, 2008. 海相碳酸盐岩储集层类型、成藏模式及勘探思路. 石油勘探与开发, 35 (6): 692-703.

赵宗举, 范国章, 吴兴宁, 等, 2007. 中国海相碳酸盐岩的储层类型、勘探领域及勘探战略. 石油天然气地质与勘探, 1: 1-11.

赵宗举, 罗家洪, 张运波, 等, 2011. 塔里木盆地寒武纪层序岩相古地理. 石油学报, 32 (6): 937-948.

郑剑锋, 沈安江, 莫妮亚, 等, 2010. 塔里木盆地寒武系—下奥陶统白云岩成因及识别特征. 海相油气地质, 01: 6-14.

郑永飞, 陈江峰, 2000. 稳定同位素地球化学. 北京: 科学出版社.

郑自立, 田煦, 蔡克勤, 等, 1997 中国坡缕石晶体化学研究. 矿物学报, 17 (2): 107-114.

钟建华, 温志峰, 李勇, 等, 2005. 生物礁的研究现状与发展趋势. 地质评论, 51 (3): 288-300.

周文, 李秀华, 金文辉, 等, 2011. 塔河奥陶系油藏断裂对古岩溶的控制作用. 岩石学报, 27 (8): 2339-2348.

朱东亚, 胡文瑄, 宋玉才, 等, 2005. 塔里木盆地塔中 45 井油藏萤石化特征及其对储层的影响. 岩石矿物学杂志, 24 (3): 205-215.

朱东亚, 金之钧, 胡文瑄, 2009. 塔中地区热液改造型白云岩储层. 石油学报, 5: 698-704.

朱东亚, 金之钧, 胡文瑄, 2010. 塔北地区下奥陶统白云岩热液重结晶作用及其油气储集意义. 中国科学 (D 辑: 地球科学), 40 (2): 156-170.

朱东亚, 孟庆强, 2010. 塔里木盆地下古生界碳酸盐岩中硅化作用成因. 石油实验地质, 32 (4): 358-361.

朱东亚, 孟庆强, 金之钧, 等, 2012 复合成因碳酸盐岩储层及其动态发育过程——以塔河地区奥陶系碳酸盐岩为例. 天然气地球科学, 23 (1): 26-35.

朱光有, 张水昌, 马永生, 等, 2006. TSR (H$_2$S) 对石油天然气工业的积极性研究——H$_2$S 的形成过程促进储层次生孔隙的发育. 地学前缘, 13 (3): 141-149.

朱秀, 朱红涛, 陈红汉, 等, 2016. 塔里木盆地顺南地区中-下奥陶统深成岩溶特征. 石油与天然气地质, 37 (5): 653-662.

Adams J E, Rhodes M L, 1960. Dolomitization by seepage refluxion. American Association of Petroleum Geologist Bulletin, 44: 1912-1920.

Amorosi A, 1997. Detecting compositional, spatial, and temporal attributes of glaucony: a tool for provenance research. Sedimentary Geology, 109 (1-2): 135-153.

Amthor J E，Mountjoy E W，Machel H G，1994. Regional-scale porosity and permeability variations in Upper Devonian Leduc buildups：Implications for reservoir development and prediction in carbonates. American Association of Petroleum Geologist Bulletin，78：1541-1559.

Archie G E，1952. Classification of Carbonate Reservoir Rocks and Petrophysical Considerations. American Association of Petroleum Geologist Bulletin，36（2）：278-298.

Babatunde J O，Karem A，Uwe B，2014. Dolomites of the Boat Harbour Formation in the Northern Peninsula，western Newfoundland，Canada：Implications for dolomitization history and porosity control. American Association of Petroleum Geologists Bulletin，98（4）：765-791.

Banner J L，Hanson G N，Meyers W J，1988. Rare earth element and Nd isotopic variations in regionally extensive dolomites from the Burlington-Keokuk Formation（Mississippian）：Implications for REE mobility during carbonate diagenesis. Journal of Sedimentary Research，58（3）：415-432.

Banner J L，1995. Application of the trace element and isotope geochemistry of strontium to studies of carbonate diagenesis. Sedimentology，42（5）：805-824.

Barker C E，Goldstein R H，1990. Fluid-inclusion technique for determining maximum temperature in calcite and its comparison to the vitrinite reflectance geothermometer. Geology，18：1003-1006.

Bau M，Dulski P，1996. Distribution of yttrium and rare-earth elements in the Penge and Kuruman iron-formations，Transvaal Supergroup，South Africa. Precambrian Research，79（1-2）：37-55.

Bernasconi S M，Schmid T W，Grauel A L，et al.，2011. Clumped-isotope geochemistry of carbonates：A new tool for the reconstruction of temperature and oxygen isotope composition of seawater. Applied Geochemistry，26：S279-S280.

Bjørlykke K，Jahren J，2012. Open or closed geochemical systems during diagenesis in sedimentary basins：Constraints on mass transfer during diagenesis and the prediction of porosity in sandstone and carbonate reservoirs. American Association of Petroleum Geologist Bulletin，93（12）：2193-2214.

Blatt H，Middleton G，Murray R，1972. Origin of sedimentary rocks. Prentice-Hall，Englewood Cliffs，NJ.

Bodnar R J，2003. reequilibration of fluid inclusions，fluid inclusions：analysis and interpretation.

Cai C，Li K，Li H，et al.，2008. Evidence for cross formational hot brine flow from integrated $^{87}Sr/^{86}Sr$，REE and fluid inclusions of the Ordovician veins in Central Tarim，China. Applied Geochemistry，23（8）：2226-2235.

Came R E，Azmy K，Tripati A，et al.，2017. Comparison of clumped isotope signatures of dolomite cements to fluid inclusion thermometry in the temperature range of 73-176°C. Geochimica et Cosmochimica Acta，199：31-47.

Chacrone C，Hamoumi N，Attou A，2004. Climatic and tectonic control of Ordovician sedimentation in the western and central High Atlas（Morocco）. Journal of African Earth Sciences，39（3）：329-336.

Chen，D Z，Qing，H R，Yang C，2004. Multistage hydrothermal dolomites in the middle Devonian（Givetian）carbonates from the Guilin area，South China. Sedimentology，51：1029-1051.

Chi G，Chu H，Scott R，et al.，2014. A new method for determining fluid compositions in the $H_2O-NaCl-CaCl_2$ system with cryogenic raman spectroscopy. Acta Geologica Sinica（English Edition），88：1169-1182.

Chi G，Haid T，Quirt D，et al.，2016. Petrography，fluid inclusion analysis，and geochronology of the End uranium deposit，Kiggavik，Nunavut，Canada. Mineralium Deposita，52（2）：1-22.

Choquette P W，Hiatt E E，2008. Shallow-burial dolomite cement：a major component of many ancient sucrosic dolomites. Sedimentology，55（2）：423-460.

Choquette P W，James N P，1987. Diagenesis 12：Diagenesis in limestones：3. The deep burial environment：Geoscience Canada，14：3-35.

Choquette P W，Pray L C，1970. Geologic nomenclature and classification of porosity in sedimentary carbonates. American Association of Petroleum Geologist Bulletin，54（2）：207-250.

Choquette P W，Hiatt E E，2008. Shallow-burial dolomite cement：a major component of many ancient sucrosic dolomites. Sedimentology，55（2）：423-460.

Chu H，Chi G，Chou I M，2016. Freezing and melting behaviors of $H_2O-NaCl-CaCl_2$ solutions in fused silica capillaries and glass-sandwiched films：implications for fluid inclusion studies. Geofluids，16：518-532.

Davies G R，Smith L B，2006. Structurally controlled hydrothermal dolomite reservoir facies：an overview. The American Association of Petroleum Geologists，90（11）：1641-1690.

Dennis K J，Schrag D P，2010. Clumped isotope thermometry of carbonatites as an indicator of diagenetic alteration. Geochimica et Cosmochimica Acta，74：4110-4122.

Dong S F，Chen D Z，Qing H R，et al.，2013. Hydrothermal alteration of dolostones in the Lower Ordovician，Tarim Basin，NW China：multiple constraints from petrology，isotope geochemistry and fluid inclusion microthermometry. Marine and Petroleum Geology，46：270-286.

Dong S F，Chen D Z，Zhou X Q，et al.，2017. Tectonically driven dolomitization of Cambrian to Lower Ordovician carbonates of the Quruqtagh area，north-eastern flank of Tarim Basin，north-west China. Sedimentology，64（4）：1079-1106.

Du Y，Fan T L，Machel H G，et al.，2018. Genesis of Upper Cambrian-Lower Ordovician dolomites in the Tahe Oilfield，Tarim Basin，NW China：Several limitations from petrology，geochemistry，and fluid inclusions. Marine and Petroleum Geology，91：43-70.

Dunham R J，1962. Classification of Carbonate Rocks According to Depositional Texture. American Association of Petroleum Geologist，1：108-121.

Dunham R J，1970. Stratigraphic reefs versus ecologic reefs. American Association of Petroleum Geologist Bulletin，54：1931-1932.

Ehrenberg S N，Aqrawi A A M，Nadeau P H，2008. An overview of reservoir quality in producing Cretaceous strata of the Middle East. Petroleum Geoscience，14（4）：307-318.

Ehrenberg S N，Bjørlykke K，2016. Comments regarding hydrothermal dolomitization and porosity development in the paper "Formation mechanism of deep Cambrian dolomite reservoirs in the Tarim basin，northwestern China" by Zhu et al. （2015）. Marine and Petroleum Geology，76：480-481.

Ehrenberg S N，Nadeau P H，Steen Ø，2009. Petroleum reservoir porosity versus depth：Influence of geological age. American Association of Petroleum Geologist Bulletin，93（10）：1281-1296.

Ehrenberg S N，Walderhaug O，Bjørlykke K，2012. Carbonate porosity creation by mesogenetic dissolution：Reality or illusion?，American Association of Petroleum Geologist Bulletin，96（2）：217-233.

Ehrenberg S，Nadeau P，2005. Sandstone vs. carbonate petroleum reservoirs：A global perspective on porosity-depth and porosity-permeability relationships. American Association of Petroleum Geologists Bulletin，89（4）：435-445.

Eiler J M，2007. "Clumped-isotope" geochemistry—The study of naturally-occurring，multiply-substituted isotopologues. Earth and Planetary Science Letters，262：309-327.

Esteban M，Klappa C F，1983. Subaerial exposure environment. The American Association of Petroleum Geologists，33：1-54.

Faulkner D R，Lewis A C，Rutter E H，2003. On the internal architecture and mechanics of large strike-slip fault zones：Field observations of the carboneras fault in southeastern Spain. Tectonophysics，367（3）：235-251.

Faulkner D R，Mitchell T M，Rutter E H，et al. ，2008. On the structure and mechanical properties of large strike-slip faults. Proceedings of the National Academy of ences of the United States of America，299（1）：139-150.

Flugel E，Munnecke A，2010. Microfacies of carbonate rocks：analysis，interpretation and application. Springer-Verlag.

Folk R L，1959. Practical petrographic classification of limestones. American Association of Petroleum Geologist Bulletin，43（1）：1-38.

Folk R L，1962. Special subdivision of limestone types. Classification of carbonate rocks—a symposium. American Association of Petroleum Geologist Mem，1：62-84.

Folk R L，Land L S，1975. Mg/Ca ratio and salinity：two controls over crystallization of dolomite. Assoc. Petroleum Geologists Bull，59（1）：60-68.

Friedman G M，1965，Terminology of crystallization textures and fabrics in sedimentary rocks. Jour.，Bed. Petrology，35：643-655.

Goldhaber M B，Orr W L，1995. Kinetic controls on thermochemical sulfate reduction as a source of sedimentary H_2S. ACS Symposium Series，vol. 612：412-425.

Goldstein R H，1986. Reequilibration of fluid inclusions in low-temperature calcium-carbonate cement. Geology，14：792-795.

Goldstein R H，2001. Fluid inclusions in sedimentary and diagenetic systems. Lithos，55：159-193.

Goldstein S J，Jacobsen S B，1988. Rare earth elements in river waters. Earth and Planetary Science Letters，89（1）：35-47.

Goldstein R H，Reynolds T J，1994. Systematics of fluid inclusions in diagenetic minerals. SEPM Short Course Notes，31：1-19.

Gregg J M，Shelton K L，1990. Dolomitization and dolomite neomorphism in the back reef facies of the Bonneterre and Davies Formations（Cambrian），southeastern Missouri. Journal of Sedimentary Research，60：549-562.

Gregg J M，Shelton K L，Johnson A W，et al.，2001. Dolomitization of the Waulsortian Limestone（Lower Carboniferous）in the Irish Midlands. Sedimentology，48：745-766.

Gregg J M，Sibley D F，1984. Epigenetic dolomitization and the origin of xenotopic dolomite texture. Journal of Sedimentary Petrology，54：908-931.

Gu C，Chen D Z，Qing H R，et al.，2016. Multiple dolomitization and later hydrothermal alteration on the Upper Cambrian-Lower Ordovician carbonates in the northern Tarim Basin，China. Marine and Petroleum Geology，72：295-316.

Guichard F，Church T M，Treuil M，et al.，1979. Rare earths in barites：Distribution and effects on aqueous partitioning. Geochimica et Cosmochimica Acta，43（7）：983-997.

Guo C，Chen D，Qing H，et al.，2016. Multiple dolomitization and later hydrothermal alteration on the Upper Cambrian-Lower Ordovician carbonates in the northern Tarim Basin，China. Marine and Petroleum Geology，72：295-316.

Han X，Deng S，Tang L，et al.，2017. Geometry，kinematics and displacement characteristics of strike-slip faults in the northern slope of Tazhong uplift in Tarim Basin：A study based on 3D seismic data. Marine and Petroleum Geology，88：410-427.

Hanshaw B B，Back W，Deike R G，1971. A geochemical hypothesis for dolomitization by ground water. Economic Geology，66：710-724.

Hao F，Zhang X，Wang C，et al.，2015. The fate of CO 2 derived from thermochemical sulfate reduction（TSR）and effect of TSR on carbonate porosity and permeability，Sichuan Basin，China. Earth-Science Reviews，141：154-177.

Hoefs J，2008. Stable Isotope Geochemistry. Berlin：Springer-Verlag.

Jiang L，Cai C，Worden R H，et al.，2016. Multiphase dolomitization of deeply buried Cambrian petroleum reservoirs，Tarim Basin，north-west China. Sedimentology，63（7）：2130-2157.

Jiang L，Pan W，Cai C，et al.，2015. Fluid mixing induced by hydrothermal activity in the Ordovician carbonates in Tarim Basin，China. Geofluids，15：483-498.

Jiang L，Worden R H，Yang C，2018. Thermochemical sulphate reduction can improve carbonate petroleum reservoir quality. Geochimica Et Cosmochimica Acta，223：127-140.

Jin Z，Zhu D，Zhang X，et al.，2006. Hydrothermally fluoritized Ordovician carbonates as reservoir rocks in the Tazhong area，central Tarim Basin，NW China. Journal of Petroleum Geology，29：27-40.

Kendall A C，Tucker M E，1973. Radiaxial fibrous calcite：a replacement after acicular carbonate. Sedimentology，20（3）：365-389.

Kendall A C，1983. New Cements for Old Radiaxia Fibrous Calcite-A Reassessment：ABSTRACT. American Association of Petroleum Geologists.

Land L S，1970. Phreatic versus vadose meteoric diagenesis of limestones：evidence from a fossil water table. Sedimentology 14：175-85.

Land L S，1980. The isotopic and trace element geochemistry of dolomite：the state of the art. SEPM Special Publication，28：87-110.

Land L S，1985. The origin of massive dolomite. Journal of Geological Education，33：112-125.

Larsen G，Chilingar，G V，1967. Diagenesis in sediments. Developments in Sedimentology 8，Elsevier Publishing Company.

Lazar B，Starinsky A，Katz A，et al.，1983. The carbonate system in hypersaline solutions：alkalinity and $CaCO_3$ solubility of evaporated seawater. Limnology and Oceanography，28：978-986.

Leach D L，Plumlee G S，Hofstra A H，et al.，1991. Origin of late dolomite cement by CO_2-saturated deep basin brines：Evidence from the Ozark region，central United States. Geology，19（4）：348-351.

Li Z X，Bogdanova S V，Collins A S，et al.，2008. Assembly，configuration，and break-up history of Rodinia：A synthesis. Precambrian Research，160（1-2）：179-210.

Li Z X，Zhang L，Powell C M，1996. Positions of the East Asian cratons in the Neoproterozoic supercontinent Rodinia. Australia Journal of Earth Sciences，43（06）：593-604.

Liu D，Xiao X，Mi J，et al.，2003. Determination of trapping pressure and temperature of petroleum inclusions using PVT simulation software—a case study of Lower Ordovician carbonates from the Lunnan Low Uplift，Tarim Basin. Marine and Petroleum Geology，20（1）：29-43.

Lloyd M K，Eiler J M，Nabelek P I，2017. Clumped isotope thermometry of calcite and dolomite in a contact metamorphic environment. Geochimica et Cosmochimica Acta，197：323-344.

Lloyd R M，1968. Oxygen isotope behaviour in the sulfatewater system. Journal of Geophysics Research，73：6099-6110.

Longman M W，1980. Carbonate diagenetic textures from near surface diagenetic environments. American Association of Petroleum Geologist Bulletin，64：461-487.

Lønøy，2006. Making sense of carbonate pore systems. American Association of Petroleum Geologist Bulletin，90（9）：1381-1405.

Loucks R G，1999. Paleocave carbonate reservoirs：Origins，burial-depth modifications，spatial complexity，and reservoir implications. American Association of Petroleum Geologist Bulletin，83（11）：1795-1834.

Lu X，Wang Y，Tian F，et al.，2017. New insights into the carbonate karstic fault system and reservoir formation in the Southern Tahe area of the Tarim Basin. Marin and Petroleum Geology，86：587-605.

Lu Z，Chen H，Qing H，et al.，2017. Petrography，fluid inclusion and isotope studies in Ordovician carbonate reservoirs in the Shunnan area，Tarim basin，NW China：Implications for the nature and timing of silicification. Sedimentary Geology，359：29-43.

Lucia F J, 1995. Rock-Fabric Petrophysical Classification of Carbonate Pore Space for Reservoir Characterization. American Association of Petroleum Geologists Bulletin, 79: 1275-1300.

Lucia F J, Major R P, 1994. Porosity evolution through hypersaline reflux dolomitization//Purser B H, Tucker M E, Zenger D H. Dolomites-A Volume in Honour of Dolomieu. Special Publications 21. Oxford: International Association of Sedimentologists.

Lyell C, 1841. Some remakes on the Silurian strata between Aymestry and Wenlock. Proceedings of Geological Society, 3: 463-465.

Machel H G, 1987. Saddle dolomite as a by-product of chemical compaction and thermochemical sulfate reduction. Geology, 15 (10): 1301-1306.

Machel H G, 1999. Effects of groundwater flow on mineral diagenesis, with emphasis on carbonate aquifers. Hydrogeology Journal, 7 (1): 94-107.

Machel H G, 2001. Bacterial and thermochemical sulfate reduction in diagenetic settings — old and new insights. Sedimentary Geology, 140 (1): 143-175.

Machel H G, 2004. Concepts and models of dolomitization: a critical reappraisal. Geological Society of London Special Publications, 235 (1): 7-63.

Machel H G, Lonnee J, 2002. Hydrothermal dolomite—a product of poor definition and imagination. Sedimentary Geology, 152 (3): 163-171.

McArthur J M, Howarth R J, Shields G A, 2012. Chapter 7 - Strontium Isotope Stratigraphy. Geologic Time Scale.

McLennan S M, 1989. Rare earth elements in sedimentary rocks: influence of provenance and sedimentary processes. Mineralogical Society of America, 21 (1): 169-200.

McLennan S M, Taylor S R, 1980. Th and U in sedimentary rocks crustal evolution and sedimentary recycling. Nature, 285 (5767): 621-624.

McLennan S M, Taylor S R, 1991. Sedimentary rocks and crustal evolution tectonic setting and secular trends. Journal of Geology, 1: 1-21.

McLennan S M, Taylor S R, McCulloch M T, 1990. Geochemical and Nd and Sr isotopic composition of deep-sea turbidites: Crustal evolution and plate tectonic associations. Geochim Cosmochim Acta, 54 (7): 2015-2052.

Michard A, Albarede F, 1986. The REE content of some hydrothermal fluids. Chemical Geology, 55 (1-2): 51-60.

Michard A, Albarede F, Michard G, et al., 1983. Rare-earth element and uranium in high-temperature solutions from East Pacific Rise hydro-thermal vent field (13°N). Nature, 303: 795-797.

Millán M I, Machel H, Bernasconi S M, 2016. Constraining temperatures of formation and composition of dolomitizing fluids in the Upper Devonian Nisku Formation (Alberta, Canada) With Clumped Isotopes. Journal of Sedimentary Research, 86: 107-112.

Montañez I P, Osleger D A, Banner J L, et al., 2000. Evolution of the Sr and C isotope composition of Cambrian oceans. GSA today, 10 (5): 1-7.

Moore C H, 2001. Carbonate Reservoirs, Porosity Evolution and Diagenesis in a Sequence Stratigraphic Framework. Developments in Sedimentology, Elsevier, Amsterdam, 55: 444.

Morgan J W, Wandless G A, 1980. Rare earth elements distribution in some hydrothermal minerals: Evidence for crystallographic control. Geochimica et Cosmochimica Acta, 44 (7): 973-980.

Morrow D W, 2001. Distribution of porosity and permeability in platform dolomites: Insight from the Permian of west Texas: Discussion. American Association of Petroleum Geologist Bulletin, 85 (3): 525-529.

Mountjoy E W, Qing H R, McNutt R H, 1992. Strontium isotopic composition of Devonian dolomites, Western Canadian Sedimentary Basin: significance of sources of dolomitizing fluids. Applied Geochemistry, 7: 59-75.

Norton D, Taylor H P, 1979. Quantitative simulation of the hydrothermal systems of crystallizing magmas on the basis of transport theory and oxygen isotope data: an analysis of the skaergaard intrusion. Journal of Petrology, 20 (3): 421-486.

Nothdurft L D, Webb G E, Kamber B S, 2004. Rare earth element geochemistry of Late Devonian reefal carbonates, Canning Basin, Western Australia: Confirmation of a seawater REE proxy in ancient limestones. Geochimica et Cosmochimica Acta, 68 (2): 263-283.

Olivier N, Boyet M, 2006. Rare earth and trace elements of microbialites in Upper Jurassic coral-and sponge-microbialite reefs. Chemical Geology, 230 (1-2): 105-123.

Oswald E J, Schoonen M A A, Meyers W J, 1991. Dolomitizing seas in evaporitic basins: A model for pervasive dolomitization of upper Miocene reefal carbonates in the western Mediterranean. American Association of Petroleum Geologist Bulletin, 75: 649.

Packard J J, Al-Aasm I, Samson I, et al., 2001. A Devonian hydrothermal chert reservoir: the 225 bcf Parkland field, British

Columbia，Canada. American Association of Petroleum Geologist Bulletin，85：51-84.

Ping H，Chen H，Jia G，2017a. Petroleum accumulation in the deeply buried reservoirs in the northern Dongying Depression，Bohai Bay Basin，China：New insights from fluid inclusions，natural gas geochemistry，and 1-D basin modeling. Marine and Petroleum Geology，80：70-93.

Ping H，Chen H，Thiéry R，et al.，2017b. Effects of oil cracking on fluorescence color，homogenization temperature and trapping pressure reconstruction of oil inclusions from deeply buried reservoirs in the northern Dongying Depression，Bohai Bay Basin，China. Marine and Petroleum Geology，80：538-562.

Prezbindowski D R，1985. Burial cementation：is it important？A case study，Stuart City trend，south central Texas//Schneidermann N，Harris PM. Carbonate Cements. SEPM Special Publication 36. Oklahoma：Society of Economic Paleontologists and Mineralogists.

Prezbindowski D R，1987. Experimental stretching of fluid inclusions in calcite - implications for diagenetic studies. Geology，15：333-336.

Putnis A，2015. Transient porosity resulting from fluid-mineral interaction and its consequences. Reviews in Mineralogy & Geochemistry，80：1-23.

Qing H R，Barnes C R，Buhl D，et al.，1998. The strontium isotopic composition of Ordovician and Silurian brachiopods and conodonts：relationships to geological events and implications for coeval seawater. Geochimica et Cosmochimica Acta，62（10）：1721-1733.

Qing H R，Mountjoy E W，1992. Large-scale fluid-flow in the Middle Devonian Presquile barrier，Western Canada Sedimentary Basin. Geology，20（10）：903-906.

Qing H R，Mountjoy E W，1994. Formation of coarsely crystalline，hydrothermal dolomite reservoirs in the Presqu'ile barrier，Western Canada Sedimentary Basin. American Association of Petroleum Geologist Bulletin，78：55-77.

Qing H，Veizer J，1994. Oxygen and Carbon Isotopic Composition of Ordovician Brachiopods-Implications for Coeval Seawater. Geochimica Et Cosmochimica Acta，58（20）：4429-4442.

Ramaker E M，Goldstein R H，Franseen E K，et al.，2014. What controls porosity in cherty fine-grained carbonate reservoir rocks？Impact of stratigraphy，unconformities，structural setting and hydrothermal fluid flow：Mississippian，SE Kansas. Geological Society，London：Special Publications，406：179-208.

Randazzo A F，Zachos L G，1984，Classification and description of doiomitic fabrics of rocks from the Floridan aquifer，USA. Sed. Geol.，37：151-162.

Rezaee M R，Sun X，2007. Fracture-filling cements in the palaeozoic Warburton basin，South Australia. Petroleum Geology，30（1）：79-90.

Richter D K，Neuser R D，Schreuer J，et al.，2011. Radiaxial-fibrous calcites：A new look at an old problem. Sedimentary Geology，239（1）：23-36.

Rogers J P，Longman M W，2001. An introduction to chert reservoirs of North America. American Association of Petroleum Geologist Bulletin，85：1-5.

Rozanski K，Araguas-Araguas L，Gonfiantini R，1993. Isotopic patterns in modern precipitation//Swart P K，Lohmann K C，McKenzie J. Climate Change in Continental Isotopic Indicators. Washington，DC：American Geophysical Union.

Saller A，Henderson N，1998. Distribution of porosity and permeability in platform dolomites：Insight from the Permian of west Texas. American Association of Petroleum Geologist Bulletin，82（8）：1528-1550.

Saller A，Henderson N，2001. Distribution of porosity and permeability in platform dolomites：Insight from the Permian of west Texas：Reply. American Association of Petroleum Geologist Bulletin，85（3）：530-532.

Schmoker J W，Halley R B，1982. Carbonate porosity versus depth：A predictable relation for south Florida. American Association of Petroleum Geologist Bulletin，66：2561-2570.

Scholz C H，Dawers N H，Yu J Z，et al.，1993. Fault growth and fault scaling laws：Preliminary results. Journal of Geophysical Research，98（B12）：21951-21961.

Sibley D F，1982. The origin of common dolomite fabrics：clues from the Pliocene. Journal of Sedimentary Research. 52（4）：1087-1110.

Sibley D F，Gregg J M，1987. Classification of dolomite rock textures. J. Sed. Res.，57：967-975.

Sibson R H，1987. Earthquake rupturing as a mineralizing agent in hydrothermal systems. Geology，15（8）：701-704.

Sibson R H，1994. Crustal stress，faulting and fluid flow. Geological Society Special Publications，78（1）：69-84.

Sun S Q，1992. Skeletal aragonite dissolution from hypersaline seawater：a hypothesis. Sedimentary Geology，77：249-257.

Sun S Q，1995. Dolomite reservoirs：Porosity evolution and reservoir characteristics. American Association of Petroleum Geologist Bulletin，79（2）：186-204.

Swart P K，2015. The geochemistry of carbonate diagenesis：The past，present and future. Sedimentology，62：1233-1304.

Tucker M E，Wright V P，1990. Carbonate sedimentology. Oxford：Wiley-Blackwell.

Van Tuyl F M，1914. The origin of dolomite. Annual Report 1914，Iowa Geological Survey，XXV.

Veizer J，Ala D，Azmy K，et al.，1999. $^{87}Sr/^{86}Sr$，$\delta^{13}C$ and $\delta^{18}O$ evolution of Phanerozoic seawater. Chemical Geology，161（1）：59-88.

Veizer J，Bruckschen P，Pawellek F，et al.，1997. Oxygen isotope evolution of Phanerozoic seawater. Palaeogeography Palaeoclimatology Palaeoecology，132（1）：159-172.

Walls R A，Burrowes G，1985. The role of cementation in the diagenetic history of Devonian reefs，western Canada//Schneidermann N，Harris PM. Carbonate Cements. SEPM Special Publication 36. Oklahoma：Society of Economic Paleontologists and Mineralogists.

Warren J，2000. Dolomite：occurrence，evolution and economically important association. Earth Science Review，52：1-81.

Webb G E，Kamber B S，2000. Rare earth elements in Holocene reefal microbialites：A new shallow seawater Proxy. Geochimica et Cosmochimica Acta，64（9）：1557-1565.

White D E，1957. Thermal waters of volcanic origin. Geological Society of America Bulletin，68：1637-1658.

Williams J N，Toy V G，Massiot C，et al.，2016. Damaged beyond repair? Characterising the damage zone of a fault late in its interseismic cycle，the Alpine Fault，New Zealand. Journal of Structural Geology，90：76-94.

Wright W R，2001. Dolomitization，fluid-flow and mineralization of the Lower Carboniferous rocks of the Irish Midlands and Dublin Basin. PhD thesis，University College Dublin，Belfield，Ireland.

Xing F C，Zhang W H，Li S T，2011. Influence of hot fluids on reservoir property of deep buried dolomite strata and its significance for petroleum exploration：A case study of Keping outcrop in Tarim Basin. Acta Petrologica Sinica，27（1）：266-276.

Yu X，Yang S F，Chen H L，et al.，2011. Permian flood basalts from the Tarim Basin，Northwest China：SHRIMP zircon U-Pb dating and geochemical characteristics. Gondwana Research，20（2-3）：485-497.

Zenger D H，1981. Stratigraphy and petrology of the Little Falls Dolostone（Upper Cambrian），east-central. New York：New York State Museum，Map and Chart Series，34：138.

Zhang C，Li Z，Li X，et al.，2010. A Permian large igneous province in Tarim and Central Asian orogenic belt，NW China：Results of a ca. 275 Ma mantle plume? . Geological Society of America Bulletin，122（11-12）：2020-2040.

Zhang J N，Hu W X，Qian Y X，et al.，2009. Formation of saddle dolomites in Upper Cambrian carbonates，western Tarim Basin（northwest China）：implications for fault-related fluid flow. Marine Petroleum Geology，26（8）：1428-1440.

Zhang J，Nozaki Y，1996. Rare earth elements and yttrium in seawater：ICP-MS determinations in the East Caroline，Coral Sea，and South Fiji basins of the western South Pacific Ocean. Geochimica et Cosmochimica Acta，60（23）：4631-4644.

Zhu D Y，Meng Q Q，Jin Z J，et al.，2015. Formation mechanism of deep Cambrian dolomite reservoirs in the Tarim Basin，northwestern China. Marine and Petroleum Geology，59：232-244.

Zhu G，Zhang S，Liang Y，et al.，2007. Formation mechanism and controlling factors of natural gas reservoirs of the Jialingjiang Formation in the East Sichuan Basin. Acta Geologica Sinica，81（5）：805-817.

Zhu H，Zhu X，Chen H，2017. Seismic Characterization of Hypogenic Karst Systems Associated with Deep Hydrothermal Fluids in the Middle-Lower Ordovician Yingshan Formation of the Shunnan Area，Tarim Basin，NW China. Geofluids，2017：1-13.